核或辐射突发事件
卫生应急准备与响应

主　编　苏　旭　孙全富
副主编　张良安

人民卫生出版社
·北京·

图书在版编目（CIP）数据

核或辐射突发事件卫生应急准备与响应 / 苏旭，孙全富主编 . —北京：人民卫生出版社，2022.11
ISBN 978-7-117-34167-7

Ⅰ. ①核… Ⅱ. ①苏… ②孙… Ⅲ. ①辐射防护 – 突发事件 – 卫生管理 Ⅳ. ①TL7

中国版本图书馆 CIP 数据核字（2022）第 240053 号

| 人卫智网 | www.ipmph.com | 医学教育、学术、考试、健康，购书智慧智能综合服务平台 |
| 人卫官网 | www.pmph.com | 人卫官方资讯发布平台 |

核或辐射突发事件卫生应急准备与响应

He huo Fushe Tufa Shijian Weisheng Yingji Zhunbei yu Xiangying

主　　编：苏　旭　孙全富
出版发行：人民卫生出版社（中继线 010-59780011）
地　　址：北京市朝阳区潘家园南里 19 号
邮　　编：100021
E - mail：pmph @ pmph.com
购书热线：010-59787592　010-59787584　010-65264830
印　　刷：北京盛通印刷股份有限公司
经　　销：新华书店
开　　本：787×1092　1/16　印张：28
字　　数：524 千字
版　　次：2022 年 11 月第 1 版
印　　次：2023 年 1 月第 1 次印刷
标准书号：ISBN 978-7-117-34167-7
定　　价：129.00 元

打击盗版举报电话：010-59787491　E-mail：WQ @ pmph.com
质量问题联系电话：010-59787234　E-mail：zhiliang @ pmph.com
数字融合服务电话：4001118166　E-mail：zengzhi @ pmph.com

《核或辐射突发事件卫生应急准备与响应》

编写委员会

主　编 苏　旭　孙全富

副主编 张良安

编　者（按姓氏汉语拼音排序）

付熙明（中国疾病预防控制中心辐射防护与核安全医学所）

侯长松（中国疾病预防控制中心辐射防护与核安全医学所）

姜恩海（中国医学科学院放射医学研究所）

雷翠萍（中国疾病预防控制中心辐射防护与核安全医学所）

刘建香（中国疾病预防控制中心辐射防护与核安全医学所）

朴春南（中国疾病预防控制中心辐射防护与核安全医学所）

苏　旭（中国疾病预防控制中心辐射防护与核安全医学所）

孙全富（中国疾病预防控制中心辐射防护与核安全医学所）

问清华（中广核辐射监测中心）

邢志伟（中国医学科学院放射医学研究所）

袁　龙（中国疾病预防控制中心辐射防护与核安全医学所）

张　伟（中国疾病预防控制中心辐射防护与核安全医学所）

张良安（中国医学科学院放射医学研究所）

前　言

随着我国经济建设的飞速发展和科学技术的不断进步,核能核技术应用发展迅猛。核能核技术已广泛地应用于工农业生产、医学事业、科学研究和军事等各领域,极大地促进了社会进步与发展,给人类带来巨大福祉。然而,核和辐射是一把"双刃剑",当人们受到一定剂量辐射照射时,可能引起急慢性放射病,甚至导致死亡。核能是清洁和安全能源,但并非绝对安全,1986 年 4 月,苏联切尔诺贝利核电站事故至今让我们记忆犹新,2011 年 3 月日本福岛第一核电站事故再一次给人们敲响了警钟,核电并非绝对安全。我国虽然没有发生过严重核事故,但辐射事故时有发生。因此,在开发利用核能核技术的同时,充分做好辐射防护以及核或辐射突发事件应急准备与响应具有重要的现实意义。

1997 年,经中编办批准成立了国家卫生健康委核事故医学应急中心,"十五"和"十三五"期间国家发展和改革委员会和国家卫生健康委相继在全国建立了 6 个国家级辐射损伤救治基地和 19 个省级辐射损伤救治基地,1 个国家级核辐射移动处置中心。2015 年国家核事故应急协调委员会又组建 8 个国家级核应急专业技术支持中心、25 支救援分队和 3 个培训基地,另外各省级疾病预防控制中心、职业病防治院所都有核辐射应急专业技术队伍。从事核或辐射突发事件应急决策、指挥和处置专业技术人员队伍不断壮大,技术培训亟待加强,急需编写出版核或辐射突发事件应急准备与响应培训教材。由于近年国际核或辐射突发事件应急处置理念、知识和方法快速更新,早期出版的专著或教材已不适应科学技术的发展和应急处置的需要。为满足我国核或辐射应急体系建设及培训的需求,我们吸收和采纳了国际核或辐射突发事件应急处置最新科技成果、理念、知识和方法,编写了《核或辐射突发事件卫生应急准备与响应》,内容全面、科学、严谨、实用,可满足广大核或辐射突发事件应急决策、指挥和处置专业技术人员的培训需要,也同时可作为大专院校教学参考书。

本书共八章。第一章辐射防护基础,主要阐述了核物理学基础、放射性及其单位、电离辐射与物质相互作用、辐射防护中常用量和单位、辐射防护体系等;第二章生物剂量学方法及其应用,主要阐述了放射生物学基础、生物剂量学方法及其在核或辐射突发事件中的应用等;第三章应急准备与响应总则,主要阐述了相关法律法规、应急准备与响应标准、国家卫生应急组织、卫生应急救援队伍建设、辐射源分类及事件分级、应急分类及应急准备、核和辐射事故卫生应急响应、卫生应急的终止和评估等;第四章辐射监测与剂量估算,主要阐述了辐射监测基本方法、常用监测及剂量评价、辐射源和环境监测、食品和饮用水监测、核或辐射突发事件应急中的剂量评价方法、应急监测仪器的选择和使用、应急监测和评价的质量控制等;第五章应急行动水平与应急响应行动,主要阐述了应急行动常用术语和剂量学量、应急行动水平、应急响应行动、心理干预等;第六章现场医学救援,主要阐述了现场救援的目的、原则和任务、现场救援人员的个人防护、现场救援准备和响应、人体放射性核素污染的现场监测、现场伤员分类、过量照射人员的现场处置、放射性核素内污染人员的处理、放射性核素体表污染的现场处置、生物及环境样品采集、伤员转运和救援终止等;第七章院内医学管理与临床救治,主要阐述了院内应急准备与响应、污染人员的医学管理、内污染人员的医学处置、外照射急性放射病的临床救治、放射性皮肤损伤的临床救治、放射性复合伤的临床救治等;第八章案例分析,本章对国内外 14 个核或辐射突发事件典型案例的概况、事故经过、主要原因和经验教训进行了阐述和分析。

　　本书作者均为长期从事核或辐射突发事件卫生应急管理与处置的专家学者,具有坚实的理论基础和丰富的实践经验,并实时跟踪和掌握本领域国际最新动态和发展趋势。但是,由于国际辐射防护以及核或辐射突发事件应急处置领域的理念和知识体系不断更新,在本书撰写、编辑出版过程中可能又有新的进展与变化,加之作者学术水平有限,因此,本书难免有诸多不足之处,敬请读者批评指正。

编者

2022 年 4 月

目　录

第一章
辐射防护基础

第一节　核物理学基础

一、原子物理学基础

（一）物质和元素

物质为构成宇宙万物的实物和场等客观事物，是能量的一种聚集形式。

从微观上看构成物质的微粒有三种，分子、原子和离子，而从宏观上看，物质是由元素组成，一种物质可以由一种元素组成，也可以由多种元素组成，一种元素可以形成不同的物质（物理性质不同，但化学性质相同）。截至 2007 年，总共有 118 种元素被发现，其中有 94 种存在于地球上，原子序数大于 82 的元素（即铋及之后的元素）都是不稳定的元素，会发生放射性衰变。

（二）原子

原子是化学反应不可再分的基本微粒，原子在化学反应中不可分割，但在物理状态中还可以分割，元素是具有相同核电荷数的同一类原子的总称。

（三）原子结构

不同元素的原子具有不同的性质，但它们的结构是十分相似的；原子由带正电的原子核和核外带负电的电子组成，原子核非常小，它的体积约为整个原子体积的几千万亿分之一，但原子质量的 99.95% 以上都集中在原子核内。

一个原子的中子和质子构成了核心，即原子核，电子在不同的轨道上围绕着原子核旋转，最靠近原子核的轨道最多只能容纳 2 个电子，而第二层轨道能达到 8 个电子……依次类推，直到外层轨道，第 n 层轨道最多能容纳 $2n^2$ 个电子，最外层最多只能容纳 8 个电子；内层轨道称为 K 轨道（或 K 壳层），第二层轨道为 L 壳层，第三层轨道为 M 壳层等，K、L、M、N 壳层最多能够容纳的电子数分别是 2、8、18、32。例如，图 1-1 表示的锌的原子结构中有 30 个电子，排列在 4 层壳层中。

每一个原子的质子数通常与电子数相同。这就是说原子核里的正电荷总数等于原子核外电子负电荷的总数，因而原子通常是电中性的，原子核外的电子按照轨道绕核运行，在某一轨道上的电子具有一定的能量，电子可以吸收外来的能量从能量较低的轨道跃迁到能量较高的轨道，这种现象叫作原子的激发。如果外来的能量较大，使得轨道上的电子脱离原子核的束缚力而自由运动，则叫原子的电离；当电子从能量较高的外层轨道跃迁到能量较低的内层轨道时，电子将多余的能量以电磁波的形式辐射出来。

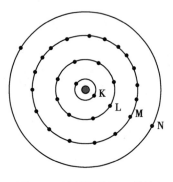

图 1-1　锌原子的原子结构

原子核是由质子和中子组成的，质子带正电荷，其所带正电荷与电子所带的负电荷数目相等，所以原子中的电子数与原子核内的质子数是相等的。中子是不带电的中性粒子，原子核内的质子和中子数的总和叫作原子质量数。

（四）质量数

如果原子中电子的微小质量可以忽略的话，质量数是将原子内所有质子和中子的相对质量取近似整数值相加而得到的数值，用符号 A 表示：

$$质量数（A）= 质子数 + 中子数$$

（五）原子序数

原子序数是指元素在周期表中的序号，符号为 Z，在数值上等于原子核的核电荷数（即质子数）：

$$原子序数（Z）= 质子数$$

（六）同位素

具有相同质子数、不同中子数（或不同质量数）的同一元素的不同核素互为同位素，具有相同原子序数即相同核电荷数的所有原子属于同一种元素，原子序数相同而质量数不同的各元素统称为该元素的同位素。它们在元素周期表上占有同一位置，它们的化学性质相同。

天然存在的同位素大多是以同位素混合物状态出现，其他同位素可以用核粒子轰击（例如，在核反应堆中用中子轰击）天然同位素来产生；这些人工生产的同位素是不稳定的，最终将以放出次级粒子或 γ 射线的方式进行衰变。

二、核裂变与核聚变

(一) 核裂变

核裂变(nuclear fission)又称核分裂是一个原子核分裂成几个原子核的变化,只有一些质量非常大的原子核像铀、钍等才能发生核裂变;这些原子的原子核在吸收一个中子以后会分裂成两个或更多个质量较小的原子核,同时放出 2~3 个中子和很大的能量又能使别的原子核接着发生核裂变,直到核燃料耗尽为止,这种过程为链式反应;原子核在发生核裂变时释放出巨大的能量称为原子核能,俗称原子能,1 吨 ^{235}U 的全部核的裂变将产生 20 000MW·h 的能量(足以让 20MW 的发电站运转 1 000 小时)与燃烧 300 万吨煤释放的能量一样多。

铀裂变在核电厂最常见,热中子轰击 ^{235}U 原子后会放出 2~4 个中子,中子再去撞击其他 ^{235}U 原子,从而形成链式反应而自发裂变;撞击时除放出中子还会放出热再加快撞击,但如果温度太高反应炉会熔掉而演变成反应炉熔毁造成严重灾害,因此通常会放控制棒(硼制成)去吸收中子以降低分裂速度。

按分裂的方式裂变可分为自发裂变和感生裂变;自发裂变是没有外部作用时的裂变类似于放射性衰变,是重核不稳定性的一种表现,感生裂变是在外来粒子(最常见的是中子)轰击下产生的裂变。

核裂变是在 1938 年发现的,由于当时第二次世界大战的需要,人们首先将核裂变用于制造威力巨大的原子武器——原子弹,原子弹的巨大威力就是来自核裂变产生的巨大能量。除此之外,人们更努力研究利用核裂变产生的巨大能量为人类造福,让核裂变始终在人们的控制下进行,核电站就是这样的装置。

不稳定的重核比如 ^{235}U 的核可以自发裂变,快速运动的中子撞击不稳定核时也能触发裂变,由于裂变本身释放分裂的核内中子所以如果将足够数量的放射性物质(如 ^{235}U)堆在一起,那么一个核的自发裂变将触发近旁两个或更多核的裂变,其中每一个至少又触发另外两个核的裂变,依此类推而发生所谓的链式反应,这就是称之为原子弹(实际上是核弹)和用于发电的核反应堆(通过受控的缓慢方式)的能量释放过程。对于核弹链式反应是失控的爆炸,因为每个核的裂变引起另外好几个核的裂变。对于核反应堆反应进行的速率用插入铀(或其他放射性物质)堆的可吸收部分中子的物质来控制使得平均起来每个核的裂变正好引发另外一个核的裂变。

核裂变所释放的高能量中子的移动速度极高(快中子),因此必须通过减速以增加其撞击原子的机会,同时引发更多核裂变。一般商用核反应堆多使用慢化剂将高能量中子速度减慢变成低能量的中子(热中子),常用慢化剂为普通水、石墨和较昂贵的重水。

(二) 核聚变

核聚变,又称核融合,是指由质量小的原子(如氘和氚),在一定条件下(如超高温和高压),发生原子核互相聚合作用,生成中子和 ^{4}He,并伴随着巨大的能量释放的一种核反应形式。原子核中蕴藏巨大的能量,根据质能方程 $E = mc^2$,原子核之静质量变化(质量亏损)造成能量的释放。

核聚变反应是当前很有前途的新能源。参与核反应的氢原子核如氢、氘、氚、氚、锂等从热运动获得必要的动能而引起的聚变反应见核聚变。热核反应是氢弹爆炸的基础,可在瞬间产生大量热能,但目前尚无法加以利用。如能使热核反应在一定约束区域内根据人们的意图有控制地产生与进行,即可实现受控热核反应。这正是在进行试验研究的重大课题。受控热核反应是聚变反应堆的基础。聚变反应堆一旦成功,则可向人类提供最清洁而又是取之不尽的能源。

太阳的能量来自它中心的热核聚变,如超高温和高压发生原子核互相聚合作用生成新的质量更重的原子核并伴随着巨大的能量释放的一种核反应形式。如果是由轻的原子核变化为重的原子核叫核聚变如太阳发光发热的能量来源。

目前人类已经可以实现不受控制的核聚变如氢弹的爆炸。但是要想能量可被人类有效利用必须能够合理地控制核聚变的速度和规模实现持续、平稳的能量输出。科学家正努力研究如何控制核聚变但是现在看来还有很长的路要走。

核聚变能释放出巨大的能量,但目前人们只能在氢弹爆炸的一瞬间实现非受控的人工核聚变。而要利用人工核聚变产生的巨大能量为人类服务就必须使核聚变在人们的控制下进行这就是受控核聚变,实现受控核聚变具有极其诱人的前景。不仅因为核聚变能释放出巨大的能量而且由于核聚变所需的原料——氢的同位素氘可以从海水中提取。经过计算1L 海水中提取出的氘进行核聚变放出的能量相当于 300L 汽油燃烧释放的能量。全世界的海水几乎是"取之不尽"的,因此受控核聚变的研究成功将使人类摆脱能源危机的困扰。

三、电离辐射

通过直接或间接,或二者混合方式能使受作用物质发生电离现象的辐射称之为电离辐射。是波长小于 100nm 的电磁辐射。

电离辐射的特点是波长短、频率高、能量高的射线。电离辐射可以从原子、分子或其他束缚状态放出(ionize)一个或几个电子的过程。电离辐射是一切能引起物质电离的辐射总称,其种类很多,高速带电粒子有 α 粒子、β 粒子、质子,不带电粒子有中子以及 X 射线、γ 射线。

X 射线和 γ 射线辐射能间接引起物质原子电离,是一种辐射防护中最常见的电离辐射。这时可以认为 X 射线和 γ 射线是由光子组成的,但它们的来源各异。γ 射线来自核衰变,当不稳定的核分裂或衰变,变成稳定的核时,多余的能量以 γ 射线方式放出,而 X 射线则来自核外电子的相互作用。X 射线由两种原子核外的物理过程产生:高速电子在物质中受阻而减速,其能量以韧致辐射的形式放出;高速电子与靶原子碰撞,把内壳层某一能级上的电子击出原子,然后外壳层某一能级上的电子去填补内壳层留下的空位,放出能量等于这两个能级之差的光子,产生了特征 X 射线。因此,X 射线实际上包括韧致辐射和特征 X 射线两个部分,前者的能量为连续谱,最大能量等于轰击靶的电子的动能;后者为几种单能的光子,能量取决于靶原子的电子壳层结构。轰击电子的能量越高,后者所占的比例越小。

使原子电离需要克服对电子的束缚能,束缚能一般在几到几十个电子伏(eV),经计算,1eV 能量的入射粒子的波长不大于 $1\mu m$,也就是说,一般比紫外线的波长还短。这样 X 射线、γ 射线能在生物物质中产生离子对,发生电离。而其他包括无线电波、微波、红外线、可见光等电磁波是不会引起电离的。因此,不能将这类电磁辐射称为电离辐射,常把它们称为非电离辐射。

电离辐射和非电离辐射都是由量子或按波运动方式传播的能量波包组成的辐射,一般总称为电磁辐射。电磁辐射的成员除 X 射线、γ 射线外,还有紫外线、可见光(紫、蓝、绿、黄、橙、红色光)、红外线和无线电波。每个量子的能量与辐射的波长有关,实验证明,$E \propto 1/\lambda$,式中 E 是电磁辐射光子或量子的能量,λ 是它的波长。

第二节　放射性及其单位

一、放射性衰变

在迄今为止发现的 2 000 多种核素中,绝大多数都不稳定,会自发地蜕变为另一种核素,同时放出各种射线。这种现象称为放射性衰变。能自发地放射出各种射线的核素称为放射性核素,也叫不稳定核素。

放射性衰变是一个统计过程,在这一过程中,原来的核素(母体)或者变为另一种核素(子体),或者进入另一种能量状态。放射性衰变主要有 α 衰变、β 衰变(包括 β⁻衰变、β⁺衰变和电子俘获 EC)、γ 衰变(或 γ 跃迁)(包括内转换 IC)和重核的自发裂变等。

(一) α 衰变

α 衰变是一种核裂变,是核自发地发射出 α 粒子的过程。α 粒子实际上是放射性核素放射出来的高速飞行的氦原子核。如果用 X 表示衰变前的核素,Y 表示衰变后的子核,则衰变模式如下所示:

$$_{Z}^{A}X \rightarrow _{Z-2}^{A-4}Y + _{2}^{4}He$$

$_{88}^{226}Ra \rightarrow _{86}^{222}Rn + \alpha(_{2}^{4}He)$ 是 α 衰变的一个例子,α 衰变的位移定则:子核在元素周期表中的位置左移 2 格。

α 粒子是带正电荷的,质量较大,接近 4,比电子重约 7 500 倍,运动较慢,它每次与电子碰撞只损失很少一部分能量,需要通过多次碰撞,速度才逐渐减慢,而且基本不改变方向。粒子损失的能量使得粒子径迹附近形成大量的激发分子与离子,例如 ^{210}Po 衰变产生的一个 5.6MeV 的 α 粒子,通过 3.8cm 的空气层被阻停时总共产生约 150 000 个离子对和更多的激发分子。因此,当 α 粒子穿入介质后,随着穿入深度的增加和更多电离事件的发生,能量渐被耗失,使粒子运动变得更慢,而慢速粒子又引起了更多的电离事件,故在其行径的末端,电离密度明显增大,形成峰值(图1-2),称为布拉格峰(Bragg peak)。

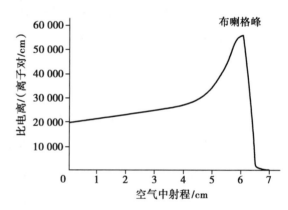

图 1-2 α 粒子在空气中的比电离曲线

α 粒子外照射对人体不会产生严重危害,仅当 α 粒子能量≥6.5MeV 时有可能引起皮肤损伤,但发射 α 粒子的放射性核素进入体内时,造成的损伤就较大。

(二) β 衰变

β 衰变分为 β⁻、β⁺ 和电子俘获三种情况。

β⁻ 衰变实际上是原子核内的一个中子转变为质子的过程,β⁻ 粒子就是电子,β⁻ 衰变后母核与子核的质量数未改变,但由于核中多了一个质子,故原子序数增加了一个单位,并且发射一个中微子(ν);中微子是一种基本粒子,不带电,质量极小,几乎不与其他物质作用,广泛存在自然界的粒子。

$$_{Z}^{A}X \rightarrow _{Z+1}^{A}Y + \beta^{-} + \nu$$

$_{83}^{210}Bi \rightarrow _{84}^{210}Po + e^{-}$ 是 β 衰变的一个例子,β 衰变的位移定则:子核在元素周期表中的位置右移 1 格。

α 辐射的效果是产生中子过多的核,这种核是不稳定的。这些中子过多的原子核不是简单地发射出一个中子(或几个中子)来修正它的不稳定性,而是原子核中的一个中子通过发射出一个 β 粒子(即高速电子)转变成质子:

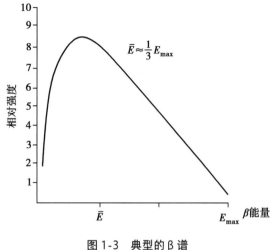

图 1-3　典型的 β 谱

$$_0^1 n \rightarrow {}_1^1 p + \beta^-$$

这种现象称之为 β 发射,在 β 衰变过程中发射的电子有连续的能谱分布,其范围从 0 到某个最大能量 E_{max}。这个最大能量是特定的原子核的特性,实验发现,β 的平均能量约为 $1/3 E_{max}$(图 1-3)。

(三) γ 衰变

有些放射性核素在发生 α 或 β 衰变后,生成的子核往往处于激发状态,这个状态是不稳定的,它们将通过发射 γ 射线的方式,释放出多余的能量,跃迁到低能态或基态,这个过程叫 γ 衰变。在 γ 衰变过程中,原子核的质量数和电荷数均未发生变化,只是能量状态发生改变。在大多数情况下,原子核发射出一个 α 粒子或一个 β 粒子以后,原子核本身要重新排列,这时便以 γ 射线的形式释放出能量。一般而言,核的衰变数不等于所释放出的射线数。

$_{27}^{60m} Co \rightarrow {}_{27}^{60} Co + \gamma$ 是 γ 衰变的一个例子,发射高能短波电磁辐射 + 内转换。内转换是 γ 衰变的一种类型。原子中核外电子因直接从处于高能态的核获得能量而脱离原子的过程。图 1-4 是常用 γ 放射源的核衰变图。

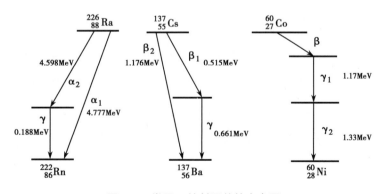

图 1-4　常用 γ 放射源的核衰变图

二、放射性衰变规律

原子核是一个量子体系,核衰变是一个量子跃迁过程。对一个特定的放射性核素,其衰变的精确时间是无法预测的;但对足够多的放射性核素的集合,其衰变规律是确定的,并服从量子力学的统计规律。

设 $t=0$ 时,放射性核素的数目为 N_0,其衰变按公式(1-1)的指数模式衰变:

$$N = N_0 e^{-\lambda t} \qquad \text{公式(1-1)}$$

式中:

N 是衰变开始后 t 时刻的原子核数;

λ 是放射性衰变常数,它是一个原子核在单位时间内发生衰变的概率,衰变常数与外界条件(温度、压力、磁场等)无关。

放射性核素的半衰期($T_{1/2}$)是该核素的原子核衰减到一半所需要的时间,将 $N=N_0/2$ 代入公式(1-1)就可得到:

$$T_{1/2}=0.693/\lambda \qquad \text{公式(1-2)}$$

放射性核素经过一段时间(τ)的衰变以后,当剩下的核素数目为初始核素数目的 37% 时,我们称 τ 为该放射性核素的平均寿命,其值可以通过 $\tau = 1.44 T_{1/2}$ 计算。

三、放射性活度

单位时间内放射性物质发生衰变的原子核数称为放射性活度,按公式(1-3)计算。

$$A = A_0 e^{-\lambda t} \qquad \text{公式(1-3)}$$

式中:

A_0 是衰变前的放射性活度;

A 是经过时间 t 的衰变后的放射性活度。

放射性活度的国际制(SI)单位是贝克勒尔:符号 Bq,它定义为 1 核衰变/s,与居里(旧的放射性活度单位)相比,贝可勒尔是一个很小的单位,实际上,采用通用的倍数词头是很方便的,平常工作中 Bq、MBq、GBq 和 TBq 用得比较多。

放射性活度过去常用的单位是居里(Ci),$1Ci= 3.7 \times 10^{10} Bq$;质量为 1g 的 ^{226}Ra 放射性活度近似为 1Ci。

四、其他粒子辐射

(一) 中子辐射

中子是质量约为 1 个原子质量单位的不带电的粒子,在自由状态下是不稳定的,能以 11.7 分钟的半衰期自发地衰变为一个质子与一个电子,中子通过组织时不受带电物质的干扰,与带电粒子相比,在质量与能量相同条件下,中子的穿透力较大。中子本身不能直接被加速,它把能量传递给物质的主要方式是和原子核相互作用。与原子核作用的概率取决于中子的能量,为此,通常将中子按能量大小分为以下 6 类:热中子:指与周围介质达到热平衡的中子,在常温(20.4℃)下平均能量为 0.025eV,现在将 0.5eV 以下的中子都称为热中子;超热中子(能量在 0.5~1eV 的中子);慢中子(能量在 1~100eV 的中子);中能中子(能量在 100eV~10keV 的中子);快中子(能量在 10keV~10MeV 的中子);高能中子(能量在 10MeV 以上的中子)。

(二) 重离子

带电重离子是指比氢原子重的原子被全部或部分剥掉轨道电子后的带正电荷的原子核,如氦、碳、硼和氩等原子被全部或部分剥掉轨道电子后的带正电荷的原子核,重离子一般具有高传能线密度和布拉格峰。

五、天然放射性

放射系中,始祖同位素的半衰期很长,^{238}U 的半衰期为 45 亿年,这与地球的年龄大致相同。^{232}Th 的半衰期更长,达 140 亿年。正是由于这个缘故,才使它们得以在地球上留存。不过,放射系中其他成员的半衰期要短得多,最长的不过几十万年,最短的还不到百万分之一秒。显然,它们是不可能在地球上单独存在的。但是,放射系中的每个成员都不断会衰变而减少,而且同时也会由于上一个成员的衰变而得到补充,因此只要放射系的始祖元素存在,各中间成员也绝不会消失。当放射系中各中间成员衰变掉的量与生成的量相等时,即各成员之间的比值保持恒定不变时,这种状态被称为放射性平衡。

天然放射系是自然界存在的三个主要放射系:^{238}U 系,又称铀系或铀镭系;^{235}U 系,又称锕系或锕铀系;^{232}Th 系,又称钍系。由于这三个系的"始祖"核素的寿命都很长,所以这些核素还没有完全衰变完。这些系列分别终止于稳定核素 ^{206}Pb、^{207}Pb 和 ^{208}Pb。可将上述三个放射系分别命名为 4n+2、4n+3 和 4n 放射系(n 为正整数)。这三个放射系总共有 47 种核素,原子序数从 92(铀)到 81(铊),各系中都产生惰性气体氡。

除上述的三个天然放射性系外,还有一个个系列的母体核素为镎(^{237}Np),故称镎系。由于镎系中寿命最长的核素——镎的半衰期为 2.14×10^6 年,是地球年龄的四分之一,所以在自然界已不存在,至今也已经衰减殆尽。

在自然界除了三个放射性系列外,还存在一些放射性核素,它们经一次衰变后即成为稳定核素,现在已知的这类核素有 180 多种。它们的半衰期在数秒到若干亿年之间变化。在自然界中,这些放射性核素的量极少,较有意义的有钾、铷、铟等核素的放射性同位素,这些核素的衰变方式几乎都是 β^- 衰变,只有少数核素(如 ^{40}K)具有 β^- 衰变和 K 俘获两种衰变方式。天然钾有三个同位素:^{39}K(93.31%)、^{40}K(0.012%)和 ^{41}K(6.7%),其中只有 ^{40}K 具有放射性,它的半衰期为 1.27×10^9 年。1g 天然钾 1 秒钟内约放出 28 个能量为 1.31MeV 的 β 粒子,另外还放出 3 个能量为 1.46MeV 的 γ 光子。

六、感生放射性

当对稳定的材料用一些特定的放射线照射后,使其具有放射性,这种放射性称为感生放射性,多数放射线不导致其他材料具有放射性,中子活化是感生放射性的主要形式。

第三节　电离辐射与物质相互作用

电离辐射与物质的相互作用中,带电粒子与不带电粒子有着显著的差异。一般情况下,带电粒子穿过物质时,由于受原子核和电子的静电库仑场作用,几乎会与它遇到的每个原子发生作用,作用次数十分频繁,然而,每次作用损失的能量却不多。从宏观来看,带电粒子在物质中的能量损失是连续的;不带电粒子,因为它不带电荷,所以在物质中相互作用次数不多,但是每次相互作用,常有较大的能量损失。

一、带电粒子与物质的相互作用

在剂量学领域中的带电粒子,是指放射性核素衰变时发出的或加速器发射出的电子、正电子、质子和 α 粒子,还有 γ 射线通过物质时放出的高能电子,中子在物质内传播过程中产生的反冲核等,以及宇宙射线中存在的各种带电的基本粒子。在与物质相互作用中,通常把静止质量比电子大的那些带电粒子,统称为重带电粒子。

进入物质的带电粒子能与物质的原子、分子发生碰撞,这种碰撞有弹性的,也有非弹性的;弹性碰撞结果,产生一个反冲原子,该反冲原子可能获得入射粒子的大部分能量。不过只有当带电粒子能量很低时,才会有明显的弹性碰撞过程,对于常见的能量介于 $10^4 \sim 10^6 \text{eV}$ 的电子,发生弹性碰撞的概率仅为 5%,随着电子能量的增高,这种概率还会进一步减少,甚至可以忽略。一般情况下,带电粒子能量损失的主要原因是非弹性碰撞。

在非弹性碰撞中,入射的带电粒子通过电磁作用,把能量传递给原子的电子,如果原子的电子获得的能量足以使它脱离原子,则称之为电离;如果电子获得的能量不足以使它脱离原子,仅能使电子跃迁到原子的较高能级,则称此过程为激发。电离过程中被击出的电子,如果具有能使其他原子电离和激发的能量,则称这类电子为 δ 电子。带电粒子在电离、激发过程中损失的能量叫作带电粒子的"碰撞损失",可以用物质对带电粒子的碰撞阻止本领给予定量描述。

(一)α 粒子与物质的相互作用

α 粒子与物质相互作用有电离、激发和核反应三种形式。α 粒子通过物质时,与周围原子的壳层电子发生库仑(静电)碰撞,使壳层电子获得能量,当电子获得了足以克服原子核对它束缚的能量时,就会脱离原子轨道,形成自由电子和带正电荷的原子核(正离子)组成的离子对,这就是电离效应。如果这些自由电子的能量足够大,并可继续产生电离的电子称为 δ 电子,此继发电离称为次级电离,通常称前者为初级电离。α 粒子在物质中前进时,通过电离不断的损失能量,用以产生离子对。一个能量为 5MeV 的 α 粒子在空气中可以产生 1.5×10^5 个离子对;但离子对的分布是不均匀的。α 射线在单位路程上产生的离子对数目称为比电离或电离密度。

α 射线在介质中运行时,可能与原子核发生作用,也可能与原子核由于库仑作用而改变运动方向(称作卢瑟福散射),还可能进入原子核而发生核反应,即产生出一个新核并释放一个或几个粒子,如 ^{210}Po 放出的 α 射线轰击 Be 靶可发生如下核反应:

$$^{9}_{4}\text{Be} + ^{4}_{2}\alpha \rightarrow ^{12}_{6}\text{C} + ^{1}_{0}\text{n} + 5.901\text{MeV}$$

式中:

n 为中子。

上式可简写为:$^{9}_{4}\text{Be}(\alpha, \text{n})^{12}_{6}\text{C}$,也可以称为 (α, n) 反应。

包括 α 粒子在内的所有带电粒子在物质中运动时,不断的损失能量,待能量耗尽时就停留在物质中,带电粒子沿初始运动方向所行进的最大距离称作入射粒子在该物质中的"射程"(用 R 表示),入射粒子在物质中行进的实际轨迹长度称作"路径",一般来说"路径"要大于"射程"。像 α 粒子之类的重带电粒子的质量大,它与物质原子的相互作用不会导致其运动方向有大的改变,其轨迹几乎是直线,因此,重带电粒子的"射程"基本上等于"路径"。

通常定义使 α 粒子减少了一半时的吸收体的厚度为 α 粒子的"平均射程"(R_m)。在文献中,常会出现"外推射程"这个术语,这是将透射曲线开始下降的直线部分外推与横轴相交处,所对应的吸收体的厚度就成为"外推射程"(R_e)。

当 α 粒子的能量在 3~7MeV 范围,在空气中的平均射程(R_a)可以用经验公式(1-4)估算:

$$R_a = 0.318E^{3/2} \qquad \text{公式(1-4)}$$

式中:

R_a 是 α 粒子在空气中的平均射程,即 α 粒子入射点到其数目减少到入射时的一半之间的距离,单位为 cm;

E 是 α 粒子入射时的能量,单位 MeV。

α 粒子通过其他物质时的射程可以用经验公式(1-5)近似计算其数值:

$$R_m = 0.003\,2(A_m^{1/2}/\rho)R_a \qquad \text{公式(1-5)}$$

式中:

R_m 是 α 粒子在介质 m 中的平均射程,单位为 cm;

A_m 是介质 m 相对于空气的相对原子质量;

ρ 是介质 m 的密度,单位为 g/cm³。

(二) β 粒子与物质的相互作用

β 放射性核素所释放的 β 粒子能量一般在 4MeV 以下,在这样的能量范围内,β 射线与物质相互作用的主要形式是电离、激发、散射和产生轫致辐射等。

与 α 射线一样,β 射线通过物质时,也会使周围的原子电离和激发,但其比电离值比 α 射线要小很多。1 个 3MeV 的电子,其比电离为每毫米 4 个离子对,而同样能量的 α 射线在 1mm 的路程上约可产生 4 000 个离子对。由于 β 射线的比电离较小,因而其射程要比 α 射线大得多。

当高速电子通过物质时,与原子相互作用,不仅逐渐损失能量,而且改变运动方向,这种现象称为散射。散射现象对 α 粒子不明显,而质量比 α 粒子小很多的 β 粒子则容易被散射,并可能经历多次散射。这样,其散射角就有可能大于 90°,形成反散射。散射物质的原子序数越高,散射角也就越大。

当电子能量很高时,它的能量将主要损失于轫致辐射。入射电子除了在原子核电场作用下发出轫致辐射外,还可能在原子束缚电子的电场作用下发出轫致辐射。带电粒子在轫致辐射过程中损失的能量叫作带电粒子能量的"辐射损失",可以用物质对带电粒子的辐射阻止本领给予定量描述。

对于电子,当其能量<10MeV时,电子的"碰撞损失"远大于"辐射损失";但当电子能量>150MeV时,电子能量的"辐射损失"将是主要的。对于重带电粒子,弹性散射是不显著的,而且轫致辐射的发生概率也可以忽略不计,因此重带电粒子的能量损失几乎全是电离和激发过程的"碰撞损失"。

在实际工作中,可以认为β粒子的射程与物质的密度有关,而与物质的种类无关。通常使用物质的质量厚度(g/cm²)来表示β粒子的射程。

β粒子的强度在物质中的吸收近似地遵从指数定律:

$$I = I_0 e^{-\mu_m d_m} \qquad\qquad 公式(1-6)$$

其中:I_0是β粒子开始入射物质时的强度;I是β粒子穿过厚度为d_m(g/cm²),密度为ρ(g/cm³)的吸收物质后的强度;$\mu_m = \mu_{en}/\rho$是射线质能吸收系数,单位为cm²/g。μ_m值与β粒子能量有关。

β射线减至原来一半的吸收介质厚度称为半值层(HVL)。β射线的最大射程(R_{max})为其半值层的7~8倍。

二、非带电粒子与物质的相互作用

这里的非带电粒子,主要指X射线和γ射线及中子。

(一) X射线和γ射线与物质的相互作用

X射线和γ射线的波长很短,具有很强的穿透能力。X射线和γ射线通过物质时,将与其中的电子、核子、带电粒子的电场以及原子核的介子场相互作用,其结果可能产生光子的吸收、弹性散射和非弹性散射。发生吸收时,光子的能量全部转变为其他形式的能量。弹性散射时仅仅改变辐射的传播方向。非弹性散射,不但改变辐射方向,同时也部分地吸收光子的能量。表1-1中列出了X射线和γ射线与物质相互作用的可能过程。不过表中的"光电效应","康普顿散射"及"电子对产生"过程是主要的,其他过程造成的能量损失很少。

1. 光电效应 在光电效应过程中,一个光子整个被原子吸收,继而从原子壳层发出一个电子,亦就是光电子。光电子出射角分布与入射光子能量有关,低能光子产生的光电子与入射方向成90°的方向上发射最多,随入射光子能量的加大而越来越多的光电子沿入射光子朝前发射。光电子的动能(E_k)等于光电子接受到的能量($h\nu$)减去该电子在原子中的结合能(B_i):

$$E_k = h\nu - B_i \qquad\qquad 公式(1-7)$$

一般光子能量远大于结合能,因此可认为光电子动能等于γ射线能量。如光子能量大

表 1-1　X 射线和 γ 射线与物质相互作用的可能过程(Frank H. Attix,1968)

作用对象	作用类型		
	吸收	散射	
		弹性散射	非弹性散射
原子中的电子	光电效应	瑞利散射(低能范围)	康普顿散射
核子	光核反应 hν≥10MeV	弹性核散射	核共振散射
带电粒子周围的电场	电子对产生 hν≥1.02MeV	德布里克散射	—
介子	光介子产生 hν≥140MeV	—	—

于 K 层电子的结合能,则 80% 的光电子来自 K 层。内壳层电子射出后,留下的空位即为外壳层电子补充,此时会伴生下列现象:发射特征 X 射线;发射俄歇电子;发射以上二者。特征 X 射线是当能态较高的电子,如 L 层跃迁到 K 层填补空位时,多余的能量以特征 X 射线形式放出。俄歇电子是俄歇效应释放出的电子,俄歇效应是处于激发态的原子,当外壳层电子填充内壳层电子空位时,以发射轨道电子代替发射特征 X 射线的退激过程。低能光子在高原子序数物质中发生光电效应的概率很大,但随光子能量增加,原子序数的降低,光电效应的概率迅速下降。对于机体组织,其 K 壳层电子的结合能为 0.5keV,当入射光子能量为 50keV,发生光电效应时,光电子得到的能量为 49.5keV。光电子留下的空位被外层电子补充时,即使没有俄歇电子发生,特征 X 射线的能量不可能超过 0.5keV,这些低能光子,几乎就在同一个细胞内被全部吸收。因此,一个光子在组织内若通过光电效应被吸收,则几乎全部能量都转移到组织。

2. 康普顿散射　如果入射光子的能量比原子中束缚电子的结合能大很多,那么,从光子而言,可以认为这些电子是自由的。康普顿散射就是入射光子与这类自由电子间的碰撞过程。康普顿散射中,入射光子的一部分能量传递给电子,使其反冲出去,同时自己也改变了原来的方向。能量较低时,入射光子能量大部分被散射光子带走;能量较高时,入射光子能量大部分转移给电子,康普顿散射过程发生的概率随光子能量的增大而减小。一般地,入射光子与原子的一个轨道电子发生碰撞,将一部分能量传递给电子,自己却改变了运动方向。当 γ 射线能量在 0.5~5MeV 范围内时,γ 射线与物质的主要作用是康普顿效应。康普顿效应总是发生在束缚最松的外层电子上。当散射角 θ(图 1-5)为 0° 时,散射光子能量与入射光子相同,反冲电子能量 $E_e=0$,这实际为入射光子仅从电子边掠过,未受到散射。当

θ=180°时散射光子沿入射光子相反方向回来,而反冲电子沿入射光子方向飞出,称之为反散射,此时散射光子能量为最小。

3. 电子对产生　在电子对产生过程中,入射光子与一个原子核周围的电场相互作用,光子的全部能量($h\nu$)变成一个负电子和一个正电子的静止质量,以及它们的动能。两个电子的总的动能T_e(各占一半)用公式(1-8)计算:

$$T_e = h\nu - 1.02 \qquad\qquad 公式(1-8)$$

正、负电子由于电离作用在物质中消耗了它们的动能,慢化并将停止的正电子与物质中自由电子复合向相反方向发射两个能量各为0.511MeV的光子,即湮没辐射。只有在入射光子能量大于1.02MeV时,才会发生电子对效应,实际上只当γ光子能量大于2MeV时,电子对效应才随能量再增高,而成为相互作用的主要作用过程,并且在高原子序数的物质中尤为突出。

在生物软组织中,当X或γ射线的光子能量小于50keV时,以光电效应为主,此时光子将它的全部能量传递给轨道电子,使它具有动能而发射出去,这种能量吸收过程称为光电效应,所发射的电子称为光电子。当能量为60~90keV时,光电效应与康普顿效应大致相等。当能量为0.2~2MeV时,以康普顿效应为主,此时光子与介质原子的1个轨道电子碰撞,产生1个向一定角度发射的反冲电子和1个散射的带有剩余能量的光子,此过程称为康普顿效应。当能量为5~10MeV时,电子对的产生逐渐增加;50~100MeV时,电子对产生为主要的能量吸收形式,形成电子对时,入射的高能光子转化为一对正负电子,形成的正电子慢化后,最终与负电子结合而转变为各约0.511MeV的两个光子,这个过程称为湮没辐射。

上述三种效应的发生与光子的能量及物质的原子序数有关。一般地,对于低原子序数的物质,康普顿效应在很宽的能量范围内占优势;对中等原子序数的物质,在低能时以光电效应为主,在高能时以电子对效应为主。

4. 光子在物质中的衰减　窄束光子减弱用准直、窄束几何条件,使那些与介质原子发生作用的光子都离开原入射线束,经过厚度为x的吸收片后,在日常宽束条件的射线减弱规律由公式(1-9)表示:

$$I = I_0 \cdot B \cdot e^{-\mu_m x} \qquad\qquad 公式(1-9)$$

式中:

I_0为光子通过吸收片前的强度,这些光子包括入射的初始光子束及散射光子、湮没辐射以及韧致辐射等次级光子;

I为光子通过吸收片前的强度;μ_m为总质量减弱系数;

B称为积累因子,其定义是某一特定的辐射量在任一点处的总值与不经受任何碰撞到达该点的辐射量之比值,因而是大于 1 的值,它与光子能量及介质特性等有关。

(二) 中子与物质的相互作用

中子是一种不带电荷的中性粒子。它与物质的相互作用既不同于带电粒子,也不同于光子。中子通过物质时与原子核外电子几乎不发生作用,中子与物质的作用只限于与原子核的作用,其反应概率与核的性质及中子能量有关。其作用可大体上分为散射和吸收两种作用类型。散射又可分为弹性散射、非弹性散射和去弹性散射三种。

弹性散射时中子将其部分能量传递给原子核,散射前后中子与原子核的总动能不变,获得能量的原子核称为反冲核,原子核越轻,中子传递给反冲核的能量越大,因此中子与氢核所形成的反冲质子,获取的能量最多(约有中子的一半能量传给反冲质子),此过程可记作 (n,n),人体软组织与中子相互作用获取能量主要来源于此。非弹性散射是中子将一部分能量用于激发原子核,受激发核释放光子后又退至基态,此过程可记作 (n,n')。这种散射只在中子能量大于原子核激发能时才可能发生。热中子在任何物质中都以辐射俘获作用为主,慢中子和轻核作用以弹性散射为主,与重核作用以辐射俘获为主,快中子和中能中子则主要是与原子核发生弹性散射作用(非弹性散射一般只在大于 0.1MeV 时才发生)。释放带电粒子的俘获只限于轻核且发生概率很小,去弹性散射只在高能中子才会发生。

(三) 质(量)能(量)转移系数

质能转移系数 (μ_{tr}) 是指不带电电离粒子在密度为 ρ 的物质中穿行距离为 dl 时,通过相互作用将其入射能量转移给次级带电粒子动能的份额。

在实际的辐射防护工作中,不仅需要计算单质元素材料的质能转移系数,也需要考虑空气、水、肌肉、混凝土等混合物和化合物材料的质能转移。这时需要知道混合物和化合物中不同元素的重量比,再以这个比为权数,将所含元素的质能转移系数加权平均,就可得到混合物和化合物的质能转移系数。

(四) 质能吸收系数

质能吸收系数 (μ_{en}/ρ) 是指质能转移系数减去次级带电粒子以韧致辐射形式损失的能量份额。μ_{tr}/ρ 与 μ_{en}/ρ 的差别依赖于韧致辐射的情况,当次级带电粒子的动能与它的静止能相近或更大时,两者差异会更显著,对于高原子序数物质中的相互作用来说,尤为如此。当该物质为空气,辐射是单能 X 或 γ 射线而在空气中每产生一对离子所消耗的平均能量与电子能量无关时,则 μ_{en}/ρ 与照射量除以能注量而得的商成正比。

在实际的辐射防护和剂量学中,不但需要计算单质元素材料的质能吸收系数,而且需要计算空气、水、肌肉、混凝土等混合物和化合物材料的质能吸收系数。这时需要知道混合物和化合物中不同元素的重量比，再以这个比为权数，将所含元素的质能吸收系数加权平均，就可得到混合物和化合物的质能吸收系数。

三、核辐射的穿透能力

α 粒子是一种大而重的粒子（以氢原子核作为标准）穿过物质的速度比较慢，因此，沿着它的轨迹与原子发生相互作用的机会较多，在每次相互作用过程中都将放出一些能量。结果，α 粒子很快地损失了能量，在浓密介质中只能穿过很短的距离。

β 粒子的质量比 α 粒子小得多，能以较快的速度飞行，因此，它在单位径迹长度上只遭到很小的相互作用，从而放出能量的速率比 α 粒子慢得多，这意味着在浓密的介质中，β 粒子比 α 粒子穿透得更远。

γ 辐射主要与原子电子发生相互作用而损失能量，在浓密介质中，它能穿过较远的距离，并且很难全部被吸收。

中子通过多种相互作用放出能量，每种过程的相对重要性取决于中子的能量。由于这个原因，一般的做法是把中子至少分成三个能量组：快中子、中能中子和热中子。中子有很大的穿透性，在浓密介质中将穿过很长的距离。

表 1-2 总结了各种辐射的特性和射程；列出的射程只是个粗略值，因为它们还取决于辐射的能量。

表 1-2　各种辐射的特性（Frank H. Attix, 1968）

辐射类型	质量/u	电荷	在空气中的射程	在生物组织中的射程
α	4	+2	0.03m	0.04mm
β	1/1 840	−1（+ 正电子）	3m	5mm
X 辐射和 γ 辐射	0	0	很长	能穿过人体
快中子	1	0	很大	能穿过人体
热中子	1	0	很大	0.15m

第四节　辐射防护中常用量和单位

一、总论

防护实用量是从辐射防护监测的实际出发定义的量，这些量均是在一些特定的环境或辐射场中定义的,这些量仅用在辐射防护监测方面,不能用于其他目的。防护评价量是辐射防护评价的目标量,这些量主要通过物理量或实用量用计算或估算求得,它们本身是不可测的量。防护实用量是可测量的量,它们主要用于有效剂量的评估。

二、剂量学基本物理量

(一) 吸收剂量

吸收剂量(D)是电离辐射授予体积元内物质的平均能量($d\varepsilon$)除以该体积元的质量(dm)而得的商,即:

$$D = d\varepsilon/dm \qquad\qquad 公式(1-10)$$

吸收剂量的 SI 单位是"J/kg",SI 单位的专门名称叫"戈瑞"(Gray),符号是"Gy",1Gy = 1J/kg。过去曾用的吸收剂量的专用单位是"拉德",其符号为"rad",1rad = 0.01Gy。

应当注意的是,通常提到吸收剂量时,必须指明介质和所在的位置。由于吸收剂量将随辐射类型和物质的种类而异,因而在描述吸收剂量时,必须说明是哪种辐射对何种物质造成的吸收剂量。当吸收剂量分布不均匀时,还必须明确其位置。

(二) 注量

外辐射场主要用粒子注量或自由空气中的比释动能等物理量来描述,人体摄入放射性核素后的内辐射场决定于这些核素的生物动力学、人体解剖学和生理学参数。

注量是辐射防护的基本物理量,能用于描述外照射辐射场的可测量。然而,用这个量估算辐射防护评价量(例如,有效剂量和器官当量剂量等)确不太方便。注量通常需要有粒子类型和粒子能量,以及方向分布等的附加说明,这些与损伤的关系十分复杂。

一种辐射场可以用粒子数(N),它的能量和方向分布,及其这些量的空间和时间分布来描述,这就需要明确其标量和矢量的特性。ICRU 已给辐射场方面的量下了明确的定义(ICRU 第 60 号报告书,1998),其中,提供方向分布信息的矢量主要用于辐射场的转移理论和计算方面;而标量,例如粒子注量或比释动能,通常在剂量学应用中采用。要完全描述辐射场应有两类量,一类是关于粒子数量,例如注量和注量率,也称为粒子注量和粒子注量率;另一类是由它们转移的能量,如能量注量。辐射场可以由不同类型的辐射组成,这时基于辐射粒子数的辐射场能量还与辐射类型有关,这时就需要在量前明确其辐射类型,例如,中子注量。

注量是基于计数通过一个小的球面粒子数的一个量,注量 Φ 是 dN 除以 da 所得的商。

$$\Phi = dN/da \qquad\qquad 公式(1-11)$$

其中:dN 是入射到有效截面积为 da 的球面上的粒子总数。注量的 SI 单位是"m^{-2}"。

辐射场中,通过一个小球的粒子数经常具有随机涨落特性。但是,注量及其相关的量却定义为非随机量,因而,在确定点和特定时间有单值,并不具有涨落特性。注量应当是随机涨落的一个期望值。

X射线、γ射线、β射线均可以通过注量的测量来估算其吸收剂量。一般来说,中子的吸收剂量主要也是通过注量测量来实现的。

(三) 比释动能

物质中非带电粒子(间接电离粒子,例如,光子或中子)是通过电离和慢化次级带电粒子来完成其对物质的能量转移的,这种能量转移通常用比释动能来描述。比释动能 K,定义为非带电粒子在无限小体积内释放出的所有带电粒子的初始动能之和 $d\varepsilon_{tr}$ 除以该体积内物质的质量 dm 而得的商,即:

$$K = d\varepsilon_{tr}/dm \qquad\qquad 公式(1-12)$$

比释动能 K 的 SI 单位和专用单位,均与吸收剂量相同,是"Gy"。

应注意的是,$d\varepsilon_{tr}$ 包括了带电粒子在韧致辐射过程中辐射出来的能量以及发生的次级过程所产生的任何带电粒子的能量,如光电子伴随的俄歇电子的能量。比释动能 K 关心的是质量为 dm 的无限小体积内转移给次级电子的能量总和,它并不关心这些次级电子的去向。

提到比释动能时,必须指明能量转移时的介质和所在位置。在实际使用中,可以确定与周围介质不同的该介质中的比释动能,也可以确定与周围介质相同的该介质中的比释动能。对前者其值是指假如在关注点上存在少量特定物质时得到的。如"在水模体内某点 P 处的空气比释动能",意指在水模体内,设想 P 点处存在少量空气时,在此空气腔中的比释动能值。

(四) 比释动能与吸收剂量的关系

1. 带电粒子平衡   比释动能和吸收剂量虽然有相同的量纲,但它们在概念上是完全不同的两个剂量学量。在整个所关心的体积内,若带电粒子的能量、数目和方向都是恒定的话,即存在带电粒子平衡(CPE),并且韧致辐射损失可以忽略不计,那么,该点处的比释动能就等于该点处的吸收剂量。

在特殊情况下,有真实的 CPE 条件存在(在介质的最大剂量深度),这时的吸收剂量 D 与总的比释动能 K 满足以下的关系:

$$D = K(1-g) \qquad\qquad 公式(1-13)$$

式中:

g 是电离辐射产生的次级电子消耗于韧致辐射的能量占其初始能量的份额。g 的大小与电子的动能有关,能量越高,g 值越大;g 值也与介质的原子序数有关,高原子序数的介质其 g 值也越高;在空气中对于 ^{60}Co 和 ^{137}Cs γ 射线,$g=0.32\%$,对最大能量小于 300keV 的 X 射线,g 值可忽略不计。

在高能情况下,由于吸收剂量存在建立区,这对皮肤有一个保护的作用。然而,实际工作中,虽然表面剂量不大,但由于在模体或人体皮肤上面的空气中可能产生电子污染,或加速器头和线束整形设备产生的带电粒子,使表面皮肤的剂量不可能是 0。

2. 用空气比释动能测量计算吸收剂量的方法　大多数剂量学问题是要确定生物组织中的吸收剂量,但直接测量生物组织中的吸收剂量是非常困难的,常用的方法是测定有关位置上的空气比释动能 Ka。当带电粒子平衡(charged particle equilibrium,CPE)条件得到满足时,可再利用以下关系求出受照物质(m)的吸收剂量(D_m)。

$$D_m \stackrel{CPE}{=} K_a \times (\mu_{en}/\rho)_m / (\mu_{en}/\rho)_a \times (1-g) \qquad \text{公式(1-14)}$$

其中:K_a 是受照物质(m)所处位置的空气比释动能,Gy;

$(\mu_{en}/\rho)_a$ 和 $(\mu_{en}/\rho)_m$ 分别是空气与物质(m)的质量能量吸收系数。

(五) 空气比释动能率常数 Γ_{k_a}

空气比释动能率常数是一个描述不同放射性核素源,单位放射性活度在自由空气中的特定距离上引起的空气比释动能率大小的物理常数,通常用 Γ_{k_a} 表示。

表 1-3 中给出了常用核素的 Γ_{k_a} 值。

表 1-3　常用放射性核素的空气比释动能率常数

核素	$\Gamma_{k_a}/[mGy \cdot m^2 \cdot (GBq \cdot h)^{-1}]$	核素	$\Gamma_{k_a}/[mGy \cdot m^2 \cdot (GBq \cdot h)^{-1}]$
^{60}Co	0.36	^{192}Ir	0.14
^{106}Ru	0.007 1	^{198}Au	0.067
^{131}I	0.062	^{226}Ra	0.002 2
^{137}Cs	0.095	^{241}Am	0.037

本表基础数据来源:Frank H. Attix,1968。

三、辐射防护评价量

(一) 辐射防护中主要的剂量学量

ICRP 将吸收剂量作为剂量评价的基本物理量,它通常是整个器官和组织的平均值,在应用时适当选择一些权重因数,这些权重因数考虑了不同辐射的生物效应的差异,以及不同器官和组织对随机性效应的辐射敏感性的差异。有效剂量就是综合考虑了上述因素的一个辐射防护评价量。

用于辐射防护评价中的防护评价量主要指器官吸收剂量 D_T、器官相对生物效能权重吸收剂量 AD_T、器官当量剂量 H_T、有效剂量 E。

(二) 组织或器官的当量剂量

组织或器官的当量剂量, H_T 可用下式计算:

$$H_T = \sum_R W_R D_{TR} \qquad 公式(1\text{-}15)$$

式中:

W_R 是辐射 R 的权重因数(表 1-4);

D_{TR} 是辐射 R 在一个组织或器官中引起的平均吸收剂量。

表 1-4　ICRP 第 103 号出版物推荐的辐射权重因数 W_R

辐射类型	能量范围	辐射权重因数 W_R
光子	所有能量	1
电子和 μ 介子	所有能量	1
质子和带电 ð 介子	>2MeV	2
α 粒子,裂变碎片,重离子	所有能量	20

注:下列连续函数用于中子辐射权重因数的计算:

$W_R = 2.5 + 18.2\, e^{-[\ln E_n]^2/6}$　　$E_n < 1\text{MeV}$

$W_R = 5.0 + 17.0\, e^{-[\ln(2 \times E_n)]^2/6}$　　$1\text{MeV} \leqslant E_n \leqslant 50\text{MeV}$

$W_R = 2.5 + 3.2\, e^{-[\ln(0.04 \times E_n)]^2/6}$　　$E_n > 50\text{MeV}$

(三) 有效剂量

有效剂量 E 可用下式计算,其中 W_T 是组织权重因数,其值列在表 1-5 中。

$$E = \sum_T W_T H_T \qquad 公式(1\text{-}16)$$

器官当量剂量和有效剂量的单位为 J/kg,其单位的专用名为希沃特(Sv)。

在有效剂量的定义中,考虑了各人体器官和组织在随机性效应的辐射危害方面的相对辐射敏感性,它是以人体器官或组织内的平均剂量为基础的。这个量给出的数值,考虑了所给定的照射情况,但是不考虑具体的个人特性。据判断,由此得到的剂量的近似程度对于辐射防护来讲是可以接受的。

表 1-5　ICRP 2007 年建议书中的组织权重因数 W_T

器官/组织	组织数目	W_T	合计贡献
肺、胃、结肠、骨髓、乳腺、其余组织	6	0.12	0.72
性腺	1	0.08	0.08
甲状腺、食管、膀胱、肝	4	0.04	0.16
骨表面、皮肤、脑、唾液腺	4	0.01	0.04

注:1. 性腺的 W_T,用于对睾丸和卵巢剂量的平均值。

2. 对结肠的剂量,如第 60 号出版物用公式表示那样,取为对上部大肠和下部大肠剂量的质量加权平均值,所指定的其余组织(总计 14 种,每种性别 13 种)是:肾上腺、外胸(ET)区、胆囊、心脏、肾、淋巴结、肌肉、口腔黏膜、胰腺、前列腺(男性)、小肠、脾、胸腺、子宫/子宫颈(女性)。

表 1-5 中给出的其余组织中的特定组织的有效剂量可直接进行相加而不需要做进一步的质量加权,每一个其余组织的权重因数低于其他任何有名称的组织的最小值(0.01)。

有效剂量的采用,使得可以把情况差异很大(例如由不同种类辐射的内照射和外照射)的照射组合在一个单一数值中。这样,基本的照射限值就可以用一个单一的量来表示。

在实际应用中,对器官剂量或者外照射情况下的转换系数和内照射情况下剂量系数(单位摄入的剂量,Sv/Bq)的计算,并不是基于个体的数据,而是基于 ICRP 第 89 号出版物(2002)中给出的人体参考值。另外,在评价公众成员的照射时,可能需要考虑某些与年龄相关的资料,例如食物消费量等。参考值的采用,以及在有效剂量计算中对两种性别进行平均的做法表明,参考剂量系数的用途并不在于提供某个具体个人的剂量,而是参考人的剂量。还将制定适用于不同年龄儿童的参考计算模体,用于计算公众成员的剂量系数。

有效剂量的主要用途是提供证明满足剂量限值的手段的一个量。在这个意义上,有效剂量主要被用于监管目的。有效剂量用于限制随机性效应(癌症和遗传效应)的发生,它不适用于评价组织反应的概率。在剂量远低于年有效剂量限值的剂量范围内,不应当发生组织反应。只有在极少数几种情况下(如组织权重因数低的单个器官,如皮肤的急性局部照射),使用有效剂量的年剂量限值会不足以避免组织反应。在这种情况下,也需要对局部组织剂量进行评价。

(四) 器官平均吸收剂量

按定义的吸收剂量,它是物质内任一点的特定值。然而,在实际应用中,我们往往需要评价一些较大体积的器官和组织的吸收剂量,这时我们用器官平均吸收剂量来描述,它是整个该组织或器官吸收剂量的平均值。因此,在低剂量时,假定用一个特定组织或器官的吸收剂量均值作为吸收剂量的量度,而不评价在组织或器官中的剂量分布,对辐射防护而言是可以接受的。

吸收剂量均值是对整个特定器官(例如肝)、组织(例如肌肉)或组织区域(例如骨表面、皮肤)范围内进行平均。吸收剂量能否代表特定器官、组织或组织区域电离辐射能量沉积的程度与一些因素有关。对于外照射,主要决定于照射在该组织中的均匀性和入射辐射的贯穿程度或射程。对强贯穿辐射(光子、中子),大多数器官内的吸收剂量分布是足够均匀的,因而,平均吸收剂量是对整个器官或组织范围内剂量的一个适当的度量。

(五) 相对生物效能权重器官吸收剂量

相对生物效能权重器官吸收剂量用于核或辐射突发事件应急中避免或最大限度减少严重确定性效应采取应急防护行动的一般准则的设置。相对生物效能权重器官吸收剂量用 AD_T 表示。AD_T 用下式计算:

$$AD_T = \sum_R RBE_{TR} \times D_{TR} \qquad 公式(1-17)$$

式中:

AD_T 是器官 T 的相对生物效能(RBE)权重吸收剂量,单位为(Gy),它主要用来反映严重确定性效应的风险,并使得来自不同辐射类型的器官或组织的剂量可直接进行比较;

RBE_{TR} 是不同辐射类型和照射方式 R 对器官 T 的相对生物效能,注意,在这里的 RBE 不但考虑了辐射类型,还考虑到内照射,特别是 α 内照射对不同疾病及病变器官所致确定性效应的差异。

对于外照射,可以直接描述为 $AD_{红骨髓}$、$AD_{皮肤}$、$AD_{甲状腺}$ 和 $AD_{胎儿}$ 等就可以了。对内照射:应描述为 $AD(\Delta)_{红骨髓}$、$AD(\Delta)_{皮肤}$、$AD(\Delta)_{甲状腺}$ 和 $AD(\Delta)_{胎儿}$ 等,$AD(\Delta)$ 系指一个时间段 Δ 内通过摄入受到的将导致 5% 的受照个体产生严重确定性效应的相对生物效能权重吸收剂量。

相对生物效能(relative biological effectiveness,RBE)是衡量不同辐射种类在诱发特定健康效应效能方面的一种相对标准,表示为产生相同程度的某一规定生物学终点所需的两种不同辐射种类吸收剂量的反比。应注意的是,在诱发随机效应方面相对生物效能的值以辐射权重因子 W_R 表示。仅在应急准备和响应诱发确定性效应方面,用相对生物效能的值来表示有意义的严重确定性效应。表 1-6 示出针对选定严重确定性效应的 RBE_{TR} 的组织或器官特定值和辐射特定值。

(六) 内照射防护评价量

在内照射剂量估算中,最常用的是待积器官当量剂量 $H_T(\tau)$ 和待积有效剂量 $E(\tau)$,组织或器官 T 中的待积当量剂量 $H_T(\tau)$ 定义为:

表 1-6　RBE_{TR} 的组织或器官特定值和辐射特定值

健康效应	关键组织或器官	照射 [a]	RBE_{TR}
造血综合征	红骨髓	外照和内照 γ	1
		外照和内照 n	3
		内照 β	1
		内照 α	2
肺炎	肺 [b]	外照和内照 γ	1
		外照和内照 n	3
		内照 β	1
		内照 α	7
肠胃综合征	结肠	外照和内照 γ	1
		外照和内照 n	3
		内照 β	1
		内照 α	0
骨疽	组织 [d]	外照 β、γ	1
		外照 n	3
湿性脱屑	皮肤 [e]	外照 β、γ	1
		外照 n	3
甲状腺功能减退	甲状腺	摄入碘同位 [f]	0.2
		其他趋甲状腺物	1

[a] 外部 β、γ 照射包括源的材料内产生的韧致辐射的照射。[b] 呼吸道的肺泡间质区组织。

[c] 对于在结肠的内容物中均匀地分布的 α 发射体,假定肠壁的辐照可忽略不计。

[d] 面积超过 100cm² 面积表皮下 5mm 深度的组织。

[e] 面积超过 100cm² 面积表皮下 0.4mm 深度的组织。

[f] 甲状腺组织的均匀辐照被认为比 ^{131}I、^{129}I、^{125}I、^{124}I 和 ^{123}I 等碘的低能 β 发射同位素所致内部照射有五倍以上的可能产生确定性效应。趋甲状腺放射性核素在甲状腺组织中有非均匀的分布。同位素碘-131 发射低能 β 粒子,从而由于这些粒子的能量在其他组织内的损耗导致关键甲状腺组织的辐照效能降低。

$$H_T(\tau) = \int_{t_0}^{t_0+\tau} \dot{H}_T(t)\,dt \qquad\qquad 公式(1\text{-}18)$$

其中:$\dot{H}_T(t)$ 是在 t_0 时刻摄入放射性核素之后 t 时刻的剂量当量 $\dot{H}_T(t)$,τ 的积分时间。

对应急情况下急性摄入引起的急性内照射,τ=30 天,这时用 Δ 表示积分时间,这时应计算待积器官相对生物效能权重吸收剂量,表示为 $AD_T(\Delta)$。

待积有效剂量 $E(\tau)$ 由下式给出:

$$E(\tau) = \sum_T W_T H_T(\tau) \qquad\qquad 公式(1\text{-}19)$$

$H_T(\tau)$ 和 $E(\tau)$ 是摄入放射性物质后,随时间积分的一个剂量学量。对于职业工作人员,待积有效剂量评价的待积时间通常为摄入后 50 年。50 年的待积时间,是 ICRP 考虑到一个参加工作的年轻人的平均寿命而取的整数值。摄入所产生的待积有效剂量也被用于公众成员的预期剂量估算。在上述情况中,所考虑的 50 年的待积周期适用于成年人。对于婴幼儿和儿童,剂量评价年龄应达到 70 岁。如果没有特殊说明,对成年人,τ 的值为 50 年,对于婴幼儿为 70 年。

用上述公式直接计算 $H_T(\tau)$ 和 $E(\tau)$ 比较困难,辐射防护中并不需要这样复杂的计算,而是采用简单的隔室模型代表器官中的放射性核素的转移、沉积和排除进行简化。因此通常用以下简化公式计算:

$$H_T(\tau) = A_0 h_T(\tau) \qquad \text{公式}(1\text{-}20)$$

$$E(\tau) = A_0 e(\tau) \qquad \text{公式}(1\text{-}21)$$

A_0 是放射性核素的总摄入量(活度),单位为 Bq;$h_T(\tau)$ 是待积组织或器官的剂量系数,单位为 Sv/Bq;$e(\tau)$ 称作待积有效剂量系数,即每单位摄入量引起的待积有效剂量预定值,单位为 Sv/Bq。

ICRP 通过建立人体的生物动力学模型和相应的剂量学模型,对 $h_T(\tau)$ 和 $e(\tau)$ 值进行了计算,并公布于其相应的出版物。原则上,只要能估算出摄入量(A_0)再结合 ICRP 给出的 $h_T(\tau)$ 或 $e(\tau)$ 值,就可以方便地计算出待积组织当量剂量 $H_T(\tau)$ 或待积有效剂量 $E(\tau)$。

从 2015 年开始的 ICRP 放射性核素的职业摄入(OIR)5 个系列出版物中,不仅修订了原先的剂量系数法中的相关参数,而且提出了直接由个人监测量估算剂量的新方法,ICRP 将其称为单位含量函数(dose per content function)方法。

职业人员,如果采用常规个人监测方法的一次测量结果为 M,可以不再估算摄入量,通过下面的公式估算待积有效剂量:

$$E(50) = \sum_j M_j \times Z_j(t) \qquad \text{公式}(1\text{-}22)$$

式中:

M_j 是体内污染核素 j 的个人监测值,单位为 Bq;

$Z_j(t)$ 是摄入后 t 时刻的单位内照射个人监测值的待积有效剂量,单位为 Sv/Bq;其值可从 2015 年开始的 ICRP 放射性核素的职业摄入(OIR)5 个系列出版物中获取,到目前仅发布了 4 个出版物,还有一个出版物还未发布。

ICRP 的 $Z_j(t)$ 用以下公式计算:

$$Z_j(t) = e_j(50) / m_j(t) \qquad \text{公式}(1\text{-}23)$$

式中：

$m_j(t)$ 是摄入后 t 时刻的单位内照射个人监测值的摄入量，单位 Bq/Bq。

对常规监测 $t=T/2$；T 是常规监测的周期。

四、辐射防护实用量

实用量是具有可测量性的点量，它是用来估算辐射防护评价量的可测量的量。按照这个要求，实用量需要满足：在常规的场所和个人监测中，用现有仪器或稍加改进的仪器是实际可测量的；在正常的工作条件下，提供对适当的防护量的合理和偏安全的估计。这些实用量的测量结果，通常应是要达到合理高估而不低估防护评价量的目标。

辐射防护中不同的任务需要不同的实用量，这包括用于控制工作场所辐射和进行控制区或监督区防护管理的场所监测，以及控制和限制个人受照的个人监测。利用场所监测仪进行的测量应在自由空气中进行，而个人剂量计则应佩戴在人体上。作为对监测结果而言，在一个给定的情形下，自由空气的场所监测仪所监测的辐射场与佩戴在人体上的个人剂量计所监测的辐射场是不同的，因为在人体表面的辐射场会受到辐射在人体中散射和吸收的严重影响。采用不同的实用量就反映了这些差别。

可用表 1-7 列出了描述外照射监测各种任务中不同实用量的用途。ICRU（1993b）规定 $H_p(10)$ 和 $H^*(10)$ 是用于强贯穿辐射，如光子（12keV 以上）和中子，而 $H_p(0.07)$ 和 $H'(0.07, \Omega)$ 则适用于弱贯穿辐射，如 β 粒子的监测。此外，$H_p(0.07)$ 也可用于各种电离辐射对手足的剂量监测。对眼晶状体剂量监测，暂时存在使用困难的 $H_p(3)$ 也列在了表中，但通常是用 $H_p(0.07)$ 的监测来达到眼晶状体剂量评价目的。

表 1-7　外照射监测实用量的用途

任务	实用量	
	场所监测	个人监测
有效剂量估算及控制	周围剂量当量 $H^*(10)$	个人剂量当量 $H_p(10)$
皮肤、手足及晶状体剂量估算及控制	定向剂量当量 $H'(0.07, \Omega)$	个人剂量当量 $H_p(0.07)$ 及 $H_p(3)$

（一）周围剂量当量 $H^*(d)$

辐射场中某一点的周围剂量当量，$H^*(d)$ 是在相应的齐向扩展辐射场中，在 ICRU 球内与齐向场方向相反的半径上，其深度为 d 处的剂量当量（图 1-5）。其单位为 J/kg，单位的专用名为希沃特（Sv）。应注意的是，$H^*(d)$ 的表述应包括参考深度 d，为简化符号，d 可以用 mm

为单位的量来表示。

对强贯穿辐射,d 常用 10mm 这个深度,因而此时周围剂量当量可表示为 $H^*(10)$。

周围剂量当量是定义在 ICRU 球内的用于场所监测量,在外照射的大多数实际情况中,周围剂量当量可以满足为限值量的数值提供保守估计或其上限的目的。但对于处在高能辐射场,如高能加速

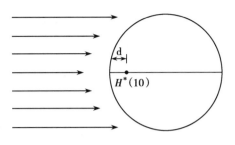

图 1-5 周围剂量当量定义示意图

器周围和宇宙射线辐射场中的人员,情况并非总是如此。在这种情况下,次级带电粒子达到平衡的深度是非常重要的。对于能量很高的粒子来说,ICRU 组织中 10mm 深度,在该点之前不足以完成带电粒子的累积。因此,运用实用量将低估有效剂量。然而,在机组人员受照的相关辐射场中,若对所推荐的中子和质子的辐射权重因数加以考虑,那么 $H^*(10)$ 似乎仍是一个合适的实用量。

按 ICRU 的建议,所有外照射辐射防护测量仪器的刻度都可应用新的实用量。过去按照射量或比释动能等刻度的仪器都必须重新进行刻度。另一方面,在选择新的量时重点考虑的是:当前流行的仪器不论是刻度程序或应用都应尽可能地只作小的改变而继续使用。实际上在我们常用的大多数情况下,可以将测量比释动能的仪器直接用作周围剂量当量测量。

(二) 定向剂量当量

定向剂量当量,$H'(d,\Omega)$,用于弱贯穿辐射的场所监测,实用量为定向剂量当量 $H'(0.07,\Omega)$,或用得很少的 $H'(3,\Omega)$ (图 1-6),其定义如下:

辐射场中某点处的定向剂量当量 $H'(d,\Omega)$ 是由相应的扩展场在 ICRU 球内在指定方向 Ω 的半径上深度为 d 处所产生的剂量当量。

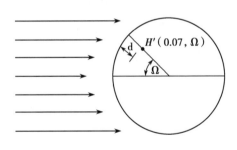

图 1-6 定向剂量当量定义示意图

对于弱贯穿辐射,$d=0.07mm$,$H'(d,\Omega)$ 写为 $H'(0.07,\Omega)$。在监测晶状体的剂量时,ICRU 推荐使用 $H'(3,\Omega)$,$d=3mm$。

其单位为 J/kg,单位的专用名为希沃特(Sv)。应注意的是,表述 $H'(d,\Omega)$ 应有参考深度 d 和方向 Ω 的说明。

定向剂量当量是在 ICRU 球内的用于场所监测量。定向剂量当量 $H'(3,\Omega)$ 和个人剂量当量 $H_p(3)$ 在实际当中是很少使用的,现有的测量仪表也很少能有测量这些量的。ICRP 未

给出 $H_p(3)$ 进行器官剂量估算的转换系数,而是采用其他实用量来评价晶状体所受到的剂量,这也可以充分实现对晶状体受照的监测。$H_p(0.07)$ 通常被用于这一特殊目的。

对于弱贯穿辐射的场所监测,$H'(0.07,\Omega)$ 几乎是唯一使用的量。由于单向辐射入射主要发生在校准过程中,该量可以写为 $H'(0.07,\Omega)$,其中 α 为方位角 Ω 与辐射入射方向相反的方向之间的夹角。在辐射防护实践中一般不指定方位角 Ω,因为 $H'(0.07,\Omega)$ 通常是所感兴趣点的最大值,这一点是很重要的。在测量过程中可以通过转动剂量率仪以获得最大的读数来实现。

测量 $H'(d,\Omega)$ 要求辐射场在测量仪器范围内是均匀的,并要求仪器具有特定的方向响应。为说明方向 Ω,要求选定一个参考的坐标系统,在此系统中 Ω 可以表述出来(例如用极角或方位角)。该系统的选择常依赖于辐射场。

实际上,在原来的弱贯穿辐射测量中,测定组织等效吸收体中特定深度吸收剂量率的仪器都可用来测量定向剂量当量率,不需要作大的改变。

(三) 个人剂量当量

个人剂量当量 $H_p(d)$,是在身体表面下,深度 d 处组织的剂量当量。单位为 J/kg,专用名为希沃特(Sv)。表述 $H_p(d)$ 应有参考深度 d 的说明,为表示简单,d 可以用 mm 为单位表示。对弱贯穿辐射,皮肤和晶状体的 $H_p(d)$ 分别为 $H_p(0.07)$ 和 $H_p(3)$。对强贯穿辐射,深度为 10mm,表示为 $H_p(10)$。

$H_p(d)$ 用一个佩戴在身体表面的个人剂量计来测量,这种剂量计有一个探测器,并在探测器上覆盖了一个适当厚度的组织等效材料。如个人剂量计上覆盖的组织等效吸收体的厚度分别为 0.07mm、3mm 和 10mm,则可以直接用来测量 $H_p(d)$。

第五节　辐射防护体系

一、ICRP 建议书

1966 年 ICRP 发表了第 9 号出版物,确认放射防护的目的是"防止急性辐射效应并将晚期效应的危险限制到一个可以接受的水平"。当时的认识水平尚不足以区分确定性效应和随机性效应,也不知道是否存在一个阈值,然而,ICRP 明确提出了线性无阈假设,并确认这种假设不至于低估辐射危害。由于无阈假设的提出,不能再将"耐受剂量"以下的照射再看作是完全"安全"的剂量,进而提出了"可接受的危险"的概念。这一概念表明:剂量限值不再是由纯粹安全上的原因确定的,还应考虑社会的可接受程度。

1977 年 ICRP 发表了第 26 号出版物,明确指出放射防护体系的三个基本原则,即正当性、最优化和剂量限值三原则。ICRP 第 26 号出版物的发布,是放射防护工作的一个里程碑。由于实施最优化的结果,大多数人员所受到的剂量远小于剂量限值,只有在少数情况下需要依靠剂量限值来限制个人剂量。辐射防护的目的在于防止有害的确定性效应,并限制随机性效应的发生率,使之达到被认为可以接受的水平。

1977—1990 年期间,ICRP 曾对第 26 号出版物提出过一系列的修订增补意见与声明。主要考虑到新的科学数据、事故的预防和如何实际提高防护水平等。新的科学数据发表,例如日本原子弹爆炸幸存者剂量估算的 1986 年剂量系统(DS-86)版本和剂量及剂量率因子,较大幅度改变了辐射危险度的数值,引起人们要求修改限值的呼声。事故的预防方面,例如三哩岛事故和切尔诺贝利事故使人们认识到有必要将事故作为常规运行中的一部分而在防护体系中予以考虑。在如何实际提高防护水平上,一方面,科学技术的发展不断地改进防护水平(这种改进通常是一个渐进过程);另一方面,实际的照射水平是由防护的最优化过程确定的,因而降低剂量限值并不能明显地降低实际的剂量水平;同时,假定把限值降低到许多情况都需要依靠约束值来限制,则势必偏离最优化的旨意,或者说假定选取更低的剂量约束值,则又势必加重核工业的负担,也限制核工业给人类带来的利益。

ICRP 要面对如何既适应放射防护学新数据的变化,又考虑到社会和经济因素,特别是核燃料循环防护水平提高的实际可能性;就是在这样的情况下,1990 年,ICRP 发表了第 60 号出版物(ICRP-60),它在保留 1977 年原建议书的放射防护体系的基础上,对具体内容作了部分变更和补充,阐述更加明确与系统。ICRP 1990 年建议书重新修改标称危险系数,重新定义剂量,提出源相关评价方法和个人相关评价方法,区分三种照射,以及建立实践和干预的防护体系。根据 1990 年以来的科学研究成果和辐射防护中的新问题,2007 年 ICRP 提出了新的辐射防护建议书 ICRP 103 号出版物(ICRP-103)。

ICRP-60 和 ICRP-103 的辐射防护目标都是:防止确定性效应的发生;将随机性效应发生的概率降低到可以接受的尽可能低的水平。

在两个出版物中,都明确了委员会的三项放射防护基本原则,即正当性、最优化和剂量限值的应用,并阐明了如何把这些基本原则应用于施予照射的辐射源和接受照射的个人。

如图 1-7 所示,ICRP-103 改变了 ICRP-60 以过程为基础的实践和干预的防护方法,将其分为计划照射、应急照射和现存照射。ICRP-103 中不仅系统地讨论了计划照射情况,而且也讨论了现存照射情况(包括来自过去在委员会建议书之外运作的实践引起的残留物)和

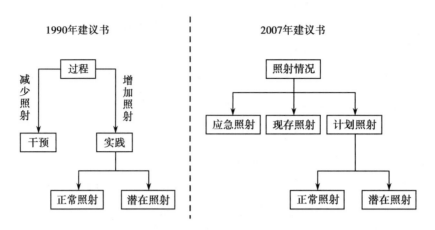

图 1-7 ICRP-60 与 ICRP-103 的比较

应急照射情况;并提出正当性和最优化基本原则适用于所有三种照射。ICRP-103 的计划照射与 ICRP-60 的实践的情况相同,也分为正常照射和潜在照射两种情况,而且对所有受监管源,都用委员会现行的有效剂量和当量剂量的个人剂量限值。

ICRP-60 从辐射防护观点出发,明确地区分为引起照射的"实践"和减少照射的"干预"。"干预"还可分为对短期照射和持续照射的干预。短期照射是与事故和应急相关的,持续照射则与补救行动有关。实践又分为正常照射和潜在照射,正常照射是预期会发生的照射;潜在照射是不期望但可能发生的照射。

ICRP-103 将照射情况分为应急照射、现存照射和计划照射三种,用区分三类照射情况的防护取代 ICRP-60 中以过程为基础的实践和干预的防护方法。

计划照射:谨慎地引入或操作辐射源的情况,它也分为正常照射和潜在照射。

应急照射:在计划照射情况的运行过程中可能发生,或者来自于恶意行为或其他意外情况,并需要采取应急措施以避免或降低不良后果的情况。

现存照射:在决定必须采取控制措施时,照射已经存在的情况,包括紧急事件发生后的持续照射。

ICRP-103 与 ICRP-60 一样,将照射分为职业照射、医疗照射和公众照射。

职业照射:除了国家有关法规和标准所排除的照射以及根据国家有关法规和标准予以豁免的实践或源所产生的照射以外,工作人员在其工作过程中所受的所有照射。

医疗照射:患者(包括不一定患病的受检者)因自身医学诊断或治疗所受的照射、知情但自愿帮助和安慰患者的人员(不包括施行诊断或治疗的执业医师和医技人员)所受的照射,以及生物医学研究计划中的志愿者所受的照射等。

公众照射：公众成员所受的辐射源的照射，包括获准的源和实践所产生的照射和在干预情况下受到的照射，但不包括职业照射、医疗照射和当地正常天然本底辐射的照射，通常将妊娠工作人员的胚胎和胎儿照射视为公众照射。

为实现对公众的辐射防护的目的，ICRP-103 推荐使用"代表人"一词替代早期的"关键人群组"概念。"关键人群组"表征公众成员中受到最大辐射照射的人员；"代表人"用以表征"代表人"的习性（如食品消费量、呼吸速率、所在位置、地方资源的利用等）必须代表受到高辐射照射的人员中少数有代表性的个人的典型习性，而不是某一个人的极端的习性。

ICRP-103 进一步强调"源相关"的重要性。在 1990 年建议书中指出：只要个人剂量远在确定性效应阈值之下，来自单个源的个人剂量所贡献的效应与来自其他源的剂量-效应无关。每个源或每组源可以各自分别处理，再考虑个人受到这个或这组源的照射。这个方法称为"源相关"方法。对源采取措施可保证对受到其照射的人群组的防护。

二、实践正当性

任何改变照射情况的决定都应当利大于弊，而且应是源相关；这个概念适合所有照射情况；意味着通过引入新源，减小现存照射，或降低潜在照射的危险等，人们能够取得的利益足以弥补其引起的损害；在考虑涉及辐射照射或潜在照射危险的活动时所考虑的后果不限于辐射危害，还包括其他危险和代价及利益。

用于辐射防护的计划已预先制订，且可对源采取必要的行动的情况下，引入新的活动（计划照射）时应该：要求只有计划照射对受照个人或社会能够产生净利益以抵消其带来的辐射危害，才可被引入；当有新信息、新技术出现时，该活动的正当性需要被重新审视。

正当性原则用于决定是否采取行动以避免进一步的照射。任何减小剂量的决定，都会带来某些不利因素，必须要由作出这种决定带来的利益大于危害来证明其为正当的。

对应急照射，按 IAEA Part7 的要求，"在应急防护战略范畴内制定的每个防护行动和防护战略本身都必须被证明是正当的（即利大于害），这不仅要考虑与辐射照射相关的那些危害，还要考虑与所采取的行动对公众健康、经济、社会和环境的影响相关的那些危害"。因此，IAEA 规定了相应的应急准备类别、限制应急人员受照量的指导值、用于应急准备和响应的应急行动水平（emergency action level，EAL）和操作干预水平（operational intervention level，OIL）等应急响应准则，以确保应急防护行动是正当的和优化的。

IAEA Part7 所列五个应急准备类别（以下称"准备类别"）为适用相关安全要求的分级方案以及为制定普遍正当和优化的核或辐射突发事件应急准备与响应安排提供了依据。

IAEA Part7 规定了应急准备和响应的一般准则,也称为应急行动水平(emergency action level,EAL),是发现、识别和确定某个事件的应急等级的特定、预置而且应遵守的标准,这类准则用短期内的预期剂量表述。这些准则包括:减少确定性效应的一般准则;旨在降低随机性效应的一般准则;适用于食品、牛奶和饮用水等的旨在降低随机性效应的一般准则;适用于车辆、设备和其他物项旨在降低随机性效应的一般准则;适用于国际贸易食品和其他商品旨在降低随机性效应的一般准则;以及应急工作人员的受照指导值。IAEA 还规定了促使应急照射情况向现存照射情况过渡的一般准则等。

医疗照射正当性是通过对医用辐射类型、治疗方法(过程)和对患者利弊分析,考察其诊疗活动对患者和社会是否有足够的利益,如果结论是否定的,则不应进行该类医疗照射,应尽可能采用不涉及医疗照射的替代方法。此正当性判断的职权经常归专业人员而非政府部门或全权审管当局。

三、辐射防护最优化

辐射防护最优化原则:在考虑了经济和社会因素后,遭受照射的可能性、受照人员数以及个人剂量大小,均应保持在可合理达到的尽可能低的水平,即 ALARA(as low as reasonably achievable)原则。

ICRP-103 中再次强调防护最优化原则,即采用 ICRP-60 中类似的方法,应用于所有照射情况,但受到个人剂量和危险限制的约束;对计划照射情况采用剂量和危险约束,对应急照射和现存照射情况采用参考水平。最优化旨在取得当前背景下最佳水平的防护;通过以下持续的、反复的过程得以实现(图 1-8)最优化。

1. 估计照射情况。

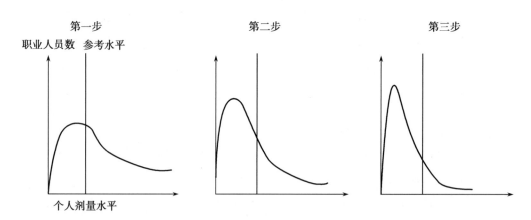

图 1-8　通过人员对参考水平的分布来评价三步最优化的效果

2. 选择适当的数值作为剂量约束或参考水平。

3. 阐明各种可供选择的防护方案。

4. 选择当前背景下最佳的方案。

图1-9的第一步,选择了一个初步的防护方案,用参考水平作为参考基准,这时有较多的人超出了参考水平;由此,对防护方案进行初步最优化(第二步)后,这时虽然超出参考水平的人数减少了,但接受大剂量的人员还较多;再对初步最优化的防护方案进行最优化(第三步),使其大部分职业人员接受剂量都在参考水平以下。三步最优化方法比一步就提出最优化的防护方案要好操作得多。

最优化是前瞻性的反复的过程,目的是防止或降低未来的照射。此时需考虑到技术和社会经济的发展,既需要定性的又需要定量的判断。

最优化过程是意愿的构建过程。需要不断探究是否已经采取当前状况下最好的方案,是否已经采用所有可合理减小剂量的措施;需要所有相关机构的各个层次承担相应的义务、采取适当的措施、提供充足的资源。

应当注意的是,防护的最优化并非剂量的最小化,最佳的选择未必是剂量最低的选择。最优化途径包括降低个人剂量和减少受照人员数,这样可以降低集体有效剂量。集体有效剂量是工作人员防护最优化的一个重要的参数。选择最优化方案时,应仔细考虑受照人群中个人照射分布的特性。当照射涉及多人口、大区域、长时间时,集体有效剂量之和并非作出决策的有效手段,因为它可能误导防护措施的选择(应考虑"不确定性"因素的增加)。

最优化的所有方面不可能都规范化;所有部门有义务在最优化过程中承担责任。对审管当局,问题的焦点应该是最优化的过程、程序以及评价。

四、剂量限值

个人相关的剂量限值是受控实践使个人所受到的有效剂量或当量剂量不得超过的值,个人剂量限值是辐射防护三原则之一。即对所有相关计划照射情况或实践联合产生的照射,所选定的个人受照剂量限制值。规定个人剂量限值旨在防止发生确定性效应,并将随机性效应限制在可以接受的水平。个人剂量限值不适用于医疗照射。表1-8中列出了ICRP 60与ICRP 103对个人剂量限值的相关要求。

在日常的辐射防护监测及评价中,为了日常监测评价的方便,往往基于个人剂量限值导出了一些工作场所的控制值,例如GBZ 129中的DAC和诊疗场所控制区的周围剂量当量率控制值等,但必须注意,这些仅是导出控制值不是个人剂量限值。

表 1-8   ICRP-60 与 ICRP-103 的个人剂量限值的要求

照射类别	1990 年建议书及其后续出版物 （实践活动）	2007 年建议书 （计划照射情况）
职业照射		
全身	规定 5 年期内年均 20mSv，其中任何一年不超过 50mSv	连续 5 年以上年平均有效剂量 20mSv（5 年内 100mSv），并且任何单一年份内有效剂量 50mSv
眼晶状体	150mSv/a	连续 5 年以上眼状晶体接受的年平均当量剂量 20mSv（5 年内 100mSv），并且任何单一年份内当量剂量 50mSv
皮肤	500mSv/a	500mSv/a
手和脚	500mSv/a	500mSv/a
孕妇	腹部表面处 2mSv/a 或摄入核素 1mSv/a	胚胎或胎儿 1mSv/a
公众照射		
全身	1mSv/a	1mSv/a
晶状体	15mSv/a	15mSv/a
皮肤	50mSv/a	50mSv/a

五、辐射防护水平及剂量约束

（一）辐射防护水平

在 ICRP 1990 年的建议书中就注意到，假设个人剂量低于确定性效应的阈值，则从单个源产生的个人效应不依赖于其他辐射源的效应。对于多数情况，每一个或一组源都分别进行处理。因此，考虑个人受照时，考虑这个源或这组源是必需的。这种处理过程称作为"源相关"方法。由于可采取行动来对接触这些源的一组人员进行防护，因此，ICRP-103 建议书中强调了"源相关"方法的重要性。

ICRP-103 建议书明确指出：在计划照射情况，对个人接受剂量的源相关限制是剂量约束；对于潜在照射相应的概念是危险约束；对应急和现存照射的情况，源相关限制是参考水平；剂量约束和参考水平用在辐射防护最优化的过程中，可确保所有的照射，在考虑社会和经济因素后，保持能做到的尽可能低的水平。剂量约束和参考水平作为辐射防护最优化的过程的关键部分，在大多数情况下，可以确保辐射防护在一个适当的水平。

在多个源存在的情况下，源相关限制不能提供足够的防护。然而，ICRP 假设在这时候一般有一个主导地位的源，选择适当的剂量约束和参考水平来确保足够的辐射防护水平。

因此,ICRP 认为在任何情况下,在剂量约束和参考水平以下的源相关限制原则仍是一个非常有效的辐射防护工具。

在计划照射的特定情况下,要求分别对职业受照和公众受照的总剂量加以限制。ICRP 将这种个人相关的限制称为剂量限值,并将相关的剂量评价为"个人相关"。然而,要对所有的源估算出个人总的受照几乎是不可能的。因此,要与剂量限值比较,就必须采用近似的剂量,特别是公众照射的情况。对于职业照射,由于管理上的原因,一般具有所有相关源的识别和控制的剂量信息,这种近似较为精确。

从图 1-9 可以看出在计划照射情况用的个人剂量限值与所有情况单一源的剂量约束或参考水平间的概念的差异。

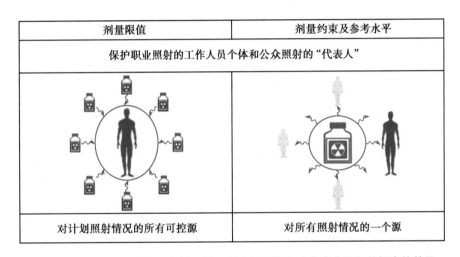

剂量限值	剂量约束及参考水平
保护职业照射的工作人员个体和公众照射的"代表人"	
对计划照射情况的所有可控源	对所有照射情况的一个源

图 1-9　个人剂量限值与所有情况单一源的剂量约束或参考水平间的概念的差异

(二) 剂量约束和参考水平

剂量约束和参考水平与辐射防护最优化一起用来限制个人的受照剂量。通常需要定义剂量约束和参考水平的个人剂量水平。从术语使用的连续性考虑,对计划照射的情况(不包括患者的医疗照射),ICRP 使用了早先定义的"剂量约束"。对应急和现存照射的情况,ICRP 建议使用"参考水平"描述其剂量水平。计划照射与其他照射(应急和现存)所用术语的差异是具有不同的内涵。计划照射情况下,在计划阶段就可以对个人剂量加以限制,为确保剂量约束不被超过,个人剂量是可以预先估计的;但对其他照射情况,受照的情况既复杂,范围又宽,因此,在最优化过程中,所应用的最初的个人剂量水平可能会高于参考水平(图 1-10)。

在医疗照射中,使用参考水平(也称指导水平)来判断在正常条件下,操作所致的患者剂量和特定成像程序中使用放射性活度的水平是高还是低。

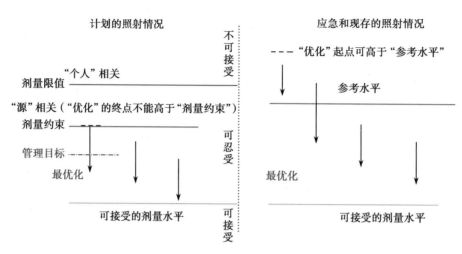

图 1-10　如何应用个人剂量限值、剂量约束或参考水平的说明

剂量约束和参考水平值的选择主要决定于所考虑的受照情况。必须充分认识到,个人剂量限值和危险约束及参考水平都不是"安全"与"危险"的分界线,也不反映个人健康危险状况的改变。

表 1-9 中列出了 ICRP 辐射防护体系中不同照射情况和各种照射类型的不同剂量限制(个人剂量限值、剂量约束及参考水平)类型。在计划照射的情况,为了考虑潜在照射,还有危险约束。

表 1-9　各种情况下不同剂量限制的选用

照射类型	职业照射	公众照射	医疗照射
计划照射	剂量限值,剂量约束	剂量限值,剂量约束	诊断参考水平[c](剂量约束[d])
应急照射	指导值[a]	参考水平	—
现存照射	—[b]	参考水平	—

[a] 是限制应急人员受照剂量的指导值;

[b] 由于长时间从事补救工作或由于在受影响区域的延续工作所接受的照射应作为计划照射中的职业照射的一部分,即使辐射源是"现存"的;

[c] 患者;

[d] 仅为安抚者、照顾者及研究中的志愿者。

1. 剂量约束　剂量约束是在计划照射情况下(医疗照射的患者除外)由单一源引起的可预期的和源相关的个人剂量;它是一个源辐射防护预期剂量的上限;在这个剂量水平以上,对一个给定的源,防护还未达最优化,因此最优化行动还应进行。剂量约束不是剂量限值:超过剂量约束不代表未遵守监管要求,但这可能导致采取后续行动。

对计划照射情况剂量约束代表一个基本的防护水平,而且总是低于有关的剂量限值;在制订计划的过程中,应确保所关心的源引起的个人剂量不要超过剂量约束。防护最优化的结果,是建立起低于剂量约束的一个可以接受的剂量水平,这一水平应是计划防护行动所期望的结果。如果超过了剂量约束,有必要采取以下行动:确定防护是否最优化;选择的剂量约束是否适当;是否需要将剂量进一步减低到可接受的适当水平。对潜在照射,相应的源相关限制是危险约束。

剂量约束的概念是 ICRP 在其第 60 号出版物中提出的,当时的目的是防止最优化过程中的不公平,也就是说,最优化的结果可能使一些个体接受到高于平均值的照射,因而很多的最优化方法更多的是强调对社会和整个受照人群的利益和损害。实际上一些防护措施并不会给社会带来利益和损害,因此,按过去方法的防护最优化可能引起个人和其他人员之间的不公平。只要将基于个人剂量的源相关限制包含在最优化的过程中,这样的不公平就会受到限制。

对于职业照射,剂量约束是一个个人剂量值,用它来限制在最优化过程中,希望引起的剂量应在剂量约束以下。对于公众照射,剂量约束是公众成员从计划运行的特定的控制源接受到的年剂量上限。

在应用剂量约束这一概念时,值得注意的问题是:

(1) 剂量约束不是限值,也不是管理上的约束值和指令性管理限值,而是判断是否达到良好实践要求的最低标志。剂量限值是一个人相关的量,而剂量约束是一个源相关的量。不满足限值的要求通常认为是违法的,但不应按这一思路理解剂量约束值。

(2) 在设计和计划阶段,应对不同方案进行个人剂量评价,并与相应的剂量约束值比较,如果预计个人剂量低于剂量约束值,则该方案可进一步考虑,反之,通常应该排除。

(3) 制定剂量约束值的过程不是一个简单的过程,更应避免随意性,应对个人剂量进行仔细评价,特别是要对实施特殊任务和操作时可达到的个人剂量水平进行评价。要鉴别接受较高剂量的工作人员组,在此基础上提出剂量约束值。一般说来,审管者应鼓励工业部门研究提出剂量约束值,然后由审管者仔细审查。

在 ICRP-103 中剂量约束主要用于计划照射(患者的医疗照射除外)情况下,对某辐射源引起的个人剂量的一种限制:它是预期的、源相关的;也是最优化时作为预期剂量上限的。通常情况下,防护的最优化是确定一个约束值以下的可接受的剂量水平,超过剂量约束时需采取行动。

表 1-10 中列出了 ICRP 不同时期对实践活动或计划照射情况剂量约束值的选取范围。

表 1-10　ICRP 不同时期对剂量约束值的选取范围

照射的类别	1990 年建议书及后续出版物	2007 年建议书
职业照射	≤20mSv/a	≤20mSv/a
公众照射		在≤1mSv/a 选择
一般	—	视情形
放射性废物处置	≤0.3mSv/a	≤0.3mSv/a
长寿命放射性废物处置	≤0.3mSv/a	≤0.3mSv/a
持续照射	<~1 和 ~0.3mSv/a	<~1 和 ~0.3mSv/a
有长寿命核素的持续照射成分	≤0.1mSv/a	≤0.1mSv/a
医学照射		
医学研究志愿者对社会的利益：		
较小的	< 0.1mSv	< 0.1mSv
中间的	0.1~1mSv	0.1~1mSv
较大的	1~10mSv	1~10mSv
重大的	> 10mSv	>10mSv
安抚或照顾者	每一安抚或照顾期,5mSv	每一安抚或照顾期,5mSv

2. 参考水平　在应急和现存可控照射情况下,参考水平代表剂量或危险水平,不宜使拟允许发生的照射高于此值,因此,应当计划并最优化防护行动。一个参考水平的选择,主要决定于考虑照射情况下的主流环境。当一个应急照射情况发生,或现存照射情况被查出,防护行动也已有效,工作人员和公众成员接受的剂量应能测量或估计。通过参考水平能够对以往的防护策略进行回顾性地判断。从执行一个计划防护策略得到的剂量分布中是否包括参考水平以上的值,可判断策略成功与否。若可能,应尽力将接受的高于参考水平的剂量降到参考水平以下。

在剂量高于 100mSv 时,确定性效应和肿瘤发生风险都将增加,因而,ICRP 对紧急的或一年的最大参考水平值取为 100mSv。在极端情况下,例如照射不可能避免、需要拯救生命或阻止一场严重的灾难救援,紧急的或一年的受照可能会超过 100mSv 是不可避免的合理受照,其他个体或社会的利益无法补偿这样高的剂量。

ICRP-103 举例说明了在所有受控照射情况下占主导作用的单一辐射源对工作人员和公众的剂量约束和参考水平,并推荐了一个源相关剂量约束和参考水平的框架(表 1-11)。在这个框架中将剂量约束和参考水平分为三段。

第一段,小于和等于 1mSv,主要应用的照射情况是:通常是计划的,接受照射的个人没有直接的利益,但照射情况对社会有利。公众成员从计划实践操作中受到的照射是这类照射的主要例子。这时候剂量约束和参考水平按下列情况处理:一般信息和环境监测或评价,个人可能接受到相关的信息。其剂量仅在天然本底剂量上有一个微小的增加,而且至少比最大参考水平低两个数量级。

表 1-11　一个源相关剂量约束和参考水平的框架

剂量约束和参考水平/mSv	照射情况特征	放射防护要求	举例
20~100	受照射个人受到非受控源的照射,或降低剂量的行动常常是极其复杂的 通常通过对照射途径采取行动来控制照射	需要考虑减小剂量。当剂量接近 100mSv 时需要尽力减小剂量。受照射个人需要得到辐射危险和减小剂量行动方面的信息。需要进行个人剂量评价	在事故应急处置中,按引起的预计最大剩余剂量设定参考水平
1~20	受照射个人通常从照射情况受益,但未必来自照射本身 可以对源或选择照射途径采取行动控制照射	如果可能的话,受照射个人应该可以得到基本信息以便降低他们所受到的剂量 对于计划情况,需要进行个人照射评价与培训	对计划照射情况下的职业照射设定约束值 为医疗照射中的安抚者设定约束值 对室内氡最高计划剩余剂量设定参考水平
≤1	受到某个源照射的个人很少或不受益,但对整个社会是有益的 常通过对源直接采取行动来控制照射。可以预先进行计划	应该可以得到照射水平的基本信息 关于照射水平,应当对照射途径进行定期检查	对计划情况下的公众照射设定约束值

第二段,大于 1mSv 而低于 20mSv,主要应用的照射情况是:个人可能从一种照射情况接受到直接的利益。剂量约束和参考水平按下列信息建立:有个人监护或剂量监测或估算,而且个人通过信息和培训而获得利益。对计划照射情况的职业照射约束的设置就是一个例子。这段中还包括异常高本底辐射,或事故恢复阶段的辐射照射。

第三段,大于 20mSv 而小于 100mSv,主要应用照射情况是:异常和极端的情况,此时要降低照射的代价巨大。有时,在"场外"照射的参考水平设置在 50mSv 以下;在这种照射情况下获取高的利益约束值也应在这一范围内设置。这段中,对放射事故采取降低照射的行动是主要的例子。这时候应明确受照剂量达到 100mSv 时应采取的防护行动。此外,在这种情况下,要求的行动可能会超出相关组织或器官的确定性效应的阈值剂量。

应用最优化原则的必要步骤是选择适当的剂量约束和参考水平。首先用照射的性质、对个体和社会的利益、其他社会标准,以及降低和阻止照射的可能性来表征相关的照射情况。再将这些特性与表 1-11 中的适当段中的描述进行比较,从而有助于剂量约束和参考水平的选择。

在表 1-12 中列出了应急照射时 ICRP 不同时期的干预水平和参考水平。

表 1-12　ICRP 不同时期对应急照射情况的干预水平和参考水平

应急照射的类别	1990 年建议书及后续出版物 (干预水平)	2007 年建议书 (参考水平)
职业照射		
1. 抢救生命(知情的志愿者)	无剂量限制	无剂量限制,如果对其他人的利益超过了抢救者的危险
2. 其他紧急抢救作业	~500mSv;~5Sv(皮肤)	1 000mSv 或 500mSv
3. 其他抢救作业	—	≤100mSv
公众照射		
食品	10mSv/a	第一年内 <10mSv 整个发育期间 $H_{胎儿}$ <10mSv
稳定碘的分发	50~500mSv(甲状腺)	7 天内 $H_{甲状腺}$ <50mSv
隐蔽	2 天内 5~50mSv	7 天内 E<100mSv 7 天内 $H_{胎儿}$ <100mSv
临时撤离(暂时性避迁)	1 周内 50~500mSv	第一年内 E<100mSv 整个发育期间 $H_{胎儿}$ <100mSv
总体防护策略中的所有防范措施	—	视情况,在计划过程中典型值在 20~100mSv/a

在表 1-13 和表 1-14 分别列出了 ICRP 不同时期对氡和 NORM 的行动(干预)水平和参考水平。

值得说明的是无论剂量约束、危险约束还是参考水平都不代表"危险"与"安全"的界限,不表示超出一步就会危及人的健康。

表 1-13　ICRP 不同时期对氡的行动水平和参考水平

场所	1990 年建议书及后续出版物 行动水平	2007 年建议书 参考水平
住宅	3~10mSv/a(200~600Bqm^{-3})	<10mSv/a(<600Bqm^{-3})
工作场所	3~10mSv/a(500~1 500Bqm^{-3})	<10mSv/a(<1 500Bqm^{-3})

表 1-14　ICRP 不同时期对 NORM 的干预水平和参考水平

1990 年建议书及后续出版物 辐射水平与干预的正当性	2007 年建议书 参考水平
<10mSv/a，不正当	视情形在 1~20mSv/a 之间选择参考水平
>10mSv/a，可能正当	
接近或 >100mSv/a，正当	

注：NORM，天然存在的放射性物质。

第二章
生物剂量学方法及其应用

第一节 放射生物学基础

一、辐射生物效应

电离辐射作用于机体后,其能量传递给机体的分子、细胞、组织和器官所造成的形态、结构和功能的变化,称为辐射生物效应。按其作用机制又可分为随机性效应和确定性效应。

(一) 随机性效应

随机性效应是指辐射诱发致癌效应和遗传效应的发生概率随照射剂量的增加而增大,而严重程度与照射剂量无关,不存在阈剂量的效应。随机性效应包括由于体细胞突变而在受照个体内形成的癌症和由于生殖细胞突变而在后代身上发生的遗传疾病。

1. 辐射致癌的剂量-效应关系 辐射防护关心小剂量照射的生物效应,特别是致癌效应。辐射致癌危险评估中,把所有恶性肿瘤分为两类:白血病和实体癌,后者是指除白血病外的其余全部肿瘤。经过大量实验研究和人群流行病学调查证实,辐射诱发不同肿瘤因射线性质、受照剂量、照射条件和照射对象的特点不同,可有不同类型的剂量-效应曲线,它反映了辐射作用于机体不同组织器官的复杂过程。典型的曲线是随剂量增加,首先为上升型曲线,达到顶峰后呈下降的图形。即在较低剂量阶段,肿瘤的诱发占优势,随着剂量的增加,杀死细胞的概率比肿瘤转化的概率大得多,所以大剂量时癌变细胞的灭活占优势,顶峰时的剂量是两者持平的剂量。受到低 LET 或高 LET 辐射照射后,不同动物模型的许多肿瘤类型的剂量响应关系可以用线性或线性平方函数来表示。联合国原子辐射效应科学委员会(United Nations Scientific Committee on the Effect of Atomic Radiation,UNSCEAR)(1993)将中等以上辐射剂量的致癌效应分成以下四种模型。

(1)线性模型:线性模型(linear model)认为辐射致癌的概率随辐射剂量加大呈直线增加,无阈值,即任一微小剂量的增加都有致癌的危险,拟合成数学函数为:

$$I(D) = a_0 + a_1 D \qquad\qquad 公式(2\text{-}1)$$

式中：

$I(D)$ 为效应发生率；

D 为吸收剂量；

α_0 为自然发生数，α_1 为常数。

$I(D)$ 正比于 D，可以外推，剂量和剂量率不影响单位剂量诱发肿瘤的概率。高 LET 辐射和低 LET 辐射大剂量($>$1Gy)范围支持线性无阈模型。但是，在 0.20Gy 以下尚没有找到直接证据，用高剂量外推低 LET 在 1Gy 范围内的效应，可能过高地估计了辐射致癌危险。

(2) 平方模型：平方模型(quadratic model)认为辐射致癌概率随剂量的平方而增加，数学表达式为：

$$I(D) = a_0 + a_2 D_2 \qquad\qquad 公式(2\text{-}2)$$

式中：

α_2 为常数，其余同公式(2-1)。

(3) 线性-平方模型：用两项之和(一项是与剂量成正比，线性项；另一项与剂量平方成正比，平方项)描述效应危险(即疾病、死亡或异常)的统计模式。

低 LET 辐射、低剂量率照射适用线性-平方模型(linear-quadratic model)，数学表达式为：

$$I(D) = a_0 + a_1 D + a_2 D_2 \qquad\qquad 公式(2\text{-}3)$$

这种关系式的含义是在低剂量和低剂量率时以 $\alpha_1 D$ 项为主导，而在高剂量($>$1.0Gy)和高剂量率($>$1.0Gy/min)时以 $\alpha_2 D_2$ 项占主导。

(4) 一般通用模式：适用于低 LET、低剂量率辐射，其数学表达式为：

$$I(D) = (a_0 + a_1 D + a_2 D_2) e^{(-\beta 1D - \beta 2D2)} \qquad\qquad 公式(2\text{-}4)$$

式中：

β_1 和 β_2 为指定系数，表示其效应为负的。提示低剂量时 $\alpha_1 D$ 起主导作用，效应与剂量呈线性关系；高剂量时 $\alpha_2 D_2$ 起主导作用，曲线转陡上升；再大剂量时 $e^{(-\beta 1D - \beta 2D2)}$ 起主导作用，效应反而降低，使整个曲线呈 S 形。

上述剂量-效应关系多种模型，很可能说明了辐射致癌机制的多样性。对于高 LET 辐射适宜直线模型，而低 LET 辐射诱发各种癌不一定有统一的剂量-效应模型。目前关于低剂量致癌效应的估算曲线形状还有争议。ICRP 充分注意到在低剂量范围可能高估了致癌的危害性，但从偏安全角度考虑，至今仍采用线性无阈假说作为制定辐射防护卫生标准的依据。

2. 辐射致癌危险度及组织权重因子 w_T 　　w_T 是在 ICRP 第 26 号出版物(1977)中提出来的，它表示组织 T 的辐射随机性效应的危险度与全身受到均匀照射时的总危险度的比值。表 2-1 分别列出了 ICRP 第 60 号和 103 号出版物推荐的辐射致癌危险度及 w_T。

表 2-1　ICRP 出版物推荐的标称危险系数及组织权重因数 w_T

组织或器官	标称危险系数(10^{-4}/Sv)		组织权重因数 w_T	
	1990,第 60 号	2007,第 103 号	1990,第 60 号	2007,第 103 号
性腺	100	20	0.20	0.08
红骨髓	50	42	0.12	0.12
结肠	85	65	0.12	0.12
肺	85	114	0.12	0.12
胃	110	79	0.12	0.12
乳腺	20	112	0.05	0.12
其余组织或器官 #	50	144	0.05	0.12
膀胱	30	43	0.05	0.04
肝	15	30	0.05	0.04
食管	30	15	0.05	0.04
甲状腺	8	33	0.05	0.04
皮肤	2	1 000	0.01	0.01
骨表面	5	7	0.01	0.01
脑				0.01
唾液腺				0.01
卵巢	10	11		
合计	600	1 715	1	1

数据源自 ICRP 2007。

\# 其余器官在 1990 年第 60 号出版物中是指已给出 w_T 的器官以外的 10 个器官和组织肾上腺、脑、小肠、上段大肠、肾、肌肉、胰腺、脾、胸腺和子宫。在 2007 年第 103 号出版物的其余组织(共 14 个,每种性别 13 个):肾上腺、胸腔外区(ET)、胆囊、心脏、肾、淋巴结、肌肉、口腔黏膜、胰腺、前列腺(♂)、小肠、脾、胸腺、子宫/子宫颈(♀)。

　　ICRP 在其 2007 年建议书中给出的用危害调整的癌症标称危险系数,对整个人群和成年工作人员分别为 5.5×10^{-2}/Sv 和 4.1×10^{-2}/Sv;用危害调整的遗传效应标称危险系数,对整个人群和成年工作人员分别为 0.2×10^{-2}/Sv 和 0.1×10^{-2}/Sv;总危害对整个人群和成年工作人员分别为 5.7×10^{-2}/Sv 和 4.2×10^{-2}/Sv。与 ICRP 1990 年建议书相比,各有关组织对总危害的相对贡献即组织权重因子 w_T 也有所变化,变化较大的是性腺、乳腺和其余组织,性腺的 w_T 由 0.2 降至 0.08,乳腺和其余组织的 w_T 由 0.05 升至 0.12,其余组织共有 14 个(每种性别 13 个),它们是肾上腺、胸腔外区、胆囊、心壁、肾、淋巴结、肌肉、口腔黏液膜、胰腺、前列腺(♂)、小肠、脾、胸腺和子宫/子宫颈(♀),其余组织的 w_T(0.12)将平均分配给每个组织,这种平均分配的原则便于处理今后其余组织数目的改变。

3. 辐射遗传效应 人类辐射遗传学的研究已有数十年的历史,但是迄今对许多问题的认识尚不清楚,也没有发现关于辐射遗传效应肯定的人类数据,但由动物实验可以见到这种效应。电离辐射遗传效应(radiation-induced hereditary or genetic effects)是指电离辐射对受照者后代产生的辐射随机性效应。它是通过损伤亲代的生殖细胞(精子与卵子)的遗传物质(DNA)造成的,使其遗传性状在子代中表现出来,通常具有终生性特征,属于随机性效应。

目前对辐射遗传效应的研究是通过两个途径获得的,一是辐射流行病学调查,主要是日本长崎、广岛原爆幸存者后代。另一方面则是动物实验研究,特别是对小鼠的研究。

ICRP 第 103 号出版物中遗传危险度的推算与 2001 年联合国辐射效应科学委员会的报告相同,用人类的数据推算自然突变频率,用小鼠的数据推算诱发突变频率,由两者计算的倍增剂量大致为 1Gy。以往推算遗传危险度时,是从人群中诱发和选择两方面直至达到平衡的世代来考虑,而现在推算时只考虑到受辐射暴露后的第二代,给出的遗传危险估计值(第二代)为 $0.2×10^{-2}/Sv$,比 ICRP 第 60 号出版物给出的值($1.3×10^{-2}/Gy$)小很多。

4. 线性无阈假设面临的挑战 建立在线性无阈假设上的现行辐射防护体系对工作人员和公众成员所受剂量的最小化具有很大的贡献。然而,因为线性无阈意味着不管剂量多么小辐射总是有害的,所以已经引起人们的"辐射恐惧",并因过度防护而造成资源的浪费。该假设现在已影响人类对辐射和核能的利用。

线性无阈的优点在于由于假定辐射剂量的相加性,线性无阈的假设简化了辐射防护中照射剂量的控制和记录,并且鼓励人们减少照射。但其缺点则是"任何剂量水平上的辐射都是有害的"这一假说已经被公众舆论、大众媒体、审管机构以及许多科学家看成是已经证实的科学事实,引起了人们的"辐射恐惧"。切尔诺贝利事故后,苏联成立了一个由新选择的非专业的辐射防护"专家"组成的特别委员会,出于政治需要,将避迁标准从终生 350mSv(5mSv/a)降到终生 70mSv(1mSv/a)。结果几百万人被错定为事故的主要受害者,引起全世界的关注。实际上,人们早已知道,世界上有许多人从天然本底辐射接受的终身剂量超过 350mSv,没有辐射危害的现象。

低剂量辐射生物效应的一些发现也对辐射致癌线性无阈假设和辐射危险评估提出了挑

战。有不少低剂量辐射健康效应资料与线性无阈假设是相矛盾的,包括生物学上有意义的"刺激效应",越来越多的证据表明存在辐射危险的阈效应。

遗传效应方面:广岛-长崎原子弹辐射遗传效应40年随访调查表明,父母受到0.4~0.6Gy辐射照射后,在所研究的遗传效应指标上未见有统计意义的效应。

致癌效应方面:经济合作与发展组织/核能署(Organization for Economic Cooperation and Development/Nuclear Energy Agency,OECD/NEA)专家组的报告指出,在广岛-长崎原爆幸存者寿命研究项目(life-span study,LSS)中,200mSv是能够观察到放射危险的有统计意义的最小剂量;在印度、巴西和伊朗,有超过10mSv/a的高本底辐射地区,但在这些地区的居民中没有见到天然辐射引起有害健康效应的证据;日本核工业工作人员第二次死亡率分析得出的结论是,没有任何确切的证据表明职业性低水平照射是否增加癌症死亡率;对英国放射师100年的观察表明,与英国其他男性医师相比,在1920年以后注册的英国放射师中癌症死亡率没有显现出有统计意义的增加。他们的死亡率明显低于所有男性医学从业者。

通常认为,辐射产生的有害效应仅发生在受照细胞中,电离辐射的能量沉积在该细胞的核中,引起DNA靶损伤,产生生物效应。近年来放射生物学领域的一些新的研究进展提出了许多值得思考的问题,如辐射除可产生靶效应,还可产生许多非靶效应或非DNA靶效应,通过增加受作用细胞的数目可能放大了辐射生物效应,这些效应包括辐射诱发的基因组不稳定性、旁效应、适应性反应等。

当前,辐射防护体系是以线性无阈模型为基础的,故有必要全面采用能供评估的科学数据。ICRP 2007年建议书中对于受极低剂量/剂量率暴露的大人群来说,认为不能单纯地用集体剂量或累计剂量进行危险计算,这说明ICRP本身已认识到线性无阈模型的不确定度。

ICRP充分注意到在低剂量范围可能高估了致癌的危害性,但从偏安全角度考虑,至今仍采用线性无阈假说作为制定辐射防护卫生标准的依据。然而,低剂量辐射生物效应的研究,尤其是低剂量辐射兴奋效应(hormesis)理论对线性无阈假说提出了质疑。该理论认为低剂量辐射所致机体防御、适应功能增强。表现为效应偏离线性规律而使损伤减少,所以低剂量辐射效应比高剂量辐射剂量-效应模型外推所估计的效应低。此外,长崎原爆幸存者白血病发生,似乎有0.5Gy的耐受剂量,摄入β核素所致肝肿瘤、肾肿瘤和皮肤癌,^{90}Sr或镭的长寿命核素引起的骨肉瘤也存在有实际阈值。可见这一问题仍需进一步研究。

原爆幸存者的流行病学调查数据说明,所有癌症的数据都能用线性剂量响应关系很好地描述。在低于3Sv的剂量范围内,将所有实体癌数据放在一起,线性剂量响应关系是最佳拟合。白血病死亡率的剂量响应关系用线性平方函数予以最佳拟合。在剂量低于几戈瑞时,因医学原因受照患者的数据一般与线性剂量响应关系相一致。

根据不断发展的科学知识,美国国家辐射防护与测量委员会(National Council on Radiation Protection and Measurements,NCRP)、UNSCEAR 等学术机构对低水平辐射的剂量响应关系进行了再评估后认为,对于低水平辐射的致癌效应,尽管不能排除其他剂量响应关系,但看来没有比线性无阈模型更可取的另一个剂量响应模型。在分析了大量的流行病学数据和动物实验数据之后,2005 年 BEIR 报告得出的结论是:目前的科学证据与下列的假说是一致的,即在电离辐射照射和辐射诱发人类实体瘤之间存在线性剂量响应关系。BEIR 进一步判断,未必存在诱发癌症的阈值,但是在小剂量情况下癌症诱发的概率是低的。从偏安全的角度考虑,ICRP 在其第 103 号出版物的建议书(2007)中指出,委员会推荐的辐射防护的实际体系将继续建立在"线性无阈"(linear non-threshold,LNT)假设之上。

(二) 确定性效应(有害的组织反应)

具有阈剂量特征的细胞群的损伤,反应的严重程度随剂量的进一步增加而增加,也可以称为组织反应。在某些情况下,用包括生物反应调节剂在内的受照后干预程序,确定性效应是可以改变的。

在电离辐射作用后,机体多数器官和组织的功能并不因损失少量甚或较大量的细胞而受到影响,这是因为机体有强大的代偿功能。但若某一组织中损失的细胞数足够多,而且这些细胞又相当重要,将会造成可能观察到的损伤,主要表现为组织或器官功能不同程度的丧失。当照射剂量很小时,产生这种功能损害的概率为零;若剂量高于某一水平(阈值)时,概率很快到了 100%。在超过阈值以后,损伤的严重程度,包括组织恢复能力的损害随剂量的增加而加重。辐射的这种效应称为确定性效应(有害的组织反应),因为只要照射剂量达到阈值,这种效应就一定会发生。一般来说,超过阈值剂量越大,确定性效应的发生率越高,且严重程度越重。

确定性效应是器官、组织中细胞集体损伤的结果,由于大剂量照射造成组织、器官中大量或大部分细胞死亡,从而导致器官、组织功能障碍,出现临床可见的病理改变。除功能细胞损失外,因为辐射造成血管受损导致供血不足,或者发生纤维组织取代功能细胞,也会间接引起器官、组织的功能障碍。

确定性效应的发生存在剂量阈值,效应的严重程度随剂量超过阈值的幅度增大而加剧。如剂量很大,以致人体一个、多个器官或组织的细胞严重耗竭,最终将导致死亡。然而,受到低 LET 辐射 2~3Gy 以下的单次急性照射,或者几年内受到剂量率不足 0.5Gy/a 的持续照射,出现严重有害效应(死亡)的可能性不会很大。组织剂量超过阈值后,确定性效应的出现时间取决于组织的细胞动力学特征。细胞更新迅速的组织(如骨髓),受照后几天或几周,就会出现效应(早期损伤效应)。细胞增殖很少或者几无增殖的组织(如肝),效应的出现则会迟至几个月、几年,有的甚至 10 年以上(晚期损伤效应)。一般而言,没有哪种组织完全不受辐射影响的,但不同组织对辐射敏感性不同。通常,骨髓、卵巢、睾丸、眼晶状体最敏感。即使同种组织,辐射敏感性也因人而异。受照群体中,某些敏感个体受到较低剂量就会出现某种临床可见的病理改变,而另一些要到剂量较大时才会出现。随着组织剂量的增大,受照群体中,确定性效应的发生概率,在算术坐标纸上呈 S 形的变化趋势。组织剂量很大时,受照的每一个体都将出现效应,即概率达 100%。

确定性效应的阈剂量,随人为规定的受照群体中出现某一临床可见病理改变的百分率而变。同时,组织类型不同,阈剂量也不同。关于低 LET 辐射的高剂量率、大剂量常规分割照射(每周 5 次、每次 2Gy),已有大批放射治疗的临床经验。儿童组织生长活跃,辐射诱发的组织、器官的损伤常比成人严重。可被觉察的效应包括:生长发育不全、器官功能障碍、认知功能低下等。很明显,确定性效应是完全可以防止的。任何特定的确定性效应受多种因素的影响,其中主要是严重程度、发生此效应的年龄和受照人员的生理状态起作用。

ICRP 2007 年建议书中将确定性效应也称为有害的组织反应。ICRP 在评价了关于组织反应的大量资料以后作出如下判断,为了辐射防护目的,在吸收剂量不超过 100mGy 的范围内(低 LET 或高 LET),它不会超过足以使临床相关功能损伤的剂量阈值,组织不会在临床上表现出功能损伤。该判断既适用于单次急性照射,又适用于那些长期受小剂量照射(如每年反复照射)的情况。

二、影响电离辐射生物效应的主要因素

电离辐射作用于机体产生生物效应,涉及电离辐射对机体的作用与机体对其反应。影响辐射生物效应发生的诸多因素,基本上可归纳为两个方面,一是与辐射有关的因素,二是与机体有关的因素。

(一)与辐射有关的因素

1. 辐射种类　从辐射的物理特征看,电离密度和穿透能力是影响其生物效应的重要因素,这两者成反比关系。α 射线的电离密度大而穿透能力弱,因此,外照射时对机体损伤作用小,内照射时对机体损伤作用大。β 射线的电离能力较 α 射线小,但穿透力较 α 射线大,外照射时可引起皮肤表层损伤,内照射时也引起明显的生物效应。高能 X 射线和 γ 射线的电离密度比 β 射线还小,但穿透力很强,能到达机体的深层组织,外照射造成严重损伤;快中

子和各种高能重粒子都具有很强的组织穿透力,并在射程末端电离密度增高,造成较大的细胞杀伤作用。

2. 剂量与剂量率 辐射防护工作中,通常遇到的是小剂量和低剂量率情况,此时随机性效应的发生率不论高 LET 还是低 LET 辐射,剂量与效应的关系均以线性为主。小剂量多次照射比一次性高剂量率照射造成的辐射损伤要小得多,在进行动物实验照射剂量设计时,应尽可能在低剂量率水平下分次照射。

3. 照射方式 可分为外照射、内照射和混合照射。外照射是指放射源在体外,其射线作用于机体的不同部位或全身。内照射是指放射源进入体内发出射线,作用于机体的不同部位。若兼有内、外照射则称为混合照射,表现为内、外照射的效应。

4. 照射部位 机体不同部位对辐射的敏感性从高到低依次排序如下:腹部、盆腔、头部、胸部、四肢。

5. 照射面积 当照射的其他条件相同时,受照射的面积愈大,生物效应愈显著。因此,实际工作中应尽量避免大剂量全身照射。

(二)与机体有关的因素

自然界的各种生物对象在受到电离辐射作用后都表现出一定的损伤。但在同一剂量下引起损伤的程度有很大的不同,当辐射的各种物理因素和照射条件完全相同时,所引起的生物效应却有很大差别,这就是辐射敏感性的差异。不同种系、不同个体、不同组织和细胞、不同生物大分子,对射线作用的敏感性可有很大差异。下面从种系发生、个体发育、组织细胞和分子水平四个方面来阐述机体的放射敏感性。

1. 种系的辐射敏感性 不同种系的生物对电离辐射的敏感性有很大的差异,其总的趋势是:随着种系演化越高,机体组织结构越复杂,则放射敏感性越高。在同一类动物中,不同品系之间放射敏感性有时亦有明显的差异。一般对其他有害因子抵抗力较强的品系,其放射抵抗力亦较高。例如 C57 系和 CF1 系小鼠的放射抵抗力有明显的差别,6Gy X 射线照射后,两品系小鼠的死亡率分别为 79% 和 92%。已知 C57 系小鼠对麻醉剂、士的宁和移植的癌细胞等都具有较强的抵抗力,而 CF1 系小鼠则相反。

2. 个体发育的辐射敏感性 哺乳动物的放射敏感性因个体发育所处的阶段不同而有很大差别。一般规律是放射敏感性随着个体发育过程而逐渐降低,与此同时放射敏感性的特点亦有变化。关于胚胎发育不同阶段个体对电离辐射的敏感性变化见表 2-2。

3. 不同器官、组织和细胞的辐射敏感性 在全身照射条件下,所有组织均会受到辐射的影响,但不同组织和细胞对辐射的反应却有很大的差别。成年动物的各种细胞的放射敏

表 2-2　子宫内不同时期受照后可能发生的畸形(刘树铮,2006)

受照射时间/d	缺陷
0~28	大多数被吸收或流产
28~77	多数器官的严重畸形
77~112	主要是小头症,智力异常和生长延迟;骨骼、生殖器官和眼畸形很少
112~140	小头症、智力低下和眼畸形的病例很少
>210	不大可能引起严重的解剖学缺陷,可能有功能障碍

感性与其功能状态有密切的关系。人体各种组织的放射敏感性的顺序排列如下:

(1) 高度敏感的组织:淋巴组织(淋巴细胞和幼稚淋巴细胞)、胸腺(胸腺细胞)、骨髓(幼稚红细胞、粒细胞和巨核细胞)、胃肠上皮(特别是小肠隐窝上皮细胞)、性腺(睾丸和卵巢的生殖细胞)和胚胎组织。

(2) 中度敏感组织:内皮细胞(主要是血管、血窦和淋巴管内皮细胞)、皮肤上皮(包括毛囊上皮细胞)、唾液腺及肾、肝、肺组织的上皮细胞。

(3) 轻度敏感组织:中枢神经系统、内分泌腺(包括性腺内分泌细胞)和心脏。

(4) 不敏感组织:肌肉组织、软骨和骨组织及结缔组织。

上述放射敏感性分类并不是绝对的,由于组织所处的功能状态不同或所用放射敏感性的指标不同,其排列顺序亦可变动。例如,在正常情况下,分裂很少的肝细胞比不断分裂的小肠黏膜上皮细胞放射敏感性低,两者同样照射 10Gy 时,前者仍保持其形态上的完整性,而后者却出现明显的破坏。但若预先进行部分肝切除术以刺激肝细胞分裂,则引起两者同样效应的照射剂量十分相近。因此,有人强调指出,细胞的电离辐射敏感主要是细胞分裂过程,而不是组织中的不同细胞类型。

上述各组织的放射敏感性均以形态学损伤为衡量标准来进行比较的,若以功能反应作为衡量标准,则可能得出显然不同的结论。例如,成年机体中枢神经需要较大剂量才能引起形态学损伤,但极小的辐射剂量就引起显著的功能改变。

应当指出,上述辐射敏感性顺序排列规律虽然基本上适用于大多数情况,但也有明显的例外,主要是卵母细胞和淋巴细胞。这两种细胞并不迅速分裂,但两者都对辐射敏感。

4. 亚细胞和分子水平的辐射敏感性　同一细胞的不同亚细胞结构的放射敏感性有很大差异,细胞核的放射敏感性显著高于胞浆。用 ^{210}Po 的 α 射线微束照射组织培养中细胞的不同部分,证明细胞核区的放射敏感性较胞浆高 100 倍以上,因为胞浆受 250Gy 照射并不影响细胞的增殖,而胞核的平均致死剂量却不到 1.5Gy。

细胞内 DNA 损伤和细胞放射反应(包括致死效应)之间的相互关系是分子放射生物学的基本问题之一。DNA 分子的损伤在细胞放射效应发生上占有关键地位。DNA 分子的损伤被认为是细胞致死的主要因素。在采用 DNA、RNA 和蛋白质的前体物质 ^{3}H-TdR、尿嘧啶核苷和氨基酸(如组氨酸、赖氨酸等)的 ^{3}H 标记物进行实验,以确定它们发生放射损伤的敏感度比值,发现细胞内各不同"靶"分子相对放射敏感性顺序如下:DNA > mRNA > rRNA 和 tRNA > 蛋白质。

(三) 个体因素

1. 年龄影响　年龄是影响自发癌的重要因素,辐射致癌常常在易发年龄段受照可增加辐射致癌危险。例如,日本原爆幸存者中 10 岁以下受照,在早期白血病危险系数最高;20 岁左右的女性乳癌危险系数最高;肺癌危险系数随受照时年龄增加而增加。

在放射治疗时,小于 30 岁女性胸部接受照射容易发生乳腺癌,大于 45 岁者乳腺癌发病概率变小。青少年接受放疗后期发生骨肉瘤的概率高。大于 5 岁的头颈部肿瘤患者接受放疗的后期发生甲状腺癌和神经系统肿瘤可能性大。

2. 性别因素　辐射诱发人类乳腺癌绝大多数见于女性中;而甲状腺癌女性高于男性 3 倍。有人认为白血病男性略高于女性。其他类肿瘤在性别上差别不大。

3. 环境及生活因素　辐射致癌还受遗传因素和环境因素的影响,如犹太人儿童的甲状腺癌发生率比其他少数民族高,吸烟可使铀矿工肺癌的发生率增高。此外,饮酒、饮食、职业照射、环境污染等因素均增加辐射致癌的危险性。

第二节　生物剂量学方法

一、概述

在辐射生物学领域中,生物剂量学(biological dosimetry)所研究的主要内容是:利用电离辐射照射者所产生的一些生物学变化,以准确地确定其已接受的辐射剂量的理论和方法。如果仅指某种具体的技术方法而言,则称之为生物剂量测定方法。将某种生物剂量测定体系称之为生物剂量计(biodosimeter)。

在事故情况下,进行剂量测定首要的目的是对受照者作出剂量诊断,作为确定临床治疗方案的依据,也为远期健康影响评价提供参考。对职业性慢性受照者的剂量估计,可以为辐射的早期和远后效应之间关系的分析,以及对受照者的工作安置提供生物学依据。

生物剂量计的选用应具备的以下基本条件:①对电离辐射有特异性或至少在正常人自发本底值很低;②具有较高的灵敏度,且与照射剂量相关性很好;③整体和离体效应一致;④对各类射线均具有较好的响应;⑤对大剂量急性照射和对小剂量累积照射均有较好的剂量-效应关系;⑥不受环境诱变剂的干扰;⑦个体间变异小;⑧方法简便,取材方便,不增加受检者痛苦;⑨能尽快给出结果;⑩有可能借助于仪器实现自动化。

要求全部满足上述条件对某个生物剂量学指标来说是很难的,迄今还没有一种通用的、理想的生物剂量测定方法。目前已经得到应用或正在研究中的生物剂量估算的方法有很多,其中包括根据临床指标判断,还有细胞遗传学指标和体细胞基因突变检测等。属于细胞遗传学范畴的有染色体畸变、淋巴细胞微核、早熟凝集染色体和荧光原位杂交等,属于体细胞基因突变的有 T 细胞受体、GPA、HPRT、HLA-A、小卫星 DNA 位点突变等。目前正在研究的有线粒体 DNA 缺失、γH$_2$AX、核基因表达(ATM、GADD45 等)、细胞凝胶电泳的彗星分析等,另外国外有些实验室已采用基因芯片检测受照后基因的变化。

二、生物剂量学指标

(一)临床指标

临床症状、体征和实验室检查(血常规、免疫、生殖、体液生化等指标)主要用于事故情况下伤员的早期分类和医疗方案制订和疗效观察。特点是简便、快速,但灵敏度不高,特异性不强。

(二)细胞遗传学指标

主要包括外周血淋巴细胞染色体畸变(双 + 环)分析、微核测定和早熟染色体凝集等。上述方法剂量-效应关系好,较灵敏和特异,是事故早期常用的生物剂量计。稳定性染色体畸变分析(G 显带、FISH 技术)已用于事故照射和职业受照人群的剂量重建研究。

(三)体细胞基因突变

主要包括血型糖蛋白 A 基因、次黄嘌呤磷酸核糖转移酶基因、T 细胞受体、人类白细胞抗原-A 基因、电子顺磁共振等。

(四)生物剂量计新方法

利用外周血应用不同敏感基因组合在 0~5Gy 范围内对不同性别、照后不同时间进行早期的剂量估算,主要基因包括 CDKN1A、BAX、MDM2、XPC、PCNA、FDXR、GDF-15、DDB2、TNFRSF10B、PHPT1、ASTN2、RPS27L、BBC3、TNFSF4、POLH、CCNG1、PPM1D、GADD45A。利用大鼠血浆筛选辐射诱导蛋白组学分析,结果显示大鼠血浆中 A2m、CHGA、GPX2 蛋白表达改变可以作为评估辐射暴露的潜在标志物。利用大鼠血浆筛选辐射敏感的脂质代谢物，辐射诱导的脂质代谢物生物标志物和剂量-效应曲线具有快速、高通量的核或辐射突发事件中的分类潜能。

（五）生物剂量学指标的适用期和半衰期

由于受照后各种生物剂量学指标随时间的变化及衰减不同，不同生物剂量学指标的适用期和半衰期也不同。表 2-3 列出了受照后各种生物剂量学指标的适用期和半衰期。

表 2-3　生物剂量学指标的适用期和半衰期

生物剂量学指标	适用期					半衰期
	数天	数周	数月	1 年	> 5 年	
染色体畸变（双＋环）	√	√	√			1 年
荧光原位杂交	√	√	√	√	√	终生
早熟染色体凝集	√	√	√			1 年
胞质分裂阻断微核	√	√	√			1 年
次黄嘌呤磷酸核糖转移酶基因突变		√	√	√		1~2 年
血型糖蛋白 A 基因			√	√	√	终生
T 细胞受体突变		√	√	√		2 年
电子顺磁共振	√	√	√		√	终生

总之，目前估算生物剂量的指标较多，对核辐射事故急性照射剂量估算的首选指标仍然是染色体畸变分析。

三、染色体畸变分析

1962 年 Bender 用离体照射人外周血淋巴细胞的方法，首先肯定人体细胞染色体畸变量和受照剂量成正比关系。该体系在适当的剂量范围内，有良好的线性剂量-效应关系，离体和整体照射的剂量-效应曲线之间在统计学上无显著性差异。染色体畸变是反映电离辐射损伤的敏感指标之一，而且借助离体照射人外周血淋巴细胞所建立染色体畸变的剂量-效应曲线，可估算事故受照人员的受照剂量。在 1966 年美国 Hanford 的"Recuplex"事故中，Bender 和 Gooch 首次应用外周血淋巴细胞染色体畸变分析法，对三名受中子、γ 射线混合照射的人员进行生物剂量测定，结果和物理方法测定的剂量基本一致，从而引起学者们的广泛兴趣和重视。

IAEA 于 1986 年、2001 年和 2011 年相继出版了技术报告丛书 260 号、405 号和 2011

EPR-Biodosimetry(应急准备与响应——生物剂量计),题目分别是《生物剂量测定——用于估算剂量的染色体畸变分析》《细胞遗传学用于估算受照剂量的手册》和《细胞遗传学剂量计:应用于辐射事故的应急响应与准备》。可见外周血染色体畸变分析是目前国际上公认的可靠而灵敏的生物剂量计。它作为一种生物剂量计已有 50 多年的历史,在国内外重大的辐射源丢失事故中,染色体畸变分析在剂量估算中起了相当重要的作用,所给出的剂量与临床表现相符,为临床诊治提供了依据。同时,与物理方法估算的剂量也比较一致。关于染色体畸变分析在急性照射中的应用已有不少报道,生物剂量和物理剂量可互相补充和验证。在比较复杂的情况下,如切尔诺贝利事故、巴西事故等,用物理学方法难以准确估算剂量时,更显示其优越性。至于国内 1992 年的山西忻州事件的情况更加特殊,在不了解受照史的情况下,通过染色体畸变分析,确诊为急性放射损伤,并发现了辐射事故。迄今,染色体畸变分析已在事故照射的生物剂量测定中得到广泛应用,并已被国际上公认是一种可靠的灵敏的生物剂量计。

(一) 急性照射的剂量-效应关系

1. 剂量-效应曲线的模式　采用适当的模式进行剂量-效应曲线关系分析,对于合理地描述生物效应的特点,揭示其发生机制有重要意义。关于急性照射条件下,辐射诱导染色体畸变剂量-效应关系的研究,1973 年世界卫生组织(World Health Organization,WHO)推荐了下列 4 种数学模式进行拟合:

(1) 线性方程(或线性模式 linear model):

$$\hat{y} = \alpha + bD \qquad\qquad 公式(2\text{-}5)$$

(2) 平方方程(或二次方程模式 quadratic model):

$$\hat{y} = \alpha + cD^2 \qquad\qquad 公式(2\text{-}6)$$

(3) 线性平方方程(或二次多项式模式 second degree model):

$$\hat{y} = \alpha + bD + cD^2 \qquad\qquad 公式(2\text{-}7)$$

(4) 指数方程(或幂函数 power law):

$$\hat{y} = \alpha + kD^n \qquad\qquad 公式(2\text{-}8)$$

上述四个方程中:$\hat{y}$ 为畸变细胞或畸变率(%);D 为剂量(Gy);a 为自发畸变率;b、c 分别为辐射一次或二次击中所致畸变的拟合回归系数;k 为常数;n 为剂量指数。可通过解方程或用微机计算拟合系数,同时应检验拟合系数的显著性和曲线的拟合度。

2. 拟合模式的选择　染色体畸变率和剂量之间的关系与射线的品质有关。

低 LET 辐射:按照经典假说,用 X 射线、γ 射线作急性照射引起的染色体畸变是由一次击中和二次击中造成。研究表明一次击中形成的畸变(无着丝粒断片)量是剂量的线性函数,即一次击中畸变量随剂量的增高而增加,不受剂量率和分次照射的影响,剂量-效应关系用线性方程:$\hat{y}=\alpha+bD$ 可以适当描述。因二次击中畸变要有两个断裂,而且这两个断裂要相互作用才能形成,它们的剂量-效应关系可用二次方程:$\hat{y}=\alpha+cD^2$ 或指数方程 $\hat{y}=\alpha+kD^n$ 进行描述。

虽然有许多实验资料也适合于幂函数 $\hat{y}=\alpha+kD^n$,但它没有反映染色体畸变的本质和形成机制。国内外大量研究表明,人外周血淋巴细胞经低 LET 辐射处理后,大多数研究者所得到的资料表明,用二次多项式比用指数模式拟合的优度为好。低 LET 辐射诱导的双着丝粒体与受照剂量呈线性平方式关系,即 $\hat{y}=\alpha+bD+cD^2$。该模式的含义,一个双着丝粒体畸变需两次断裂,两次断裂分别位于两个染色体上,bD 项表示这部分二次击中畸变由一个电离径迹通过,使两个染色体各产生一个断裂,随后重排形成一个双着丝粒体,它与剂量呈线性关系;而 cD^2 项表示两个电离径迹使两个染色体各产生一个断裂,然后重排形成双着丝粒体。由此可见,形成一个双着丝粒体的两个断裂可由单个电离粒子径迹所致损伤形成,它与剂量率无关(即线性成分);也可由两个独立的径迹所致损伤相互作用而成,其值取决于两个径迹作用之间相隔的时间,因此 cD^2 项取决于剂量率(即平方成分)。

高 LET 辐射:α 粒子、裂变中子或低能质子等的特征是在组织中很快地释放能量。它们的单个电离径迹的能量可沉积在两个染色体上,引起两个断裂,重组形成双着丝粒体。这样,高 LET 辐射诱导的染色体畸变,不但一次击中畸变与剂量之间呈线性关系,二次击中畸变的剂量-效应也可以拟合线性方程式,即 $\hat{y}=\alpha+bD$。对具有线性剂量-效应关系的高 LET 辐射,不存在剂量率效应。Scott 等用 0.7MeV 快中子分别作急性和慢性照射,剂量率分别为 0.034Gy/h 和 0.5Gy/min(两者相差约 1 000 倍),结果两者在畸变量之间没有明显差异。迄今国内外大量研究表明,高 LET 辐射诱导的二次击中畸变剂量-效应关系,采用二次多项式比线性方程的拟合优度为好,即 $\hat{y}=\alpha+bD+cD^2$。一般情况下,高 LET 辐射的 b 值要比低 LET 辐射的 b 值高几十倍。线性项(bD)只在低吸收剂量下起主导作用,而平方项(cD^2)则在高吸收剂量下起主要作用。

3. 曲线拟合方法　按畸变的识别标准及分析的细胞数,将各剂量点的各类畸变分别计数,求出畸变细胞和每 100 个细胞或每个细胞的畸变率以及它们的误差,畸变细胞率是指见到的畸变细胞占分析细胞数的份额。畸变细胞中不论含有 1 个或多个畸变,均按 1 个畸变细胞计。畸变细胞率的标准误(S1)计算公式如下:

$$s_p = \sqrt{\frac{p(1-p)}{n}}$$

公式(2-9)

式中:

p 为畸变细胞率,以分数表示,n 为分析细胞数。

畸变率(dic、r、ace)以每 100 个细胞或每个细胞有多少个畸变显示,其标准误计算公式如下:

$$s_p = \frac{\sqrt{x}}{n}$$

公式(2-10)

式中:

n 为分析细胞数;

x 为畸变数。

根据畸变类型和射线品质选择合适的数学模式,将各剂量点的畸变率数据输入电脑,通过统计软件拟合回归方程。

4. 建立剂量-效应曲线的原则　当用染色体畸变作为生物剂量计时,首先在离体条件下,用不同剂量照射健康人外周血,根据畸变率和照射剂量的关系,建立不同辐射类型、不同剂量、不同剂量率(低 LET)的剂量-效应曲线,即刻度曲线。

(1)照射条件:应尽量仿照活体照射的情况。选用 2~3 名,不吸烟的正常健康个体,年龄在 18~45 岁,男女均可,非放射性工作者,半年内无射线和化学毒物接触史,近 1 个月内无病毒感染。根据 IAEA 技术报告 No.260 中的建议和多数实验室的工作情况,在 0.1~5Gy 剂量范围内,选择 8~10 个照射剂量点。取上述人员血样,37℃ ± 0.5℃条件下进行均匀的离体照射。考虑到染色体断裂重接的时间为 90~120 分钟,故血液照射后在 37℃条件下放置 2 小时再进行培养。

(2)培养方法、细胞计数和分析技术:为避免非稳定性畸变丢失所致的误差,采用荧光加吉姆萨(fluorescent plus Giemsa,FPG)技术或培养开始加秋水仙素的方法,可确保分析细胞均为受照后的第一次分裂中期细胞。

在建立剂量-效应曲线时,每剂量点计数细胞数应尽可能满足统计学要求。染色体畸变率符合泊松分布,而染色体畸变细胞率符合二项式分布,估算剂量时,除给出平均值外,同时应给出 95% 置信区间剂量范围。在计算 95% 置信区间时,可忽略标准曲线中由于不确定的畸变率的标准误,而只计算观察细胞畸变率的标准误。95% 置信区间剂量范围可由下列公式计算:

95% 置信区间范围 = 畸变/细胞 ± S_p (观察细胞畸变率的标准误) × 1.96

95% 置信区间范围的可信程度与分析的细胞数有关。IAEA (1986) 把增加分析细胞数对急性 γ 射线照射估算剂量的 95% 可信范围的影响归纳成表。表 2-4 中列出四种分析细胞数多少对估算剂量 95% 置信区间范围的影响。可见分析细胞数越多,估计出剂量 95% 置信区间范围越窄,越可靠。

表 2-4　分析细胞数对剂量估算值 (Gy) 95% 置信区间范围的影响

估算剂量/Gy	分析 200 个细胞		分析 500 个细胞		分析 1 000 个细胞	
	下限	上限	下限	上限	下限	上限
0.10	—	—	< 0.05	0.34	< 0.05	0.25
0.25	0.03	0.61	0.10	0.50	0.12	0.40
0.50	0.19	0.87	0.30	0.71	0.36	0.64
1.00	0.69	1.35	0.81	1.21	0.85	1.13

数据源自 IAEA (1986)。

若已知畸变细胞率和允许误差,就可以根据二项式分布 95% 置信区间公式求出应计数的细胞数。生物学实验一般允许误差采用 15%,这需要计数相当大的细胞数。目前,在染色体畸变的剂量-效应关系中采用 20% 的允许误差,其公式为:

$$p \pm 1.96 \sqrt{\frac{p(1-p)}{n}} \qquad\qquad 公式 (2-11)$$

令

$$1.96 \sqrt{\frac{p(1-p)}{n}} = p \times 20\% \qquad\qquad 公式 (2-12)$$

则

$$n = \frac{(1-p) \times 96.04}{p} \qquad\qquad 公式 (2-13)$$

式中:

n 为应分析的细胞数;

p 为畸变细胞率,可在计数分析到一定数量的畸变细胞后求出应分析的细胞数。

在建立染色体畸变剂量-效应曲线时,分析细胞数应符合统计学要求。染色体畸变的自发畸变率相当低,在对照组剂量点难以满足统计学要求时,至少应分析 10 000 个中期细胞。对不同剂量受照者畸变分析结果表明,在大剂量急性照射时,由于畸变率高,需要计数的细胞数少,分析 100~200 个细胞可满足统计学要求。一般情况下,计数 200~500 个中期分裂细胞,可满足有医学意义照射水平的剂量估算。而在较小剂量照射时,往往需要计数大量的细胞数才能达到统计学上的要求。英国国家放射防护局(NRPB)实验室规定,通常情况下,每份标本要分析 500 个细胞,当剂量大时,分析 200 个细胞。

(3) 畸变分析采取盲法阅片:只分析受照后第一次分裂的中期细胞,确立统一的分析细胞标准,选择分散良好,含有 46 个 ± 1 个染色体的中期细胞;畸变的确定应征得两个分析者的确认;并采用图式结合的统一命名的数字、字母和符号详细记录畸变,以备审核和照相。

(4) 生物剂量估算的原则:生物剂量测定采用分析非稳定性染色体畸变(Cu),其中尤以"双 + 环"的频率估算剂量较为准确。但 Cu 畸变会随照后时间的推移而逐渐减少。因此,只有在畸变未明显下降前取样,才能给出较准确的估算剂量。金璀珍等对 7 例不同剂量受照者动态观察发现,照后 1~2 个月"双 + 环"的变化不大,3 个月后明显下降,并建议取血时间最好在事故后 48 小时内,最迟不宜超过 6~8 周。原则上应尽早取血培养,最迟不超过 2 个月。外周血中 Cu 畸变在体内存在时间与许多因素有关,如淋巴细胞寿命、剂量水平、剂量分布、照射持续时间和个体差异等,都有待于进一步研究。

染色体畸变估算剂量范围,一般认为是 0.1~5Gy。其最低值,对 X 射线约为 0.05Gy,γ射线为 0.1Gy,而裂变中子可测到 0.01Gy。但在此种情况下,必须分析大量的细胞才能得到较为可靠的结果。

非稳定性染色体畸变(Cu)分析进行生物剂量测定主要用于分布比较均匀的急性全身外照射,目前还不能用于混合照射、分次照射、长期小剂量照射和内照射的生物剂量估算。但是在辐射事故中,多数为不均匀照射或局部照射,因此,对不均匀照射或局部照射的剂量估算的研究已受到人们的极大关注。

(二) 局部或不均匀照射的剂量-效应关系

染色体畸变分布与畸变类型、射线品质以及照射的均匀程度等因素有关。当照射仅局限于身体某个部位时,由于受照部位的淋巴细胞在血液中迅速地与未受照的淋巴细胞混合,畸变率就会改变。用一次急性均匀照射建立的量效关系来描述局部照射染色体畸变的量效关系有较大的误差。为了解局部照射情况下染色体畸变与受照剂量的关系,Lloyd 等在离体条件下,将照射的血和未受照的血等量混合,培养制片,发现双着丝粒体在混合培养时要比非混合培养时低,前者不及后者的 1/2。Sasaki 研究活体照射情况下的局部照射对畸变率的影响,发现肿瘤患者局部照射后取血培养观察到的畸变比相同剂量离体照射同一患者的血时为低。因此,无论是活体照射还是离体照射,在一般照射条件下所建立的剂量-效应关系不能完全适用于局部照射。低 LET 辐射急性均匀照射条件下,双着丝粒在细胞间呈泊松(Poisson)分布,而在局部照射或不均匀照射条件下,畸变分布则偏离泊松统计,呈过度分散分布(over-dispersion),因而研究畸变分布的性质可以指出是否为均匀照射,偏离的程度反映了不均匀照射的程度。用泊松分布 u 检验,可以判断是否均匀照射。

从畸变分布的性质出发,国际原子能机构(IAEA)介绍了不纯泊松法和 Qdr 法两种用于局部照射剂量估算。近年来针对这两种方法用于不均匀性或局部照射的剂量-效应关系研究的可行性,一些文献从离体模拟实验的角度作了肯定。但不均匀性或局部照射的剂量估算还未解决,活体验证的报道则更少,尚需更多的研究才能作出结论。

(三)延时性照射或分隔照射

延时性(指低 LET 的低剂量率)照射或分次照射比急性照射产生的畸变率可能要低。Scott 等以 3Gy 的 ^{60}Co-γ 射线在 24 小时内均匀照射人淋巴细胞,发现双着丝粒体的数量只有相同剂量的急性照射时的一半。对于高 LET 辐射,由于一次击中和二次击中畸变的剂量-效应曲线近于线性关系,延时照射或分次照射不会影响畸变率;但是,对于低 LET 辐射,一次击中畸变量不变,二次击中畸变的线性平方关系中的平方项则要减少。该项代表了来源于双径迹次级损伤相互作用而得到的畸变。一些研究表明,次级损伤随照射时间的增加而呈指数性下降。因而在分次照射或低剂量率照射条件下,由于各径迹造成的次级损伤有一定的时间修复,一些次级损伤不再能形成畸变。Catchieside 和 Lea 建议用 G 函数

$$\left[G_{(x)} = \frac{2}{x^2}(x-1+e^{-x}), x = \frac{t}{t_0}, t\ \text{为照射延续时间}, t_0\ \text{为染色体断裂平均重接时间(采用 2 小时)} \right]$$

来修正平方项的系数。二次多项式变为下式 $\hat{y} = a + bD + c\ G_{(x)} D^2$。$\hat{y}$、$D$、$a$、$b$ 和 c 的数值同急性照射。延时照射,情况较为复杂,有些实验验证,在 3 小时内观察值和预期相吻合,另一些实验,效果不理想。尚待深入研究。

四、稳定性染色体畸变(易位)分析

目前,通常用 G 显带和荧光原位杂交方法进行稳定性染色体畸变分析。

荧光原位杂交(fluorescence in situ hybridization,FISH)技术是 20 世纪 80 年代末以来发展的一种快速分析人类染色体结构畸变,特别是相互易位的新方法。Pinkel 等(1986)首先将 FISH 技术引入辐射研究领域,开创了辐射生物剂量测定的新篇章。它是检测已固定在玻片上特有核酸序列的一种高度敏感、特异的方法。其方法是以生物素(biotin)标记的已知碱基序列的核酸作为探针,按照碱基互补的原则,与标本上细胞染色体的同源序列核酸进行特异性结合,然后用荧光标记的生物素亲和蛋白(avidin)和抗亲和蛋白的抗体进行免疫检测和放大,使探针杂交区发出荧光,形成可检测的杂交双链核酸,最后在荧光显微镜下检查探针

存在与否。结合了探针的染色体呈现出特定的颜色,未结合探针的染色体就不着色,因而着色与未着色的染色体间发生了互换,这种异常的染色体在荧光显微镜下非常容易鉴别(图2-1)。目前,在辐射生物剂量学领域的FISH研究中,选用的探针主要是全染色体探针、泛着丝粒探针、特异性的端粒和着丝粒探针等。不同探针的组合,加上FISH技术正由单色、双色FISH向多色FISH(M-FISH)发展,这样就可获得更加生动的彩色染色体图像,不但能快速正确检测双着丝粒体,而且能很容易地辨认出易位、缺失和插入等稳定性染色体畸变。

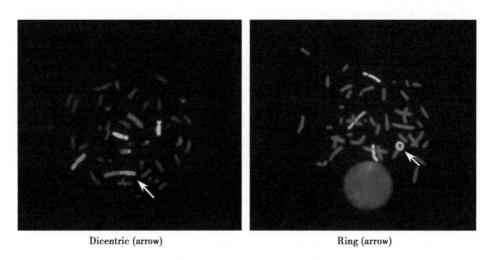

Dicentric (arrow)　　　　　　　　　　Ring (arrow)

图2-1　染色体荧光原位杂交

综上所述,用FISH方法可以大大提高易位的检出率,与G显带技术相比,节省了人力物力。由于不需要分散良好的中期分裂象作分析,增加可供分析的细胞数,提高了检测的精确度。可见它是一种快速、准确的很有前途的生物剂量测定方法,是当前辐射细胞遗传学发展中的一门前沿技术。其不足之处是对某些稳定性染色体畸变,如倒位和缺失不甚敏感;由于探针的特异性,只有某些与探针相对应的染色体畸变才能被察觉;该技术要求高,且需要高纯度试剂,价格昂贵。用于生物剂量测定还有不少问题需要进一步地深入研究,如用FISH方法观察到的染色体易位率换算成全基因组染色体易位率是否符合Lucas推荐的经验公式;以及用易位率进行回顾性剂量重建时,易位不随时间延长而降低的假设是否成立等都有待深入探讨。

五、早熟凝集染色体环或断片分析

当一个分裂中期细胞和一个间期细胞进行细胞融合后,间期核被诱导提前进入有丝分裂期。这时,间期核中极度分散状态的染色质凝缩成染色体样的结构,这种纤细的染色体称为超前凝聚染色体(premature condensed chromosome,PCC)。故融合细胞中,光镜下可见诱导细胞的中期染色体和纤细的单股PCC。这一诱导现象称为染色体超前凝聚(prematurely chromosome condensed,PCC)。

1983年Pantelias等用化学制剂聚乙二醇作为融合剂,简化了细胞融合的操作步骤,使PCC技术受到人们的重视。特别是美国、日本2001年资料报道,大剂量照射后,大多数淋巴细胞阻滞在G_2期,不能到达分裂期,难以用常规秋水仙素阻滞法获得分析的细胞数,而PCC技术可用于大于10Gy照射,使PCC技术得到了广泛的应用,在辐射损伤研究中引起人们的关注。但融合法诱导的PCC指数低。1995年Gotoh用calyculin A诱导染色体发生凝聚后,药物诱导的PCC已应用数年,calyculin A和okadaic acid是蛋白质磷酸酯酶抑制剂,可使许多类细胞在细胞周期的任一期诱导出PCC和环(图2-2),提高了PCC指数。有实验表明Calyculin A诱导的PCC指数远高于常规染色体法,克服了常规染色体畸变分析中有丝分裂指数较低的不足,对部分个体如年老者、免疫力低下者及受到大剂量辐照者,此法尤为适用。

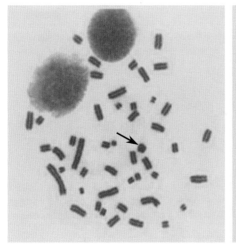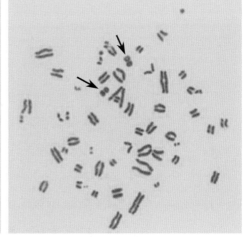

图2-2 药物诱导的超前凝聚染色体

六、微核分析

20世纪60年代Rugh发现在照射后小鼠的淋巴结和外周血淋巴细胞中存在核碎片,又称微核(micronucleus,Mn),试图用其作为评价辐射损伤的辅助指标,但未受重视。Heddle(1973)推荐使用这种简便而迅速的方法来衡量染色体损伤,在辐射领域内得到了广泛的研究和应用。大量研究表明,在一定剂量范围内,整体和离体条件下微核率均呈明显的剂量-效应关系,并经放疗患者和动物实验证明,离体和整体照射微核效应一致,表明淋巴细胞微核率可以作为估算受照剂量的生物学指标。

微核是在诱变剂作用下,断裂残留的无着丝粒断片(染色体碎片)或在分裂后期落后的整条染色体,在分裂末期都不可能纳入主核。当进入下一次细胞周期的间期时,它们在细胞质内浓缩成小的核,称为微核。

微核的形态学特征是:①存在于完整的胞浆中,为主核直径的 1/16~1/3;②形态为圆形或椭圆形,边缘光滑;③与主核有同样结构,嗜色性与主核一致或略浅,Fenlgan 染色阳性或DNA 的特异性反应;④与非核物质颗粒相反,微核不折光;⑤与主核完全分离,如相切,应见到各自的核膜。

微核检测方法简单,分析快速,容易掌握,又有利于自动化,尤其在事故涉及的人员较多时更显示其优越性,如果已知人体受照前的微核水平,可检测到 0.05Gy 剂量。但是微核不像双着丝粒体对电离辐射那样敏感、特异,自发率较高,为 10‰~20‰(CB 法)(图 2-3);个体差异较大,自发率与性别无关,但与年龄呈正相关关系,所以估算剂量的下限值的不确定度较高;微核的衰减速度比双着丝粒体快。

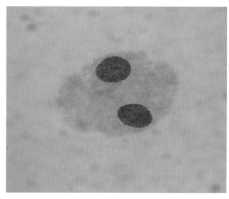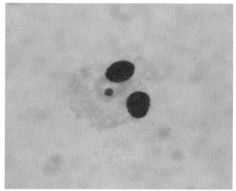

图 2-3　双核细胞

七、体细胞基因突变分析

虽然一个细胞的基因很多,据估计哺乳动物细胞内约有 10^5 个基因,目前在辐射生物剂量的研究中,对绝大多数基因突变尚无有效的检测手段。即使有少数的基因突变能被检测,也因为电离辐射诱发的突变率低,加之自发突变率及其他体内外环境诱变因素的影响和体内选择机制的存在,致使体细胞突变检测的特异性不够强,灵敏度不够高,个体差异较大,能在生物剂量测定中实际应用的不多。下面仅就方法比较成熟、研究较多的 GPA 和 HPRT 基因突变介绍如下。

(一)血型糖蛋白 A 基因位点突变分析

GPA 是分布于人类红细胞(red blood cell,RBC)表面的一种重要的血型糖蛋白,由一条含 131 个氨基酸残基的肽链和一条含 16 个糖基的糖键构成。在每个 RBC 表面约有 5×10^5 个 GPA 分子,GPA 分子有 M、N 两种形式,并以此决定了人类的 MN 血型系统,人群中共有三种血型表现。编码 GPA-M、N 分子的等位基因位于 4q28~31,为共显性表达,在人群中的频率基本相当,所以人群中约一半人为 MN 杂合子个体。

血型糖蛋白 A 突变分析技术仅适于测定人群中 MN 杂合个体的基因突变频率(mutation frequency,MF)。理论上讲,MN 个体外周血 RBC 中存在四种 GPA 变异体细胞(variant cell,VC);单体型 MΦ、NΦ 和纯合型 MM、NN。当用不同颜色荧光标记的 GPA-M 或 N 的单克隆抗体(McAb)与 RBC 结合时,由于正常 RBC(MN)与 VC 表面 GPA 分子抗原分布的种类或数量不同,而结合不同的 McAb,使其荧光颜色或强度不同,经流式细胞仪测定时,根据荧光信号的差异将 VC 记录下来。外周血 RBC 无核,缺乏自我增殖能力,GPA 分析系统所检测到的突变实际上是来自骨髓干细胞或 RBC 成熟过程中 GPA 表达前的 RBC 前体细胞。GPA 基因位点突变分析了个体生存过程中所记录的累积生物效应,因此可作为终生的生物剂量计。GPA 基因突变分析用流式细胞仪检测 1×10^6 个细胞只需几分钟,分析速度快,且稳定性好,重复性高,但 FCM、荧光 McAb 价格昂贵,且 GPA MF 的个体差异较大,仅能用于 MN 型个体。

(二)次黄嘌呤鸟嘌呤磷酸核糖基转移酶基因位点突变分析

次黄嘌呤鸟嘌呤磷酸核糖基转移酶(hypoxanthine guanine phosphoribosyl transferase,HPRT)是体细胞突变研究中常用的基因。HPRT 是一种嘌呤合成酶,其结构基因位于 X 染色体(Xq27)上,其基因产物由 2~4 个蛋白亚单位组成。该酶对于维持细胞内嘌呤核苷酸的含量,特别是合成新核苷酸能力低下的细胞具有重要意义。但此酶也能代谢嘌呤类似物 6-巯基鸟嘌呤(6-TG)和 8-氮杂鸟嘌呤(8-AG),形成一种致死性的核苷-5-磷酸盐,从而杀死正常细胞。在电离辐射或其他诱变剂的作用下,某些细胞 X 染色体上 HPRT 的结构基因发生突变,不能产生 HPRT 或其功能低下,从而使突变细胞对 6-TG 或 8-AG 具有抗性作用。这些细胞在含 6-TG 的培养基中仍能正常生存和分裂,而正常细胞却因 6-TG 的毒性作用不能分裂甚至引起死亡,因此通过检测分裂细胞的数目便能确定 HPRT 基因突变频率。HPRT 基因位点突变分析可用于急性和慢性小剂量照射。其不足之处是:HPRT 基因突变的特异性不强,自发率较高,并随年龄增长,自发突变率也有所增高。

(三)T 细胞受体基因突变

T 细胞受体(T cell receptor,TCR)是由 α 和 β,或 γ 和 δ 两条单链组成的杂合二聚体,编码α、β、γ和δ肽链的基因分别位于14号和7号染色体上。在正常T细胞的成熟过程中，TCR基因发生重组，产生对不同抗原有特异结合能力的受体分子。这四个基因表达时呈等位排斥现象，即α、β基因表达时，则γ、δ基因关闭；反之，γ、δ基因表达时，α、β基因关闭。因此，尽管TCR基因位于常染色体上，但却类似于女性中X性染色体上的基因，在功能上呈单倍性。如在活性基因上发生单个突变，即可导致TCR突变体表型的产生。TCRα、β链只有在与另一蛋白CD3结合形成TCRαβ/CD3复合体后，才能转运到T细胞的膜表面而发挥作用。如果α或β基因中任何一个发生突变，则形成的异常复合体就不能被转运到T细胞表面。因此，只要通过检测CD3分子在细胞表面的存在情况，就可判断TCRα或β基因是否发生突变而异常表达。

通过检测T细胞表面CD3分子的存在与否可以判别TCR是否发生突变，求出TCR基因的突变频率（mutation frequency，Mf）。TCR Mf用于评估人体辐射损伤有以下优点，采血少，检测耗时短，所需抗体已商品化；受试者无遗传型限制，比GPA分析有优势；对急性照射的近期研究，反应较灵敏，是一个较好的生物剂量计。缺点是突变细胞半衰期不算长，约为2年，其克隆形成能力仅为正常$CD3^+$、$CD4^+$细胞的1/8~1/5。因此推测TCR/CD3复合体在体内选择过程中易被淘汰而丢失，因此在中、长期辐射研究中，其剂量-效应曲线斜率低，对某些长期小剂量慢性受照者难以得出明确的结论；与GPA突变分析相似，需要价格昂贵的流式细胞仪。

（四）HLA-A基因突变

白细胞抗原A（human leucocyte antigen-A，HLA-A）是人类主要组织相容性抗原，基因长约5kb，含7个外显子，位于6号染色体6p21.3区。HLA-A分布在T淋巴细胞表面，具有多态性，大多数人的HLA-A是杂合分子。HLA-A在人群中的50%为由HLA-A2或者HLA-A_3组成的杂合子，另有50%个体具有由HLA-A2和A3组成的杂合体A_2A_3。

澳大利亚Morley实验室的Janatipour等于1988年发展了补体依赖的细胞毒性法，从血样中分离出T细胞，与抗HLA-A2或HLA-A3的单克隆抗体孵育，洗涤后的T淋巴细胞与补体反应并培养，带有HLA-A抗原的正常细胞不能存活，从而筛选出变异的T细胞，通过培养成克隆及第2次选择和确证，求出Mf。该法测得HLA-A2的Mf约为3.08×10^{-6}，HLA-A3的Mf约为4.68×10^{-6}。从原爆幸存者的检测中也可观察，随着时间的推移，HLA-A突变细胞受到体内环境的选择而被清除，因此HLA-A基因突变不宜用于辐射效应的远期和终生剂量评估。对于近期辐射效应的评估，HLA-A基因突变分析具有一定的应用前景，但还须在剂量-效应关系和影响因素的干扰方面积累更多的实验资料。

（五）单细胞凝胶电泳

单细胞凝胶电泳(single cell gel electrophoresis,SCGE)技术，又称彗星试验(comet assay),1984年由Ostling和Johnson等首次介绍，经改进后逐渐成熟，是一种在单细胞水平上检测DNA损伤和修复的新技术。分析指标中有尾长、尾矩和olive尾矩等，尾长(tail length, TL)是沿电泳方向"彗星"尾部最远端与头部中心之间的距离；尾矩(tail moment,TM)是彗星尾部DNA百分含量与尾长的乘积；olive尾矩(olive tail moment,OTM)是尾部DNA百分含量与头、尾部重心间距离的乘积。用此检测DNA单链和双链断裂、碱性位点、不完全的剪切修复和链内交联。由于SCGE技术具有简便、快速、灵敏、需血量少、不需要细胞处于生长状态和使用放射性核素等优点，近年来，已广泛用于放射生物学、遗传毒理学、环境生物监测、肿瘤放化疗敏感性检测等领域的研究。彗星试验已用于铀矿工的受照生物标志物的检测，对于放射工作人员彗星试验也显示DNA损伤水平显著增加，同样也应用于评价核电站工人的慢性受照。该技术的缺点是灵敏度太高、区分DNA损伤类型的特异性较差。此外，在进行DNA链断裂的分析时，由于在DNA损伤的同时伴随着重接修复，故要求照射后立即采样进行分析，照射后间隔越长，分析的结果误差越大。SCGE作为一种辐射生物剂量测定方法研究还不够成熟，剂量-效应关系的上限值不够高，不足以对核事故应急时需治疗人群的受照剂量估计，有待于进一步研究。

（六）cDNA微阵列分析基因表达改变

cDNA微阵列能够同时检测上千个基因的表达情况，因此cDNA微阵列技术在肿瘤的诊断和治疗及预后判断、病原微生物检测等领域得到了广泛的应用。cDNA微阵列具有检测样本量大、快速、灵敏、样本用量少、自动化程度高等优点，这就使我们能够利用cDNA微阵列轻易地从上万个人类基因中筛选出辐射应答基因，并研究这些基因表达改变与辐射剂量的关系。Kang等利用cDNA微阵列检测了淋巴细胞在体外受到1Gy照射后2 400个基因在6小时和12小时后的表达情况，结果发现：与正常对照组相比，有44个基因表达出现2倍增高，当用反转录PCR重复检测这44个辐射应答基因时，仅有TRA IL receptor2、FHL2、Cyclin蛋白基因和Cyclin G的表达变化与cDNA微阵列结果一致。进一步分别用0.5Gy、4Gy、12Gy照射后发现：这四个基因的表达在12小时内呈现高度的剂量依赖性，但在12小时后，剂量依赖性消失。Kang等还分析了这些基因在正常人中的表达水平，发现其在正常人群表达差异不大，这保证我们能够清楚地界定这些基因正常的表达水平。这一研究成果提示这四个基因有可能用来作为辐射生物剂量计。Amundson等在利用cDNA微阵列研究基因表达的辐射剂量标记的过程中发现：淋巴细胞在体外受到0.2~2Gy的γ射线照射后，

DDB2、CDKN1A 和 XPC 基因的表达在照后 24 小时和 48 小时的时间点上与辐射剂量有非常好的线性关系,而在辐射后 4 小时和 72 小时检测,这种线性关系较弱。Kim 等分别用 6Gy、12Gy、15Gy 和 25Gy 照射外周血淋巴细胞发现 T 淋巴细胞 CD137(肿瘤坏死因子受体)表达升高,并呈现剂量依赖性,同时还发现该表面分子的表达还受其他因素的影响,如一些抗肿瘤药物也能引起表达升高。Courtemanche 等在研究中也发现了同样的问题,他们比较了用 1Gy 照射组和叶酸缺乏培养组的基因表达情况,结果发现叶酸缺乏也能引起基因表达的改变,尽管由于这两种因素引起的 DNA 损伤机制不同,它们的应答基因不完全相同,但这都提示我们在探索辐射生物剂量生物信号的过程中不但要考虑基因表达与辐射剂量的线性关系,还要求基因表达对辐射有很好的特异性。剂量-效应曲线要求对基因表达定量准确,而 cDNA 微阵列对 mRNA 是半定量,因此用该方法建立的剂量-效应曲线可能还有一定误差。随着实时荧光定量 PCR 技术的出现,有望建立一条更加准确的剂量-效应曲线。

(七) 用实时荧光定量 PCR 检测基因表达改变

实时荧光定量 PCR 是一种与 cDNA 微阵列的检测原理完全不同的技术,虽然它们的检测原始对象都是 mRNA,但是实时定量 PCR 融汇了 PCR 的高灵敏性、DNA 杂交的高特异性和光谱技术的高精确定量等优点,自动化程度高。与 cDNA 微阵列相比,它有检测样本量小的缺点(一般不超过 96 个)。因此在用该方法定量辐射损伤后基因表达改变时,通常先用 cDNA 微阵列筛选出有意义的辐射应答基因,再运用实时荧光定量 PCR 进行精确定量,实时荧光定量 PCR 现在比较多的用在临床病原微生物检测,其在辐射损伤后基因表达方面的应用还比较少。荧光定量 PCR 检测的基因表达升高量远比 cDNA 微阵检测结果高得多,这是因为荧光定量 PCR 方法在对核酸定量上比 cDNA 微阵列更精确。随着商品化的人类全基因表达定量分析试剂盒的出现,应用荧光定量 PCR 方法探索辐射剂量的生物标记变得越来越方便。

上述几项生物剂量测定方法已在生物剂量测定中已得到成功的应用,但在生物剂量测定过程中有几个方面的因素可影响剂量估算结果的不确定度。如照射方面,是均匀照射还是不均匀照射,照射的剂量和剂量率等;检测者方面,检测技术的稳定性,检测设备和条件的可靠性,数据分析处理的合理性等;受照者方面,个体内和个体间辐射敏感性差异,遗传不稳定性传递,受检时间等。这些因素直接影响生物剂量计对受照剂量估算的准确性。因此在估算剂量时应综合分析,考虑影响剂量估算的各种因素。

八、生物剂量计新方法

利用外周血应用不同敏感基因组合在 0~5Gy 范围内对不同性别、照后不同时间进行早期的剂量估算,从 35 个候选基因中利用 mRNA 表达水平评估 ^{60}Co γ 射线照射后 6 小时、12 小时、24 小时和 48 小时血浆中的变化,筛选出 18 个辐射敏感基因以剂量依赖的方式表达显著上调,包括 CDKN1A、BAX、MDM2、XPC、PCNA、FDXR、GDF-15、DDB2、TNFRSF10B、PHPT1、ASTN2、RPS27L、BBC3、TNFSF4、POLH、CCNG1、PPM1D、GADD45A。0~8Gy 6 小时、12 小时、24 小时和 48 小时内 8 个基因的时间响应关系良好,包括 PCNA、FDXR、PHPT1、RPS27L、BBC3、TNFSF4、POLH、PPM1D。在 0~8Gy 24 小时女性的 CDKN1A、PCNA、TNFSF4、POLH、CCNG1 基因表达水平是男性基因表达的 1.12~1.87 倍。因此在照射后不同时间建立的基因表达的模型,每个模型包括 8~10 个不同的辐射敏感基因。对 30 名不同年龄和不同性别的正常人离体外周血进行照射,分析发现辐射敏感基因 mRNA 表达水平的变化存在个体差异,且与受照者的性别和年龄相关。利用大鼠血浆筛选辐射诱导蛋白组学分析,结果显示大鼠血浆中 A2m、CHGA、GPX2、Flt-3L、SAA、GDF-15 蛋白在特定时间点呈现出比较良好的剂量 - 效应关系。利用大鼠血浆筛选辐射敏感的脂质代谢物,辐射诱导的脂质代谢物生物标志物和剂量 - 效应曲线具有快速、高通量的核或辐射突发事件中的分类潜能。

第三节 生物剂量学方法在核或辐射突发事件中的应用

在核或辐射突发应急事件中,对受照人员进行剂量估算是十分重要的。对大剂量照射的病例(>1Gy 的急性照射),剂量信息有助于治疗方案的制订,同时提醒医生在接下来的几周和几个月内可能出现确定性效应(组织损伤)。对低于需要救治水平的照射,剂量学信息对于医生向受照人员提示关于发生随机效应(如癌症)的风险非常重要。对受到极低剂量照射的人来说,如果发现染色体损伤程度没有明显升高,则往往会使人放心。特别是在对事件的细节了解甚少,又得不到物理剂量测量或计算的情况下,生物剂量检测可能成为确定剂量的唯一手段。在辐射应急或恐怖袭击后的早期,可能许多人已经受到照射,需要用生物学指标和早期临床表现对伤员进行分类诊断,这样能够初步快速地识别出疑似受到威胁生命剂量的伤员,并提供分类诊断剂量。下面介绍各种生物计量方法在核或辐射突发事件应急处置中的应用。

一、染色体畸变分析的应用

(一)剂量估算曲线的选择

通常受到照射的辐射源有 γ 射线、X 射线,偶尔还有慢化中子。一般认为,X 射线和 γ 射线的剂量-效应曲线的畸变数是有区别的,特别是在低剂量时(<0.5Gy)。因此,最好是有一个合适能量的 X 射线(如 200~250kVp)及 ^{60}Co 或 ^{137}Cs 对应的刻度曲线。中子的慢化能谱与裂变能谱相似,裂变中子谱的剂量-效应曲线是线性的,并且随中子能量的变化不大。因此,用一个裂变谱产生的刻度曲线就足够了。

(二)分析细胞数

为了产生一个剂量估算值,使其统计不确定度足够的小,通常需要计数大量的细胞。决定分析多少细胞,要根据事件的重要性、可付出的劳动以及标本的质量综合权衡。例如在几戈瑞或更高剂量照射后,受照者的淋巴细胞数可能会急剧下降,由于每个细胞的畸变数目很高,分析几十个细胞就可以达到合理的剂量估算要求。

在低剂量照射下,可以分析 500 个细胞来进行剂量估算。对于双着丝粒检出率较低或为零的情况,一般计数 500 个细胞得到的置信区间就足够了。然而,为了合理准确地估算剂量,作为一般规则,建议计数 500 个细胞或 100 个双着丝粒。

表 2-5 给出了不同分析细胞数对不同剂量 γ 射线急性照射进行剂量估算 95% 置信区间上下限的影响。

表 2-5　分析细胞数对 γ 射线急性照射剂量估算 95% 置信区间上下限的影响

剂量/mGy	分析细胞数			
	500		1 000	
	置信区间上限	置信区间下限	置信区间上限	置信区间下限
100	320	<0	245	16
250	448	111	380	141
500	677	333	627	383
1 000	1 178	830	1 127	881

(三)剂量估算的不确定度

尽管根据双着丝粒的计数估算受照剂量并不困难,但是有很多途径可以造成计数的不确定度。为了表达不确定度,引入 95% 置信区间来表示。95% 置信区间定义为至少在 95% 的情况下包括真实剂量的区间。不确定度来自两个方面,一是从过量受照人员样本中检测到畸变数的泊松分布特性,二是由近似正态分布的刻度曲线产生的不确定度。

图 2-4 说明了 Merkle 的方法,包含下列步骤:

(1) 假设为泊松分布,根据观察到的畸变数计算与 95% 置信上下限相对应的畸变数(Y_U 和 Y_L)。

(2) 计算 Y_L 与上部曲线相交处的剂量,即为置信下限(D_L)。

(3) 计算 Y_U 与下部曲线相交处的剂量,即为置信上限(D_U)。

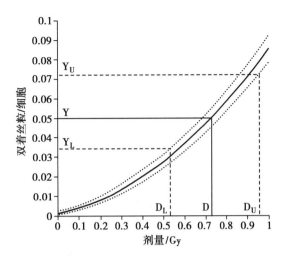

图 2-4 用以估算不确定度的剂量-效应刻度曲线,95% 置信区间(IAEA,2011)

(四)更复杂照射情景下的剂量估算扩展

迁延照射或分次照射的事故照射多为非均匀照射,可能只涉及身体的一部分。在采血进行染色体分析前,也可能会有较长时间的拖延。不均匀照射的双着丝粒数目不符合泊松分布,一般是过离散的。对于局部照射,因为那些照射野之外组织中的淋巴细胞不受到损伤,不均匀性更为明显。在极端不均匀局部照射情况下,细胞受到损伤的数目比预期要少,但一个细胞可以包含多个畸变。即使在皮肤辐射剂量均匀分布的情况下,剂量随组织深度的单调减少,也会导致淋巴细胞受照剂量的不同。这种效应对于弱贯穿辐射尤为明显,而对于更强的贯穿辐射,如 250kVp 的 X 射线或 ^{60}Co、^{192}Ir 和 ^{137}Cs γ 源,效应则小到足以使双着丝粒数近似服从泊松分布。

高 LET 辐射事故照射,如中子辐射,也会由于剂量在细胞水平的沉积方式而导致过离散分布。含有非稳定性畸变的细胞会从外周血中消失,而被新生成的不含双着丝粒的细胞所取代,所以延迟采血时间会影响畸变数。

下面针对每一种应急照射情况举例说明。

1. 临界事故 在一起临界事故中,机体同时受到中子和 γ 射线照射。如果中子对 γ 射线的剂量比是已知的,而且这种信息是可以通过物理测量得到的,那么利用迭代法可以对中子和 γ 射线分别进行剂量估算。迭代步骤如下:

(1) 假设所有畸变都是由中子造成的,则根据检测的双着丝粒数用中子曲线估算剂量;

(2) 用估算的中子剂量和提供的中子对 γ 射线的比来估算 γ 射线的剂量;

(3) 用 γ 射线的剂量来估算由 γ 射线产生的双着丝粒数;

（4）从检测到的双着丝粒数中减去计算得到的 γ 射线所致双着丝粒数,得到一个新的由中子产生的双着丝粒数值;

（5）重复步骤（1）~（4）,直到获得与双着丝粒数相同的估算值。

在不能用物理方法估算中子对 γ 射线比的情况下,不能采用上述方法。一个办法是借鉴日本东海村事故伤员中使用的 Gy-Eq 法来表示剂量。然而,Brame 和 Groer 介绍了一种 Bayesian 方法,这种方法可以在不知中子对 γ 射线比的情况下估算临界事故的剂量。当模拟一个事故时,用 Bayesian 法可以给出与传统迭代法非常相似的结果。

2. 低剂量过量照射案例　通常认为,双着丝粒对低 LET 辐射的剂量探测下限大约是 0.1~0.2Gy。低剂量的灵敏性受到双着丝粒的本底水平(对于普通人群是 0.5~1/1 000 个细胞)以及能够实际计数的中期细胞分裂象数目的限制。因此,低剂量照射的剂量估算存在较大的统计学不确定度。在报告结果时,如果只考虑两种可能情形:0 剂量或者疑似(如佩戴剂量计)剂量,那么可以用每个剂量的相对概率来计算两个剂量的概率比。这种机会源于下面的泊松分布。如果剂量为 0,那么根据剂量-效应曲线推算,预计双着丝粒本底水平为 1 个/1 000 细胞。

实验室在报告分析结果时,可以根据具体情况采用上述一种或两种方法出具检测报告。

3. 局部照射　局部受照的细胞遗传学分析显示,患者的计数中期细胞中的双着丝粒是非泊松分布。因此首先要计算方差和均值的比 $\left(\dfrac{\hat{y}}{2}\right)$,然后用 u 检验来确定是否该比值明显偏离总体。如果数据与泊松分布一致,建议报告全身剂量估算平均值。如果数据不符合泊松分布,可以通过下面介绍的两种方法估算局部受照剂量,而不是简单地采用全身平均剂量。在不确定全身照射和局部照射剂量估算结果是否有显著性差异的情况下,只有当数据明显是非泊松分布的时候,才建议采用这里介绍的两种方法。

方法 1:

该方法是由 Dolphin 首先提出的,命名为"不纯泊松法"。考虑的是所有计数细胞中双着丝粒的过离散分布。所观察的双着丝粒分布代表（α）机体受照部分和（β）其余未受照部分的泊松分布总和,含畸变的细胞显然是在机体的受照部分。而未损伤细胞则包含两个亚群:一部位来自未受照部分,另一部分来自受照部分的未损伤细胞(代表泊松分布公式的用第一项 e^{-Y} 表示)。公式 2-14 描述细胞中损伤的分布。

$$\frac{Y_F}{1-e^Y}=\frac{X}{N-n_0} \qquad 公式（2\text{-}14）$$

式中：

Y_F 为受照部分双着丝粒数的平均值；

e^{-Y} 代表受照部分未损伤的细胞数；

x 为观察到的双着丝粒数；

N 为细胞总数；

n_0 为不含双着丝粒的细胞数。

可以用迭代法求解公式(2-14)找出畸变数的最大似然估计值,然后通过公式(2-15)用 Y_F 计算受照计数细胞的比分数(f)：

$$Y_F f = \frac{X}{N} \qquad\qquad 公式(2\text{-}15)$$

然后用 Y_F 和适当的刻度曲线计算受照部分的剂量。在校正间期死亡和有丝分裂延迟影响后,受照部分的大小可以由 f 导出。这些因素可能会使 48 小时培养后到达分裂中期的受照细胞、甚至受照后未发生畸变的细胞,比未受照细胞要少。假如到达中期的受照细胞部分为 p,机体局部受照的部分为 F。

$$F = \frac{\dfrac{f}{p}}{1-f+\dfrac{f}{p}} \qquad\qquad 公式(2\text{-}16)$$

通过公式(2-17)可以估算出 p 值

$$P = \exp(-D/D_0) \qquad\qquad 公式(2\text{-}17)$$

式中：

D 为估算的剂量,实验证明 D_0 值在 2.7~3.5 之间。

但是,这种方法也有一些局限性：

(1) 该方法假设受照部分的照射是均匀的。

(2) 简单地假设淋巴细胞均匀分布于全身,由此得出受照的淋巴细胞只与机体的受照部分有关。

(3) 这需要一个相当高的局部剂量,以便能够观察到大量的含有两个或更多双着丝粒的细胞。这对于最好地计算受照而未损伤细胞的估算是必要的。

(4) 该方法假定受照和取血之间的时间间隔很短,所以不会因为新生成的未损伤细胞进入血液循环,而使双着丝粒数目明显稀释。如果已经稀释,那么由该方法导出的受照比例就会被低估。

方法 2:

该方法由 Sasaki 和 Miyata 提出,并命名为 Qdr 法。考虑的是仅仅来自含有非稳定性畸变的细胞的双着丝粒和环,并且假设这些细胞是在事故时产生的。因此,该方法就避开了由机体未受照部分的未受损伤的细胞、或照射后从干细胞池补充的未受损伤细胞造成的细胞稀释问题。该方法也不需要含有两个或两个以上畸变的严重损伤细胞的存在。Qdr 是损伤细胞(N_U)中双着丝粒和环的预期产额,由此得出:

$$Qdr = \frac{X}{N_U} = \frac{Y_1}{1 - e^{Y_1 - Y_2}}$$ 公式 (2-18)

式中:

X 为双着丝粒和环的数目;

Y_1 和 Y_2 分别为双着丝粒 + 环和额外无着丝粒断片的数目。

由于 Y_1 和 Y_2 为已知的剂量函数,可以从离体剂量-效应曲线推出,而 Qdr 是一个单独的剂量函数,因此可对机体的受照部分进行剂量估算。

4. 延迟采血 在一次照射后,含有畸变的一些淋巴细胞可以在外周血循环中持续存在多年。但是照射后延迟几周以上采血,样品的畸变数会减少。已有研究提出染色体畸变的指数消减半衰期大约为三年,因此取样时间可延长可到五年或五年以上。然而,当处理简单的事故照射时,很少会延误这么长时间,一般间隔时间是几天到几个星期。

Buckton 等对一组经 X 线分次照射治疗强直性脊柱炎的患者反复采集血样,研究发现,染色体畸变数目有一个较长的初始平台期,大约持续 20 周,随后伴随一个迅速下降期,持续四年以上。他们还计算出在前四年里,双着丝粒数每年以大约 43% 的速率下降,之后大约为每年 14%。

5. 迁延照射与分次照射 迁延照射或分次照射与相同剂量的急性照射相比,产生的染色体畸变数也可能较少。对于高 LET 辐射,剂量-效应关系接近线性,不会产生剂量率效应或分次照射效应。但对于低 LET 辐射,剂量迁延的效应会减小方程中的剂量平方系数 β。这一项代表的畸变数可能来源于两条径迹,在迁延照射过程中或在间断性急性照射期间,有时间通过修复机制来改变。

Lea 和 Catcheside 提出一个称作 G 函数的时间相关因子,用来修正剂量平方系数,因此而顾及剂量迁延效应。由此线性平方方程被修改为公式(2-19):

$$Y = C + \alpha D + \beta G(x) D^2$$ 公式 (2-19)

式中

$$G(x) = \frac{2}{x^2}\left[x - 1 + e^{-x}\right] \qquad \text{公式(2-20)}$$

$$x = t/t_0 \qquad \text{公式(2-21)}$$

式中：

t 为照射持续的时间；

t_0 为平均间隔时间，已经证明约为 2 小时。

因此，在连续照射情况下，有必要知道照射持续的时间长度，并简单地假设照射期间剂量率大致是恒定的。这一过程只有在涉及的总剂量足够大，且照射时间持续数小时到数日的情况下才值得尝试。显然，对于低 LET 小剂量照射（<0.3Gy），哪怕是急性的，多数畸变是通过单电离径迹产生的，所以畸变数无论怎样都近似为 $\hat{y} = \alpha D$。当长时间照射时，$G_{(x)}$ 实际上减少到 0。因此，即使是涉及高剂量照射（>1.0Gy），畸变数仍是 $\hat{y} = \alpha D$。对于短暂的间歇性照射，如果间歇期超过 6 小时，可以认为是多次独立的急性照射，而每次诱发的畸变数量是叠加的。对于较短的间歇时间，方程(6)中的 $G_{(x)}$ 可以被 $exp^{\frac{-t_1}{t_0}}$ 替换，其中 t_1 为分次照射之间的时间。Lloyd 和 Bauchinger 等已经给出了支持 G 函数假说的实验证据。

6. 放射性核素内污染　放射性核素进入体内构成一种特殊类型的迁延性照射，具有更多的复杂性，通常是极不均匀的照射。这是因为核素在体内的沉积位置和滞留时间取决于多种因素。包括进入身体的途径、物理化学形态、辐射品质、核素可能被结合的代谢途径以及机体的生理状态等。

在放射性核素内污染患者的淋巴细胞中，可以观察到高出本底水平的染色体畸变。但是由于多种因素干扰，不大可能利用畸变数推导出全身或特定器官的、合理的辐射剂量估算值。利用离体淋巴细胞受到特定核素照射的剂量-效应曲线可以获得相应的畸变产额，用以对患者体内循环淋巴细胞的剂量进行估算。一个例子是 DuFrain 等报告的一例受到 ^{241}Am 严重污染男子的事故病例。然而，对于淋巴细胞的剂量，特别是在 α 核素照射情况下，可能会使体内其他细胞和组织的剂量严重失真。

因此一般来说，对于体内摄入的放射性核素，细胞遗传学研究的价值是有限的，放射性核素在体内分布非常均匀的情况例外。铯同位素和氚化水就是两个这样的例子，铯趋向于聚集在肌肉中，在体内是相对普遍分布的，而且具有二次清除作用，清除 10% 的半排期为 2 天，清除 90% 的半排期为 100 天。^{137}Cs 是格鲁吉亚事故中释放到环境中的核素，也是切尔诺贝利事故中环境污染的主要核素之一。氚以氚化水或气体的形式进入体内并被结合到身体的水分中，由此产生大致均匀的照射，它的生物半排期大约为 10 天，同铯一样，实际上相当于慢性照射,剂量-效应关系为线性。在没有针对氚的离体剂量-效应曲线情况下,用 200~300kVp 的 X 射线曲线也可以。Prosser 等证明,在低剂量或低剂量率下,氚对 250kVp X 射线的 RBE 值为 1.13。

(五) 剂量估算实例

1. 全身急性外照射 Brewen 和 Preston 等报道了一起 ^{60}Co 源照射事故,受照者身体正面受到完全均匀的大剂量照射。因为男子转身并离开放射源,所以背部也受到较低剂量的照射。总的照射时间不到 1 分钟。事故后 6 小时到 3 年内多次采集血样。在事故后 6 小时到 32 天时间里,分 7 次采血,每次分析 300 个中期细胞,染色体畸变率基本保持恒定。汇总 7 次检测数据,在 2 100 个细胞中观察到 478 个双着丝粒和着丝粒环。他们用以下离体 γ 射线的剂量-效应曲线方程进行剂量估算,其中剂量 D 用伦琴(R)表示:

$$\hat{y}=3.93\times10^{-4}D+8.16\times10^{-6}D^2 \qquad\qquad 公式(2\text{-}22)$$

全身平均受照剂量估算为 144R(1R= 0.009 5Gy)。这与受照者随身佩戴的热释光剂量计和用一个体模进行事故剂量重建获得的物理剂量 127R 非常吻合。一般血液学改变也指示受照剂量大约为 150R。

2. 临界事故 以一次临界事故为例,分析 100 个细胞,观察到 120 个双着丝粒,即每个细胞含 1.2 个双着丝粒。物理测量提供吸收剂量中的中子与 γ 比为 2∶3。使用 0.7MeV 的裂变中子谱和 ^{60}Co γ 射线的刻度曲线进行细胞遗传学剂量估算。曲线方程如下:

中子: $\qquad\qquad\qquad \hat{y}=0.000\ 5+8.32\times10^{-1}D \qquad\qquad 公式(2\text{-}23)$

γ 射线: $\qquad\qquad \hat{y}=0.000\ 5+1.64\times10^{-1}D+4.92\times10^{-2}D^2 \qquad 公式(2\text{-}24)$

按照 4.1 所列的步骤进行剂量估算:

(1) 每个细胞含 1.2 个双着丝粒相当于 1.44Gy 的中子照射;

(2) 1.44×3/2= 2.16Gy 的 γ 射线照射;

(3) 2.16Gy 的 γ 射线照射相当于每个细胞含 0.226 个双着丝粒;

(4) 1.20-0.266 = 0.934,即中子所产生的双着丝粒数;

(5) 每个细胞含 0.934 个双着丝粒相当于受到 1.12Gy 的中子照射;

重复步骤 2,$1.12\times\dfrac{3}{2}$ = 1.68Gy 的 γ 射线照射,等等,经过几次迭代,最终得到中子剂量为 1.21Gy,γ 射线剂量为 1.82Gy。表 2-6 列出了完整的剂量估算过程。有人报道了对这种方法的离体验证,在比对临界事故剂量估算的国际演练中,对实际的中子剂量和 γ 射线剂量获得了非常好的估算结果。

表 2-6　γ 和中子混合照射剂量估算步骤

步骤 1 和 5	步骤 2	步骤 3	步骤 4
		γ 射线畸变率 （每个细胞的 双着丝粒数）	中子畸变率 （每个细胞的 双着丝粒数）
中子剂量/Gy	γ 射线剂量/Gy		
1.44	2.16	0.266	0.934
1.12	1.68	0.167	1.032
1.24	1.86	0.201	0.999
1.20	1.80	0.189	1.011
1.21	1.82	0.194	1.006

3. 低剂量过量照射　一名操作 ^{192}Ir 放射源进行无损伤检测的放射师,送回了每月的热释光剂量计,记录的贯穿辐照剂量为 250mSv。与其一起工作的同事的热释光剂量计均没有剂量记录,也没有证据显示任何系统故障或关于过量记录的任何其他解释。对其进行细胞遗传学分析,共计数 1 000 个中期细胞均未发现损伤。最佳估算剂量为 0,但是,用曲线 $\hat{y} = 0.001\,0 + 0.164\,0D + 0.049\,2D^2$ 估算,0Gy 的 95% 置信上限为 0.12Gy。调查人员不能确定该男子是否的确受到照射,所以在这种情况下,证明了用一种不同方式给出结果是有用的。用概率比方法,0Gy 的概率比大约为 1 300∶1。

4. 急性非均匀照射　一名非辐射工作人员捡到一枚 250GBq(6.7Ci) 的 ^{192}Ir 放射源,放在口袋里,发生了非均匀照射,导致大剂量局部照射,引起皮肤烧伤。之后迅速采集血样,分析 1 000 个淋巴细胞的分裂象;其中 99 个细胞含有下列非稳定性畸变:86 个双着丝粒,2 个着丝粒环和 60 个额外的无着丝粒。双着丝粒分布如表 2-7 所示。

表 2-7　急性非均匀照射后的双着丝粒分布

分析细胞数	932	56	9	1	1	1
每细胞中的双着丝粒	0	1	2	3	4	5

研究实验室的离体剂量-效应曲线为:

$$Y_{双着丝粒} = 1.57 \times 10^{-2}D + 5.00 \times 10^{-2}D^2 \qquad 公式(2-25)$$

$$Y_{无着丝粒} = 2.30 \times 10^{-2}D + 3.90 \times 10^{-2}D^2 \qquad 公式(2-26)$$

使用不纯泊松法,将此例中的数据代入方程,可以得出受照细胞中双着丝粒数 Y_F 的最大似然估计值。通过迭代,$Y_F = 0.489$,即每个受照细胞含 0.489 个双着丝粒,在剂量-效应曲线中对应的剂量为 2.97Gy。

求解方程可以得出受照份额大小 f,此例中 f =0.176。由于该值代表了那些受照后存活下来的细胞群,因此需要进行校正,以便排除间期死亡和分裂延迟等因素,重新选择未受照的细胞。一些实验证据表明,这个选择是剂量的指数函数,这里 D_0 = 2.70Gy。在此例中,剂量估算值约为 3.0Gy,意味着仅有大约 0.33 份额的受照细胞存活下来,可用于分析。用方程 3 计算得到初始受照份额 F 等于 0.393。因此,最终结果是,机体受照份额约为 40%,平均剂量约为 3.0Gy。

在 Qdr 法中,应该指出的是,该研究实验室通常不使用双加环数,而只使用双着丝粒数 Qd 来进行剂量估算。由于相对于双着丝粒和额外的无着丝粒而言,环的畸变极少观察到的,所以这一改变影响甚微。因此,将值代入公式(2-18),忽略着丝粒环,得到:

$$Qd = \frac{86}{99} = \frac{1.57 \times 10^{-2}D + 5.00 \times 10^{-2}D^2}{1 - e^{-3.87 \times 10^{-2}D - 8.90 \times 10^{-2}D^2}} \qquad 公式(2-27)$$

公式中的 D 可以用迭代法求出,得到剂量估算值为 3.19Gy。这与由不纯泊松法得出的 2.97Gy 的剂量估算值非常一致。

5. 延迟采血　下面给出延迟采血情况下的两个剂量估算实例。

调整双着丝粒数。Stephan 等报道了一起事故,有 2 个男人受到 ^{60}Co γ 源 5 分钟均匀照射。他们佩戴胶片剂量计,记录指示剂量为 470mSv 和 170mSv,与物理方法估算的剂量非常一致。遗憾的是,受较高剂量照射的人血样采集延迟 215 天,另外一名同事延迟 103 天。每人大约分析 1 500 个中期细胞分裂象,观察到的双着丝粒数几乎相同,分别为每 100 个细胞 0.47 个和 0.46 个双着丝粒。在剂量-效应曲线上相应的剂量为 0.13Gy:

$$Y = 3.00 \times 10^{-4}D + 5.00 \times 10^{-6}D^2 \qquad 公式(2-28)$$

考虑到采样延迟,作者分别选择乘以 3 和 2,对两人的双着丝粒数进行调整。这是根据 Brewen 和 Preston 等介绍的全身事故照射数据确定的。

调整后用双着丝粒数求出的估算剂量分别为 0.31Gy 和 0.22Gy。这样,尽管受照较严重人的生物剂量更接近于物理估算值,但仍然有一些偏差。如果作者选择用强直性脊柱炎研究的延迟数据,则最多乘以 1.4 倍的校正,这样第一个人的生物剂量和物理剂量估算值之间的偏差会更大。考虑到脊柱炎的效应可以维持至 20 周,延迟 103 天将不需要校正。

使用 Qdr 法 Ishihara 等报道了一起严重事故,一枚 ^{192}Ir 工业探伤源被带回家中,致使 6 人受到照射。受照最严重的两人受到局部照射,皮肤烧伤明显。在畸变数据中得到进一步反映,用 Qdr 法估算的剂量分别为 1.95Gy 和 1.50Gy,均明显高于由每细胞所含双加环数估算的全身剂量 1.52Gy 和 0.54Gy。在受照后头两个月,每细胞的双加环数略有变化,到 6 个月时趋于稳定。与此不同,当停止进一步研究停后,Qdr 值从受照开始分别到 400 天和 200 天里,一直保持相对恒定。

6. 迁延性照射和分次照射   1998 年 12 月在伊斯坦布尔发生一起严重事故,在一家废旧金属回收站,一枚使用过的放射治疗用 ^{60}Co 源被打开。几乎在一天内 10 人受到照射,受照时间在 2~7 小时内。这里以其中一名受照者为例。该人受照时间为 7 小时,四个实验室汇总的双着丝粒畸变率为 668 个细胞中有 157 个双着丝粒,即每个细胞中有 $\frac{157}{688}$=0.228±0.18 个双着丝粒。根据急性照射剂量-效应曲线

$$Y=0.001+0.003D+0.060D^2 \qquad\qquad 公式(2\text{-}29)$$

急性剂量估算值(± SE) =1.7Gy ± 0.1Gy。忽略剂量-效应曲线的任何误差,不确定度被稍微简化。应用 G 函数,即

$$x=t/t_0=7/2=3.5 \qquad\qquad 公式(2\text{-}30)$$

所以 $G_{(x)}$ = 0.413,剂量-效应曲线变为

$$Y=0.001+0.003D+0.025D^2 \qquad\qquad 公式(2\text{-}31)$$

现在,从这一双着丝粒率得出受照 7 小时的剂量为 2.5Gy ± 0.1Gy。

7. 放射性核素内污染   Lloyd 等报道了一例工厂工人意外吸入约 35GBq(约 1Ci)氚化水滴的事故。通过强迫利尿,加速排除她体内的氚。根据测量尿液中排除氚的浓度和速率获得软组织的待积剂量。在事故后不同时间采集血样,检测双着丝粒畸变数。采用 40~50 天的数据进行生物剂量估算,因为那时机体已经接受了所有的待积剂量。将双着丝粒数代入到一个离体线性剂量-效应刻度曲线 $5.37 \times 10^{-2}D$ 中,得到淋巴细胞的平均估算剂量为 0.58Gy。该值需要再乘以一个 0.66 的校正因子,这是考虑了全身、软组织和淋巴细胞中的不同水含量而得出的。剂量-效应曲线是根据淋巴细胞的畸变率刻度的,而氚化水产生的剂量主要是对机体的软组织。校正后的估算生物剂量为 0.38Gy,其 95% 置信区间为 0.48Gy 和 0.28Gy,更接近尿液测量中所得的 0.47Gy ± 20% 的实际值。将尿液中的氚浓度转换为软组织的剂量也考虑到软组织中的水含量。

8. 国内外放射事故生物剂量估算概况 染色体畸变分析作为剂量估算的生物学指标,至今已有 30 余年的历史,国内外学者用 X 射线、γ 射线、中子和质子等不同辐射类型照射离体人血,建立了不同剂量范围和不同剂量率(低 LET 辐射)多条剂量-效应曲线,并在国内外多起较大事故中应用,如美国橡树岭 Y-12 工厂的临界事故(1958)、美国华盛顿汉福特核转移

事故(1962)、苏联切尔诺贝利核电站事故(1986)、巴西 Goiania[137]Cs 事故(1987)、圣萨尔瓦多[60]Co 事故(1989)、上海 6·25 [60]Co 事故(1990)、山西忻州 [60]Co 事故(1992)、河南新乡 [60]Co 事故(1999)、日本茨城县东海村核燃料加工厂事故(1999)和四川成都 [60]Co 事故(2000)、北京燕山事故(2001)、河南安阳事故(2002)和哈尔滨事故(2003)、山东事故(2004)、哈尔滨事故(2005)和山西事故(2008)等,都采用染色体畸变(双 + 环)分析,估算了受照剂量,为临床诊断和预后判断提供了重要的剂量资料。表 2-8 给出了 5 起国外事故用染色体畸变分析估算剂量的概况。

表 2-8　近二十年来国外用染色体畸变分析估算剂量概况

事故基本情况	例数	"双 + 环"剂量/Gy	物理剂量/Gy
(1) 1984 年,墨西哥,6 010 块 [60]Co 源散落,300~500 人受照	10	0.09~1.91	—
(2) 1986 年,切尔诺贝利,核电站事故,203 人诊断为急性放射病,大部分为放烧复合伤	154	具体数字未列出	—
(3) 1987 年,巴西,[137]Cs 放射源,放射性物质散落,244 人受照,4 人死亡	97	大于 1Gy 者 21 例,有 8 例超过 4Gy,1 例为 7Gy	—
(4) 1989 年,萨尔瓦多,[60]Co 源事故,3 人受照	3	A:8.3(7.6~9.0) B:4.4(4.0~4.8) C:3.2(2.8~3.6)	3~10Gy A 和 B 足部超过 200Gy
(5) 1999 年,日本茨城县东海村,核事故,2 人死亡	3	O:12.0Gy(PCC-R 为 20Gy 以上) S:7.0Gy(PCC-R 为 7.8Gy) Y:2.9Gy(PCC-R 为 2.6Gy)	—

数据源自 IAEA(2011)。

20 多年来国内发生多起放射事故,我国从 1970 年以来相继开展此项工作,并于 1980 年首次对上海核子所 1 例受 [60]Co 源照射的病例,用染色体畸变估算受照剂量,得到和物理剂量、临床诊断相当一致的结果。现将近二十年来国内用染色体畸变分析估算剂量概况列表 2-9。表中病例主要是对已知受照者进行剂量估算,只有山西忻州 [60]Co 事故(1992)是对可疑受照者判断是否受到照射,通过染色体畸变分析确定受照后,给出受照剂量,据此找到了放射源。具体情况是:

患者"芳",女,24 岁,山西忻州市人,1992 年 2 月 4 日发病,同时得知其家中已有三位亲人("芳"的丈夫、公爹和丈夫的二哥)于 12 月 3—10 日相继死亡,"芳"由其父("寅")陪同来北京治病,无明确的受照史。原卫生部工业卫生实验所生物剂量室于 1992 年 12 月 30

日上午采血,培养外周血淋巴细胞,1993 年 1 月 1 日收获,分析染色体的非稳定性畸变,证明"芳"受到较大剂量照射,"寅"受过量照射,用本实验室建立的染色体畸变(dic+r)的剂量-效应曲线 $\hat{y}=3.496\,7\times10^{-2}D+6.941\,9\times10^{-2}D^2$ 估计剂量,其二人生物剂量结果是:①"芳"为 2.30(2.07~2.50)Gy,用泊松分布 u 检验,证明是不均匀照射;②"寅"为 0.63(0.43~0.80)Gy。同时表明"芳"家中已死亡的三名成员,也死于急性放射病。建议:①尽快找到放射源;②对可能受照的人群(指与"芳"丈夫等死者有接触史者)进行医学观察(包括血象,染色体等检查)并及时采取相应措施;③对"芳"继续治疗,对"寅"进行观察。由于各级领导的重视和有关部门的积极努力,于 1993 年 2 月 1 日找到了放射源,为一个废旧封闭钴-60 源,其活度为 0.4TBq。

表 2-9　近二十年来国内用染色体畸变分析估算剂量概况

事故基本情况	例数	"双+环"剂量/Gy	物理剂量/Gy
(1) 1980 年,上海,^{60}Co,1 人受照	1	5.18(4.92~5.43)	5.22
(2) 1986 年,北京,^{60}Co,2 人受照	2	A:0.70(0.39~0.91)	0.60
		B:0.67(0.34~0.99)	0.77
(3) 1986 年,河南开封,^{60}Co,2 人受照	2	A:2.50(2.24~2.75)	3.30
		B:2.17(1.77~2.51)	2.40
(4) 1987 年,河南郑州,^{60}Co,1 人受照	1	1.46(1.23~1.66)	1.42
(5) 1990 年,上海,^{60}Co,7 人受照,其中 2 人死亡	5	A:5.10(4.70~5.50)	5.20
		B:3.50(3.00~3.80)	4.10
		C:2.50(2.10~2.90)	2.50
		D:2.90(2.50~3.20)	2.40
		E:1.90(1.60~2.10)	2.00
(6) 1992 年,湖北武汉,^{60}Co,4 人受照	4	A:3.60(3.38~3.81)	3.50
		B:1.68(1.49~1.86)	1.30
		C:0.93(0.75~1.08)	0.40
		D:0.47(0.20~0.58)	0.40
(7) 1992 年,山西忻州,^{60}Co,超过 0.5Gy 者 7 人,其中死亡 3 人	34	A:2.30(2.07~2.50)	—
		B:0.87(0.64~1.06)	—
		C:0.63(0.43~0.80)	—
		D:0.55(0.24~0.77)	—
(8) 1996 年,吉林省吉林市,^{192}Ir,12 人受照,其中 1 人受到大剂量不均匀照射	12	A:3.09(2.88~3.28)	2.9 ± 0.3
(9) 1998 年,黑龙江哈尔滨,^{60}Co,1 人受照	1	A:4.99(4.68~5.29)	—

事故基本情况	例数	"双＋环"剂量/Gy	物理剂量/Gy
(10) 1999 年,河南新乡,⁶⁰Co,7 人受照	3	A:5.61(5.29~5.90)	4.52
		B:2.68(2.46~2.89)	2.55
		C:2.48(2.26~2.68)	3.20
(11) 2000 年,四川成都,⁶⁰Co,3 人受照	3	A:2.30(2.03~2.55)	—
		B:2.33(2.06~2.58)	—
		C:1.79(1.51~2.03)	—
(12) 2001 年,辽宁大连,¹⁹²Ir,3 人受照	3	A:1.94(1.73~2.13)	—
		B:0.74(0.50~0.92)	—
		C:0.08(0~0.20)	—
(13) 2001 年,北京燕山,¹⁹²Ir,23 人受检	1	0.87(0.64~1.06)	
(14) 2002 年,河南安阳,⁶⁰Co,1 人受照	1	1.54(1.32~1.75)	—
(15) 2002 年,吉林省吉林市,⁶⁰Co,5 人受检	2	A:0.15(0~0.29)	—
		B:0.08(0.00~0.29)	
(16) 2003 年,黑龙江哈尔滨,⁶⁰Co,29 人受检,超过 0.1Gy 7 例	29	A:0.34(0~0.56)	
		B:0.34(0~0.56)	
		C:0.43(0~0.66)	
		D:0.38(0~0.55)	
		E:0.32(0.10~0.48)	
		F:0.20(0~0.43)	
		G:0.20(0~0.43)	
(17) 2004 年,河北唐山,硒事故,2 人受照	2	A:0.44(0.24~0.60)	
		B:0.45(0.12~0.66)	
(18) 2004 年,山东济宁,⁶⁰Co,2 人受照	2	A:8.68~9.96 (8.15~10.56)	14.9~18.5 27.2~33.3
		B:>10	(ESR)
(19) 2005 年,黑龙江哈尔滨,¹⁹²Ir,15 人受照,超过 0.1Gy 6 例	6	A:1.65(1.31~1.94)	
		B:1.48(1.17~1.74)	
		C:0.83(0.49~1.07)	
		D:1.29(1.05~1.51)	
		E:0.35(0.21~0.56)	
		F:0.55(0.26~0.74)	
(20) 2008 年,山西太原,⁶⁰Co,5 人受照	5	A:14.5(11.4~17.9)	
		B:3.5(3.1~3.8)	
		C:2.8(2.5~3.1)	
		D:2.3(1.9~2.5)	
		E:1.7(1.4~2.0)	

二、稳定性染色体畸变（易位）分析的应用

（一）FISH 用于回顾性生物剂量估算的举例

这些研究试图探讨 FISH 易位分析在下列人群回顾性剂量估算中的可行性：①早先没有做过生物和物理剂量估算的人群；②物理剂量估算值已知的人群；③照射后立即采用常规双着丝粒分析得到生物剂量估算值的人群。为了明确易位的稳定性，第三组人群的数据是便于同易位率比较的最可靠数据。

选择四个调查组，包括：①核电厂工作人员；②生活在核污染区的人群；③切尔诺贝利事故清洁工人；④事故受照人员中的人员或人员组。

对早先没有个人剂量的人群组进行回顾性生物剂量估算 为了进行回顾性辐射剂量估算，对切尔诺贝利事故中受严重照射的 15 人进行了染色体畸变率检测，这些人都因后期的放射皮肤综合征接受治疗。

这些研究开始于 1991 年，随访持续到 1994 年。1991 年，或采用 Qdr 法对染色体双着丝粒和环畸变率进行检测，或通过 FISH 组合全基因组特异性 DNA 文库和泛着丝粒 DNA 探针对稳定性易位率进行分析，测定了生物剂量当量估算值。用这两种方法，15 人中有 12 人的个人剂量估算值在 1.1~5.8Gy 之间，有相当的可比性，而另外 3 人则未显示出畸变率升高。从 1991 年 9 月到 1994 年 7 月的三年期间，对同样的受检者进行了染色体易位率的随访研究，12 例中有 11 例相当稳定。这说明在不同的采样时间可以进行剂量估算的比较。

从这些研究还不能直接做出易位稳定性的结论，这是因为没有照射后立即得到的参考数据（如生物和物理剂量）。然而，随访研究表明，在照后 5 年时间里，在不同剂量水平上，易位保持恒定。

（二）对已有物理剂量估算值的人群或职业照射组进行回顾性生物剂量估算

一些主要用来估算吸收剂量的研究，已经用来研究日本广岛和长崎原子弹爆炸幸存者或切尔诺贝利事故清洁工人的淋巴细胞染色体畸变率分析。在原子弹爆炸幸存者中记载的易位率，似乎都接近于从个人 DS86（1986 年剂量体系）剂量估算值导出的预期值，DS86 是用离体剂量-效应曲线比较得出的估算剂量。因此，这些研究都支持易位的长期持续存在的观点。然而，与此相反，对 1959 年美国橡树岭 Y-12 事故中受到照射的 4 名工作人员的研究发现明显不同，一些年后他们的易位率明显低于预期值。

1994 年进行了一项试验研究，大约有 60 名从爱沙尼亚招募的、在 1986—1987 年间曾

经参加切尔诺贝利事故清理的工作人员,他们登记的剂量从 0 到 300mSv 不等,对这些人进行双着丝粒和易位分析,以确定是否可以验证他们的记录剂量。在另一组研究中,对 52 名清洁工作人员进行 FISH 涂染法研究。对于受到更高剂量照射的人员,双着丝粒估算已不再有效,而易位可以用来验证早先的剂量。对于绝大多数较低剂量的受照者而言,发现用 FISH 作为个人剂量计是不切实际的。不过,在区别不同剂量的受照组上 FISH 具有一定价值,这一点得到对爱沙尼亚清洁工作人员研究的支持。

另一组数据是关于 75 名马亚克工作人员,这些人的物理剂量是可知的,他们接受的主要照射是在 1948—1963 年之间。累积外照射剂量在 0.02~9.91Sv 之间,钚负荷在 0.26~18.5kBq 之间。在迁延照射后的 35~40 年,采用 1、4 和 12 号全染色体探针结合泛着丝粒探针检测了易位率。结果表明,这些工作人员的易位率比相应对照组的要高。但是,易位数的范围总体上比根据个人剂量记录和刻度曲线预期的要低。

对 73 名来自 Techa 河流域的受照居民进行 FISH 涂染中期细胞检测。调查组包含两个亚组,分别生活在工厂下游 7~60km 和 78~148km 处。研究发现这两组人群的平均易位率显著高于对照组。

1991—1994 年间,曾经对谢拉费尔德(Sellafield)核设施的放射工作人员进行生物剂量学研究,他们的终生累积全身剂量分布在 173~1 180mSv 之间,除了三人以外其他所有人的剂量均大于 500mSv。将这些工作人员按照剂量范围排列成队列组,可见平均易位率随着剂量的增加而显著增加。与此不同的是,终生累积剂量与双着丝粒畸变率之间并没有相关性。

在广岛原子弹爆炸幸存者中,对 40 名生活在爆心附近(大约 2km)并且爆炸时年龄至少 10 岁的幸存者进行检测,发现电子自旋共振的剂量和淋巴细胞易位率的细胞遗传学剂量之间存在良好的相关性。广岛原子弹爆炸幸存者的研究证明了稳定性易位的持久性。但是,从上面提到的其他一些研究也能得出结论,部分易位好像随着照后时间的推移而减少。

(三) 对事故后不久用常规双着丝粒分析获得生物剂量估算值的人员进行回顾性剂量估算

1. 氚水事故 前面所述的氚化水过量照射事故也用 FISH 方法进行了回顾性检查。最初双着丝粒给出的平均剂量为 0.38Gy,与在尿检测到的氚剂量 0.47Gy 比较接近。因为氚与机体水分相混合,导致全身软组织或多或少地不均匀照射,所以这些值是机体软组织的平均剂量。后来的血样分析显示,双着丝粒数的预期减少与氚 3.3 年的半消失期相吻合。

事故后第 6 年和 11 年,通过单向和双向易位的结合尝试进行 FISH 剂量估算。首先,一个实验室通过 1、2 和 4 号染色体单色涂染进行分析,第二项检测由另一个实验室承担,涂染 2、3 和 5 号染色体。剂量估算参考其中一个实验室用氚离体照射建立的刻度曲线,剂量-效应曲线呈线性关系,源于全基因组校正的总易位数 $Y = c + (5.26 \pm 0.49) \times 10^{-2} D$。从所有 FISH 计数合并的数据得到剂量估算值为 0.48Gy。

2. 戈亚尼亚事故 在戈亚尼亚事故(巴西,1987)中,一个 ^{137}Cs 放射治疗源被砸开,大量人员受到照射。这些人员为随访研究提供了一个良好的队列。在发现事故后立即对 129 名相关者进行检测,分析淋巴细胞双着丝粒和着丝粒环的畸变率。其中 29 名受照者的估算剂量在 0.3~5.9Gy 之间。虽然局部皮肤损伤提示大多数人受到不均匀照射,但是除了 6 人以外,所有病例的染色体畸变均呈泊松分布。对其中一些受照者进行多年随访,检查双着丝粒畸变率(受照后立即开始)以及用 FISH 检测易位(受照后 5 年开始),进行回顾性剂量重建。

可以将 FISH 检测获得的易位率数据(用不同的探针组合,覆盖大约 80% 的基因组)直接与相同人员的早期双着丝粒畸变率基准水平进行比较。在受到较高剂量(>1Gy)照射后多年(从 1992 年起),观察的易位率比 1987 年最初确定的双着丝粒率要低 2~3 倍。对于估算受照剂量 <0.9Gy 的人,易位率和早期双着丝粒畸变率之间仅有很小的差别。计数更多的细胞可以提高这些剂量估算值的准确性。但是,有易位的淋巴细胞的持久性、与染色体大小不成比例的易位水平,以及个体差异等,这些因素都会降低这些估算值的精确性。随访研究发现,单向和双向易位并未减少,这与切尔诺贝利的研究相似。Straume 等也在事故后 1 年对戈亚尼亚事故的二名受照者用 FISH 方法进行了评价。当将数据与事故后立即获得的双着丝粒频率相比时,发现易位频率要低。

3. 德国与爱沙尼亚事故 与之不同,另一项研究是在事故发生后 11 年,用 2 号、4 号和 8 号染色体和泛着丝粒探针对 3 名受照工人进行 FISH 分析。结果发现,稳定性易位率与事故发生后不久用常规 FPG 染色获得的双着丝粒平均畸变率没有显著差别。大约 75% 的易位为双向型易位。在 1994 年爱沙尼亚辐射事故后,从照后 1 个月直到随后的 2 个月、6 个月、10 个月、12 个月、17 个月、22 个月和 24 个月对 5 名剂量估算值在 1~3Gy 的人员进行了染色体分析。随访研究发现,双向易位在全部 5 名受照者中均保持相对稳定,而其中 1 人的单向易位出现明显下降。照射后 12 个月,所有受检者的双着丝粒率均降至初始程度的 50% 左右。事故后长达 7 年的进一步随访研究表明,对稳定性细胞中易位的计数似乎说明所有细胞中观察到的易位均不再下降。在随访的前几年里,稳定性细胞的易位数与时间无关。

4. 伊斯坦布尔事故 在这一起事故中,有几人受到与废金属混合在一起未屏蔽的 ^{60}Co 源照射。事故过去 1 个月后,主管部门才认识到发生了辐射事件。患者的血细胞计数非常低。对 5 名受照最严重的人员进行了双着丝粒分析,表明剂量在 2.2~3.1Gy 之间。考虑到这些人的照射迁延时间超过了若干小时,剂量估算时对剂量-效应曲线进行了 G 函数调整。当照射剂量大到引起确定性效应(如血细胞计数降低)时,双着丝粒数超过几周时间后会稍微下降。

也进行了 FISH 剂量估算,所用血样与双着丝粒分析用的血样相同。这项检测在三个实验室进行,汇集各实验室的单向和双向易位综合数得出剂量估算结果。FISH 剂量估算也经过 G 函数调整,结果比双着丝粒估算值高 20%~30%。

FISH 通常被考虑用作回顾性剂量计,适用于照射后数年或发生长期照射的情况,如放射性核素引起的环境污染。然而,这种情况已经很好地说明,在较低剂量照射下通常认为双着丝粒分析就足够的时间段内,在受到高剂量照射、当出现采血当延迟的情况下,FISH 也是有用的。

5. 格鲁吉亚事故 11 名年轻边防士兵在里鲁(Lilo)军事训练中心意外受到活度不超过 150GBq 的 1 个或几个 ^{137}Cs 源的照射,这些源是用于训练和仪器标定用途的。受照射时间从 1996 年中期至 1997 年 4 月,接近 1 年。

四个受照最严重的人在法国住院治疗,1997 年 11 月在那里进行了细胞遗传学检测(表 2-10)。

表 2-10 非稳定性染色体畸变数目和每细胞畸变率(括号内)[a]

患者	分析细胞数	双着丝粒	环	无着丝粒	U 检验	双着丝粒数量 95% 置信区间/Gy	FISH 剂量 95% 置信区间/Gy
1	500	14(0.03)	0(0.000)	11(0.022)	−0.43	0.4 [0.2~0.6]	0.7 [0.4~1.0]
2	500	19(0.04)	1(0.002)	15(0.030)	−0.59	0.5 [0.4~0.7]	0.4 [0.1~0.7]
3	502	55(0.11)	4(0.008)	24(0.048)	4.68	0.4 [0.2~0.6]	0.8 [0.6~1.1]
4	518	80(0.15)	4(0.008)	25(0.048)	3.61	1.1 [0.9~1.3]	1.7 [1.4~1.9]

[a]u>1.96,u 检验表明显著过离散分布;或 u<1.96,欠离散分布。剂量估算值由双着丝粒和双向易位得出。

用一个 ^{60}Co 离体急性照射(0.5Gy/min)诱发双着丝粒和环的刻度曲线来估算剂量。对于 1 号和 2 号患者,物理剂量重建提示严重局部照射,但从每细胞的双着丝粒分布却没有得到证实($u<1.96$，表 2-10)。因此，假设按急性均匀照射估算的剂量远远低于 3 号和 4 号患者，后二者的畸变分布是过离散的($u>1.96$)，提示其为局部照射。这与物理剂量重建的照射情况是一致的。

所有 4 名患者在到达法国之前可能淋巴细胞均已下降，因此，用非稳定性畸变进行剂量估算可能会低估全身平均剂量。所以同时也进行 FISH 易位检测，对所有细胞而不仅限于稳定性细胞进行分析，用三对染色体(2 号、4 号和 12 号)涂染探针和一个泛着丝粒探针一起杂交。对于 2 号患者，用双着丝粒数和易位数估算的剂量基本一致(表 2-10)。对于 1 号和 4 号患者，用 FISH 估算的剂量比用双着丝粒估算的要高，但差别无统计学意义。而对于 3 号患者，用双着丝粒估算的剂量较高。这些差别或许可以解释为不均匀照射和分次照射，造成人与人之间的明显差异，从而改变了不稳定细胞中易位的分布，结果导致双着丝粒相对于易位的消失。

尽管未能获得每个患者每次检测的全部样本，但还是进行了进一步的细胞遗传学随访观察(图 2-5 和图 2-6)。

正如所料，随着时间的推移，在整个观察期内所有患者的双着丝粒数均下降。相比之下，4 名患者中有 3 名的双向型易位率并未降低。1 号患者在第一次采血后两个月的易位率减少，考虑是不确定度原因，并无统计学意义。后来的易位数据总体稳定，可能反映了伴随淋巴细胞减少和非稳定性畸变的迅速消失，淋巴细胞快速地更新。后期的 FISH 数据可能表示骨髓干细胞接受的剂量。

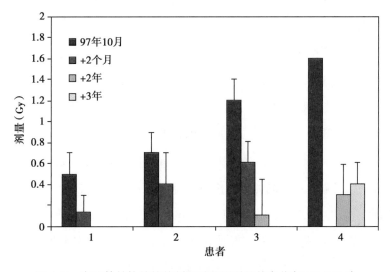

图 2-5　由双着丝粒估算的剂量随照后时间的变化(IAEA，2011)

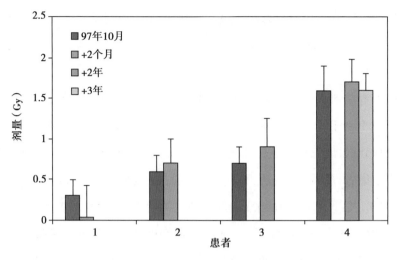

图 2-6　由双向易位估算的剂量随照后时间推移的变化（IAEA，2011）

三、早熟染色体凝集分析法的应用

通常情况下，生物剂量估算是通过分析经离体 PHA 刺激转化后第一次有丝分裂产生的双着丝粒或易位来完成的。这些分析方法存在某些公认的问题，即所谓在两天的培养过程中，辐射诱发的有丝分裂延迟和细胞死亡，特别是在高剂量照射后更为明显，可能会导致对辐射照射剂量的明显低估。早熟染色体凝集是在第一次有丝分裂前的一定时间诱导染色体早熟，以减少或取消培养时间来减少有丝分裂延迟或细胞死亡的发生机会。

1999 年在日本东海村临界事故中，用冈田酸诱导 PCC 环技术对三名受到严重照射的病例进行了生物剂量估算。

事故后 9 小时，三个样本中每 100 个细胞的 PCC 环检出率分别为 150、77 和 24，估算剂量分别为 >20Gy、7.4Gy（95% 置信区间为 6.5~8.2Gy）和 2.3Gy（1.8~2.8Gy）。需要注意的是，这次事故是 γ 和中子混合辐射野照射，而以 Sv 为单位测量的剂量当量不适用于这种高剂量照射，因为它依据的是低剂量随机效应的危险度判断。

采用常规计数中期细胞的双着丝粒和环（dic + r）也可以对血样进行平行分析。由于受到如此大剂量的照射，会导致外周血淋巴细胞计数迅速减少，因此用一种培养方法尽可能多地获得中期细胞。这种方法就是用 Ficoll Hypaque 分离管浓集淋巴细胞。结果是，对于最严重的受照者，在 78 个细胞中每个中期细胞都受到损伤，双着丝粒为 715 个，着丝粒与无着丝粒环为 188 个。其他两名受照者的畸变情况分别是：一人在 175 个细胞中双着丝粒 479 个，环 55 个；另一人在 300 个细胞中双 + 环 191 个。表 2-11 概括了用细胞遗传学方法和钠活

表 2-11　用不同指标估算的剂量比较

患者	用以下指标估算的 RBE 加权全身剂量（Gy-Eq）[a]			
	PCC 环	Dic	Dic+R/R	^{24}Na[b]
A	>20	22.6	24.5	17~24
B	7.4（6.5~8.2）	8.3	8.3	8.7~13
C	2.3（1.8~2.8）	—	3.0（2.8~3.2）	2.5~3.6

[a] 对于 X 射线（患者 A 和 B）和 γ 射线（患者 C）的 RBE 为 1；

[b] 来自 Ishigure 等，中子 RBE 估计值为 1。

化物理测量法得到的剂量估算结果。

四、微核分析的应用

电离辐射诱发形成染色体无着丝粒断片，不能与纺锤体发生作用的无着丝粒断片和整条染色体在细胞分裂后期滞留，因而不能进入子细胞的主核内。滞后的染色体断片或整条染色体则形成一个单独的小核，叫作微核。

1985 年，Fenech 和 Morley 证明，使用松胞素 B 完成一次核分裂的细胞会在胞内累积，表现为双核（BN）细胞。用微核检测获得的结果在分裂细胞率上不受个体间和实验室间差异的影响，表明在观察微核率方面具有非常重要的作用。胞质分裂阻断微核检测（cytokinesis block micronucleus，CBMN）法因此成为测量培养淋巴细胞微核的标准方法。

胞质分裂阻断微核细胞（CBMN Cyt）检测法除了分析双核与单核细胞中的微核外，还对核质桥（nucleoplasmic bridges，NPB）和双核细胞中的核芽进行检测，二者分别为双着丝粒染色体和基因扩增的生物标志物。而且在 CBMN Cyt 检测中，可以计数单核细胞、双核细胞、多核细胞以及坏死和凋亡细胞的比例，测量细胞增殖及死亡情况，这也可以为生物剂量估算提供信息。

（一）病例研究

为了证明 CBMN 在生物剂量中的应用，对以下病例的外周血淋巴细胞微核数进行测量：①接受分次局部机体放疗的不同组癌症患者，如前列腺癌、宫颈癌、霍奇金病；②接受放射性碘治疗的甲状腺癌患者。

这些研究表明，用微核估算的剂量与根据放疗方案＋累积剂量-体积柱状图计算的平均全身剂量非常一致。对甲状腺癌患者的 meta 分析表明，放疗后的微核率比放疗前增加了 3 倍以上，说明 CBMN 检测对发现体内放射源引起的全身平均低剂量照射造成循环淋巴细胞的遗传损伤具有足够的敏感性。

放射性碘病例研究。对一名甲状腺完全切除术后接受 ^{131}I 摘除性放射治疗的 34 岁男性甲状腺癌患者进行 CBMN 测试,研究淋巴细胞的辐射反应。幸运的是,在甲状腺癌确诊前几个月,患者为一项不同剂量 X 射线离体照射(198mGy/min)诱发微核的研究捐献过血样。未照射的培养细胞本底微核率(处理前的基础值)平均为 6.0‰;而在剂量为 50mGy、100mGy、150mGy、200mGy 和 250mGy X 线照射后平均微核率分别为 18.5‰、29.0‰、41.0‰、61.0‰ 和 75.5‰。数据满足线性无阈剂量-效应方程($Y=3.714+2.783D$;$r=0.99$),如图 2-7 所示。

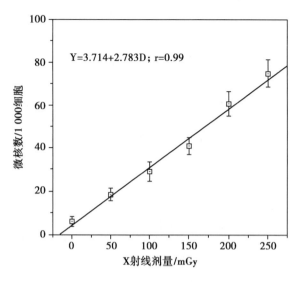

图 2-7　诊断前及 ^{131}I 治疗后,患者淋巴细胞微核 X 射线低剂量离体照射的剂量-效应关系(IAEA,2011)

首次用 48mCi(1.78GBq)^{131}I 体内治疗后 11 天采血,随后每月间隔采血一次,直到每季度采血一次,直至 5 年。第一次治疗后标本微核率为 35.5‰,比治疗前的基础值增加了 6 倍,提示外周血的剂量大约为 110mGy。首次 ^{131}I 治疗后 26 个月第二次治疗,剂量为 390mCi(14.46GBq),导致微核率进一步增加。微核计数随时间波动很大,在 5 年后的随访中,微核率较放疗前的基础值高出 10 倍(图 2-8)。

第二次治疗后 15 年以上的时间,患者处于无癌且健康的状态。这项研究结果支持 CBMN 检测是一项快速、灵敏和定量的辐射照射生物学指标的结论。但是,这种研究不能确定靶组织的局部剂量,这里指任何残留甲状腺细胞 + 甲状腺癌转移。

(二)生物监测研究

作为一项活体生物监测指标,经若干患者研究验证后,CBMN 及 CBMN-着丝粒分析已被大规模应用于职业受照放射工作者的生物监测,如核电厂和医院工作人员的生物监测。这些生物监测研究表明,微核的高低取决于采血之前多年接受的累积剂量。在 Thierens 等的研究中,对年龄因素进行校正后数为 0.10。此外,Thierens 等还在另一项研究中用 CBMN-着丝粒法对放射工作人员进行了分析,得到微核随剂量的增加率几乎与前一结果相同,为 0.025‰/mGy,并且证明这种剂量依赖性完全归因于电离辐射断裂作用产生的

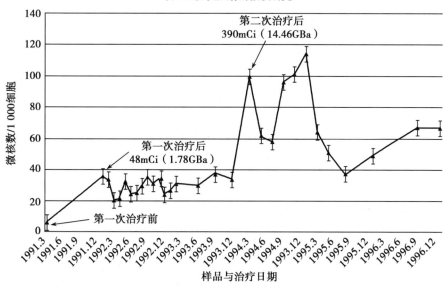

碘-131多次照射的微核研究

图 2-8　患者 ^{131}I 治疗前、治疗中及治疗后的 5 年微核随访结果(IAEA,2011)

MNCM-ve。Vaglenov 等的研究也发现在一个职业照射人群中微核的剂量依赖性。他们报道微核增加率为 0.03‰/mGy。大量生物监测研究表明,微核检测能够证实在群体水平上职业性照射累积剂量超过 50mGy 引起的遗传损伤。

(三) 事故研究

1. 切尔诺贝利事故　CBMN 检测已成功用于评估切尔诺贝利核电厂附近的居民由于摄入长寿命放射性核素造成的迁延性照射。1986 年核事故时居住在切尔诺贝利 100~200km 范围内的 80 位居民,在 1989—1991 年间接受了双核淋巴细胞微核率检测。该研究对受检者进行了 ^{134}Cs 和 ^{137}Cs 全身计数,以便了解微核率与全身剂量的关系。从 80 名受检者的数据多项回归分析得出:①微核率与放射性铯的活度水平显著相关($P = 0.004$);②估算的体内吸收剂量(在 0.6~9.2mGy 之间)与微核率呈明显正相关($r = 0.71$)。

2. 伊斯坦布尔事故　当事故涉及的受照者较少,而且获得结果的速度并非至关重要时,大部分实验室选择用双着丝粒法进行剂量估算。因此,几乎没有关于微核计数作为事故后快速生物剂量计的报道。在伊斯坦布尔事故中 10 名清除废金属的工人受到未屏蔽的早先用于放射治疗的 ^{60}Co 源照射。受照后大约一个月对淋巴细胞血样进行了 CBMN 检测以及双着丝粒和 FISH 易位分析。将两个实验室的数据合并,其中 8 名受照者用微核进行剂量估算,结果为 0.7~2.7Gy,与双着丝粒估算的剂量非常一致。用 FISH 估算的剂量比用双着丝粒畸变率估算的剂量要高 20%~30%,这可能是由于受照后患者的血细胞数量严重减少所致。在这种情况下同样低估剂量的倾向也存在于微核分析中,因为这也是一种损伤类型,不会在体内长期存在,尤其是高剂量照射后。

3. 塞米巴拉金斯克核试验场 塞米巴拉金斯克(Semipalatinsk)核试验场区在40年(1949—1989年)的连续核武器试验期间,已经被放射性落下灰严重污染,生活在场区附近的人们既受到内照射也受到外照射。对受不同程度污染的几个村庄和一个对照村庄的居民进行了双着丝粒与微核分析。结果发现,污染区居民的双着丝粒及微核均比对照组要高,这种高的发生率看来主要是由体内摄入放射性核素所引起。

4. 一起50kV接触式X射线放疗装置辐射事故 2003年,采用CBMN法对一名维修时意外受到50kV接触式X射线放疗装置照射的医院工作人员进行了回顾性剂量估算。得到的估算剂量为0.73Gy,95%置信区间为0.54~0.96Gy。用双着丝粒计数得到的估算剂量为0.62Gy(0.45~0.90Gy),与CBMN检测剂量非常一致。一年后对该患者进行第二次采血,结果显示微核率随着照后时间的推移而减少,半消失期为342天,与双着丝粒377天的半消失期非常接近。这一结果与在放疗患者中观察到的治疗后1年微核率随着照后时间减少至60%一致。

5. 大规模辐射事故 在大规模辐射事故情况下,可能会有数百人受到照射,这时最重要的是将需要早期救治的严重受照者(≥1Gy)与较轻的受照者区分开来。为此目的,需要一种快速的生物剂量检测手段。在最近一项研究中,用自动微核计数对人群快速分类诊断的有效性已经在一个多中心装置中得到确认。

第三章
应急准备与响应总则

第一节　相关法律法规

我国的核或辐射突发事件应急相关法律法规包括公共应急法律如《中华人民共和国突发事件应对法》,以及一些单行法律如《中华人民共和国核安全法》和《中华人民共和国放射性污染防治法》,行政法规如《核电厂核事故应急管理条例》和《放射性同位素与射线装置安全和防护条例》,应急预案如《国家突发公共事件医疗卫生救援应急预案》《国家核应急预案》和《卫生部核事故和辐射事故卫生应急预案》等。我国作为国际原子能机构(IAEA)和世界卫生组织(WHO)的成员国,还应当遵守相应的国际公约如《及早通报核事故公约》《核事故或辐射紧急情况援助公约》和《国际卫生条例》等。

另外,国家还颁发了一些技术标准和规范,如《核或辐射应急准备与响应通用准则》《核和辐射事故医学响应程序》和《辐射损伤医学处理规范》等。

一、国际公约

IAEA 在核应急和辐射应急方面的国际公约主要有《及早通报核事故公约》(1986)、《核事故或辐射紧急情况援助公约》(1986)和《核安全公约》(1994)。《及早通报核事故公约》的主要内容包括:缔约国有义务对引起或可能引起放射性物质释放、并已经造成或可能造成对另一国具有辐射安全重要影响的超越国界的国际性释放的任何事故,向有关国家和机构通报。核事故通报内容包括核事故及其性质、发生时间、地点和有助于减少辐射后果的情报,目的在于通过在缔约国之间尽早提供有关核事故的情报,使可能超越国界的辐射后果减少到最低限度。《核事故或辐射紧急情况援助公约》强调了在核事故或辐射紧急情况下,缔约国有义务进行合作,迅速提供援助,尽量减少其后果和影响,旨在建立一个有利于在发生核事故或辐射紧急情况时迅速提供援助,尽量减少后果的国际援助框架,进一步加强核能利用与核安全方面的国际合作。《核安全公约》要求签署国同意执行基本核安全原则,并接受国际定期检查;要求签署国同意将不能改进的老旧或不安全的核设施关闭,并在关闭前充分考虑其社会和经济影响。

新修订的《国际卫生条例(2005)》2007年6月15日生效。该条例的适用范围从鼠疫、黄热病和霍乱三种传染病的国境卫生检疫扩大为全球协调应对构成国际关注的突发公共卫生事件(包括各种起源和来源,实际上是指生物、化学和核辐射等各种因素所致突发公共卫生事件);强调针对可能构成国际关注的突发事件的紧急情况,各国及时通报并采取必要卫生措施的义务。《国际卫生条例》以保障全世界人民的健康和生命安全为目标,适应了全球社会、经济快速发展的形势,也符合世界各国共同应对突发事件的迫切需要。

二、中华人民共和国突发事件应对法

《中华人民共和国突发事件应对法》(以下简称《突发事件应对法》)共7章70条,主要规定了突发事件应急管理体制、突发事件的预防与应急准备、监测与预警、应急处置与救援、事后恢复与重建等方面的基本制度和法律责任等。该法律以法的形式规范了突发事件应对活动,明确了国家建立"统一领导、综合协调、分类管理、分级负责、属地管理为主"的应急管理体制,确立了"预防为主、预防与应急相结合"的工作原则;明确了各级政府在预防与应急准备、监测与预警、应急处置与救援、事后恢复与重建等方面的责任,赋予政府应对突发事件组织、动员各种资源的应急处置权力;规定了各类单位在建立安全管理制度、制定应急预案、应急教育宣传演练、信息报告报送、服从应急指挥以及配合应急处置等方面的责任和义务。同时,在法律责任部分加大了对政府、政府有关部门及相关人员的问责力度。突发事件发生后,有关单位不及时组织开展应急救援工作,造成严重后果的,责令其停产停业,暂扣或者吊销许可证或者营业执照,并处五万元以上二十万元以下的罚款,根据情节对直接负责的主管人员和其他直接责任人员依法给予处分。《突发事件应对法》作为我国公共应急制度的基本法,对于依法应对突发核事件和辐射事件,进一步做好我国的核应急和辐射应急医学救援工作具有重大的现实意义。

三、中华人民共和国核安全法

2017年9月1日,第十二届全国人民代表大会常务委员会第29次会议审议并表决通过了《中华人民共和国核安全法》(以下简称《核安全法》)。《核安全法》共分8章,总计94条。《核安全法》重点内容包括:规定了确保核安全的方针、原则、责任体系和科技、文化保障;规定了核设施营运单位的资质、责任和义务;规定了核材料许可制度,明确了核安全与放射性废物安全制度;明确了核事故应急协调委员会制度,建立应急预案制度,核事故信息发布制度;建立了核安全信息公开和公众参与制度,明确了核安全信息公开和公众参与的主体、范围;对核安全监督检查的具体做法作出明确规定;对违反本法的行为给出惩罚性条款,并对因核事故造成的损害赔偿作出制度性规定。

《核安全法》第四章核事故应急中规定,国家设立核事故应急协调委员会,组织、协调全国的核事故应急管理工作。省、自治区、直辖市人民政府根据实际需要设立核事故应急协调委员会,组织、协调本行政区域内的核事故应急管理工作。国家核事故应急协调委员会成员单位根据国家核事故应急预案部署,制订本单位核事故应急预案,报国务院核工业主管部门备案。省、自治区、直辖市人民政府指定的部门承担核事故应急协调委员会的日常工作,负责制定本行政区域内场外核事故应急预案,报国家核事故应急协调委员会审批后组织实施。应急预案制订单位应当根据实际需要和情势变化,适时修订应急预案。国家对核事故应急实行分级管理。国家核事故应急协调委员会按照国家核事故应急预案部署,组织协调国务院有关部门、地方人民政府、核设施营运单位实施核事故应急救援工作。

四、放射性同位素与射线装置安全和防护条例

《放射性同位素与射线装置安全和防护条例》的第四章辐射事故应急处理中,规定了辐射事故的应急处理,包括辐射事故分级、报告、应急处理和有关部门的职责等。根据辐射事故的性质、严重程度、可控性和影响范围等因素,从重到轻将辐射事故分为特别重大辐射事故、重大辐射事故、较大辐射事故和一般辐射事故四个等级。特别重大辐射事故是指Ⅰ类、Ⅱ类放射源丢失、被盗、失控造成大范围严重辐射污染后果,或者放射性同位素和射线装置失控导致3人以上(含3人)急性死亡。重大辐射事故是指Ⅰ类、Ⅱ类放射源丢失、被盗、失控,或者放射性同位素和射线装置失控导致2人以下(含2人)急性死亡或者10人以上(含10人)急性重度放射病、局部器官残疾。较大辐射事故是指Ⅲ类放射源丢失、被盗、失控,或者放射性同位素和射线装置失控导致9人以下(含9人)急性重度放射病、局部器官残疾。一般辐射事故是指Ⅳ类、Ⅴ类放射源丢失、被盗、失控,或者放射性同位素和射线装置失控导致人员受到超过年剂量限值的照射。辐射事故发生后,县级以上人民政府环境保护部门、公安部门和卫生部门按照职责分工做好相应的辐射事故应急工作,卫生部门负责辐射事故的医疗应急。环境保护部门、公安部门、卫生部门应当及时相互通报辐射事故应急响应情况。该条例还规定了辐射事故的报告时限、报告内容和报告途径要求,明前了卫生部门在辐射事故应急处理中的职责,可用于指导开展辐射应急医学救援准备和响应工作。

五、国家突发公共事件医疗卫生救援应急预案

《国家突发公共事件医疗卫生救援应急预案》是作为国家突发事件医疗卫生救援工作的专项预案,规定了各级各类医疗卫生机构承担突发事件的医疗卫生救援任务。各级医疗急救中心(站)、化学中毒和核辐射应急医疗救治机构承担突发事件的现场医疗卫生救援和伤员转送,各级疾病预防控制机构和卫生监督机构根据各自职能做好突发事件中的疾病预防控制和卫生监督工作。医疗卫生救援队伍在接到救援指令后要及时赶赴现场,根据现场情况全力开展医疗卫生救援工作,包括现场抢救、转送伤员、卫生学调查和评价工作等。该预案还规定了各级卫生行政部门在突发事件医疗卫生救援工作中的分级响应职责。卫生部组织和协调特别重大突发事件的医疗卫生救援(Ⅰ级响应),省级卫生行政部门组织开展重大突发事件的医疗卫生救援(Ⅱ级响应),市(地)级卫生行政部门组织开展较大突发事件的医疗卫生救援(Ⅲ级响应),县级卫生行政部门组织开展一般突发事件的医疗卫生救援(Ⅳ级响应)。

六、国家核应急预案

《国家核应急预案》是国家核应急工作的专项预案,规定了国务院各有关部委在国家核应急工作中的职责任务。国家卫生健康委的职责是负责组织、协调、指挥全国卫生系统有关单位和地方卫生部门做好核应急准备相关工作,以及全国应急医学技术支持体系建设和相关管理工作。在应急情况下,根据情况提出保护公众健康(含心理健康)的措施建议,组织医学应急支援,指导、支持地方卫生部门开展饮水和食品的应急辐射监测,参与事故调查,开展健康效应评价,组织对受过量照射人员的医学跟踪。该预案还规定,由国家卫生健康委和中央军委后勤保障部卫生局牵头国家核事故应急指挥部医学救援组工作,包括指导地方政府和核设施营运单位制订核事故医学应急工作方案,根据需要组织、协调全国和军队的医疗卫生力量和资源进行医学应急支援。提出公众防护措施建议并指导相关地方做好公众防护和辐射检测工作,组织、协调、指导做好辐射损伤人员和非辐射损伤人员医疗救治以及受影响区域公众健康风险评估、筛查和心理援助等。

七、核事故和辐射事故卫生应急预案

原卫生部发布的《核事故和辐射事故卫生应急预案》作为卫生健康部门核事故和辐射事故应急工作的部门专项预案,确立了卫生健康部门核事故和辐射事故应急组织体系,规定

了卫生健康部门有关单位在核事故和辐射事故应急工作中的职责任务。国家核事故和辐射事故医学应急组织的职责主要是组织、指挥国家核事故和辐射事故医学应急工作,指导地方医学应急组织做好核事故和辐射事故医学应急工作。地方核事故和辐射事故医学应急组织的职责主要是组织、指挥辖区内的核事故和辐射事故医学应急工作。突发核事故和辐射事故医学应急坚持分级负责、属地为主的原则。国家和地方核事故与辐射事故医学应急组织按照国家和地方核事故与辐射事故应急组织的指令实施医疗卫生救援,提出应急医疗救治和保护公众健康的措施和建议,做好核事故和辐射事故应急医疗卫生救援工作。

八、全国卫生部门卫生应急管理工作规范

《全国卫生部门卫生应急管理工作规范》是结合了卫生应急工作中的实践经验,对卫生应急的机构职责、管理制度、现场处置和队伍建设等方面进行了规范,明确了各级卫生行政部门和各级各类医疗卫生机构在突发事件应急工作中的职责。该规范规定,省、市、县级卫生行政部门组织协调本辖区内突发公共卫生事件的应急处理,组织协调对灾害、恐怖、中毒、核事故和辐射事故等突发事件所涉及的公共卫生问题实施紧急的医疗卫生救援措施。医疗救治机构负责突发公共卫生事件相关信息报告和症状监测,负责患者的现场抢救、运送、诊断和治疗等,配合进行流行病学调查和检测样本的采集,负责本单位医务人员的应急救援技能培训和演练;院前急救医疗机构负责患者的现场抢救、转运工作;卫生行政部门指定的医院负责收治核或辐射损伤患者等。疾病预防控制机构负责各类突发事件中的疾病预防控制和公众卫生防护。开展突发公共卫生事件及其相关信息收集、流行病学调查、现场快速检测和实验室检测等,提出和实施防控措施,承担相关人员的培训与演练、应急物资和技术储备等。该规范还对监测预警、装备储备、培训演练、应急队伍、信息报告与发布、现场处置、恢复重建和评估等工作进行了规范,可用于指导我们依法、规范、高效地开展核应急和辐射应急医学救援准备与响应工作。

九、国家卫生应急队伍管理办法

2010年11月,原卫生部颁布了《国家卫生应急队伍管理办法(试行)》。该办法总共6章28条,规定了国家卫生应急队伍的建设原则,队伍和装备的管理,队员的遴选条件,队员的职责、权利和义务等。加强和规范国家卫生应急队伍建设与管理,全面提升国家卫生应急队伍的应急处置能力和水平。该办法还规定,国务院卫生行政部门分别依托其属(管)医疗卫生机构及省级卫生行政部门组建紧急医学救援、突发急性传染病防控、突发中毒事件处

置、核或辐射突发事件卫生应急四类国家卫生应急队伍。核或辐射损伤处置类队伍由放射医学、辐射防护、辐射检测、临床医学、卫生应急管理等方面的专业人员组成。根据每次事件的初步判断、事件规模以及复杂性,选定相应专业和数量的人员组建现场应急队伍。

十、国家级核应急专业技术支持中心和救援分队管理办法

为规范国家级核应急专业技术支持中心和救援分队的管理,加强核应急救援能力建设,提高核应急救援能力和管理水平,2016年2月,国家核事故应急协调委员会颁布了《国家级核应急专业技术支持中心和救援分队管理办法》。该办法适用于国家核事故应急协调委员会统一命名的国家级核应急专业技术支持中心和救援分队(以下简称中心和分队)的管理工作。该办法总共6章33条,规定了中心和分队及其管理部门的责任,中心和分队的应急准备、应急响应及监督考评等。规定中心和分队应按照国家级核应急专业技术支持中心和救援分队建设规范中明确的《达标基本要求》,加强自评估工作。国家核应急办会同主管部门参照达标基本要求制定评估细则,每2~3年对中心和分队进行一次能力评估;对评估优秀的单位予以表彰,对评估中存在问题的责令限期整改;连续两次评估不达标的,将取消国家级核应急专业技术支持中心或救援分队资格。该办法对于更好地发挥中心和分队在核应急工作中的作用有重要的意义。

十一、国家核应急医学救援分队建设规范

为规范国家级核应急专业技术支持中心和救援分队的建设,强化提高核应急救援能力,2016年2月,国家核事故应急协调委员会颁布了《国家核应急医学救援分队建设规范》等5个建设规范。《国家核应急医学救援分队建设规范》的总共9章29条,包括国家核应急医学救援分队(以下简称"医学救援分队")的职能定位、能力目标、分队编成与职责、应急响应基本要求、专业技术要求、基本装备物质配备、能力保持与确认等,并提出了医学救援分队人员的能力基本要求和医学救援分队建设的达标基本要求。该规范规定,医学救援分队是核应急救援的国家级支援力量,是对一线核应急医学救援力量的能力补充和技术支持。在发生核事故(事件)情况下,按照国家指令及有关单位请求,医学救援分队与其他专业救援力量密切协同,担负指导并协助一线救援力量做好核辐射伤员现场医学救治、转运和相关人员个人受照剂量的监(检)测等工作。医学救援分队根据职能定位,应具备较强的快速反应、分析研判、现场处置、技术支持和自我保障能力。该规范是国家级核应急医学救援分队能力建设的基本依据,也可用于指导地方核应急医学救援分队建设,提高我国的核应急医学救援能力。

第二节　应急准备与响应标准

一、国际标准的演变

2002 年 3 月,IAEA 理事会将关于核或辐射应急的准备与响应的安全要求确定为 IAEA 安全标准。2002 年 11 月,IAEA 出版了由七个国际组织——联合国粮食及农业组织(粮农组织)、IAEA、国际劳工组织(劳工组织)、经合组织核能机构、泛美卫生组织、联合国人道主义事务协调厅(人道事务协调厅)和世界卫生组织(世卫组织)共同倡议编写的"安全要求"出版物《核或辐射应急准备与响应》(IAEA《安全标准丛书》第 GS-R-2 号)。

自 2002 年出版以来,各国一直在利用 IAEA "安全要求"出版物第 GS-R-2 号建立和加强其应急准备和响应安排。IAEA2011 年第五十五届大会在 GC(55)/RES/9 号决议中强调了"所有成员国都必须在国家一级实施与 IAEA 安全标准相一致的应急准备和响应机制,并制定缓解措施,以改善应急准备和响应、便于紧急情况下的沟通以及促进国家防护行动和其他行动的重要性"。

IAEA 在 2012 年第五十六届大会在 GC(56)/RES/9 号决议中要求 IAEA 秘书处、成员国和相关国际组织"在按照 IAEA 安全标准制定国家和国际应急响应机制和程序方面处理相容性问题"。

IAEA 在 2015 年第五十九届大会在 GC(59)/RES/9 号决议中强调了"在考虑到 IAEA 安全标准情况下制定、实施、定期演练和持续改进国家应急准备和响应措施的重要性",并鼓励成员国"酌情加强国家、双边、地区和国际应急准备和响应机制,促进核应急期间及时的信息交流,并为此加强双边、地区和国际合作"。

2011 年,根据 IAEA "安全要求"出版物第 GS-R-2 号 2002 年出版以来在演习中获得的经验教训和来自应急响应(包括对 2011 年 3 月日本福岛第一核电厂事故的响应)的经验教训,并在适当考虑国际放射防护委员会(ICRP)的建议情况下,IAEA 秘书处、相关国际组织和成员国开始对该出版物进行审查。

对 IAEA "安全要求"出版物第 GS-R-2 号的修订始于按主题领域组织的一系列起草会议以及机构间放射应急和核应急委员会的一系列审议会议。随后,IAEA 成员国的代表和相关国际组织的代表(包括倡议组织的代表)在 2012 年 11 月举行的技术会议上审议了文本草案。

根据这些会议提出的建议,2013 年上半年编写了经修订的文本草案,并将其提交 IAEA 各安全标准分委员会和核安保导则委员会进行了第一次审查。2013 年 7 月,将该文本草案提交 IAEA 成员国和相关国际组织征求意见。根据收到的意见,2014 年上半年编写了经修订的文本草案,并将其提交各安全标准分委员会和核安保导则委员会进行第二次审查。经修订的草案文本于 2014 年 7 月获得各安全标准分委员会和核安保导则委员会核准,并于 2014 年 11 月获得安全标准委员会核可。

　　IAEA 理事会在 2015 年 3 月 3 日的会议上"按照《规约》第三条 A 款第 6 项的规定",将本安全要求草案(英文本)确定"作为 IAEA 的一个安全标准",并授权总干事"颁布本安全要求,并将其作为 IAEA《安全标准丛书》的一份'安全要求'出版物印发"。

　　《核或辐射应急准备与响应》在 13 个国际组织(粮农组织、IAEA、国际民用航空组织(民航组织)、劳工组织、国际海事组织(海事组织)、国际刑警组织、经合组织核能机构、泛美卫生组织、全面禁止核试验条约组织筹备委员会(禁核试组织)、联合国环境规划署(环境署)、人道事务协调厅、世卫组织和世界气象组织(气象组织))的共同倡议下,于 2015 年特此将 IAEA "安全要求"出版物第 GS-R-2 号修订本作为《核或辐射应急的准备与响应》(IAEA 安全标准 GSR Part 7 号)印发。该"安全要求"出版物是 IAEA《安全标准丛书》第 GS-R-2 号出版物的修订和更新版。

二、国际标准及技术文件

(一) 标准

1. International Atomic Energy Agency. IAEA Standards Series No. GSR Part 7, Preparedness and Response for a Nuclear or Radiological Emergency, Preparedness and Response for a Nuclear or Radiological Emergency, Vienna: IAEA, 2015.

2. International Atomic Energy Agency. IAEA Safety Standards, No.GSG-2, Criteria for Use in Preparedness and Response for a Nuclear or Radiological Emergency, Vienna: IAEA, 2011.

3. International Atomic Energy Agency. IAEA Safety Standards, No.GSG-11, Arrangements for the Termination of a Nuclear or Radiological Emergency, Vienna: IAEA, 2018.

4. International Atomic Energy Agency. IAEA Safety Standards, No.GS-G-2.1, Arrangements for Preparedness for a Nuclear or Radiological Emergency, Vienna: IAEA, 2007.

(二) 技术文件

1. International Atomic Energy Agency. IAEA Safety Reports Series No.4, Planning the

Medical Response to Radiaological Accidents, Vienna: IAEA, 1998.

2. International Atomic Energy Agency.EPR-NPP-OIL, Operational Intervention Levels for Reactor Emergencies and Methodology for Their Derivation, Vienna: IAEA, 2017.

3. International Atomic Energy Agency.IAEA EPR-Medical Physicists, Guidance for Medical Physicists Responding to a Nuclear or Radiological Emergency ", Vienna: IAEA, 2020.

4. International Atomic Energy Agency.IAEA EPR-CommPlan, Method for Developing a Communication Strategy and Plan for a Nuclear or Radiological Emergency, Vienna: IAEA, 2015.

5. International Atomic Energy Agency.Agency.IAEA EPR-Internal Contamination, Medical Management of Persons Internally Contaminated with Radionuclides in a Nuclear or Radiological Emergency, Vienna: IAEA, 2018.

6. International Atomic Energy Agency. IAEA EPR-IEComm, Operations Manual for Incident and Emergency Communication, Vienna: IAEA, 2019.

7. International Atomic Energy Agency. IAEA EPR-Pocket Guide for Medical Physicists, Pocket Guide for Medical Physicists Supporting Response to a Nuclear or Radiological Emergency, Vienna: IAEA, 2020.

8. International Atomic Energy Agency. IAEA EPR-IEComm ATTACHMENT 3, International Radiological Information Exchange (IRIX) Format, Vienna: IAEA, 2019.

9. International Atomic Energy Agency. IAEA EPR-Biodosimetry, Cytogenetic Dosimetry: Applications in Preparedness for and Response to Radiation Emergencies, Vienna: IAEA, 2011.

10. International Atomic Energy Agency.IAEA EPR-AP, Operations Manual for IAEA Assessment and Prognosis during a Nuclear or Radiological Emergency, Vienna: IAEA, 2019.

11. International Atomic Energy Agency. IAEA EPR-RANETIAEA Response and Assistance   Network, Vienna: IAEA, 2018.

12. International Atomic Energy Agency. IAEA EPR public Communication Plan, Vienna: IAEA, 2012.

13. International Atomic Energy Agency. IAEA EPR-NPP Public Protective Actions, Actions to Protect the Public in an Emergency due to Severe Conditions at a Light Water Reactor, Vienna: IAEA, 2013.

14. International Atomic Energy Agency. IAEA SVS-36Emergency Preparedness Review (EPREV) Guidelines, Vienna: IAEA, 2018.

15. World Health Organization, Use of Potassium Iodide for Thyroid Protection During Nuclear or Radiological Emergencies, Technical Briefings, WHO, Geneva (2011).

16. International Commission on Radiological Protection. ICRP publication 111, Application of the Commission's Recommendations to the Protection of People Living in Long-term Contaminated Areas after a Nuclear Accident or a Radiation Emergency. Oxford: Pergamon Press, 2008.

17. International Atomic Energy Agency.IAEA Safety Standards, No. GSG-8, Radiation Protection of the Public and the Environmentt, Vienna: IAEA, 2018.

18. International Atomic Energy Agency. IAEA Standards Series No. GSR Part 3, Radiation Protection and Safety of Radiation Sources: International Basic Safety Standards, Vienna: IAEA, 2014

19. International Atomic Energy Agency.IAEA SAFETY REPORTS SERIES No. 101Medical Management of Radiation Injuries, Vienna: IAEA, 2020.

20. International Atomic Energy Agency. IAEA-TECDOC-955, Generic Assessment Procedures for Determining Protective Actions during a Reactor Accident, Vienna: IAEA, 1997.

21. International Atomic Energy Agency.IAEA Standards Series No. GSR Part 4 (Rev. 1), Safety Assessment for Facilities and Activities, Vienna: IAEA, 2016.

22. International Commission on Radiological Protection. IAEA, Safety Reports Series No.64, Programmes and System for Source and Environmental Radiation Monitoring, Vienna: IAEA, 2010.

23. International Commission on Radiological Protection. ICRP publication 130. Occupational Intakes of Radionuclides: Part 1. Oxford: Pergamon Press, 2015.

24. International Commission on Radiological Protection. ICRP publication 134, Occupational Intakes of Radionuclides: Part 2. Oxford: Pergamon Press, 2016.

25. International Commission on Radiological Protection. ICRP publication 137, Occupational Intakes of Radionuclides: Part 3 [R]. Oxford: Pergamon Press, 2017.

26. International Commission on Radiological Protection. ICRP publication 141, Occupational Intakes of Radionuclides: Part 4 [R]. Oxford: Pergamon Press, 2019.

27. ISO 13160-2012, Water quality — Strontium 90 and strontium 89 — Test methods using liquid scintillation counting or proportional counting

28. ISO 9698, Water quality — Determination of tritium activity concentration — Liquid

scintillation counting method.

29. ISO 15238, Radiological protection — Procedures for monitoring the dose to the lens of the eye, the skin and the extremities.

30. WHO, Guidelines for Drinking-water Quality, Fourth Edition, 2011.

三、国内标准

（一）专用标准

1. GBZ 113　核与放射事故干预及医学处理原则

2. GBZ/T 171　核事故场内医学应急计划与准备

3. GBZ/T 234　核事故场内医学应急响应程序

4. GBZ/T 255　核和辐射事故伤员分类方法和标识

5. GBZ/T 261　外照射辐射事故中受照人员器官剂量重建规范（包括修改单）

6. GBZ/T 262　核或辐射突发事件心理救助导则

7. GBZ/T 271　核或辐射应急准备与响应通用准则

8. GBZ/T 279　核和辐射事故医学应急处理导则

9. GB/T 18199　外照射事故受照人员的医学处理及治疗方案

10. GB/T 17982　核事故应急情况下公众受照剂量估算的模式和参数

11. WS/T 328　放射事故医学应急预案编制规范

12. WS/T 467　核和辐射事故医学响应程序

13. WS/T 614　应急情况下放射性核素的 γ 能谱快速分析方法

14. WS/T 636　核和辐射事故医学应急演练导则

（二）相关标准

1. GB18871　电离辐射防护与辐射源安全基本标准

2. GB/T 16148　放射性核素摄入量及内照射剂量估算规范

3. GB/T 18201　放射性疾病名单

4. GBZ 112　职业性放射性疾病诊断总则

5. GBZ 128　职业性外照射个人监测规范

6. GBZ 129　职业性内照射个人监测规范

7. GBZ 215　过量照射人员医学检查与处理原则

8. GBZ/T 216　人体体表放射性核素污染处理规范

9. GBZ/T 244　电离辐射所致皮肤剂量估算方法

10. GBZ/T 301　电离辐射所致眼晶状体剂量估算方法

11. WS/T 440　核电站周围居民健康调查规范

12. WS/T 583　放射性核素内污染人员医学处理规范

13. WS/T 613　公众成员的放射性核素年摄入量限值

14. WS/T 614　应急情况下放射性核素的 γ 能谱快速分析方法

15. WS/T 615　辐射生物剂量估算早熟染色体凝集环分析法

第三节　国家卫生应急组织

一、国家卫生健康委核事故和辐射事故卫生应急组织体系

核事故和辐射事故卫生应急组织体系如图 3-1 所示。

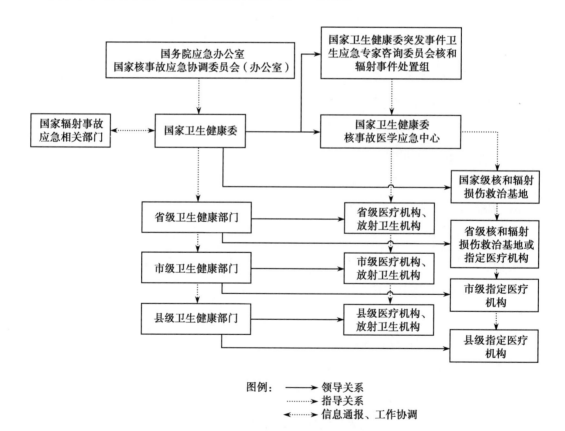

图例：　——→ 领导关系
　　　　…………→ 指导关系
　　　　←———→ 信息通报、工作协调

图 3-1　国家核事故和辐射事故卫生应急组织体系

二、相关部门职责

1. 国家卫生健康委职责　负责全国核事故卫生应急的组织和协调工作,主要包括:

(1) 负责组织、协调、指导全国卫生系统有关单位及地方卫生健康系统做好核应急准备相关工作,以及全国核应急医学技术支持体系建设和相关管理工作。

(2) 在应急情况下,根据情况提出保护公众健康(含心理健康)的措施建议,组织医学应急支援,指导、支持地方卫生健康系统开展饮水和食品的应急辐射监测,参与事故调查,开展健康效应评价,组织对受过量照射人员的医学跟踪。

2. 国家卫生健康委突发事件卫生应急专家咨询委员会核与辐射事件处置组　由国内放射医学、放射卫生、辐射防护和核安全等方面的专家组成,其主要职责是:

(1) 提供核事故与辐射事故卫生应急准备与响应的咨询和建议,参与救援准备与响应。

(2) 参与国家卫生健康委核事故与辐射事故卫生应急预案的制定和修订。

(3) 参与和指导核事故与辐射事故卫生应急培训和演练。

(4) 参与核事故与辐射事故卫生学评价。

3. 国家卫生健康委核事故医学应急中心　以下简称国家卫生健康委核应急中心,设在中国疾病预防控制中心辐射防护与核安全医学所。国家卫生健康委核应急中心设临床部、监测评价部和技术后援部。第一临床部设在中国医学科学院放射医学研究所和血液病医院,第二临床部设在北京大学第三医院和人民医院,第三临床部设在解放军 307 医院(现解放军总医院第五医学中心),监测评价部设在中国疾病预防控制中心辐射防护与核安全医学所,技术后援部设在军事医学科学院(现军事科学院军事医学研究院)。同时国家卫生健康委核应急中心也是国家核应急医学救援技术支持中心和国家核应急医学救援分队。国家卫生健康委核应急中心的主要职责是:

(1) 参与国家卫生健康委核事故与辐射事故卫生应急预案、工作规范和技术标准等的制订和修订。

(2) 做好国家卫生健康委核事故与辐射事故卫生应急技术准备与响应工作。

(3) 对地方卫生健康系统核事故与辐射事故卫生应急准备与响应实施技术指导。

(4) 承担国家卫生健康委突发事件卫生应急专家咨询委员会核与辐射事件处置组的秘书处工作。

(5) 负责国家级、省级核与辐射处置类卫生应急队伍建设和管理的技术指导。

（6）负责国家卫生健康委核事故与辐射事故卫生应急技术支持系统的管理和日常运行。

（7）承担国家卫生健康委核事故与辐射事故卫生应急备用指挥中心职责。

（8）组织开展核事故场外应急和特别重大辐射事故的健康效应评价,指导开展其他级别核事故与辐射事故健康效应评价,指导对受到超过年剂量限值照射的人员实施长期医学随访。

（9）作为世界卫生组织辐射应急医学准备与救援网络(WHO-REMPAN)在中国的联络机构,承担我国与WHO-REMPAN的联络工作,做好国际核与辐射事故卫生应急救援相关工作。

4. 省、市(地)、县级卫生健康行政部门 省、市(地)、县级卫生健康行政部门的主要职责是:

（1）制订本级的核事故与辐射事故卫生应急预案。

（2）组织实施辖区内的核事故与辐射事故卫生应急准备和响应工作,指导和支援辖区内下级卫生健康部门开展核事故与辐射事故卫生应急工作。

（3）负责本级核事故与辐射事故卫生应急专家咨询组、队伍的建设和管理工作。

（4）负责与同级其他相关部门建立核事故与辐射事故卫生应急的沟通与协调机制,加强应急信息沟通和信息联动工作。

5. 核辐射损伤救治基地及省级指定机构

（1）国家级核与辐射损伤救治基地:国家级核与辐射损伤救治基地的主要任务是:承担全国核事故与辐射事故医疗救治支援任务,指导开展人员所受辐射照射剂量的估算和健康影响评价,以及特别重大核事故与辐射事故卫生应急的现场指导;开展辐射损伤救治技术培训和技术指导。

（2）省级核与辐射损伤救治基地或指定医疗机构:省级核与辐射损伤救治基地或指定医疗机构的主要任务是:承担辖区内核事故与辐射事故辐射损伤人员的医疗救治和医学随访,以及人员所受辐射照射剂量的估算和健康影响评价;负责核事故与辐射事故损伤人员的现场医学救援。

6. 地市级、县级指定医疗机构 地市级、县级指定医疗机构承担核事故与辐射事故现场医疗救治任务,负责事故伤病员的现场救治、转运等现场医学处理任务。

7. 指定放射卫生机构 各级卫生健康行政部门指定的放射卫生机构,承担辖区内的核事故与辐射事故卫生应急放射防护、人员放射性污染检测、辐射剂量估算、食品和饮用水的放射性监测,以及公众健康风险监测和评估工作。

三、核或辐射突发事件的卫生应急具体任务

根据现行有效的法律法规、预案,经过核辐射卫生应急相关职责任务梳理,卫生健康部门需开展以下相关工作。

(一) 核事故卫生应急职责

1. 卫生健康部门负责的职责

(1) 场外伤员救治。

(2) 场外伤员去污洗消。

(3) 过量受照人员的剂量估算。

(4) 心理援助。

(5) 食品和饮水应急辐射监测(和评估)。

(6) 健康效应评价。

(7) 过量受照人员的医学随访。

(8) 卫生应急人员剂量监测。

(9) 指导地方政府和核设施营运单位制订核事故医学应急工作方案(医学救援组职责,国家卫生健康委和军委后勤保障部卫生局牵头,国防科工局等参加)。

2. 卫生健康部门参与的职责

(1) 场内伤员救治(核设施营运单位负责,卫生健康部门支援)。

(2) 污染人员去污洗消(军委联合参谋部作战局与环保部门牵头,卫生健康委和军委后勤保障部卫生局参与)。

(二) 辐射事故卫生应急职责

1. 伤员医疗救治。

2. 伤员去污洗消。

3. 过量受照人员的剂量估算。

4. 过量受照人员的医学跟踪。

5. 污染人员去污洗消。

6. 心理援助。

7. 提出保护公众健康的措施建议。

8. 食品和饮用水监测(和评估)。

9. 卫生应急人员剂量监测。

10. 事故报告。

(三) 具体任务

1. 信息沟通与协调联动　各级卫生健康行政部门与同级核应急管理机构、环保、公安、气象等相关部门,以及军队和武警部队卫生部门保持密切信息沟通和协调联动。

2. 队伍建设　国家卫生健康委负责国家卫生健康委核事故与辐射事故卫生应急队伍的建设和管理。省级卫生健康系统建立健全辖区内的核事故与辐射事故卫生应急队伍。核设施所在地的市(地)级卫生健康系统建立核事故与辐射事故卫生应急队伍。

3. 物资和装备准备　各级卫生健康系统负责建立健全核事故与辐射事故卫生应急仪器、设备装备和物资准备机制,指定医疗机构和放射卫生机构做好应急物资和装备准备,并及时更新或维护。核事故与辐射事故卫生应急物资和装备包括核与辐射应急药品、医疗器械、辐射防护装备、辐射测量仪器设备等。

4. 技术储备　国家和省级卫生健康系统组织有关专业技术机构开展核事故与辐射事故卫生应急技术研究,建立和完善辐射受照人员的剂量估算方法、分类和诊断方法、医疗救治技术、饮用水和食品放射性污染快速检测方法、健康效应预警监测和后果评价方法等,并做好相关数据储备。

5. 通信与交通准备　各级卫生健康部门要在充分利用现有资源的基础上建设核事故与辐射事故卫生应急通信网络,确保医疗卫生机构与卫生健康部门之间,以及卫生健康部门与相关部门之间的通信畅通,及时掌握核事故与辐射事故卫生应急信息。核事故与辐射事故卫生应急队伍根据实际工作需要配备通信设备和交通工具。

6. 资金保障　核事故与辐射事故卫生应急所需资金,按照《财政应急保障预案》执行。核电厂省份的核事故卫生应急准备经费纳入核应急储备资金列支。

7. 培训和演练　各级卫生健康系统要组织加强应急培训和演练,不断提高应急救援能力,并注重应急人员自身防护,确保在突发核事故与辐射事故时能够及时、有效地开展卫生应急工作。

(1) 培训:各级卫生健康系统定期组织开展核事故与辐射事故卫生应急培训,对核事故与辐射事故卫生应急技术人员和管理人员进行国家有关法规和应急专业知识培训和继续教育,提高应急技能。

(2) 演练:各级卫生健康系统适时组织开展核事故与辐射事故卫生应急演练,积极参加同级人民政府和核应急协调组织举办的核事故与辐射事故应急演练。

8. 公众宣传教育　各级卫生健康系统通过广播、影视、报刊、互联网、手册等多种形式，做好公众的风险沟通工作，广泛开展核事故与辐射事故卫生应急宣传教育，指导公众用科学的行为和方式应对突发核事故与辐射事故，提高自救、互救能力。

9. 国际合作　按照国家相关规定，开展核事故与辐射事故卫生应急工作的国际交流与合作，加强信息和技术交流，合作开展培训和演练，不断提高核事故与辐射事故卫生应急的整体水平。

第四节　卫生应急救援队伍建设

一、职责和任务

（一）职责

1. 迅速赶赴事故（事件）现场，实施或指导现场救援。

2. 收集分析事故（事件）医学后果所需要的相关信息，评估事故（事件）的医学后果和现场的医学处置能力，适时向现场应急指挥部提出建议，并向本级核事故医学应急指挥部报告，将事故（事件）的医学后果减轻到最低程度。

3. 确保受到过量照射和/或放射性核素体表污染、伤口污染、摄入放射性核素的患者得到及时而有效的处置。

4. 建立现场临时救援处置站，做好伤员的分类和转送工作；为后续诊治收集并提供相关信息，采集必要样品。

（二）任务

1. 应急救援队伍的准备。

2. 现场救援的实施和指导。

3. 医学应急救援队伍的个人防护。

4. 事故（事件）医学后果的评估和建议。

5. 建立现场临时救援处置站。

6. 伤员的初步分类和诊治。

7. 体表污染人员的去污、防护和建议。

8. 放射性核素摄入量的评估、阻吸收治疗及医学预防建议。

9. 疑似过量照射人员的受照剂量评估，预防性治疗和后续诊治建议。

10. 采集现场救治和后续诊治需要的相关样品。

11. 收集事故（事件）医学后果评估需要的相关信息并进行分析、评价和报告。

12. 适时向核事故医学应急指挥部报告现场救治情况。

13. 及时评估现场的医学应急救援处置能力和力量，提出支援的意见和建议。

14. 提出核或辐射突发事件应急医学救援队伍终止现场救援活动的建议。

15. 应急医学救援队伍现场救援的总结和报告。

二、卫生应急救援队伍的组成和人员分工

（一）应急救援队伍的组成

核或辐射突发事件卫生应急医学救援队伍的人数在 30 人左右。其中队长 1 名，负责组织和指挥等全面工作；副队长 2 名，组织和协调各组工作。分为现场防护监测组、体表污染检测与分类组、现场急救组、去污洗消组、生物样品采集及检测组、空气、食品、饮用水监测组、心理干预组、后勤保障组。承担事故现场防护监测、伤员的检伤分类及现场急救、人员体表放射性污染监测及去污、对疑似内污染人员的生物样品采集及阻吸收措施、过量照射人员的现场处置、伤员转运、心理干预以及对事故影响地区的食品和饮用水放射性监测等任务。各组成员人数及主要承担的任务见表 3-1。

表 3-1　应急救援队伍的组成

组别名称	人员数量	主要承担任务
队长	1	总指挥
副队长	1~2	组织协调
现场防护监测组	3~4	现场辐射水平监测、应急区域设置、人员引导
体表污染检测与分类组	3~5	体表污染检测\伤员分类、填写伤员分类标签
现场急救组	4~6	对重伤员进行现场紧急医学救治
去污洗消组	6~8	指导全身污染人员进行去污洗消，对局部污染人员实施局部洗消，洗消前后进行体表污染检测
生物样品采集及检测组	2~3	对疑似受照人员和疑似内污染人员采集并检测生物样品、指导其采取阻吸收和促排措施
食品、饮用水监测组	3~4	在事故现场周边开展食品、饮用水监测工作
心理干预组	1~2	对伤员及公众开展心理疏导及风险沟通工作
后勤保障组 *	2~3	通用物资准备、分发、整理

　* 不包含人员及物资运输

（二）应急救援队伍的分工

队伍工作领域：由放射医学、辐射防护、辐射检测、临床医学、卫生应急管理等方面的专业人员组成。根据每次事件的初步判断、事件规模以及复杂性，选定相应专业和数量的人员组建现场应急队伍。

1. 现场防护监测　事故发生后，现场防护监测组首先进入应急现场。使用手持式风速风向仪对现场风速风向进行测量，以便选择事故发生地上风向地区设置现场应急处置区，并使用便携式 γ 谱仪测量现场放射性污染核素。使用 β/γ 辐射巡测仪从事故现场外围向内展开测量。在辐射剂量率水平 <0.3μSv/h 的区域，按 IAEA 建议设置如图 3-2 所示的卫生应急救援区（UPZ 区）。如图 3-2 所示，在安全边界（上风向处）设置一个人员安全通道和污染控制点，此处设置从热区出来的公众成员的处理区，其主要功能是分类、医学急救、监测和去污，在污染控制点进行去放射性污染的现场洗消；在安全控制边界的上风向设置一个安全出入口控制点，作为卫生应急救援区内人员（包括伤员）的撤离通道；此外还应设置临时安全区、公众信息中心、事故指挥部等功能区，并清楚标识各功能区的位置。引导从事故现场撤离的人员从安全通道进入公众成员的处理区。若监测发现现场风向改变、或辐射剂量率水平异常升高，应立即向应急分队队长报告，并提出应急区域调整的建议。

2. 体表污染检测与分类　到达应急现场后，按照现场防护监测组划分的工作区，立即调试表面污染检测设备（如有条件，可以安装搭建门式污染检测系统），在如图 3-2 所示的污

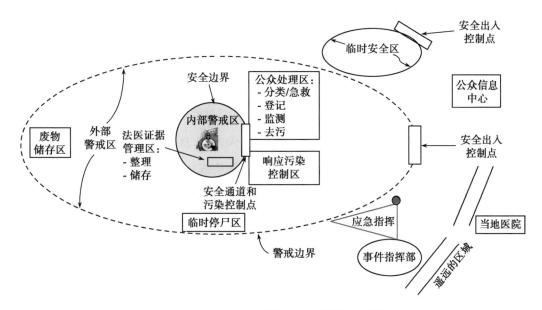

图 3-2　卫生应急救援区（UPZ 区）设置示意图

染控制区建立污染检测和去污洗消区。引导从事故现场撤离的人员依次通过门式检测系统，重伤员不需通过门式检测系统，在救援人员的帮助下由快速通道离开污染分类区，送至现场医学救治区。对门式检测系统检出的受污染人员，令其脱去外套，置于污物桶中，然后用表面污染仪对其进行检测。检测时将表面污染仪探头置于距人体约1cm处，从头顶开始，在身体一侧沿颈部、肩部、手臂、体侧、腿和鞋的顺序进行，然后再检测身体另一侧。探头移动速度保持在5cm/s。记录受污染的部位和污染水平，引导其进入去污洗消区。无污染人员经无污染通道撤离。

体表污染检测与分类组配备一名临床医学专家，对非放射性损伤与放射性损伤人员的伤情进行判断，并填写核与辐射伤员分类标签。红色标签代表重伤员，应立即处理；黄色标签为中度伤员，其次处理；绿色标签为轻伤员，可延期处理；黑色标签为死亡遗体，最后处理。注意应将伤员的受污染信息也填入分类标签中，将分类标签佩戴于伤者左腕处。

3. 现场急救　从事故现场撤出的危重伤员，不经过污染检测，直接送到现场急救区进行抢救。暂且不管污染水平如何，用常规的急救方法抢救生命，因为放射性污染不会危及生命。采取止血、对骨折部位固定、包扎创面、抗休克、防止窒息等措施稳定病情。处理方法尽量采用无创措施，一般仅给予基础生命支持(basic life support，BLS)，必要时再给予气管插管、补液用药等加强生命支持(advanced life support，ALS)治疗。处理伤口时应注意防止污染物扩散。需紧急处理的伤员苏醒、血压和血容量恢复和稳定后，及时进行去污处理。需进一步进行手术治疗的伤员用无纺布包裹，用救护车立即送至后方救治基地。

4. 体表污染去污洗消　经体表污染检测和分类组判定为全身污染的人员，先用湿毛巾、肥皂擦洗局部高污染部位，再指导其进入去污洗消帐篷或现场附近有洗浴条件的设施，进行全身淋浴，然后换上干净衣物，用表面污染仪检测，判断是否达标，未达标则再次淋浴。经体表污染检测和分类组判定为局部污染的人员，用表面污染仪对污染部位进行确认，对确定的污染部位进行局部洗消。对体表(非伤口)受污染人员，首先用棉球蘸清水擦拭2~3遍，若污染依然存在，用棉球蘸肥皂水再清理2~3遍，若污染依然存在，用棉球蘸EDTA-Ca溶液再清理2~3遍，直至表面污染仪检测其剂量率达到本底水平3倍以下，方可让受污染人员离开。对伤口受污染的人员，首先用棉球蘸灭菌水或生理盐水冲洗伤口2~3遍后，用表面污染仪检测污染情况，若剂量率在本底水平3倍以下，受污染人员贴止血带，防止静脉血回流，带至生物样品采集组抽血并检测，若污染依然存在，用棉球蘸EDTA-Ca溶液再清理直至剂量率达到本底水平。若局部受污面积较大且处于平整位置，可选择用局部洗消器加洗消液进行去污处理。

5. 生物样品采集及检测　由体表污染检测与分类组确定的疑似放射性损伤的伤员,引导其进入设置在临时安全区(图3-2)的生物样品采集区,对伤员登记个人基本情况,测量血压,采集血样用于以下分析:①全血细胞计数;②细胞遗传学分析;③生物化学分析(血清淀粉酶);④放射性核素分析。对疑似吸入内污染人员或头部污染人员采集鼻拭子。对于血压异常、白细胞降低或淋巴细胞降低者建议立即后送,其余可缓送医院进行临床观察。根据放射性核素分析结果,对受到内污染的人员指导其尽快服用相应的阻吸收药物或促排药物。注意在使用阻吸收药物前留取生物样品(如尿样、粪样等)。

6. 食品和饮用水监测　根据核事故发生期间的气象条件,选取事故下风向地区生长的叶类蔬菜(如菠菜)进行现场采样,将样品带回设置在临时安全区(图3-2)的现场检测车。取其可食部分,不经清洗,直接用蔬菜粉碎机粉碎鲜样后,装入样品盒,称重,标记密封后测量。根据核事故发生期间的气象条件,结合下风向地区的地理条件,采集当地居民的露天生活饮用水,取样点应设在水源、进水管入口处,或处理后的水进入配水系统之前。采样前注意先将水桶用待采样的水清洗,采样后将水桶密封后带回现场检测车。将水桶内的水样摇匀后,直接装入样品盒,称重,标记密封后测量。利用检测车上的现场γ谱仪,分析采集制备好的样品。如果检测结果表明样品的放射性活度浓度超过国家相关标准,应立即停止食用被污染的食品和饮用水,并用清洁食品代替。如果没有替代食品,要建议有关部门考虑对居民实施撤离和临时避迁。如污染物中存在放射性碘,要考虑采取稳定碘预防措施。

7. 心理干预　从事故现场撤出的工作人员及公众(受污染人员经过去污洗消后),视情况,在设置在公众信息中心(图3-2)的对心理咨询站,对相关人员开展必要的心理援助。首先要取得受影响人员的信任,建立良好的沟通关系。与他们进行一对一的谈话,提供其发泄愤怒、恐惧、挫折和悲伤的机会,使不良情绪得到及时疏导。及时开展公众沟通和媒体交流,提供突发事件及应急救援的进展情况和相关信息,让公众了解真实、准确的情况,消解公众的恐慌和不安全感。向公众介绍辐射危害和防护的基本知识,发放核与辐射科普宣传手册。向公众普及正确的心理危机干预知识和自我识别症状的方法,指导积极应对,消除恐惧。

三、卫生应急救援队伍的培训和演练

(一) 队伍的培训

培训的目的旨在掌握现场救援技能,明确职责、权利和义务,保证现场救援活动的有效衔接,规范现场救援行动而进行。相关部门应当制订队伍培训计划、培训教材、考核制度和培训档案;队员每年必须参加一次国家组织的救援培训;要针对队员承担任务的不同而开展

有针对性的培训。

培训内容包括:放射防护基本知识和相关法规、标准;可能发生的放射事故及其医学应急处理措施;国内外典型核或辐射突发事件事件及其医学应急处理的经验教训;所涉及的应急预案或程序;急救基本知识和操作技能;人员去污基本知识和操作技能;心理危机干预基本知识和技术;有关放射测量仪表的性能和操作等。

培训应至少每年举行 1 次。

(二) 演练

演练目的旨在检验国家核辐射卫生应急救援队伍的响应能力;现场处置技能;通信保障;现场救援的协调性;为修订国家核与辐射应急医学救援队伍的工作规范提供依据。

通过核或辐射突发事件应急医学救援队伍演练,能够培养应急决策人员的心理素质和技能,培训应急处置人员的技能,检验核与辐射卫生应急准备的有效性和合理性,对核或辐射突发事件卫生应急预案、人员、装备、通信等准备情况进行有效验证。通过演练,能发现问题,不断完善,提高核与辐射卫生应急准备的水平,在实战时有效处置核或辐射突发事件。

我国核或辐射突发事件卫生应急演练,按组织形式划分,可分为桌面演练和实战演练;按内容划分,可分为单项演练和综合演练。按目的与作用划分,可分为检验性演练、示范性演练和研究性演练。国际原子能机构颁布的报告书将核应急演练分为操练、桌面演练、分项演练、全方位演练和现场演练等。

在我国举行的核与辐射卫生演练,大多数属于示范性演练,而检验性演练较少。示范性演练是指为向观摩人员展示应急能力或提供示范教学,严格按照应急预案规定开展的表演性演练,检验性演练是指为检验应急预案的可行性、应急准备的充分性、应急机制的协调性及相关人员的应急处置能力而组织的演练。与示范性演练不同,检验性演练事先不编写演练脚本,应急队伍到达现场后,完全根据应急预案执行任务,这样更能起到锻炼队伍、检验能力的作用。

核与辐射应急医学救援队伍应按照应急预案的要求,组织开展医学应急演练。演练包括综合演练,或就伤员分类、医疗救治、剂量检测、人员去污、救援人员防护等部分进行局部演练。演练要有针对性,重点检验信息渠道是否通畅、应急准备是否充分、反应机制的灵敏性、指挥系统的有效性等,提高应急技术水平和应急反应能力,发现问题,及时对应急预案进行修订。

核与辐射应急医学救援队伍每年至少应进行一次演练。

四、卫生应急救援装备

(一) 装备原则

核与辐射应急救援队伍装备原则包括以下内容：能够满足现场的救援需要；体积小、重量轻，便于携带；分类、分包、分箱标准装配，并附有清单；装备的设备、仪器和仪表都必须操作简便，其性能能够满足恶劣条件下的需要；药品必须在有效期内；装备、仪器和仪表必须经过刻度、标定或校准；所有配置的装备，救援队伍(最小组成单位)能够随身携带。

(二) 装备内容

1. 现场急救医疗器械和仪器　核与辐射应急医学救援队伍装备的医疗设备、器械以满足核与辐射事故情况下的基本需要、不同事故(事件)可适当增减。包括成套标准手术器械、输血设备、一次性注射器、血细胞计数器、显微镜、外周血涂片设备、止血箱、急救袋与面罩、心脏除颤器，电池与充电器、生物样品收集与储存容器、急救箱等。

2. 核事故应急药箱　核事故应急药箱包括急性放射性损伤防治药品、急性放射性疾病早期的救治药品、常见放射性核素的阻吸收药品(碘化钾、普鲁士蓝、褐藻酸钠、磷酸铝凝胶等)、加速体内放射性核素排泄的药品(DTPA-Ca、DTPA-Zn)、放射损伤防治药(尼尔雌醇、雌三醇、氨磷汀)、细胞生长刺激因子、局部放射损伤防治药(维斯克、放烧膏)等。

主要用于核与辐射事故(事件)的应急医学处理和放射损伤的早期救治。每个药箱内的药品可供 10 人使用 1 天。

3. 急救药箱　急救药箱配备了现场急救的基本药品，包括止痛剂、强心剂、升压药、抗高血压药、止吐剂、抗生素、利尿剂、生理盐水和其他对症治疗药品等。

4. 去污洗消用品　去污洗消用品包括 $KMnO_4$ 饱和溶液、5% 的 $NaHSO_3$ 溶液、0.2N 的 H_2SO_4、5% 的次氯酸钠溶液、0.1N 的盐酸溶液、无菌洗眼液、手术棉卷包、擦鼻用棉签、遮蔽胶带、刷子，包括钉刷、石蜡纱布敷料、药签、鼻导管、洗涤剂、伤口和皮肤消毒液、标记污染点的去污不可擦毡笔等。

5. 普通装备(通用物资)　普通装备包括调频袖珍收音机、手机、笔记本电脑、备用电池、关键备用件、塑料单、塑料带、塑料袋(不同规格)、手术服、单子和毯子、可移动担架床、标牌与可贴标签、医学信息表、放射事件患者表、消毒盖布、废品袋、办公用品、运送箱、手电筒等。

6. 辐射监测仪器　核与辐射应急医学救援队伍配备的辐射监测仪器包括：多用途 γ/β 巡测仪、β/γ 表面污染监测仪、α/β 表面污染监测仪、场所辐射监测仪、中子当量仪、自读式剂量计、累积剂量计、全身计数器、液体闪烁计数器等。

7. 个人防护装备　个人防护装备包括自读式剂量计、累积剂量计、防护服、防护靴、棉手套、尼龙手套、橡皮手套。

8. 通信设备　核与辐射应急医学救援队伍配备的通信设备包括：可调频的便携式无线电台、移动电话、对讲机、带无线网卡的笔记本电脑、手持/车载卫星定位系统（GPS）、备用电池。

9. 着装和标志　核与辐射应急医学救援队伍统一着装，印有救援队伍标志。

10. 运输工具　运输工具包括应急救援装备车、救护车（有防止污染扩散的措施）

11. 生物样品采样装备　生物样品采样装备包括一次性注射器、止血带、75% 医用酒精、碘伏、无菌肝素抗凝试管、抗凝试管、不抗凝试管、可收集 24 小时尿的容器、可收集 24 小时粪便的容器、收集唾液、痰液、呕吐物和其他体液或分泌物的容器、收集指甲、毛发、衣物、口罩、饰品等的容器、标签和带不粘胶的标签、空塑料容器（容积 20~30L）、剪刀、指甲钳、透明胶带、标记笔等。

（三）物资的准备

核与辐射卫生应急演练的物资装备包括专业设备和通用物资装备两部分。专业设备包括针对核与辐射应急现场处置工作内容所需的手持式 γ 谱仪、门式检测仪、表面污染检测仪、洗消帐篷、血球分析仪、空气采样器、现场 γ 谱仪等放射性监测和样品检测设备，以及常规医学救援所需的除颤仪、呼吸机等急救设备。通用物资包括 C 级防护服（黄色、白色、蓝色）、覆盖于仪器表面的塑料膜等放射性污染防护装具（演练中各专业处置小组需注意防止放射性污染扩散及二次沾染），笔纸、标签等现场记录用品，警戒带、指挥棒等现场安保装备，对讲机、喇叭等通信装备，以及日常医药箱等。应急演练需要准备的主要物资列于表 3-2。

物资装备的准备工作由后勤保障组和各应急专业处置小组共同完成。各专业处置小组根据本组承担的任务列出本组所需的专业设备和通用装备清单，专业设备由各小组自行协调准备，通用装备由后勤保障组负责统一采购和准备。应急物资装备清单应作为卫生应急准备的一部分，平时就建立并固化下来，每次演练时只需根据不同的情景设计（核事故或辐射事故，事故规模等）做出适当调整即可。

（四）装备的管理

核或辐射突发事件应急医学救援队伍的装备应由专人统一管理，保证国家核或辐射突发事件应急医学救援队伍的装备随时处于可用状态，满足核或辐射突发事件现场救援的需要。装备管理人员对各自管理的装备负全部责任，具体需要承担下列职责和任务：

1. 保证设备、仪器、仪表、材料、物品、药品、办公用品和通信装备处于完好状态，随时

表 3-2　核或辐射突发事件卫生应急演练各专业处置组主要物资装备示例

组别名称	专业设备	通用装备
现场防护监测组	手持式 γ 谱仪、GPS 系统、风速仪	黄色 C 级防护服、挎包、记录本、塑料膜、插线板、对讲机、立柱、警戒带、指挥棒、小旗子、标志牌
体表污染检测与分类组	表面污染检测仪、门式检测仪、伤员分类标签	黄色 C 级防护服、塑料膜、污物桶、便携式椅子、标志牌
现场急救组	除颤仪、血压计、呼吸机、应急医药箱、固定夹板、手术刀具、担架车	白色 C 级防护服、污物桶、棉签、纱布、无纺布、标志牌
去污洗消组	洗消帐篷、局部去污洗消装置、废水收集袋、表面污染检测仪、去污药箱、检测记录单	黄色 C 级防护服、塑料膜、污物桶、胶带、棉签、棉球、纱布、油料、标志牌
生物样品采集及检测组	血球分析仪、生化分析仪、现场 γ 谱仪、棉拭子、采血针管及辅助材料	白色 C 级防护服、棉签、记录纸、标志牌
空气、食品、饮用水监测组	空气采样器、现场 γ 谱仪、粉碎机、GPS 系统、样品盒及实验工具等	蓝色 C 级防护服 *、插线板、塑料模、记录纸
心理干预组	核与辐射宣传手册、折页、宣传画等资料	白大褂、标志牌、便携式桌椅

* 后勤保障组同样穿着蓝色 C 级防护服。

可用。

2. 每月对各自管理的设备、仪器、仪表、材料、物品、药品、办公用品和通信装备检查 1 次,做好检查记录并归档,以备质量监督。

3. 保证材料、物品、药品均在制造商标明的有效期之内,在失效期的前一个月必须更新相应材料、物品、药品,并做好记录,以备质量监督。

4. 所有设备、仪器、仪表、通信装备每年校准 1 次,维护保养 2 次,并做好记录,以备质量监督。

5. 建立设备、仪器、仪表、材料、物品、药品、办公用品和通信装备的使用记录。

第五节　辐射源分类及事件分级

一、辐射源及其分类

IAEA 提供了一种以风险为基础将放射源和实践分为 5 类的方法。在这种分类的基础上,可以作出基于风险信息的决策,于是便有以安全和施以保安措施为目的对放射源进行监管控制的分类。

IAEA 在 2001 年提出了一份《放射源分类》的技术文件,在此基础上,2003 年 9 月 IAEA 理事会核准了经修订的《放射源安全与保安行为准则》。IAEA 又将其改写成安全标准(IAEA 2006)。与此同时,在以往已经给出 65 种核素放射源危险活度的基础上,提出一份扩展到人们关切的三百多种核素危险活度的报告(IAEA 2006b),作为该机构《应急事故准备与响应》丛书之一。

我们国家为了加强放射源的管理,2003 年 6 月全国人大常委会批准了《放射性污染的预防和控制法》。根据该法,着手修改了 1989 年制定的《放射性同位素与射线装置辐射防护条例》,引入了 IAEA 导则中新的内容,其中包括 IAEA 关于放射源分类管理的体系(IAEA 2003a)。2005 年原国家环境保护总局根据国务院发布的《放射性同位素与射线装置安全和防护条例》(2005 年国务院第 449 号令)发布了第 62 号公告《放射源分类办法》(原国家环境保护总局 2005)。

(一) 源分类概述

1. 源分类的目的　根据放射源对人体健康造成的潜在危害进行分类,并对分属于不同类别的源和实践进行分组提供一套简便合理的方法。这种分类法能够帮助监管机构制定用于确保对每个经授权的源保持合理控制所需的监管要求。

2. 源分类使用范围　为放射源,尤其是那些用于工业、医疗、农业、科研和教育的放射源提供了一种分类法。这种分类法原则上也可用于有国家背景的军事或国防计划中的源。

这种分类法与产生辐射的装置无关,例如 X 射线机和粒子加速器,尽管分类可以适用于此类装置生产的或者作为靶材料在此类装置中使用的放射源。核材料被排除在本分类方法的使用范围之外。此外,这里的源分类也不太适用于废物管理、废弃源的处置方法和运输中的放射性货包的方案制订。

(二) 分类方法

源的活度 A 可能会相差很多个数量级,因此需要使用 D 值对各种活度进行归一化处理,以便于风险评估。A/D 值可用于对源的相对风险进行初步分级,然后再考虑物理和化学形式、所使用的屏蔽或包装类型、使用情况以及既往事故等其他因素后确定其类别。其他因素的考虑很大程度上基于国际上一致的意见,这不可避免会带有主观性,就像各类别之间的边界值一样。

IAEA 规定的分类法将放射源分为 5 个类别(表 3-3)。这一数量充分考虑了该分类的可实现的应用,而不是无用的精确性。在这种分类法内,1 类源被认为是最"危险的",因为如

表 3-3　用于一般实践的放射源类别（IAEA 核安保标准 2019）

类别	活度比(A/D)ᵃ 范围	实践 ᵇ
1	$A/D \geq 1\,000$	放射性同位素热电发生器（RTG） 辐照装置 远距放射治疗源 固定式多束远距放射治疗（γ 刀）源
2	$1\,000 > A/D \geq 10$	工业 γ 射线探伤源 高/中剂量率近距放射治疗源
3	$10 > A/D \geq 1$	装有高活度源的固定式工业仪表 测井仪表
4	$1 > A/D \geq 0.01$	低剂量率近距放射治疗源（眼部敷贴和永久性植入除外） 未装高活度源的固定式工业仪表 含放射源的骨密度仪 静电消除器
5	$0.01 > A/D$ 且 $A \geq$ 豁免水平 ᶜ	低剂量率近距放射治疗眼部敷贴和永久植入源 含放射源的 X 射线荧光（XRF）分析仪 电子俘获设备 穆斯堡尔谱仪 正电子发射断层成像（PET）检查源

a. 此栏可用于纯粹根据 A/D 来确定放射性物质的类别。例如，未知的设施和活动或该设施和活动未列入清单，短半衰期和/或未密封的放射性物质，混合的放射性物质。

b. 在将这些实践归入一个类别时，考虑了除 A/D 以外的其他因素。

c. 豁免值见 GB 18871—2002。

果未得到安全和施以保安措施的管理，它们能够对人体健康造成极高风险。未屏蔽的 1 类源照射几分钟就可以致人死亡。在分类表的较低一端，5 类源是危险性最低的源；但是，如果控制不当，即使是这种源也会导致超过剂量限值的剂量，因此这种源也需要被置于适当的监管控制之下。不应当对这些类别再进行细分，因为这将意味着会出现被认为不适当的精确，并可能导致失去国际一致性。

二、核和辐射事件分级

国际核和辐射事件分级（the international nuclear and radiological event scale，INES）是由 IAEA 于 2008 年制定的，其目的是为便于核工业界、媒体和公众相互之间对核事件的信息沟通。INES 是以规范统一的方式将核和辐射事件的安全意义传达给公众的一种适用于全球性的工具。像里氏震级或摄氏温度一样，INES 也是一种标度方式，对不同的实践活动(包括对辐射源工业核医学应用、核设施运行和放射性材料运输)解释事件的意义。这个分级表最初用于核电厂事件分类,其后扩展并修改以使其能够适用于与民用核工业相关的所有设施。目前全球 60 多个国家采纳此分类法。在国内,对此已开始作深入的介绍。

分级表将事件分类为 7 级:较高的级别(4~7 级)被定为"事故",较低的级别(1~3 级)为"事件"。不具有安全意义的事件被归类为分级表以下的 0 级,定为"偏差"。与安全无关的事件被定为"分级表以外"。分级表级别如表 3-4 所示,此表从三个不同方面,即厂外影响、厂内影响和对纵深防御考虑事件的影响,经综合考虑后确定事件的最高级别。没有达到这三个方面中任何一个的下限的事件定为分级表以下的 0 级。

表 3-4　国际核和辐射事件分级表基本结构

(表中所给的判断仅是粗略的指标)

级别	影响的方面		
	厂外影响	厂内影响	对纵深防御的影响
7 级 特大事故	大量释放: 大范围的健康和环境影响		
6 级 重大事故	明显释放: 可能要求全面执行计划的 相应措施		
5 级 具有厂外风险的事故	有限释放: 可能要求部分执行计划的 相应措施	反应堆堆芯/放射性屏障 受到严重损坏	
4 级 无明显厂外风险的事故	少量释放: 公众受到相当于规定限值 的照射	反应堆堆芯/放射性屏障 受到明显损坏/有工作人 员受到致死剂量的照射	
3 级 重大事件	极少量释放: 公众受到规定限值一小部 分的照射	污染严重扩散/有工作人 员发生急性健康效应	接近事故,安全保 护层全部失效
2 级 事件		污染明显扩散/有工作人 员受到过量照射	安全措施明显失效 的事件
1 级 异常			超出规定运行范围 的异常事件
0 级 偏差	无安全意义		

　注:分级表以外的事件和安全无关。

本分级表为事件发生后即刻使用而设计。不过,在有些情况下对事件后果要进行较长时间的了解后才能定级。此时,先进行临时定级,待日后确认或重新定级。例如,2011年3月12日,日本经济产业省原子能安全保安院将福岛第一核电厂核泄漏事故等级初步定为4级。此后,该核电厂发生了反应堆燃料熔毁、向外界泄漏放射性物质的情况,该院根据国际标准将事故等级提升到5级。最后,该院决定将福岛第一核电厂核泄漏事故等级提高至7级,此等级与苏联切尔诺贝利核电厂核泄漏事故等级相同。

尽管此分级表适用于所有装置,但实际上不可能适用于某些类型的设施(包括研究堆、未辐照核燃料处理设施和废物贮存场所)发生的可能有相当数量的放射性物质向环境释放的事件。此分级表不对工业事故或其他与核或辐射作业无关的事件进行分级,也不宜作为选择运行经验反馈事件的基础。此分级表也不宜用来比较各国之间的安全实绩(图3-3)。

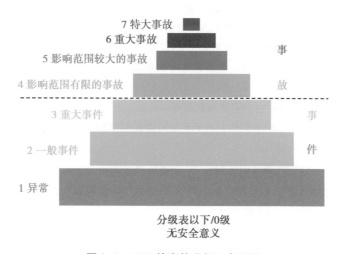

图3-3 INES核事故分级三角形图

国际上一些典型的核和辐射事件的事件分级情况及我国对辐射事故分级见表3-5、表3-6。

表3-5 国际上一些典型的核和辐射事件的事件分级情况(IAEA,1990)

级别/名称	事件性质	实例
7级 特大事故	大型装置(如动力堆的堆芯)中大部分放射性物质向外释放。一般涉及短寿命放射性裂变产物的混合物(从放射学上看,其数量相当于超过几万 TBq 的 ^{131}I)。这类释放可能有急性健康效应,在可能涉及的一个以上国家的大范围地区有慢性健康效应,有长期环境后果	2011年日本福岛核电厂事故; 1986年苏联切尔诺贝利事故

级别/名称	事件性质	实例
6级 重大事故	放射性物质向外释放(从放射学上看,其数量相当于几千到几万 TBq 的 ^{131}I)。为了限制严重的健康效应,这类释放将可能需要全面实施当地应急计划中包括的相应措施	1957 年苏联基斯迪姆后处理厂事故
5级 具有厂外风险的事故	——放射性物质向外释放(从放射学上看,其数量相当于几百到几千 TBq 的 ^{131}I)。为了减少造成健康效应的可能性,这类释放将可能需要部分实施当地应急计划中包括的相应措施 ——设施严重损坏。这可能涉及动力堆堆芯大部分严重损坏、重大临界事故或者是在设施内释放大量放射性的重大火灾或爆炸	1957 年英国温茨凯尔反应堆事故; 1979 年在美国三哩岛核电厂事故
4级 无明显厂外风险的事故	——放射性物质向外释放,使关键人群受到几 mSv 量级剂量的照射。对于这种释放,除当地可能需要进行食品管制外,一般不需要采取厂外保护行动 ——设施明显损坏。这类事故可能包括造成重大厂内修复困难的损坏,如动力堆堆芯部分熔化和非反应堆设施内发生的可比拟的事件 ——一名或更多工作人员受到极可能发生早期死亡的过量照射	1973 年在英国温茨凯尔(现为塞拉菲尔德)后处理厂事故 1980 年在法国圣洛朗核电厂事故; 1983 年阿根廷布宜诺斯艾利斯临界装置事故
3级 重大事件	——放射性物质向外释放,使关键人群受到十分之几 mSv 量级剂量的照射。对于这类释放,可能不需要采取厂外保护措施 ——造成工作人员受到足以引起急性健康效应的剂量的厂内事件和/或造成污染严重扩散的事件,例如几千 TBq 的放射性物质释放进入一个二次包容结构,此时放射性物质还可以令人满意返回贮存容器中去 ——安全系统再发生故障可能造成事故工况的事件,或如果发生某些始发事件安全系统将不能防止事故的状况	1989 年西班牙范德略斯核电厂事故
2级 事件	——安全措施明显失效,但仍有足够的纵深防御,可以应付进一步故障事件。包括实际故障定为 1 级、但暴露出另外的明显组织体系缺陷或安全文化缺乏的事件 ——造成工作人员受到超出规定年剂量限值的剂量的事件和/或造成设施内有显著量的放射性存在于设计未考虑区域内并且需要纠正行动的事件	

级别/名称	事件性质	实例
1级 异常	——超出规定运行范围但仍保留有明显的纵深防御的异常情况。这可能归因于设备故障、人为差错或规程不当，并可能发生于核和辐射实践活动覆盖的任何领域，如电厂运行、放射性物质运输、燃料操作和废物贮存。实例有：违反技术规格书或运输规章，没有直接安全后果但暴露出组织体系或安全文化方面不足的事件，管道系统中超出监督预期的较小缺陷	
0级 偏差 低于分级范畴	——偏差没有超出运行限值和条件，并且依照适当的规程得到正确的管理。实例有：在定期检查或试验中发现冗余系统中有单一的随机故障，正常进行的计划性反应堆保护停堆，没有明显后果的保护系统假信号触发，运行限值内的泄漏，无更广泛安全文化意义的受控区域内较小的污染扩散	在安全上无重要意义

表 3-6　我国对辐射事故分级

级别/名称	事件性质
特别重大辐射事故	指Ⅰ类、Ⅱ类放射源丢失、被盗、失控造成大范围严重辐射污染后果，或者放射性同位素和射线装置失控导致3人以上（含3人）急性死亡
重大辐射事故	指Ⅰ类、Ⅱ类放射源丢失、被盗、失控，或者放射性同位素和射线装置失控导致2人以下（含2人）急性死亡或者10人以上（含10人）急性重度放射病、局部器官残疾
较大辐射事故	指Ⅲ类放射源丢失、被盗、失控，或者放射性同位素和射线装置失控导致9人以下（含9人）急性重度放射病、局部器官残疾
一般辐射事故	指Ⅳ类、Ⅴ类放射源丢失、被盗、失控，或者放射性同位素和射线装置失控导致人员受到超过年剂量限值的照射

第六节　应急分类及应急准备

一、应急分类

按照事件的发生过程、性质和机制，我国将突发事件分为自然灾害、事故灾难、公共卫生事件和社会安全事件；前三类事件按其危害程度和影响范围等因素，分为四级，即特别重大（Ⅰ）、重大（Ⅱ）、较大（Ⅲ）和一般（Ⅳ）。重大的核和辐射紧急情况多数属于事故灾难性突发事件，国内外对这类事件的分级都十分重视。

1997 年 IAEA 发表了一份题为《核或放射事故应急响应准备的开发方法》的技术文件,将应急计划分为 5 种类型或等级。2002 年出版的题为《核或放射紧急情况的准备与响应——安全要求》的 IAEA 安全标准丛书,标题的主题由"事故"(accident)更换成"紧急情况"(emergency)。2003 年又发表了其第 953 号技术文件的更新版本。自这两个文件开始,IAEA 已将"应急计划"与"威胁等级(threat category)"相关联了。这个改变更突出反映了此项分类适用于准备阶段,威胁等级是经"威胁评估"后确定的。为实现 2002 年提出的"安全要求",IAEA 于 2007 年出版了《核或放射紧急情况准备的安排——安全导则》,对各项要求作了详细规定;在此导则中将紧急情况进一步细化为两种类别,即核紧急情况和放射紧急情况。2016 年,IAEA 出版了名为《核或辐射应急的准备与响应》(IAEA 安全标准 GSR Part 7 号),是 IAEA 安全标准丛书第 GS-R-2 号出版物的修订和更新版,考虑了自 2002 年以来的发展情况和获得的经验,特别是福岛核事故的经验教训。在 2016 年出版物中,IAEA 使用"应急准备类别(emergency preparedness category)"取代了"威胁等级",规定政府必须确保开展危害评定,以便为核或辐射突发事件应急准备与响应的分级方案提供依据。

在国内,主管部门发布过核事故应急状态分级、核事故医学应急状态分级和辐射事故等级等,它们是依据事故已造成的后果而分级的。国家核应急预案规定,根据核事故性质、严重程度及辐射后果影响范围,核设施核事故应急状态分为应急待命、厂房应急、场区应急、场外应急(总体应急),分别对应Ⅳ级响应、Ⅲ级响应、Ⅱ级响应、Ⅰ级响应。

应急准备分类、应急状态分级和核事件分级是目前涉及核事件和事故的主要分类方法,它用于不同的时间段和面对不同的对象。

应急准备类别是确定各种危害并对紧急情况的潜在后果作出评定,以便为制定核或辐射突发事件应急准备与响应安排提供依据。

应急状态的分级是 IAEA 为事故应急准备和响应而制订的分类方法,主要在于指导应急处置行动。

核事件分级是 IAEA 为用统一的术语向公众迅速通报核设施所发生事件的安全重要性的一种工具。通过对这些事件的正确审视,它能够为核工业界、媒体和公众之间形成共同理解提供便利。

二、应急准备类别及管理安排

(一) 基于危害评定的急准备类别

必须确定各种危害并对紧急情况的潜在后果作出评定,以便为制定核或辐射突发事件应急准备与响应安排提供依据。这些安排必须与所确定的紧急情况的危害和潜在后果相适应。

危害评定必须包括以下方面的考虑：①能够影响设施或活动的事件，包括极低概率事件和设计中没有考虑的事件；②涉及核或辐射突发事件应急与可能影响广泛区域和/或可能削弱在应急响应中提供支持能力的地震、火山爆发、热带气旋、恶劣天气、海啸、飞机坠毁或民间动乱之后的应急等常规应急相叠加的事件；③能够同时影响若干设施和活动的事件以及对受影响设施和活动间相互作用的考虑；④其他国家设施中的事件或涉及其他国家中的活动的事件。

表3-7所示的应急准备类别是基于对所评定的危害进行的分类。表中所列五个应急准备类别（以下称"准备类别"）。

表3-7列出了五个准备类别，为适用应急准备的相关安全要求的分级方案以及为制定普遍正当和优化的核或辐射突发事件应急准备与响应安排提供了依据。

核紧急情况可见于：①大型辐照装置（例如工业用辐照设备）；②核反应堆（研究堆、船用堆和发电用堆）；③贮存大量乏燃料或液态或气态放射性物质的设施；④燃料循环设施（例如燃料再处理厂）；⑤工业设施（例如生产放射性药物的工厂）；⑥带有大的固定放射源（例如远距治疗机）的研究用或医用设施。辐射紧急情况包括：①失控（废弃、丢失、被窃或被发现）的危险源；②工业或医疗用危险源（例如放射照相用的放射源）的误用；③公众受到未知来源的照射和污染；④含有放射性物质的人造卫星再返回；⑤严重的过量照射（能导致严重确定性效应）；⑥恶意的威胁和/或活动；⑦运输的紧急情况。随着威胁等级的不同，在IAEA的相关文件中讨论了应急响应地区和区域的划分和建议的大小、不同等级紧急状态的描述和建议标准、应急响应水平的区分（运营者、当地响应组织、国家响应组织、国际响应组织）、紧要任务的安排、响应时间目标值、与紧急情况有关的机构和场地的设置、在威胁等级分类前所需的信息、各种响应分队所需的最小建议数。

（二）不同应急准备类别的管理安排

对于1类、2类和3类中的设施，必须作出安排，以便迅速实施和管理厂内应急响应，同时不损害在该设施和同一厂址上任何其他设施执行连续运行安全和安保功能。必须对现场从正常运行向应急工况下运行的过渡加以明确规定，并必须有效地进行这种过渡。应急情况下所有现场工作人员的责任均须作为这种过渡安排的一部分加以指派。必须确保向应急响应过渡和最初响应行动的实施不会损害运行人员（如控制室的运行人员）在采取缓解行动的同时确保安全和可靠运行的能力。

表 3-7　核或辐射突发事件应急准备类别

类别	说明
1	核电厂等设施。对于这类设施,如果发生厂内事件[a, b](包括设计中没有考虑的事件[c]),即可能导致发生将有必要采取预防性紧急防护行动、紧急防护行动或早期防护行动和其他响应行动的厂外严重确定性效应,以便实现国际标准规定的应急响应目标;或对于这类设施,类似设施中曾发生过此类事件。
2	一些类型研究堆和用于为船舶(如轮船和潜艇)推进提供动力的核反应堆等设施。对于这类设施,如果发生厂内事件[a, b],即可能导致厂外人们受到将有必要采取紧急防护行动或早期防护行动和其他响应行动的剂量,以便实现国际标准规定的应急响应目标;或对于这类设,类似设施中曾发生过此类事件。2类(与1类相反)不包括如果发生厂内事件(包括设计中没有考虑的事件)即可能在厂外引起严重确定性效应的设施或类似设施中曾发生过此类事件的设施。
3	工业辐照设施或一些医院等设施。对于这类设施,如果发生厂内事件[b],即可能有必要在厂内采取防护行动和其他响应行动,以便实现国际标准规定的应急响应目标;或对于这类设施,类似设施中曾发生过此类事件。3类(与2类相反)不包括如果发生事件即可能有必要在厂外采取紧急防护行动或早期防护行动的设施或类似设施中曾发生过此类事件的设施。
4	可能引起核或辐射突发事件应急的活动和行为。这些活动和行为可能需要在未预见到的场所采取防护行动和其他响应行动,以便实现国际标准规定的应急响应目标。这些活动和行为包括:①核材料或放射性物质的运输以及涉及可移动危险源如工业射线照相源、核动力卫星或放射性同位素热电发生器的其他经批准的活动;②危险源的盗窃和放射性散布装置或辐射照射装置的使用[d]。这一类别还包括:①检测到来源不明的辐射水平升高或带污染的商品;②发现辐射照射所致临床症状;③另一国的核或辐射突发事件应急引起的不属于5类的跨国紧急情况。4类表示适用于所有国家和管辖区的危害水平。
5	一国针对设在另一国属于1类和2类中设施的应急规划区和应急规划距离范围内的区域。

[a] 即涉及从厂内某个位置产生的放射性物质向大气或水中释放或外照射(例如,由于丧失屏蔽或某个临界事件所致)的厂内事件。

[b] 这类事件包括核安保事件。

[c] 这包括超设计基准事故并酌情包括超设计扩展工况的工况。

[d] 放射性散布装置是利用常规爆炸物或其他方式散布放射性物质的装置。辐射照射装置是旨在将公众成员故意暴露于辐射之下的带有放射性物质的装置。它们可能是经过制造、改造或临时制作的装置。

对于1类、2类和3类中的设施以及在适当情况下4类所列活动,必须作出安排,以便迅速实施和有效管理厂外应急响应和将厂外应急响应与厂内应急响应相协调。对于1类或2类所列设施和5类所列区域,必须为协调各响应组织(包括其他国家的响应组织)在应急规划区和应急规划距离内的应急响应以及为提供相互支持作出安排。

1类、2类或3类所列设施的营运组织必须作出安排,以确保核或辐射突发事件应急情况下厂内所有人员的防护和安全。这必须包括开展以下工作的安排:①向厂内所有人员通知厂内发生的紧急情况;②厂内所有人员在收到紧急情况通知后立即采取适当行动;③清点厂内人员,并查找下落不明的人员;④立即展开急救;⑤采取紧急防护行动。

(三)不同应急区域的应急管理安排

1. **应急计划区和应急计划距离** 对于1类或2类所列设施和5类所列区域,必须为协调各响应组织(包括其他国家的响应组织)在应急计划区和应急计划距离内的应急响应以及为提供相互支持作出安排。

在核设施场外应设置四类区域:预防行动区、紧急防护行动计划区、扩展计划距离以及食入和商品计划距离。对4类应急计划区和应急计划距离给出了半径推荐值(表3-8)。其中预防行动区和紧急防护行动计划区的边界不必设置为圆形,而应该根据当地适当的地理标志物(如道路或河流)来确定,使公众和应急响应人员易于识别。

表 3-8 应急计划区和应急计划距离半径推荐值

应急计划区/应急计划距离类别	推荐的最大半径值/km	
	≥1 000MW(热功率)	100~1 000MW(热功率)
预防行动区	3~5	
紧急防护行动计划区	15~30	
扩展计划距离	100	50
食入和商品计划距离	300	100

2. **预防行动区** 设置该计划区的目的是在烟羽释放开始前就启动防护行动和其他响应行动,以避免场外人员出现严重确定性效应。该区域在应急准备阶段就应做出全面安排并告知公众,使公众在核设施进入总体应急(场外应急)状态1小时之内就采取紧急防护行动和其他响应行动。这些行动包括隐蔽、服用稳定性碘、减少意外食入、尽快安全撤离等。预防行动区的边界设置应考虑可以在最短时间内完成撤离。除此以外,应事先做出安排来保护在此区域内不能立即完成撤离的特殊设施(如医院、护理机构和监狱等)。

3. **紧急防护行动计划区** 设置该计划区的目的是在烟羽释放开始前或开始后很短的时间内启动防护行动和其他响应行动,但注意这些行动不应影响在预防行动区内采取的紧急防护行动。该区域在应急准备阶段就应做出全面安排并告知公众,使公众在核设施进入总体应急(场外应急)状态大约1小时内采取紧急防护行动和其他响应行动。这些行动包括立即关闭门窗并保持在室内(撤离前)、服用稳定性碘、减少意外食入、尽快安全撤离等。注意预防行动区内人员的撤离具有优先权,即如果紧急防护行动计划区内人员的撤离与预防行动区内人员的撤离存在冲突,则应首先撤离预防行动区内的人员,紧急防护行动计划区内的人员可先采取隐蔽等措施,再行撤离。

4. 扩展计划距离　该区域在应急准备阶段就应做出安排,当核设施宣布进入总体应急(场外应急)时:①指导公众减少意外摄入;②对地面沉积物进行剂量率监测以确定"热区","热区"内的人员应在1天内撤离或在1周到1月内进行避迁。从预防行动区和紧急防护行动计划区内撤出的需特殊照料的人员(如患者)应撤离到扩展计划距离以外,以免需要二次撤离。

5. 食入和商品计划距离　该区域在应急准备阶段就应做出安排,当核设施宣布进入总体应急(场外应急)时:①将该区域内放牧动物的饲料替换为受保护(有覆盖物)的饲料;②保护直接收集使用雨水的饮用水供应(如切断雨水收集管道);③限制消费当地产的非必需食品、野生产品(如蘑菇)、放牧动物的奶以及动物饲料;④在进行进一步评估前停止经销当地商品;⑤收集和分析当地产品、野生产品(如蘑菇)、放牧动物的奶、动物饲料和商品的样品,以确定限制措施是否适当。

三、应急状态分级

在核紧急情况中,核电厂应急状态的分级为:"(一)应急待命""(二)厂房应急""(三)场区应急"和"(四)场外应急(总体应急)"。其他核设施的应急状态一般分为三级,即:"(一)应急待命""(二)厂房应急"和"(三)场区应急"。潜在危险较大的核设施也可能实施"(四)场外应急(总体应急)"。在辐射紧急情况中,应急状态一般为"(三)场区应急",较少有"(四)场外应急(总体应急)"。对应急准备类别1、2、3、4的设施,各应急状态级别的描述见表3-9。

表3-9　应急准备类别1、2、3、4的设施不同应急状态的描述

应急状态	级别	应急状态的描述
应急待命	一	导致公众或场区内人员防护水平未知原因的或者显著降低的事件[a]
厂房应急	二	能导致场内人员防护水平显著降低的事件;然而,这些事件并不能发展到要求在场
		外实施防护行动的总体应急或场区应急
		对应急准备类别1、2的设施,它可来自:
		—燃料操作意外
		—不会影响安全系统的厂房内火灾或其他意外
		—引起场内危险状态、但不可能导致需采取防护行动的临界事件和向场外释放的蓄意行为
		对应急准备类别3的设施,它可来自:

应急状态	级别	应急状态的描述
厂房应急	二	—对小功率反应堆堆芯的纵深防御水平显著降低
		—对大的 γ 辐射源或乏燃料的屏蔽或控制失效
		—危险源的破损
		—距场区边界较远处发生临界事故
		—在场区发生紧急防护干预水平的高剂量照射
		—能导致厂区内公众或职工显著照射和污染的意外
		—可能导致场内危险状态的蓄意行为
场区应急	三	能导致场内和邻近设施处人员防护水平显著降低的事件。它可来自:
		—对反应堆堆芯和活性冷却燃料纵深防御水平显著降低
		—针对意外无屏蔽临界事件的防护显著降低
		—能导致总体应急状态的任何一种附加的故障
		—场外的剂量接近应急防护行动水平
		—有可能使临界安全功能失效和导致重大释放或严重照射的蓄意行为
场外应急 (总体应急)	四	由于临界或屏蔽丧失而已造成大气释放或辐射照射的重大危险,并要求实施场外应急防护行动的事件:
		—现实的或预测的[b]反应堆堆芯或大量最近卸下的燃料受损毁
		—屏障或临界安全系统已受到损毁而引起要求在场外采取预防性防护行动的释放事件(例如后处理废物的排放)或临界事件
		—靠近设施边界处可能或已经发生的临界事件
		—探测出场外的辐射水平已要求实施紧急防护措施
		—蓄意行为导致监测或控制临界安全的系统失灵,这些系统是为阻止能引起场外剂量达到需采取防护行动的释放或照射所必需的

a. 这些事件可能涉及屏蔽、安全系统和设备的失效、工作人员失误、日常发生的事件、火灾,以及蓄意行为。

b. 用于堆芯或大量新近卸载核燃料防护所需的临界安全功能的丧失。

第七节　核和辐射事故卫生应急响应

一、核事故卫生应急的响应

1. 卫生应急响应行动　根据核事故性质、严重程度及辐射后果影响范围,核设施核事故应急状态分为:"(一)应急待命""(二)厂房应急""(三)场区应急"和"(四)场外应急(总体应急)",分别对应Ⅳ级响应、Ⅲ级响应、Ⅱ级响应、Ⅰ级响应。

(1) Ⅳ级响应

启动条件:当出现可能危及核设施安全运行的工况或事件,核设施进入应急待命状态,启动Ⅳ级响应。

响应措施:

1) 国家卫生健康委卫生应急办公室接到国家核应急办关于启动Ⅳ级响应通知后,立即通知国家卫生健康委核应急中心及涉事地区省级卫生健康行政部门。

2) 国家卫生健康委核应急中心加强值班(电话24小时值班),密切关注事态发展,做好相应的卫生应急准备。

3) 涉事地区省级、地市级、县级卫生健康系统密切关注事态发展,做好相应的卫生应急准备。

响应终止:国家核应急办终止Ⅳ级响应,国家卫生健康委应急办宣布核事故卫生应急响应终止。

(2) Ⅲ级响应

启动条件:当核设施出现或可能出现放射性物质释放,事故后果影响范围仅限于核设施场区局部区域,核设施进入厂房应急状态,启动Ⅲ级响应。

响应措施:

1) 国家卫生健康委卫生应急办公室接到国家核应急协调委关于启动Ⅲ级响应通知后,立即向国家卫生健康委主管卫生应急工作的领导报告,并通知国家卫生健康委核应急中心及涉事地区省级卫生健康行政部门。

2) 国家卫生健康委核应急中心加强值班(电话24小时值班)。各专业技术部进入待命状态,做好卫生应急准备,根据指令实施卫生应急。

3) 涉事地区省级、地市级、县级卫生健康系统密切关注事态发展,做好相应的卫生应急准备。

响应终止:国家核应急协调委终止Ⅲ级响应,国家卫生健康委宣布核事故卫生应急响应终止。

(3) Ⅱ级响应

启动条件:当核设施出现或可能出现放射性物质释放,事故后果影响扩大到整个场址区域(场内),但尚未对场址区域外公众和环境造成严重影响,核设施进入场区应急状态,启动Ⅱ级响应。

响应措施：

1）国家卫生健康委卫生应急办公室接到国家核应急协调委关于启动Ⅱ级响应通知后，国家卫生健康委主管卫生应急工作领导、卫生应急办公室主任及相关司局负责人进入国家卫生健康委卫生应急指挥中心指导应急工作。国家卫生健康委及时向国家核应急协调委报告卫生应急准备和实施卫生应急的情况。

2）国家卫生健康委核应急中心各专业技术部进入场区应急状态，做好卫生应急准备，根据指令实施卫生应急。

3）涉事地区省级、地市级、县级卫生健康系统做好伤员救治、受污染伤员处理、辐射损伤人员受照剂量估算、人员健康风险评估、卫生应急人员防护、心理援助与风险沟通等卫生应急准备。同时各级卫生健康系统及时向上一级卫生健康系统报告卫生应急准备及实施情况。

响应终止：国家核应急协调委终止Ⅱ级响应，国家卫生健康委宣布核事故卫生应急响应终止。

（4）Ⅰ级响应

启动条件：当核设施出现或可能出现向环境释放大量放射性物质，事故后果超越场区边界，可能严重危及公众健康和环境安全，进入场外应急状态，启动Ⅰ级响应。

响应措施：

1）启动Ⅰ级响应后，国家卫生健康委卫生应急办公室接到国家核应急协调委关于核事故卫生应急、成立国家核事故应急指挥部的指令后，国家卫生健康委组织相关司局和中央军委后勤保障部卫生局、生态环境部、工业和信息化部、国防科工局等部委成立医学救援工作组，组织开展医学救援工作。中央军委后勤保障部卫生局负责组织军队卫生力量支援核事故卫生应急救援；生态环境部负责提供环境监测、污染范围、事故发展趋势研判、事故后果中长期环境影响等数据；工业和信息化部负责提供有关卫生应急医药用品；国防科工局负责提供核事故及评估有关信息。

同时，国家卫生健康委参加指挥部辐射监测组、放射性污染处置组、信息发布和宣传报道组、涉外事务组以及社会稳定组的工作。

2）国家卫生健康委核应急中心做好伤员救治、人员放射性污染处理、食品和饮用水放射性监测、健康风险评估等卫生应急技术支持工作，各专业技术部进入场外应急状态，按照国家卫生健康委的指令实施卫生应急任务。

3）涉事地区省级卫生健康系统根据地方核事故应急组织或国家卫生健康委的指令实

施卫生应急,提出医疗救治和保护公众健康的措施和建议,做好伤员救治、受污染伤员处理、受照剂量估算、饮用水和食品的放射性监测、公众健康风险评估、公众防护、卫生应急人员防护、心理援助与风险沟通等工作。必要时请求国家核事故卫生应急组织的支援。

4)地市级、县级卫生健康系统按照本级人民政府统一部署,或上一级卫生健康系统的要求,开展伤员分类、转运和现场救治、受污染人员去污的技术指导、碘片发放和指导服用、心理援助与健康教育等工作;协助开展饮用水和食品放射性监测。

对核事故伤员进行现场捡伤分类和应急救治后,按照分级救治原则,根据伤员伤情轻重和辐射损伤严重程度,将伤员及时分送省级核辐射救治基地或指定医疗机构、地市级和县级指定医疗机构。中度及以上放射损伤人员送省级核与辐射损伤救治基地或指定医疗机构救治。在后续治疗过程中,根据救治需要,适时将伤员转送上级医疗机构救治。

响应终止:国务院批准终止Ⅰ级响应,核事故卫生应急工作完成,伤病员在指定医疗机构得到救治,受污染食品和饮用水得到有效控制,国家卫生健康委宣布核事故卫生应急响应终止。

核事故卫生应急流程见图 3-4。

2. 总结报告 核事故卫生应急响应完成后,卫生健康各相关部门应对卫生应急响应过

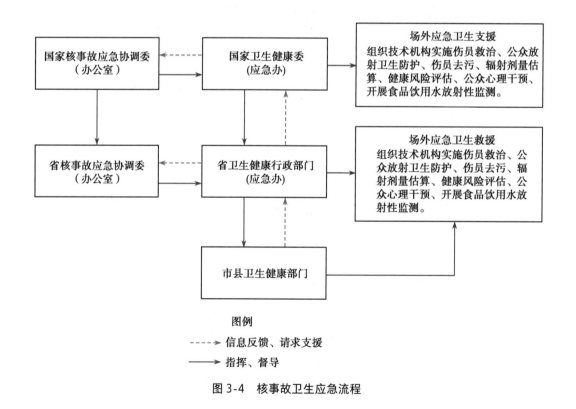

图 3-4 核事故卫生应急流程

程中的经验进行总结,总结报告及时上报上级卫生健康部门。国家卫生健康委卫生应急办公室汇总和总结核事故卫生应急工作情况,总结报告及时报国家核应急协调委。

3. 国际通报和援助

(1) 国际通报:按照《国际卫生条例(2005)》等有关规定要求,国家卫生健康委协调相关部门做好向世界卫生组织的国际通报工作。

(2) 请求国际援助:当核事故超过我国卫生应急响应能力范围时,国家卫生健康委协助国家原子能机构向国际原子能机构提出核事故卫生应急援助请求,或根据《国际卫生条例(2005)》向世界卫生组织提出技术指导和援助请求。

4. 其他核事故卫生应急响应 对乏燃料运输事故、涉核航天器坠落事故等,根据其可能产生的辐射后果及影响范围,国家和受影响省(自治区、直辖市)的卫生健康系统进行必要的响应。

(1) 乏燃料运输事故:乏燃料运输事故发生后,省(自治区、直辖市)、市、县级卫生健康部门参照本预案和《乏燃料运输事故应急预案》立即组织开展卫生应急处置工作。必要时,国家卫生健康委组织有关单位予以支援。

(2) 台湾地区核事故:台湾地区发生核事故可能或已经对大陆造成辐射影响时,参照本预案开展卫生应对工作。根据国家的指令,协调调派核事故卫生应急专业力量协助救援。

(3) 境外发生核事故:境外发生的对我国大陆(或我国公民)已经或可能造成影响的核事故的卫生应急响应参照本预案进行。国家卫生健康委统一组织协调全国卫生应急响应,各级卫生健康部门组织开展本辖区内卫生应急响应工作。

当接到国际卫生应急救援请求或指令时,国家卫生健康委按照相关规定和程序组织开展国际援助。

(4) 涉核航天器坠落事故:涉核航天器坠落事故在我国局部区域产生辐射影响,并可能造成公众健康风险,或导致食品和饮用水放射性污染,国家卫生健康委组织协调卫生应急响应,涉事省(自治区、直辖市)卫生健康部门组织开展辖区内卫生应急响应工作。

二、辐射事故卫生应急响应

1. 辐射事故的卫生应急响应分级 根据辐射事故的性质、严重程度、可控性和影响范围等因素,将辐射事故的卫生应急响应分为特别重大辐射事故、重大辐射事故、较大辐射事故和一般辐射事故四个等级。

特别重大辐射事故,是指Ⅰ类、Ⅱ类放射源丢失、被盗、失控造成大范围严重辐射污染后果,或者放射性同位素和射线装置失控导致3人以上(含3人)受到全身照射剂量大于8Gy。

重大辐射事故,是指Ⅰ类、Ⅱ类放射源丢失、被盗、失控,或者放射性同位素和射线装置失控导致2人以下(含2人)受到全身照射剂量大于8Gy或者10人以上(含10人)急性重度放射病、局部器官残疾。

较大辐射事故,是指Ⅲ类放射源丢失、被盗、失控,或者放射性同位素和射线装置失控导致9人以下(含9人)急性重度放射病、局部器官残疾。

一般辐射事故,是指Ⅳ类、Ⅴ类放射源丢失、被盗、失控,或者放射性同位素和射线装置失控导致人员受到超过年剂量限值的照射。

2. 辐射事故的报告 医疗机构或医生发现意外辐射照射人员时,医疗机构应在2小时内向当地卫生健康行政部门报告。

接到辐射事故报告的卫生健康行政部门,应在2小时内向上一级卫生健康行政部门报告,直至省级卫生健康行政部门,同时向同级生态环境部门和公安部门通报,并将辐射事故信息报告同级人民政府;发生特别重大辐射事故时,应同时向国家卫生健康委报告。

省级卫生健康行政部门接到辐射事故报告后,经初步判断,认为该辐射事故可能需启动特别重大级别的辐射事故卫生应急响应和重大级别的辐射事故卫生应急响应时,应在2小时内将辐射事故信息报告省级人民政府和国家卫生健康委,并及时通报省级生态环境部门和公安部门。

3. 辐射事故的卫生应急响应 辐射事故的卫生应急响应坚持属地为主的原则,实行分级响应。特别重大级别的辐射事故卫生应急响应由国家卫生健康委组织实施,重大级别、较大级别和一般级别的辐射事故卫生应急响应由事故所在地省、市、县级卫生健康系统组织实施。

(1) 特别重大级别的辐射事故卫生应急响应:接到特别重大辐射事故的通报或报告,且人员放射损伤情况达到特别重大辐射事故卫生应急响应级别时,国家卫生健康委立即启动特别重大辐射事故卫生应急响应工作,并上报国务院应急办,同时通报生态环境部。国家卫生健康委组织专家组对损伤人员和救治情况进行综合评估,根据需要及时派专家或应急队伍赴事故现场开展卫生应急响应工作。

辐射事故发生地的省(自治区、直辖市)卫生健康系统在国家卫生健康委的指挥下,组织实施辐射事故卫生应急响应工作。

(2) 重大级别、较大级别和一般级别的辐射事故卫生应急响应:省、自治区、直辖市卫生健康行政部门接到重大辐射事故、较大辐射事故和一般辐射事故的通报、报告或指令,并有人员受到过量照射时,负责组织协调和指导卫生应急响应工作,必要时可请求国家卫生健康委支援。

辐射事故发生地的市(地)、州和县级卫生健康系统在省(自治区、直辖市)卫生健康系统的指导下,开展辐射事故卫生应急工作,包括伤员救治、受污染人员处理、根据环保部门提供的信息开展受照剂量估算、饮用水和食品的放射性监测、公众健康风险评估、公众防护、卫生应急人员防护、心理援助与风险沟通以及信息沟通等工作。

国家卫生健康委在接到支援请求后,根据需要及时派遣专家或应急队伍赴事故现场开展卫生应急。

辐射事故卫生应急流程见图3-5。

4. 卫生应急响应终止 伤病员在医疗机构得到有效救治及辐射危害得到有效控制时,国家卫生健康委可宣布特别重大辐射事故的卫生应急响应终止,并报国务院应急办公室备

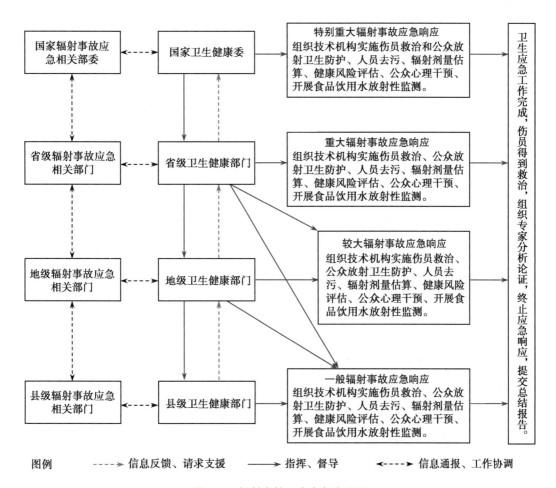

图 3-5 辐射事故卫生应急流程图

案,同时通报生态环境部;省(自治区、直辖市)卫生健康行政部门可宣布重大辐射事故、较大辐射事故和一般辐射事故的卫生应急响应终止,并报当地政府应急办公室及国家卫生健康委核应急中心备案,同时通报当地政府生态环境部门。

5. 卫生应急响应总结评估　辐射事故卫生应急响应终止后,组织和参与卫生应急响应的地方卫生健康部门在一个月内提交书面总结报告,报送上级卫生健康行政部门,抄送同级生态环境部门和公安部门。重大辐射事故和较大辐射事故的卫生应急响应总结报告上报国家卫生健康委。

6. 国际通报和援助

(1) 国际通报:按照有关规定和国际公约的要求,国家卫生健康委协助国家原子能机构做好有关卫生应急响应的国际通报工作。同时,根据《国际卫生条例(2005)》要求,国家卫生健康委协调相关部门做好向世界卫生组织的国际通报工作。

(2) 请求国际援助:当辐射事故超过我国卫生应急响应能力范围时,国家卫生健康委协助国家原子能机构向国际原子能机构提出卫生应急援助请求,或根据《国际卫生条例(2005)》向世界卫生组织提出援助请求。

7. 其他核或辐射突发事件卫生应急响应

(1) 食品放射性污染事故:食品放射性污染事故指食品受到放射性污染,对人体健康有危害或者可能有危害的事故。食品放射性污染事故发生后,根据事故发生地人民政府有关部门或县级以上人民政府食品安全办等相关部门的指令,省(自治区、直辖市)、市、县级卫生健康系统参照本预案和《国家食品安全事故应急预案》立即组织对染人员去污和救治、开展流行病学调查和食品放射性污染检测、食品安全风险评估、公众受照剂量估算和健康风险评估等卫生应急响应工作。必要时,国家卫生健康委组织有关单位予以支援,同时通报国务院食品安全办。

(2) 饮用水放射性污染事件:饮用水放射性污染事件指饮用水受到放射性污染,对人体健康有危害或者可能有危害的事件。饮用水放射性污染事件发生后,根据事件发生地人民政府有关部门或国务院有关部门的指令,省(自治区、直辖市)、市、县级卫生健康系统参照本预案中辐射事故卫生应急响应和《国家突发公共卫生事件应急预案》立即组织对受污染人员的去污和救治、开展流行病学调查和饮用水放射性污染检测、饮用水安全风险评估、公众受照剂量估算和健康风险评估等卫生应急响应工作。必要时,国家卫生健康委组织有关单位予以支援。

(3) 境外发生的辐射事故:境外发生辐射事故,并已对我国境内公众造成健康影响时,参照本预案开展卫生应急响应。国家卫生健康委统一组织协调全国卫生应急响应,各级卫生健康系统组织开展辖区内卫生应急响应工作。

当接到其他国家或国际组织的救援请求时,国家卫生健康委组织卫生健康系统开展国际援助。

第八节　卫生应急的终止和评估

在 IAEA《核或辐射应急的准备与响应》(IAEA 安全标准 GSR Part 7 号)中指出,要考虑恢复社会和经济活动的需要以终止核或放射应急状态作出安排。在既往应急工作中,通常为应急处置阶段进行了充分准备,以保护公众和应急人员的生命健康。但过去人们很少关注针应急状态的终止和向"新常态"过渡的安排。既往经验表明,应急状态终止和过渡过程中,通常会遇到很多问题和挑战。因此,为应对这些挑战,有必要事先对应急状态的终止及向常态过渡做出安排。

一、卫生应急的终止及后续行动

应急响应阶段通常在以下情况下结束:情况得到控制,清楚掌握场外辐射状况以确定是否以及在何处需要食品饮用水限制和临时避迁,以及所有必要的食品饮用水限制和临时避迁已经完成。过渡阶段是指应急响应阶段之后的一段时间,对大型核事故,过渡阶段可能持续几天到几个月;对小规模应急情况(例如运输过程中的辐射事故或涉及密封危险源的辐射事故),过渡阶段的持续时间可能不超过一天。核或辐射突发事件应急状态的结束也即特定区域或场所过渡阶段的结束,此时应急照射情况转为现存照射或计划照射情况。对过渡阶段和此后长期而言,实施补救行动可能比采取进一步高强度的公众防护行动更有效。

终止应急状态的首要目标是使社会和经济活动及时恢复。在必要的紧急防护行动和早期防护行动实施结束之前,不应终止应急状态。在应急状态终止前,应确定辐射危害状况,识别受影响人群(包括儿童和孕妇等对辐射最敏感的人群)的照射途径,并评估剂量。此外,还应评估解除和调整应急响应早期防护行动的影响。在应急状态终止后,应采用计划照射情况下的职业人员个人剂量限值要求所有从事恢复作业的人员。应确定与应急状态终止相关的非放射性影响(如社会心理影响和经济影响)以及其他因素(如对土地使用、资源、社区、社会服务等的影响),并应当考虑采取行动处理这些影响。需要在应急状态结束前建立一个登记册,登记需要进行长期医学随访的人员。

二、应急评估和预测

卫生应急进行过程中和终止后,应对应急处置各环节情况进行评估,并对事件造成的后续影响进行预测。

1. 评估和预测的意义　为提升核辐射突发事件卫生应急能力,应急组织部门需要在应急过程中和终止后总结和评估通应急预案、方案、程序的合理性,应急人员的实际操作能力,应急设施和装备是否满足需求等。通过评估,查找出应急方案、程序和指南中需要改进的地方;应急管理体系需要改进的地方;人员配备或能力的不足;需要更新或增加的设备和装备;需要开展何种演练以进一步提高卫生应急处置能力。预测是在应急过程中和终止后,对事件造成的后果和影响进行分析和预估,为开展下一步应急处置行动或恢复行动提供依据。

2. 评估和预测可参考的国际标准

《核或辐射应急的准备与响应》(IAEA 安全标准 GSR Part 7 号);

《核或辐射应急准备与响应应用准则》(IAEA 安全标准 GSG-2 号);

《核或辐射应急准备的安排》(IAEA 安全标准 GS-G-2.1 号);

《核或辐射应急终止的安排》(IAEA 安全标准 GSG-11 号);

《制定核或辐射应急响应安排的方法》(IAEA 应急准备与响应系列 EPR-METHOD);

《核或辐射应急医学响应通用程序》(IAEA 应急准备与响应系列 EPR-MEDICAL);

《放射性物质的危险量》(IAEA 应急准备与响应系列 EPR-D-Values);

《辐射应急首先响应人员手册》(IAEA 应急准备与响应系列 EPR-FIRST RESPONDERS);

《细胞遗传剂量学:在辐射应急准备和响应中的应用》(IAEA 应急准备与响应系列 EPR-Biodosimetry);

《研究堆核或辐射应急响应的通用程序》(IAEA 应急准备与响应系列 EPR-RESEARCH REACTOR);

《与公众在核应急或放射应急情况下的交流》(IAEA 应急准备与响应系列 EPR-Public Communications);

《轻水反应堆严重情况应急中保护公众的行动》(IAEA 应急准备与响应系列 EPR-NPP PUBLIC PROTECTIVE ACTIONS);

《反应堆应急操作干预水平及其推导方法》IAEA 应急准备与响应系列 EPR-NPP-OIL)。

3. 评估和预测方法及产出　可根据辐射监测数据、现场记录,使用 IAEA 提供的相关评估评估和预测工具(IAEA Assessment and Prognosis Tools)开展。也可以通过召集会议,回顾应急过程的各处置环节,应急人员评论自身及彼此的表现,查找人员、装备、能力方面的不足,提出下一步改进建议,形成应急总结评估报告。

对事件后果的评估和预测是基于核辐射突发事件的状态、辐射条件(场内和场外)、照射途径、估算剂量、辐射健康后果评价等,提出对场内应急工作人员和场外公众需采取的防护、救治措施以及对食品饮用水的监测和管控措施等。

第四章
辐射监测与剂量估算

第一节　辐射监测基本方法

辐射监测主要包括常规的源和场所监测、个人监测、食品和饮用水监测;以及辐射和核突发事的应急监测。以下将分别讲述源和场所监测、个人监测、食品和饮用水监测、辐射事故剂量重建和核突发事的应急监测。

一、辐射事故剂量重建基本方法

辐射事故剂量重建,也称为回顾性剂量学方法,是目前国际原子能机构(IAEA)所关心的热点问题。2000 年在日本广岛召开的国际辐射防护学会(International Radiation Protection Association,IRPA)国际会议,还对回顾性剂量学的方法进行了专题讨论。近年来,人们又开始研究应用 Monte Carlo(MC)随机模拟来实现剂量重建的新方法,这些方法在苏联切尔诺贝利核电站事故中已开始了尝试。

在放射事故剂量重建中,源项资料、受照模式资料、现场样品和生物样品等的收集是剂量重建的基础性工作,应在事故后尽早地进行,也应做到尽可能翔实。

外照射放射事故剂量重建主要有两大类,即直接测量方法和模拟估算方法。直接测量主要包括生物剂量、电子自旋共振(electron spin resonance,ESR)(生物物理方法)和物理剂量(用现场中砖、瓦、手表元件等样品)方法。模拟估算方法主要有实验模拟和理论模拟两种,理论模拟又分为数字算法和 MC 算法两类。

数字算法十分繁杂,在剂量重建中很少应用。MC 算法应用较为常见,为保证 MC 理论模拟算法的精度,必须要有足够的抽样次数,抽样次数太多,人工计算就太困难,但计算机来完成这份工作却十分容易。因而这里的理论模拟主要指 MC 理论模拟。

图 4-1 是目前流行的剂量重建主要方法的框图。一般来说,直接测量法的结果比较直观,易于被人们接受。但这些方法的共同缺点是很难在事故早期给出用于应急决

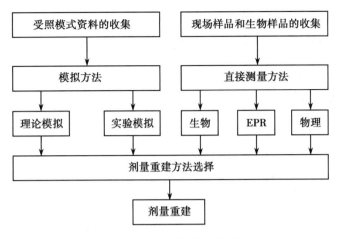

图 4-1　剂量重建方法示意图

策的剂量值,也难以估算器官剂量,特别是非均匀受照的情况下。EPR、热释光剂量仪(thermoluminescent dosimeter,TLD)和生物剂量都需有较好的实验室、设备及技术较熟练的人员,而 MC 模拟算法只要备有相应的计算机软件和会使用这种软件人员,就可以对事故的早期剂量进行估算,也可对器官剂量进行估算。需要尽快给出事故剂量时,需要进行器官剂量估算时,特别是均匀受照情况下,最好选用实验模拟和 MC 模拟算法。

二、用于核事件应急监测的操作干预水平

(一) 设置操作干预水平的意义

操作干预水平(operational intervention level,OIL)是由仪器测量或通过实验室分析确定的,并与应急行动水平(emergency action level,EAL)相一致的导出水平。

各种操作干预水平通常可表示为剂量率或所释放的放射性物质的活度,空气的时间积分浓度,地面或表面浓度,或环境、食物或水样中放射性核素的浓度。操作干预水平是(无须进一步评定)立即和直接用以根据环境测量确定适当防护行动的行动水平。

IAEA 相关出版物中提供的默认 OIL 值是遵循合理和保守方法设置的:它们是建立在可以观察到辐射引起的健康影响的水平以下,即使是在大量受照人群中最敏感的公众成员也是如此。

应根据 IAEA《安全标准丛书》第 GSR part 7 的要求 5,确定总体防护策略的正当性和最优化。在具体预案中,也应根据 IAEA 提出的相关技术进行正当性判断和防护措施的最优化,以免引起不正当的应急防护措施,例如,使用比 IAEA 提供的默认值低得多的默认 OIL 值,可能会导致弊大于利的情况。

OIL 默认值应在准备阶段制定,以便在突发事件早期阶段快速做出响应决定,使这些行

动有效,并且还应考虑在上述应急阶段中、行动的可行性和信息的可靠性。在过去的核或辐射突发事件中,因未能预先建立默认的 OIL 值,而导致不必要地推迟采取或未采取响应防护行动或有效防护措施,而可能引起放射健康危害。

(二)默认操作干预水平值

IAEA 推荐的默认 OIL 值及其相应的监测方式列在表 4-1 中。

表 4-1　IAEA 推荐的默认 OIL 值及其相应的监测方式

OIL	默认 OIL 值	监测方式	
OIL$_{1\gamma}$	1 000μSv/h	环境剂量水平监测:	
OIL$_{2\gamma}$	100μSv/h(堆芯核反应停止前 10 天)	在离地面 1m 处监测	
	25μSv/h(堆芯核反应停止 10 天后)	其周围剂量当量率	
OIL$_{3\gamma}$[a]	1μSv/h		
OIL$_{4\gamma}$[b]	1μSv/h	皮肤监测: 监测距手或脸的 裸露皮肤 10cm 处的 周围剂量当量率	
OIL$_{4\beta}$[b]	1 000cps[c]	皮肤监测: 距手和脸的裸露 皮肤 2cm 处的 β 计数 率(与 OIL$_{4\beta}$ 相比,最好使用 OIL$_{4\gamma}$)	
OIL$_7$	对 ^{131}I,1 000Bq/kg,和 对 ^{137}Cs,200Bq/kg	食品、牛奶[d] 和饮用水的监测: 食品、牛奶和饮 用水样品中 ^{131}I[e] 和 ^{137}Cs[e] 的活度浓度	
OIL$_{8\gamma}$	0.5μSv/h	甲状腺监测: 靠近甲状腺前 皮肤的周围剂量当量率	

[a] 与 OIL$_7$ 相比,OIL$_{3\gamma}$ 的优势在于,基于 OIL$_{3\gamma}$,可以在紧急情况下(即最需要时)尽早实施限制,并且易于从地面上沉积获得环境周围剂量当量率。

[b] 周围剂量当量率 OIL$_{4\gamma}$ 足以用于评估皮肤上放射性物质水平,它是从核电厂(NPP)或其乏燃料中释放出来的放射性物质,因为它较少依赖于测量技术和仪器特征。这里也提供了 β 计数率 OIL$_{4\beta}$,因为一些响应组织可能会将其用于皮肤监测。

[c] 由于仪器本身提供 cps,因此给出的默认值为 cps 而非 Bq/cm^2。需提供 Bq/cm^2 时,对要监测的放射性核素做出隐含假设。但是 NPP 指出放射性核素混合物将是复杂且不断变化,因此无法使用 Bq/cm^2。

[d] 切尔诺贝利核电厂事故发生后,牛奶因其在辐射诱发甲状腺癌中的关键作用而被单独提及。

[e] ^{131}I 和 ^{137}Cs 用作标记放射性核素。标记放射性核素更容易识别,并且可以代表存在的所有其他放射性核素,从而无须进行昂贵且耗时的全面同位素分析。对于由于严重燃料损坏而释放放射性物质后可能存在的其他放射性核素的贡献。

在核事故中,最好使用 OIL₇,而不是使用早先建议的 OIL₅ 和 OIL₆,这样既可以更快速决策,也可节省资源。在任何核或辐射突发事件中,一旦有足够的资源和时间时,当要求确定食物,牛奶和饮用水中存在的所有放射性核素的活动浓度(不仅是少数放射性核素的活度浓度)时,只要证明是合理的,还可以使用 OIL₅ 和 OIL₆,它们比 OIL₇ 更为保守。若需要使用 OIL₅ 和 OIL₆ 可参考 GBZ/T 271—2016《核或辐射应急准备与响应通用准则》,本文仅仅推荐 OIL₇。表 4-1 中各种操作干预水平下应采取的应急防护行动将在第五章中描述。

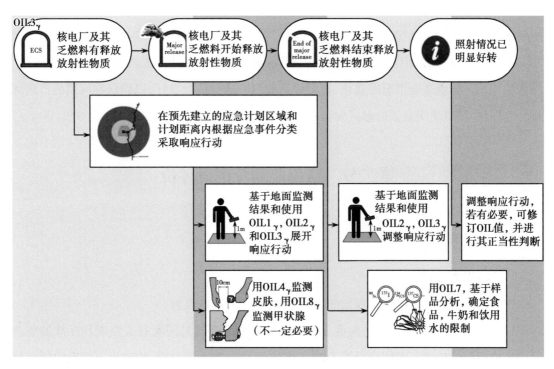

图 4-2　IAEA 相关出版物中提供的 OIL 作用框图

三、操作干预水平在防护策略中的作用

图 4-2 概述了 IAEA 相关出版物中提供的 OIL 的作用。从过去的应急情况中的经验可知,在放射性物质释放前后可能无法及时获得监测结果时,设置的 OIL 可用来支持采取有效响应行动的决策。因此,需要在应急计划区域和计划距离内实施含有基于默认 OIL 的相应初始应急措施,这些措施是按应急分类系统预先建立的。

例如,当核电厂发生大量放射性物质释放时,沉积模式非常复杂而且广阔,如果持续释放,则沉积模式将发生变化,这使得仅根据监测难以迅速确定需要限制食物,牛奶、食物和用水的区域。因此,在宣布紧急状态后,必须在预先设定的紧急状态规划范围内进行决策,即在 IAEA 相关规范概述的摄入和商品规划距离(intake and commodity planning distance, ICPD)区域内自动限制非必需的本地产品(例如,多叶蔬菜)和野生产品(例如,蘑菇),这些本地农产品可能会因释放放射性物质而直接受到污染,若不自带限制可能会在数周内被消耗掉,从而给公众造成很大的伤害。对该区域放牧动物的奶、动物饲料、直接收集的雨水和其他饮用水来源(例如,水井、水库或河流),仅在抽样测量结果在 OIL₇ 以上时才需要限制。

由于缺乏可靠的信息,以及应急情况下应急响应措施的紧迫性,需要预先设置默认的 OIL 值,以便采取迅速有效的措施。一旦获得了监测结果,首先按对应的 OIL 采取相应的初始响应行动,并随后视情况再进行调整。

一旦根据默认的 OIL 完成了应急防护行动,减轻了对公众的最大风险,便有时间进行更深入的评估。随着普遍情况的变化,再对默认的 OIL 进行适当修订,以确保响应措施得到优化和合理化,并以简明易懂的形式向公众解释修订的原因。

第二节　常用监测及剂量评价

一、个人监测

(一) 外照射类型

个人监测类型主要包括常规监测、任务相关监测和特殊监测。

1. 常规监测　常规监测是为确定职业工作条件是否满足国家有关法规和标准的要求而进行的经常性检测。按国家标准 GBZ 18871 和 GBZ 128 的要求,应对以下情况的任何放射单位的职业工作人员进行常规监测:

(1) 对于任何在控制区工作,或有时进入控制区的工作人员。

(2) 对于在监督区工作或偶尔进入控制区工作应尽可能进行外照射个人监测。

常规外照射个人监测周期一般为 1 个月,也可视具体情况延长或缩短,但最长不得超过 3 个月。

2. 任务相关监测和特殊监测　任务相关监测是为特定操作提供有关操作和管理方面即时决策支持数据的一类监测。

特殊监测是为阐明某一特殊问题而在一个有限期间所进行的一类监测。特殊监测本质上是一种调查,常适用于有关工作场所安全是否得以有效控制的资料缺乏的场合。这类监测旨在提供为阐明任何问题以及界定未来程序的详细资料。

(二) 内照射类型

1. 常规监测 常规监测的频率与以下因数有关:放射性核素的滞留及排出、剂量限值、测量技术的灵敏度、辐射类型,以及估算摄入量和待积当量剂量估算的不确定度。

确定每年监测次数时,假定摄入发生在每个监测周期中间,要求由此假定所造成的摄入量低估不应大于 3 倍。监测周期的选择,通常不应漏掉大于 5% 年剂量限值相应的摄入量。对应接受内照射个人监测的人员,至少用一种适合的监测方法,根据具体情况确定监测频率。对能产生 ^{131}I 蒸气的工作场所,至少每两个月用体外测量方法监测甲状腺 1 次;其他有职业内照射的情况可以 3~6 个月监测 1 次。

2. 特殊监测和任务相关监测 特殊监测和任务相关监测与实际发生或怀疑发生的特殊事件有关,应有明确的摄入时间和污染物物理化学状态的资料。在已知或怀疑有摄入时、发生事故或异常事件后,应进行特殊监测。当常规排泄物监测结果超过导出调查水平,以及临时采集的鼻涕、鼻拭等样品和其他监测结果发现异常时也应进行特殊监测。

进行伤口特殊监测时,应确定伤口部位放射性物质的数量。若已做切除手术,则应测量切除组织和留在伤口部位的放射性物质。然后根据需要再作直接测量、尿和粪排泄监测。

当放射性核素摄入量产生的待积有效剂量接近或超过年剂量限值时,一般需要受照个体和污染物的有关数据,包括放射性核素的理化状态、粒子大小、核素在受照个体内的滞留特性、鼻涕及皮肤污染水平、空气活度浓度和表面污染水平等。然后综合分析利用这些数据,给出合理的摄入量估计。

(三) 外照射个人监测要求

按 GBZ 128 的要求,应根据个人监测的实际情况,分别选择 $H_p(10)$、$H_p(3)$ 和 $H_p(0.07)$ 个人剂量计进行个人监测。对于 $H_p(3)$ 的监测需要注意以下几点:若无符合 $H_p(3)$ 定义的商品剂量计,或无校准 $H_p(3)$ 剂量计的条件,可用 ICRP 推荐的方法用 $H_p(10)$ 或 $H_p(0.07)$ 剂量计的监测结果。应注意的是仅在光子能量≥40keV,前向入射或人员在辐射场中走动时才可以用 $H_p(10)$ 剂量计代替 $H_p(3)$ 剂量计进行监测,在 β 剂量贡献为主的辐射场,$H_p(0.07)$)剂量计也不能代替 $H_p(3)$ 剂量计进行监测。

需进行局部皮肤剂量估算时,可参考 GBZ/T 244 推荐的方法进行估算。需进行眼晶状体剂量估算时,可参考 GBZ/T 301 推荐的方法进行估算。

在进行事故剂量检测时,当接受的剂量可能引起确定性放射性损伤时,对放射性损伤的诊断不应使用个人剂量当量 $H_p(10)$,而应该使用个人深度吸收剂量 $D_p(10)$。

（四）内照射个人监测要求

按 GBZ 129 的要求，对于在辐射控制区内工作并可能有放射性核素摄入的职业人员，应进行常规个人监测；如有可能，对所有受到职业照射的人员均应进行个人监测，如果放射性核素年摄入量产生的待积有效剂量不可能超过 1mSv 时，可适当减少内照射个人监测频度，但应进行工作场所监测。

内照射个人监测一般是用体外测量、生物样品测量和个人空气检测的值作为内照射个人监测的量，这个量通常是活度或活度浓度。

内照射个人监测的评价量是待积有效剂量和待积器官当量剂量，当待积有效剂量值不太可能超过剂量限值时，用待积有效剂量进行辐射防护评价。当接受的待积剂量可能引起确定性放射性损伤时，应用待积器官或组织的当量剂量，来对确定性效应进行评价。

（五）外照射个人检测系统基本性能要求

1. 外照射个人检测系统基本性能应符合 GBZ 128 附录 A 的相关要求。

2. 常规个人监测中仅用 $H_p(10)$ 剂量计进行监测的情况：

（1）中子及以中子剂量贡献为主中子 γ 混合辐射场；

（2）光子辐射能量 ≥15keV 的光子辐射场；

（3）对于强贯穿辐射和弱贯穿辐射的混合辐射场，弱贯穿辐射的剂量贡献 ≤10% 时。

3. 需要进行局部（眼晶状体或皮肤）个人监测的情况：

（1）弱贯穿辐射的剂量贡献 >10% 时，宜使用能识别两者的鉴别式个人剂量计，或用躯体剂量计和局部剂量计分别测量 $H_p(10)$ 和 $H_p(0.07)$。

（2）从事可能引起非均匀照射的操作时，例如：医学领域的介入操作，近台 X 射线透视操作，核医学放射药物制备、分装和施用等工作人员；在核设施中，在未密封的放射性材料附近，预计将出现低能 β，例如，在电厂部件受污染的内表面，系统部件或工具以及在受污染的区域中。在相应地区可能通过 β 射线产生很高的定向剂量当量率。这些工作人员身体可能受到较大剂量的部位宜佩戴局部剂量计。

（3）引起非均匀照射主要原因在两个方面：

1）由于使用防护围裙等防护装备进行防护，会引起身体各部位受照很不均匀，四肢和眼睛晶状体的剂量可能比躯干的高很多。

2）职业人员工作位置的辐射场本身就很不均匀，例如，通常使用的球管在下的介入操作场所的辐射场就不均匀（图 4-3）；对球管在上，特别是有一定角度的介入操作场所的辐射场就更不均匀（图 4-4）。

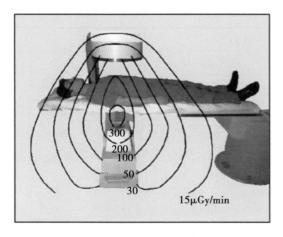

图 4-3　床下 X 射线管的空气比释动能率分布

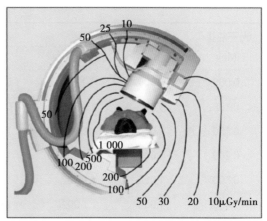

图 4-4　有角度球管的空气比释动能率分布

4. 监测 $H_p(10)$ 时,对于检测周期为 3 个月的常规监测,其探测下限应不高于 0.1mSv;对于特殊监测,量程上限应达 10Gy;对于常见的 X 或 γ 射线,测量的能量范围通常应在 12~10MeV。

5. 监测 $H_p(0.07)$ 时,X、γ 能量范围应在 8~10MeV;β 的能量范围平均能量 0.06~1.2MeV,相应的最大能量 E_{max} 为:0.225~3.54MeV。

6. 校准时均采用垂直入射,若使用时不是垂直入射,则应进行方向修正,特别是 $H_p(0.07)$ 这个问题更应注意。这时需要用以下公式进行修正:

$$H_p(0.07,\alpha)=R(\alpha)H_p(0.07,0°) \hspace{2cm} 公式(4\text{-}1)$$

上式中 $H_p(0.07,\alpha)$ 是经过角度修正后的个人剂量当量值,$R(\alpha)$ 是角度修正因子,其值可从表 4-2 中获取;$H_p(0.07,0°)$ 是个人剂量监测系统测得的值。

表 4-2　$H_p(0.07,\alpha)$ 的角度响应修正

光子能量/ MeV	$R(\alpha)$					
	0°	15°	30°	45°	60°	75°
0.005	1.000	0.991	0.956	0.895	0.769	0.457
0.010	1.000	0.996	0.994	0.987	0.964	0.904
0.015	1.000	1.000	1.001	0.994	0.992	0.954
0.020	1.000	0.996	0.996	0.987	0.982	0.948
0.030	1.000	0.990	0.989	0.972	0.946	0.897
0.040	1.000	0.994	0.990	0.965	0.923	0.857
0.050	1.000	0.994	0.979	0.954	0.907	0.828
0.060	1.000	0.995	0.984	0.961	0.913	0.837

光子能量/ MeV	$R(\alpha)$					
	0°	15°	30°	45°	60°	75°
0.080	1.000	0.994	0.991	0.966	0.927	0.855
0.100	1.000	0.993	0.990	0.973	0.946	0.887
0.150	1.000	1.001	1.005	0.995	0.977	0.950
0.200	1.000	1.001	1.001	1.003	0.997	0.981
0.300	1.000	1.002	1.007	1.010	1.019	1.013
0.400	1.000	1.002	1.009	1.016	1.032	1.035
0.500	1.000	1.002	1.008	1.020	1.040	1.054
0.600	1.000	1.003	1.009	1.019	1.043	1.057
0.800	1.000	1.001	1.008	1.019	1.043	1.062

注:本表数据来自 ICRP 74。

(六) 内照射个人监测方法

ICRP 建议的内照射个人剂量估算方法的工作程序框图如图4-4所示。从图中可以看出,在内照射个人监测(实线)中要进行内照射剂量估算,必须先估算放射性核素的摄入量。

每一种测量方法应能对放射性核素定性和定量,其测量结果可用摄入量或待积有效剂量进行解释。

图 4-5 中的 $m(t)$ 是摄入 1Bq 某核素 t 天时体内或器官内核素的含量,单位 Bq;$e(\tau)$ 是单位摄入量的待积有效剂量,单位 Sv/Bq;$DAC\text{-}h$ 是导出空气放射性浓度时间乘积,单位 Bq·cm^{-3}·h;$h_T(\tau)$ 是单位摄入量的待积器官当量剂量,单位 Sv/Bq;$Z_j(t)$ 是摄入后 t 时刻的单位内照射个人监测值的待积有效剂量,单位 Sv/Bq。这些量已在第一章中进行了描述,这里

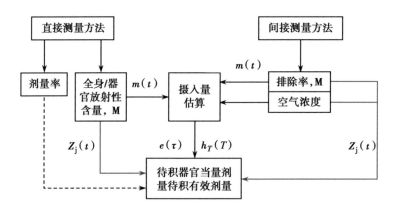

图 4-5 ICRP 内照射个人监测及估算方法的工作程序框图

不再重复描述。

GBZ 129 明确指出，为估算放射性核素摄入量应采用以下的个人监测方法：

（1）全身或器官中放射性核素含量的直接测量。

（2）排泄物或其他生物样品中放射性核素分析。

（3）空气采样分析。

从数据的可靠性考虑，一般来说三种监测方法的选择顺序是：全身或器官中放射性核素含量的直接测量、排泄物及其他生物样品放射性核素分析和个人空气采样分析。

表 4-3 中列出了 GBZ 129 表 A.1 及 ICRP 系列新标准对监测技术最低探测限的要求。

表 4-3　内照射个人监测技术方法的基本要求

放射性核素	实用监测方法		最低探测限（L_D）要求		
	设备	监测类型	GBZ 129	ICRP 新（基本）	ICRP 新（可达）
^{3}H	液闪	尿样	100Bq/L	100Bq/L	10Bq/L
^{59}Fe	γ 谱	全身测量	50Bq	50Bq	20Bq
		尿样	1Bq/L	1Bq/L	0.1Bq/L
^{57}Co	γ 谱	全身测量	100Bq	30Bq	30Bq
		肺测量	200Bq	5Bq	4Bq
		尿样	1Bq/L	1Bq/L	0.2Bq/L
		粪样	每份样品 1Bq/L	—	—
^{57}Co	γ 谱	全身测量	100Bq	40Bq	10Bq
		肺测量	100Bq	8Bq	8Bq
		尿样	1Bq/L	0.4Bq/L	0.1Bq/L
		粪样	每份样品 1Bq/L	—	—
^{85}Sr	γ 谱	全身测量	100Bq	50Bq	20Bq
		尿样	1Bq/L	5Bq/L	1Bq/L
^{89}Sr 及 ^{90}Sr	β 计数器	尿样	1Bq/L	1Bq/L	0.05Bq/L
^{106}Ru	γ 谱	全身测量	200Bq	200Bq	130Bq
		尿样	5Bq/L	5Bq/L	3Bq/L
^{125}I、^{125}I 及 ^{131}I	γ 谱	甲状腺测量	100Bq	25Bq	1Bq
		尿样	5Bq/L	2Bq/L	0.1Bq/L
^{134}Cs	γ 谱	全身测量	50Bq	40Bq	11Bq
		尿样	5Bq/L	1Bq/L	0.04Bq/L
^{137}Cs	γ 谱（^{137}Ba）	全身测量	50Bq	60Bq	16Bq
		尿样	5Bq/L	5Bq/L	0.1Bq/L

放射性核素	实用监测方法		最低探测限(L_D)要求		
	设备	监测类型	GBZ 129	ICRP 新（基本）	ICRP 新（可达）
^{226}Ra	γ谱	全身测量	200Bq	—	—
		尿样	10mBq/L	—	—
^{228}Ra	γ谱	全身测量	200Bq	—	—
		尿样	1Bq/L	—	—
^{228}Th 及 ^{232}Th	γ谱	尿样	10mBq/L	—	—
		粪样	10mBq/24h	—	—
^{234}U、^{235}U 及 ^{238}U	γ谱	尿样	10mBq/L	—	—
		粪样	10mBq/24h	—	—
		肺测量	200Bq	50Bq	30Bq
^{237}Np	γ谱	肺测量	500Bq	25Bq	13Bq
	α谱	尿样	1mBq/L	0.6mBq/L	0.1mBq/L
		粪样	4mBq	1mBq/24h	1mBq/24h
^{238}Pu	γ谱	肺测量	1 000Bq	1 000Bq	300Bq
	α谱	尿样	1mBq/L	0.3mBq/L	0.05mBq/L
		粪样	1mBq	2mBq/24h	0.2mBq/24h
^{238}Pu 及 ^{240}Pu	γ谱	肺测量	2 000Bq	4 000Bq	600Bq
	α谱	尿样	1mBq/L	0.3mBq/L	0.05mBq/L
		粪样	1mBq	2mBq/24h	0.2mBq/24h
^{241}Am	γ谱	肺测量	20Bq	8Bq	2Bq
		骨测量	20Bq	10Bq	—
	α谱	尿样	1mBq/L	0.3mBq/L	0.05mBq/L
		粪样	1mBq	2mBq/24h	0.5mBq/24h
^{242}Cm 及 ^{244}Cm	γ谱	肺测量	2 000Bq	—	—
	α谱	尿样	1mBq/L	0.3mBq/L	0.05mBq/L
		粪样	1mBq	2mBq/24h	0.5mBq/24h
^{252}Cf	γ谱	肺测量	2 000Bq	—	—
	α谱	尿样	1mBq/L	0.2mBq/L	0.05mBq/L
		粪样	1mBq	0.2mBq/24h	—

注：ICRP 141—2019 推荐灵敏度更高的二种电感耦合等离子体质谱（ICP-MS 和 ICP-FSMS）用于超铀元素尿样测量；表中带 * 的是 GBZ 129 及 ICRP78 号出版物中明显错误，作者根据可能值修改的数据。

1. 全身或器官中放射性核素含量的直接测量 全身或器官中放射性物质含量的体外直接测量技术,可用于发射特征 X 射线、γ 射线、正电子和高能 β 粒子的放射性核素,也可用于一些发射特征 X 射线的 α 发射体。在进行体外直接测量前应进行人体表面去污,直至体表无放射性污染再开展体外直接测量。

用于全身或器官放射性核素含量的体外直接测量设备由一个或多个安装在低本底环境下的高效率探测器组成。探测器的几何位置应满足测量目的。对于发射 γ 射线的裂变产物和活化产物,如 ^{131}I、^{137}Cs 和 ^{60}Co,可用能在工作场所使用的较简单的探测器进行监测。对少数放射性核素,如钚的同位素,则需要高灵敏度探测技术。

如果放射性核素污染的伤口中有发射高能量 γ 射线的放射性物质,通常可用 β-γ 探测器。当污染物为某些能发射特征 X 射线的 α 辐射体时,可用 X 射线探测器。当伤口受到多种放射性核素污染时,应采用具有能量甄别本领的探测器。伤口探测器应配有良好的准直器,以便对放射性污染物进行定位。

2. 排泄物及其他生物样品中放射性核素分析

(1) 对于不发射 γ 射线或只发射低能 γ 射线的放射性核素,应采用排泄物监测技术。对于发射高能 β 射线、γ 射线的辐射体,也可采用排泄物监测技术。一般采用尿样分析进行排泄物监测,对主要通过粪排泄或需要评价吸入 S 类物质从肺部的廓清时要求分析粪样。

(2) 在一些特殊调查中也可分析其他生物样品,例如可分析鼻腔分泌物或鼻拭样;怀疑有高水平污染时,可分析血样;在有 ^{14}C、^{226}Ra 和 ^{228}Th 的内污染情况下,可采用呼出气活度监测技术;在极毒放射性核素(如超铀元素)污染伤口的情况下,应对已切除的组织样品进行制样和/或原样测量。

(3) 尿样收集、储存、处理和分析:

1) 尿样的收集、储存、处理及分析应避免外来污染、交叉污染和待测核素的损失。

2) 对于大多数常规分析,应收集 24 小时尿。在常规监测情况下,如收集不到 24 小时尿,应把尿量用肌酐量或其他量修正到 24 小时尿;氚是一个例外,一般只取少量尿即能由所测尿氚浓度推算体液浓度及摄入量。

3) 要求分析的样本体积应根据分析技术的灵敏度确定。对于某些放射性核素,需要分析累积几天的尿样才能达到所要求的灵敏度。

4) 应规范样品处理和分析方法。

5) 在某些情况下(如特殊监测),为减少核素经尿排出的日排量涨落对监测结果的影响,应分别分析连续三天的尿样,或分析连续三天的混合样,其平均值作为中间一天的日排量。

（4）粪样监测常用于特殊调查，尤其是已知吸入或怀疑吸入 M 或 S 类物质后的调查，由于核素日粪排量涨落较大，因此应连续收集几天的粪样。

3. 空气采样分析　个人空气采样器（personal air sampler，PAS）的采样头应处于呼吸带内，采样速率最好能代表职业人员的典型吸气速率（约 $0.83m^3/h$）。可在取样周期终了时用非破坏性技术测量滤膜上放射性，以便及时发现不正常的高水平照射。然后将滤膜保留并合并较长时间积累的滤膜，用放射化学分离提取方法和高灵敏度的测量技术进行测量。

在用 PAS 进行空气采样时，应收集足够多的放射性物质，收集量的多少主要取决于要求 PAS 能监测到的最低待积有效剂量的大小。对于常规监测，一般要求能监测到年摄入量限值的 1/10；采样器应抽取足够体积的空气，以便对职业人员呼吸带空气活度浓度给出能满足统计学要求的数值；采样器的粒子采集特性应是已知的。

要用 PAS 监测数据进行内照射剂量估算时，应测定吸入粒子大小的分布，在没有关于粒子大小资料的情况下，可假定活度中值空气动力学直径（activity median aerodynamic diameter，AMAD）为 5μm。

对于在空气中易于扩散的化合物，如，放射性气体和蒸气（如，$^{14}CO_2$ 和氚水），可用 SAS 数据对这些化合物的吸入量给出较合理的估计，注意，这时 SAS 设备应安装在离地 1.5m 处；但对于其他物质，如再悬浮颗粒，一般不要用 SAS 测量结果进行个人剂量估算。在缺乏个人监测资料时，可利用 PAS 和 SAS 测量结果的比值来解释 SAS 的测量结果。当利用 SAS 的测量结果估算个人剂量时，应仔细评价照射条件及工作实践。根据空气样品的测量结果估算摄入量会有很大不确定度。

4. 监测方法的选择原则　对于常规监测，如果灵敏度可以满足，一般只用一种测量技术。例如，对于氚，只需要尿氚分析。对一些核素，如钚的同位素，由于测量和数据解释都有一定困难，应结合使用不同的测量方法。特殊监测常采用两种或两种以上监测方法。

从数据解释的准确度考虑，监测方法的选择顺序是：体外直接测量、排泄物分析、空气采样分析。

二、场所监测

1. X、γ 外照射场所监测　在 X、γ 外照射的场所监测情况下，有不同的仪器校准量：过去是照射量，现在是空气比释动能 k_a，值得注意的是照射量已是一个被空气比释动能 k_a 所取代的量。

辐射防护评价量是不可测量的量,它们是通过可测量(例如,实用量)的测量来估算的。场所监测的实用量是周围剂量当量$H^*(d)$和定向剂量当量$H'(d, \Omega)$。

按 ICRU 和 ICRP 的相关建议,外照射防护测量仪器可以校准为实用量的测量。例如,$H^*(10)$的校准按以下公式进行。

$$H^*(10) = C_{kH^*} k_a \qquad \qquad 公式(4\text{-}2)$$

式中:

$H^*(10)$是校准用周围剂量当量值,单位为 mSv;

C_{kH^*}是基准自由空气比释动能到周围剂量当量的转换系数,单位 mSv/mGy,其值可从 GBZ/T 261 中获取;

k_a是基准自由空气比释动能值,单位为 mGy。

用同样的方法也可以得到$H'(0.07, 0°)$的校准。

用基准校准的仪器必须明确地说明其校准值的能量使用范围,而且实用量与空气比释动能的空间位置及屏蔽情况等条件应相同,否则会带来极大的测量误差。例如,若仪表是在^{60}Co 辐射场校准的,此时$H^*(10)/k_a = 1.16\text{Sv/Gy}$;而乳腺摄影机房的防护监测(能量可能低到 15keV),此时的$H^*(10)/k_a = 0.271\text{Sv/Gy}$,其转换系数为^{60}Co 辐射场的 0.23 倍,若用^{60}Co 辐射场校准的仪器直接测量乳腺摄影机房的防护,带来的误差是无法接受的。但对能量大于 1MeV 的辐射场,用^{60}Co 辐射场校准的仪器测量,带来的误差不会大于 6%,在这种情况下,可以将^{60}Co 辐射场校准的仪器用做所有周围剂量当量测量;而且$H^*(10)/k_a$在 1.10~1.17 之间,此时直接用k_a刻度的仪器测量$H^*(10)$带来的误差也小于 20%,这在防护场所测量中也是可以接受的。

定向剂量当量$H'(0.07)$的测量结果一般适用于眼晶状体和皮肤当量剂量及有效剂量的估算。定向剂量当量$H'(0.07, \Omega)$通常用于对弱贯穿辐射的测量。测量$H'(d, \Omega)$要求辐射场在测量仪器范围内是均匀的,并要求仪器具有特定的方向响应。为说明方向角Ω,要求选定一个参考的坐标系统,在此系统中Ω可以表述出来(例如用极角或方位角)。

2. 用于个人剂量评价的中子外照射场所监测   中子的能谱很宽,这给中子的测量带来了很大的麻烦。一般将中子能谱分为两大类,即:校准谱和实用谱。传统上将同位素源作为参考谱,通常用的是^{252}Cf、^{241}Am-Be 和^{238}Pu-Be α-中子源来校准剂量计和仪器。实用谱主要指反应堆、医用加速器、硼中子俘获治疗(boron neutron capture therapy,BNCT)、高能加速器、工业应用源、源和核材料运输、航空机组等工作场所。

评价中子辐射防护的主要物理量是中子能谱,即,中子注量的微分分布,$\phi(E)$,其中E

是中子能量。在实际应用中,注量率,即注量对时间的导数,它随位置变化而变化,一般需要加以考虑。

中子测量仪器通常采用中子注量响应 $R_\Phi(E)$ 描述。在特定中子场中,仪器的读数 M 可以通过 $\phi(E)$ 和 $R_\Phi(E)$ 的乘积来计算。这里未考虑死时间、衰退或本底的影响。中子注量具有角分布特性。除 $H^*(10)$ 外,在计算个人当量剂量时应考虑注量的角分布特性。若采用实用量测量中子,则可利用表 4-15 中实用量到注量间的转换系数,计算上述 M 值。测量仪器的测量结果带有一定的不确定度,为使用方便,通常不考虑转换系数的不确定度。一般情况,也不考虑注量及注量响应的不确定度,不过有时也需要对由仪器测量得出的结果进行变异分析。正因如此,在 IAEA 给出的转换系数中只给出了三位有效数字,其中仅前两位有意义。

三、剂量评价方法

(一) 剂量评价的一般要求

1. 当放射工作人员的年受照剂量小于 5mSv 时,只需记录个人监测的剂量结果。

2. 当放射工作人员的年受照剂量达到并超过 5mSv 时,除应记录个人监测结果外,还应进一步进行调查。

3. 在计划照射情况下,18 岁以上放射工作人员的职业照射水平应不超过以下限值:

(1) 连续 5 年以上年平均有效剂量(但不可作任何追溯性平均)20mSv(5 年内 100mSv),并且任何单一年份内有效剂量 50mSv。

(2) 连续 5 年以上眼晶体接受的年平均当量剂量 20mSv(5 年内 100mSv),并且任何单一年份内当量剂量 50mSv(注:所列值是 IAEA 最新建议,GB 18871 的建议是 150mSv)。

(3) 一年中四肢(手和脚)或皮肤接受的当量剂量 500mSv。

额外限制适用于已通知妊娠或正在哺乳期的女性工作人员的职业照射。

4. 对于公众照射,剂量限值为:

(1) 一年中有效剂量 1mSv。

(2) 在特殊情况下,在单一年份中可适用一个更高的有效剂量值,条件是连续 5 年以上平均有效剂量每年不超过 1mSv。

(3) 一年中眼晶体接受的当量剂量 15mSv。

(4) 一年中皮肤接受的当量剂量 50mSv。

5. 应采用下列方法之一来确定是否符合有效剂量的限值要求:对职业人员存在内照射

污染和表面皮肤污染的情况,按下式计算所得的年总有效剂量 E 不大于 20mSv 时,即认为不超过剂量限值:

$$E_T = E_{外} + \sum_j e_{j,\text{inh}} I_{j,\text{inh}} + E_{皮肤污染} \qquad \text{公式}(4\text{-}3)$$

式中:

E_T 是总的有效剂量,单位 mSv;

$E_{外}$ 是该年内贯穿辐射照射所致的有效剂量,单位 mSv,监测和评价方法应符合 GBZ 128 的要求;

$e_{j,\text{inh}}$ 是外照射评价同一期间内职业工作人员吸入单位摄入量放射性核素 j 后的待积有效剂量,单位 mSv/Bq,其值可从 GBZ 129 中获取;

$I_{j,\text{inh}}$ 是外照射评价同一期间内职业工作人员吸入放射性核素 j 的摄入量,单位 Bq;

$E_{皮肤污染}$ 是外照射评价同一期间由于皮肤污染所致的有效剂量,单位为 mSv。前面已介绍了这个值的估算方法,若污染时间 ≥2 小时,$E_{皮肤污染}$ 有可能 ≥0.1mSv,这时应考虑皮肤污染对有效剂量的贡献;但若污染时间 <2 小时,其有效剂量贡献会更小,可不考虑皮肤污染对效剂量的贡献。

(二) 剂量评价的常用方法

1. 一般原则　当放射工作人员的年个人剂量当量小于 20mSv 时,一般只需用将个人剂量当量 $H_p(10)$ 视为有效剂量进行评价,否则,应估算人员的有效剂量;当人员的晶状体、皮肤和四肢的剂量有可能超过相应的年当量剂量限值时,不仅应给出年有效剂量,还应估算其年当量剂量;在核或辐射突发事件时不但需要估算器官吸收剂量,而且还需要按公式(1-17)推荐的方法估算相对生物效能权重器官吸收剂量。

对电子和 α 外照射的情况,α 外照射和能量低于 0.5MeV 的电子外照射一般不需要进行有效剂量估算;对器官剂量的估算将在后面讨论。

2. 剂量评价的基本方法

(1) 有效剂量的评价方法

1) 对较均匀的 X、γ 辐射场,可用以下公式计算有效剂量。

$$E = C_{kE} k_a \qquad \text{公式}(4\text{-}4)$$

式中:

C_{kE} 是空气比释动能到有效剂量的转换系数,单位为 Sv/Gy,对成人,其值列于表 4-4 中;

k_a 是工作场所空气比释动能,单位为 Gy,其值可以直接检测,也可以通过估算获得;直接检测时,通常是检测空气比释动能率后,再乘以相应的时间获得。

表 4-4　不同单能光子空气比释动能到有效剂量的转换系数　　　　单位:Sv/Gy

光子能量/MeV	光子前后入射	光子后前入射	光子各向同性入射
0.01	0.009 0	0.002 4	0.003 8
0.015	0.048 5	0.004 8	0.017 5
0.02	0.130	0.015 1	0.047 0
0.03	0.423	0.127	0.171
0.04	0.801	0.369	0.361
0.05	1.13	0.633	0.548
0.07	1.42	0.935	0.751
0.1	1.39	0.970	0.769
0.5	1.04	0.833	0.684
0.511	1.03	0.833	0.685
0.662	1.02	0.839	0.697
1.0	1.00	0.855	0.725
1.117	0.999	0.861	0.734
1.33	0.996	0.870	0.748
2.0	0.990	0.894	0.781
4.0	0.960	0.923	0.824
5.0	0.943	0.927	0.831
6.129	0.921	0.926	0.832
8.0	0.886	0.922	0.825
10.0	0.848	0.913	0.814
15.0	0.756	0.880	0.778
20.0	0.679	0.843	0.744

注:本表数据来自 ICRP 116。

2) 对非均匀的 X、γ 辐射场,可用以下公式计算有效剂量。

这时,采用 ICRP 139 推荐的下述方法。

① 单剂量计情况,其有效剂量用如下公式计算:

$$E = 0.1 \times H_0 \qquad\qquad 公式 (4-5)$$

式中:

E 是有效剂量,单位为 mSv;

H_0 是铅围裙外锁骨对应的衣领位置测得的 $H_p(10)$,单位为 mSv。

② 双剂量计情况,其有效剂量用如下公式计算:

$$E = \alpha H_\mathrm{u} + \beta H_\mathrm{o}$$ 公式(4-6)

式中:

E 是有效剂量,单位为 mSv;

α 是系数,有甲状腺屏蔽时,取 0.79,无屏蔽时,取 0.84;

H_u 是铅围裙内佩戴的个人剂量计测得的 $H_\mathrm{p}(10)$,单位为 mSv;

β 是系数,有甲状腺屏蔽时,取 0.051,无屏蔽时,取 0.100;

H_o 是铅围裙外锁骨对应的衣领位置测得的 $H_\mathrm{p}(10)$,单位为 mSv。

3) 对中子和带电粒子辐射场,可用以下公式计算年有效剂量。

$$E = C_{\Phi E}\Phi$$ 公式(4-7)

式中:

$C_{\Phi E}$ 是辐射场注量到有效剂量的转换系数,单位为 pSv/cm^2,对成人,中子的值列于表 4-5 中,电子的值列在表 4-6 中,质子的值列在表 4-7 中;Φ 是辐射场注量,单位为 cm^{-2},其值可以直接检测,也可以通过估算获得;在直接检测时,一般是检测注量率后,载乘以相应的时间获得。

表 4-5　不同单能中子注量到有效剂量的转换系数

单位:pSv cm^2

能量/MeV	中子前后入射	中子后前入射	中子各向同性入射
1.0×10^{-9}	3.09	1.85	1.29
1.0×10^{-8}	3.55	2.11	1.56
1.0×10^{-7}	5.20	3.25	2.26
1.0×10^{-6}	7.03	4.73	3.15
1.0×10^{-5}	7.82	5.44	3.52
1.0×10^{-4}	7.79	5.57	3.54
0.001	7.54	5.60	3.46
0.01	9.11	6.81	4.19
0.02	12.2	8.93	5.61
0.05	23.0	15.7	10.4
0.07	30.6	20.0	13.7
0.1	41.9	25.9	18.6
0.15	60.6	34.9	26.6
0.2	78.8	43.1	34.4
0.5	177	85.9	77.1

能量/MeV	中子前后入射	中子后前入射	中子各向同性入射
0.7	232	112	102
1.0	301	148	137
1.5	365	195	174
2.0	407	235	203
6.0	498	371	303
8.0	499	392	321
10.0	500	404	332
14.0	495	417	344
16.0	490	420	347
18.0	484	422	350
20.0	477	423	352
30.0	453	422	358
50.0	433	428	371
100	402	444	397
150	373	446	412
200	359	448	426
400	389	496	488
600	457	569	553
800	508	623	604
1 000	537	654	642

注:本表数据来自 ICRP 116。

表 4-6　不同单能电子注量到有效剂量的转换系数

单位:pSv cm^2

能量/MeV	电子前后入射	电子后前入射	电子各向同性入射
0.2	0.569	0.530	0.393
0.5	1.63	1.28	1.08
0.6	2.05	1.50	1.35
0.8	4.04	1.68	1.97
1.0	7.10	1.68	2.76
2.0	22.4	1.62	7.24
4.0	48.2	2.62	16.4
6.0	70.6	5.04	25.5
10.0	125	18.3	46.7

能量/MeV	电子前后入射	电子后前入射	电子各向同性入射
20.0	236	104	106
30.0	302	220	164
40.0	329	297	212
60.0	341	344	275
80.0	346	358	309
100	349	366	331
200	359	388	383
400	369	408	430
600	375	419	457
800	379	428	478
1 000	382	434	495
2 000	391	455	549
4 000	401	477	608
10 000	414	507	699

注:本表数据来自 ICRP 116。

表 4-7　不同单能质子注量到有效剂量的转换系数

单位:pSv cm^2

光子能量/MeV	光子前后入射	光子后前入射	光子各向同性入射
0.5	4.90	2.90	2.45
0.6	5.36	3.12	2.72
0.8	7.41	3.32	3.38
1.0	10.5	3.37	4.20
2.0	25.7	3.59	8.70
4.0	51.0	5.11	18.0
5.0	61.7	6.31	22.4
6.0	72.9	8.03	26.9
8.0	99.0	14.0	36.7
10.0	126	23.6	47.6
15.0	184	59.0	75.5
20.0	229	111	104
30.0	294	221	162
40.0	320	291	209
50.0	327	321	243

光子能量/MeV	光子前后入射	光子后前入射	光子各向同性入射
60.0	333	334	268
80.0	339	349	302
100	342	357	323
150	349	371	356
200	354	381	377
300	362	393	405
400	366	402	425
500	369	409	440
600	372	415	453
800	376	424	474
1 000	379	430	491
1 500	385	443	522
2 000	389	451	545
3 000	395	465	580
4 000	399	473	605
5 000	402	480	627
6 000	404	486	645
8 000	408	495	674
10 000	411	503	699

注：本表数据来自 ICRP 116。

4）剂量较大时的剂量评价：当有效剂量有可能 ≥ 15mSv 时，如果需要，也可用模体模拟测量的方法，估算出主要受照器官或组织的当量剂量 H_T 或用估算方法估算 H_T，再按下式估算有效剂量 E：

$$E=\sum_T w_T H_T \qquad 公式(4-8)$$

式中：

E 是有效剂量，单位为 mSv；

H_T 是主要受照器官或组织 T 的当量剂量，单位为 mSv；

W_T 是受照器官或组织 T 的组织权重因子。

（2）器官吸收剂量的估算方法：IAEA part7 中应准则中关键的剂量学量是器官或组织 T 的相对生物效能（RBE）权重吸收剂量 AD_T，它是不同类型辐射（R）所致的器官或组织 T 内的平均吸收剂量（D）与辐射相对生物效能（RBE）的乘积。此外，在器官当量剂量的估算中，也得首先估算器官吸收剂量,由此看出器官吸收剂量的估算对辐射防护评价、放射性疾病诊疗、核或辐射突发事件事件医学应急准备与响应都至关重要。

1) 基于空气比释动能的信息,可用以下公式计算器官吸收剂量。

$$D_T = C_{kD_T} k_a$$ 公式(4-9)

式中:

C_{kDT} 是空气比释动能到器官 T 吸收剂量的转换系数,单位为 Gy/Gy;

k_a 是工作场所空气比释动能,单位为 Gy,其值可以直接检测,也可以通过估算获得;直接检测时,通常是检测空气比释动能率后,再乘以相应的时间获得。

应急中常用的红骨髓、皮肤、眼晶状体和甲状腺常用器官器官吸收剂量的转换系数列在表 4-8、表 4-9、表 4-10 和表 4-11 中。若需要估算其他器官的吸收剂量,其转换系数可从 ICRP 74 中获取。

表 4-8　空气比释动能到红骨髓剂量的转换系数 C_{kB}

光子能量/ MeV	不同入射方式下的 C_{kB}/Gy			
	AP	PA	LAT	ISO
0.010	0.000 29	0.000 48	0.000	0.000 14
0.015	0.004 11	0.007 88	0.001 97	0.003 11
0.020	0.014 4	0.031 6	0.009 04	0.013 6
0.030	0.069 7	0.171	0.058 5	0.073 3
0.040	0.211	0.450	0.175	0.211
0.050	0.400	0.772	0.323	0.385
0.060	0.573	1.037	0.456	0.539
0.100	0.822	1.347	0.643	0.729
0.200	0.783	1.175	0.629	0.689
0.400	0.755	1.043	0.627	0.665
0.600	0.761	1.000	0.647	0.674
1.000	0.787	0.974	0.686	0.705
4.000	0.877	0.980	0.819	0.821
6.000	0.900	0.992	0.851	0.852
8.000	0.916	1.001	0.872	0.873
10.000	0.927	1.007	0.889	0.889

注:本表数据来自 ICRP 74。

表中 AP 是前后入射、PA 是后前入射、LAT 是侧向入射 ISO 是各向同性入射。

表 4-9　空气比释动能到皮肤吸收剂量的转换系数 C_{kS}

光子能量/ MeV	不同入射方式下的 CkS/Gy			
	AP	PA	LAT	ISO
0.010	0.235	0.237	0.142	0.172
0.015	0.377	0.377	0.252	0.303
0.020	0.488	0.487	0.343	0.407
0.030	0.654	0.648	0.472	0.544
0.040	0.808	0.796	0.578	0.658
0.050	0.944	0.929	0.669	0.758
0.060	1.040	1.025	0.738	0.828
0.070	1.098	1.083	0.790	0.879
0.080	1.109	1.096	0.796	0.886
0.100	1.097	1.083	0.805	0.885
0.200	1.022	1.020	0.789	0.850
0.400	0.979	0.973	0.724	0.832
0.600	0.970	0.966	0.805	0.837
1.000	0.972	0.970	0.833	0.857
4.000	0.991	0.995	0.910	0.914
6.000	0.989	0.999	0.917	0.919
8.000	0.986	0.994	0.920	0.919
10.000	0.982	0.992	0.921	0.918

注：本表数据来自 ICRP 74。

表 4-10　空气比释动能到眼晶状体吸收剂量的转换系数 C_{kL}

光子能量/ MeV	不同入射方式下的 C_{kL}/mGy			
	AP	PA	LAT	ISO
0.01	0.113	—	0.010 3	0.033 5
0.015	0.531	—	0.137	0.129
0.02	0.825	—	0.306	0.250
0.03	1.14	0.006 8	0.594	0.481
0.04	1.36	0.047 0	0.825	0.659
0.06	1.53	0.142	1.06	0.832
0.08	1.55	0.189	1.11	0.851
0.10	1.49	0.209	1.11	0.835

光子能量/	不同入射方式下的 C_{kL}/mGy			
MeV	AP	PA	LAT	ISO
0.15	1.39	0.236	1.07	0.805
0.2	1.32	0.263	1.06	0.799
0.6	1.17	0.411	1.03	0.865
1.0	1.13	0.497	1.03	0.876
1.25	1.06	0.533	1.02	0.857
4.0	0.545	0.749	0.933	0.794
6.0	0.369	0.768	0.830	0.731
8.0	0.270	0.775	0.755	0.691
10.0	0.209	0.777	0.703	0.653

注：本表数据来自 ICRP 74。

表 4-11　空气比释动能到甲状腺吸收剂量的转换系数 C_{kT}

光子能量/	不同入射方式下的 C_{kT}/mGy			
MeV	AP	PA	LAT	ISO
0.010	0.001 26	0.000	0.000	0.000 12
0.015	0.096 2	0.000	0.002 11	0.009 69
0.020	0.358	0.000	0.054 3	0.051 0
0.030	0.910	0.011 4	0.335	0.206
0.040	1.355	0.106	0.650	0.409
0.050	1.670	0.253	0.892	0.592
0.060	1.846	0.383	1.062	0.715
0.100	1.873	0.532	1.188	0.817
0.400	1.354	0.589	1.057	0.741
0.600	1.302	0.640	1.069	0.754
1.000	1.244	0.704	1.081	0.777
2.000	1.166	0.761	1.093	0.819
4.000	1.093	0.814	1.075	0.870
6.000	1.053	0.851	1.052	0.901
8.000	1.026	0.878	1.036	0.920
10.000	1.007	0.899	1.023	0.935

注：本表数据来自 ICRP 74。

2) 基于注量信息,可用以下公式计算器官吸收剂量。

$$D_{\rm T} = C_{\Phi D_{\rm T}} \Phi \qquad \text{公式(4-10)}$$

式中:

$C_{\Phi DT}$ 是注量到器官 T 吸收剂量的转换系数,单位为 $\rm pGy \cdot cm^2$;

Φ 是工作场所注量,单位为 $\rm cm^{-2}$,其值可以直接检测,也可以通过估算获得;直接检测时,通常是检测注量率后,再乘以相应的时间获得。

中子注量到睾丸、卵巢和红骨髓常用器官器官吸收剂量的转换系数可从 GBZ/T 261 附录 G 中获取;中子注量到皮肤吸收剂量的转换系数可从 GBZ/T 244 附录 C 中获取;中子注量到眼晶状体吸收剂量的转换系数可从 GBZ/T 301 附录 B 中获取;若需要估算其他器官的吸收剂量,可从 ICRP 116 中获取。

电子注量到睾丸、卵巢、乳腺和红骨髓常用器官器官吸收剂量的转换系数可从 GBZ/T 261 附录 I 中获取;电子注量到皮肤吸收剂量的转换系数可从 GBZ/T 244 附录 D 中获取;α 粒子注量到皮肤吸收剂量的转换系数可从 GBZ/T 244 附录 E 中获取;电子注量到眼晶状体吸收剂量的转换系数可从 GBZ/T 301 附录 C 中获取;若需要估算其他器官的吸收剂量,可从 ICRP 116 中获取。

(3) 组织或器官的当量剂量评价方法:组织或器官的当量剂量,$H_{\rm T}$ 可用第一章中公式 (1-15) 计算,具体计算方法已在第一章中描述,这里不再重复。

(4) 空气比释动能估算方法

1) 基于 X、γ 个人监测结果,用公式 (4-11) 估算空气比释动能 ($k_{\rm a}$)

$$k_{\rm a} = C_{\rm H_p k} H_{\rm p}(d) \qquad \text{公式(4-11)}$$

式中:

$k_{\rm a}$ 是累积空气比释动能,单位 Gy;

$H_{\rm p}(d)$ 是个人剂量当量,单位 Sv;

$C_{\rm Hpk}$ 是个人剂量当量转换到空气比释动能的转换系数,单位 mGy/mSv,$H_{\rm p}(10)$ 相应的转换系数见表 4-12,$H_{\rm p}(0.07)$ 相应的转换系数值见表 4-13。

表 4-12 不同单能光子 $H_{\rm p}(10,0°)$ 到 $k_{\rm a}$ 的转换系数

光子能量/MeV	$C_{\rm Hpk}$ (Gy/Sv)	光子能量(MeV)	$C_{\rm Hpk}$ (Gy/Sv)
0.015	3.790	0.500	0.796
0.020	1.634	0.600	0.816
0.030	0.899	0.800	0.840

光子能量/MeV	C_{Hpk} (Gy/Sv)	光子能量(MeV)	C_{Hpk} (Gy/Sv)
0.040	0.671	1.000	0.857
0.050	0.566	1.500	0.878
0.060	0.529	3.000	0.895
0.080	0.525	6.000	0.902
0.100	0.552	10.000	0.900

注:本表数据基于 ICRP 74 的数据。

表 4-13　不同单能光子 $H_p(0.07)$ 到 k_a 的转换系数

光子能量/MeV	C_{Hpk} (Gy/Sv)	光子能量(MeV)	C_{Hpk} (Gy/Sv)
0.005	1.316	0.300	0.763
0.010	1.053	0.662	0.833
0.020	0.952	1.250	0.862
0.030	0.820	2.000	0.877
0.050	0.654	3.000	0.885
0.100	0.645	5.000	0.901
0.150	0.704	10.000	0.909

注:本表数据基于 ICRP 74 的数据。

2) 基于 X、γ 场所周围剂量当量监测结果用公式(4-12)估算空气比释动能(k_a)。

$$k_a = C_{H*k} H^*(10) \qquad\qquad 公式(4\text{-}12)$$

式中:

k_a 是工作场所累积空气比释动能,单位为 Gy;

C_{H*k} 是周围剂量当量到空气比释动能的转换系数,单位为 Gy/Sv,对成人,其值列于表 4-14 中;

$H^*(10)$ 是工作场所相同时间内的周围剂量当量检测值,单位 Sv,它通常情况下是通过检测周围剂量当量率后,再乘以相应时间后获得。

表 4-14　不同单能光子周围剂量当量和定向剂量当量到空气比释动能的转换系数

光子能量/MeV	C_{H*k} (Gy/Sv)	$C_{H'k}$ (Gy/Sv)	光子能量/MeV	C_{H*k} (Gy/Sv)	$C_{H'k}$ (Gy/Sv)
0.015	3.846	1.010	0.040	0.680	0.709
0.020	1.639	0.952	0.050	0.599	0.654
0.030	0.909	0.820	0.060	0.575	0.629

光子能量/MeV	C_{H^*k}(Gy/Sv)	$C_{H'k}$(Gy/Sv)	光子能量/MeV	C_{H^*k}(Gy/Sv)	$C_{H'k}$(Gy/Sv)
0.080	0.581	0.621	1.000	0.855	0.855
0.100	0.606	0.645	1.500	0.870	0.870
0.500	0.813	0.813	6.000	0.901	0.901
0.600	0.826	0.826	8.000	0.901	0.901
0.800	0.840	0.840	10.000	0.909	0.909

注：本表数据来自 ICRP 74。

3）基于 X、γ 场所定向剂量当量监测结果用公式(4-13)估算空气比释动能(k_a)。

$$k_a = C_{H'k}H'(0.07,0°) \qquad 公式(4-13)$$

式中：

$C_{H'k}$ 是定向剂量当量到空气比释动能的转换系数，单位为 Gy/Sv，其值列于表 4-14 中；

$H'(0.07,0°)$ 是工作场所定向剂量当量监测值，单位 Sv，它通常是通过检测定向剂量当量率后，再乘以相应的时间获得的。

4）基于 X、γ 源活度估算空气比释动能(k_a)。

对非点源情况，宜采用 MC 算法，对可以视为点源时，可用以下公式估关注位置的空气比释动能率。

$$\dot{k} = \frac{A \cdot \varGamma_k}{1\,000 \times R^2} \qquad 公式(4-14)$$

式中：

A 是源的放射性活度，单位为吉贝可(GBq)；

R 是放射点源到考察点的距离，单位为米(m)；

$\varGamma_k$ 是空气比释动能率常数，单位为 mGy·m²/(GBq·h)，常用核素的 $\varGamma_k$ 值见 GBZ/T 261 附录 D；1 000 是将 Gy 转换为 mGy 的系数。

(5)估算获得中子或带电粒子注量值的方法

1）基于中子个人监测结果用公式(4-15)估算其中子或带电粒子注量($\varPhi$)。

$$\varPhi = C_{H_p\varPhi}H_p(10) \qquad 公式(4-15)$$

式中：

$\varPhi$ 是累积中子或带电粒子注量，单位为 cm^{-2}；

$H_p(10)$ 是个人剂量当量，单位为 Sv；

$C_{\text{Hp}\Phi}$ 是个人剂量当量转换到注量的转换系数,单位为 $\text{pSv}^{-1}\text{cm}^{-2}$,转换系数值见表4-15。

表 4-15　中子个人剂量当量和周围剂量当量转换到注量的转换系数

中子能量/ MeV	$C_{\text{H}^*\Phi}$ ($\text{pSv}^{-1}\text{cm}^{-2}$)	$C_{\text{Hp}\Phi}$ ($\text{pSv}^{-1}\text{cm}^{-2}$)	中子能量/ MeV	$C_{\text{H}^*\Phi}$ ($\text{pSv}^{-1}\text{cm}^{-2}$)	$C_{\text{Hp}\Phi}$ ($\text{pSv}^{-1}\text{cm}^{-2}$)
1.0×10^{-9}	0.152	0.122	1.0	0.002 404	0.002 37
1.0×10^{-8}	0.111	0.100	1.2	0.002 35	0.002 31
1.0×10^{-7}	0.077 6	0.079 4	2.0	0.002 38	0.002 26
1.0×10^{-6}	0.075 2	0.069 4	6.0	0.002 50	0.002 36
1.0×10^{-5}	0.088 5	0.075 8	8.0	0.002 44	0.002 25
1.0×10^{-4}	0.106	0.097 1	10.0	0.002 27	0.002 08
0.001	0.127	0.114	14.0	0.001 92	0.001 82
0.01	0.095 2	0.089 3	16.0	0.001 80	0.001 74
0.02	0.060 2	0.058 5	18.0	0.001 75	0.001 68
0.05	0.024 3	0.025 6	20.0	0.001 67	0.001 67
0.07	0.016 7	0.016 9	30.0	0.001 94	—
0.1	0.011 4	0.011 0	50.0	0.002 50	—
0.15	0.007 58	0.007 19	100.0	0.003 51	—
0.2	0.005 88	0.005 56	150.0	0.004 08	—
0.5	0.003 11	0.002 99	201.0	0.003 85	—
0.7	0.002 67	0.002 59			

注:本表数据来自 ICRP 74。

2) 基于场所中子周围剂量当量监测结果,用公式(4-16)估算其中子注量(Φ_n)。

$$\Phi_n = C_{\text{H}^*\Phi} H^*$$ 公式(4-16)

式中:

Φ_n 是累积中子或带电粒子注量,单位为 cm^{-2};

H^*(10) 是相同时间内累积周围剂量当量,单位为 Sv,它通常情况下是通过检测周围剂量当量率后,再乘以相应时间获得;

$C_{\text{H}^*\Phi}$ 是周围剂量当量转换到注量的转换系数,单位为 $\text{pSv}^{-1}\text{cm}^{-2}$,转换系数值见表4-15。

3) 基于场所电子定向剂量当量监测结果,用公式(4-17)估算其电子注量(Φ_e)。

$$\Phi_e = C_{\text{H}'\Phi} H'(d)$$ 公式(4-17)

式中:

Φ_e 是电子注量,单位为 cm^{-2};

$H'(d)$ 是相同时间内周围剂量当量,单位为 Sv,d 通常取为 0.07mm,若有特殊需要也可取为 3mm 和 10mm,一般是通过检测定向剂量当量率后,再乘以相应时间获得;

$C_{H'\Phi}$ 是定向剂量当量转换到注量的转换系数,单位为 $pSv^{-1}cm^{-2}$,d 的不同取值分别表示为 $C_{H'.07\Phi}$、$C_{H'3\Phi}$ 和 $C_{H'10\Phi}$,这些转换系数值见表 4-16。

表 4-16　电子定向剂量当量转换到注量的转换系数

电子能量/MeV	$C_{H'.07\Phi}$ (nSv cm^2)$^{-1}$	$C_{H'3\Phi}$ (nSv cm^2)$^{-1}$	$C_{H'10\Phi}$ (nSv cm^2)$^{-1}$
0.10	0.602	—	—
0.15	0.814	—	—
0.20	1.20	—	—
0.30	1.85	—	—
0.40	2.20	—	—
0.50	2.48	—	—
0.60	2.73	—	—
0.80	3.04	22.2	—
1.00	3.21	3.32	—
1.25	3.38	2.06	—
1.50	3.48	1.91	—
2.00	3.58	2.08	200
2.50	3.60	2.40	6.41
3.00	3.62	2.68	2.98
4.00	3.68	2.99	2.24
6.00	3.69	3.24	2.57
8.00	3.69	3.28	2.93
10.00	3.64	3.30	3.03

注:本表数据来自 ICRP 74。

4)基于源活度估算中子或带电粒子注量值估算方法如下。

① 有中子源发射量的信息时,可用下式计算出中子辐射场的注量:

$$\Phi_n = \frac{F_n \times t_n}{4\pi R^2}$$

公式(4-18)

式中:

Φ_n 是中子注量,单位为 cm^{-2};

F_n 是中子总发射量单位为 s^{-1}，其值参见 GBZ/T 301 附录 B 中表 B.3；

t_n 是接触射线，单位为 s；R 是估算器官离放射源的距离，单位为 cm。

② 有带电粒子衰变信息时，用以下公式估算注量：

$$\Phi_e = \frac{F_e \times t_n}{4\pi R^2} \qquad \text{公式(4-19)}$$

式中：

Φ_e 是带电粒子辐射场的注量，单位为 cm^{-2}；

A 是放射源的放射性活度，单位为 Bq；

F_e 是放射源衰变时每次衰变发射的带电粒子数，电子的值参见 GBZ/T301 附录 C 中表 C.2；

t 是人员在相应场所的停留时间，单位为 s；

R 是关注点到源的距离，单位为 cm。

3. 剂量评价方法举例

(1) 若某一介入操作的工作人员的操作时，眼晶状体受到意外照射，在眼睛部位监测的 $H_p(10,0°)$ 为 500mSv，假设 X 射线的平均能量为 40keV，并可视为前向入射到眼晶状体，估算这个工作人员受照部位的眼晶状体吸收剂量。

解：因 X 射线的平均能量为 40keV，而且视为 AP 入射方式的垂直入射。从表 4-12 可查得能 $H_p(10,0°)$ 到空气比释动的转换系数 C_{HPk}=0.671mGy/mSv，按公式(4-11)累积空气比释动 =0.671×500=335.5mGy；从表 4-10 可查得空气比释动能到眼晶状体吸收剂量的转换系数 C_{kL}=1.36mGy/mGy。

由式(4-9)计算受照眼晶状体吸收剂量 D_T=1.36×335.5≈456mGy。

(2) 若进行 Am-241/Be 中子源操作的一个男性工作人员受到事故照射，事故期间受照部位注量的监测结果为 $50×10^9 cm^{-2}$，中子的平均能量为 4.5MeV，估算这个工作人员受照部位的皮肤吸收剂量。

解：中子的平均能量为 4.5MeV，而且可近似地视为垂直入射，而且是 AP 入射方式。

用插值法从 GBZ/T 244 附录 C 表 C.1 可查得中子辐射场注量到男性皮肤吸收剂量的转换系数 = 37.05pGy·cm^2；用公式(4-10)计算受照皮肤吸收剂量 D_S。

$$D_S = 37.05 \times 10^{-12} \times 50 \times 10^9 \approx 1.85 \times 10^3 mGy$$

(3) 一个工作人员在进行 ^{89}Sr 核素治疗时受到意外照射，其 β 射线束近似地视为垂直入射到该工作人员面部，在受照眼睛位置监测的定向剂量当量率 $\dot{H}(0.07,0°) = 8.2 \times 10^4$ nSv/h，受照时间 1 小时,估算这个工作人员眼晶状体吸收剂量。

解:由 GBZ/T301 附录 C 表 C.2 可查出 ^{89}Sr β 射线的平均能量为 0.584 6MeV;参照表 4-16 用插值法可得出电子定向剂量当量到注量到的转换系数 $C_{H'.07\Phi} \approx 2.67\,(nSv\ cm^2)^{-1}$;由于是垂直入射情况,因此,$R(0.07, 0°) = 1$;这时受照眼晶状体处的注量计算如下:

$$\Phi = C_{H'.07\Phi} \times \dot{H}(0.07, 0°) \times t = 2.67 \times 8.2 \times 10^4 \times 1 = 2.19 \times 10^5 cm^{-2}$$

从 GBZ/T301 附录 C 表 C.1 中,用插值法可获得电子注量到眼晶状体吸收剂量转换系数的近似转换系为 0.036pGy.cm^2;再用公式(4-10)计算眼晶状体的吸收剂量 D_T:

$$D_T = \Phi \times C_{H'.07\Phi} = 0.036 \times 2.19 \times 10^5 = 7.9 \times 10^3 pGy = 7.9 \times 10^{-3} \mu Gy$$

(三)内照射剂量评价方法

1. 摄入量的估算 目前我国按 GBZ 129 提出的个人监测的资料还十分缺乏,这时可用固定空气采样器(static air sampler,SAS)量结果来粗略估算 $I_{j,inh}$,当利用 SAS 的测量结果估算个人剂量时,应仔细评价照射条件及工作状态。操作非密封放射性核素的单位(例如,临床和医学),即使没有三种主要个人监测方法的条件,至少也应有 SAS 的监测,安装 SAS 时必须安装在工作人员的呼吸带(离地 1.5m)位置。

(1)对应急情况的体外和生物样品检测情况:这时属于特殊或任务相关监测,只要知道核素摄入的时间 t。就可以通过个人监测的测量值(M)和 GBZ129 中特殊监测时的 $m(t)$ 值估算出摄入量 I;若仅有单次测量值 M 时,可用公式(4-20)计算摄入量 I:

$$I_j = M / m(t) \qquad\qquad 公式(4-20)$$

式中:

I_j 是放射性核素 j 的摄入量,Bq;

M 是摄入后 t 天时测得的体内或器官内核素的含量(Bq),或日排泄量(Bq/d);

当不知道摄入时间时,应先确定摄入时间再进行评估。当有多次测量结果时,可用最小乘法估算摄入量。

对于内照射常规个人监测,这时假定摄入发生在监测周期(T)的中间时刻($T/2$),这时用公式(4-21)计算摄入量 I:

$$I_j = M / m(T/2) \qquad\qquad 公式(4-21)$$

常用放射性核素 $m(T/2)$ 值也可以从 GBZ 129 中查到。当摄入发生在周期内任何一天的摄入量计算结果超过按 $T/2$ 计算结果的 10%,则应进行适当的修正。

(2)空气个人检测的情况:当空气样品个人监测的测量结果是监测周期内的累积放射性活度时,则可直接视为此时的摄入量。若监测结果是核素空气浓度 $c_{j空}$(Bq/m^3),核素 j 的摄

入量 I_j 可用公式(4-22)计算:

$$I_j = C_{j空} B_空 T \qquad\qquad 公式(4-22)$$

式中:

$C_{j空}$ 是 PAS 监测的 j 类放射性核素的活度浓度,单位为 Bq/m^3;

B 是人的呼吸率,单位为 m^3/h;没有实际值时,可取 $B = 0.83 m^3/h$;

T 是个人监测周期内在工作场所停留的总有效时间,单位为 h。

若用 PAS 进行个人监测的时期与实际摄入期间不同,则由 PAS 获得的单位体积的时间积分空气活度浓度与职业人员摄入期间吸入的空气体积相乘,可求得放射性核素的摄入量。

若确实无法取得常规个人监测方法的监测值,对存在空气污染的情况下,可以用 SAS 监测值进行剂量估算。对 SAS 监测结果,使用时 GBZ 129 规定"①对于在空气中易于扩散的化合物,如放射性气体和蒸气(如二氧化碳和氚水)。可用 SAS 数据对这些化合物的吸入量给出较合理的估计;但对于其他物质,如再悬浮颗粒,一般不要用 SAS 测量结果进行个人剂量估算。②在缺乏个人监测资料时,可利用 PAS 和 SAS 测量结果的比值来解释 SAS 的测量结果。当利用 SAS 的测量结果估算个人剂量时,应仔细评价照射条件及工作实践。"

2. 按 GBZ 129 的要求,内照射剂量用下式计算:

$$E(\tau) = I_{jp} e_{jp}(\tau) \qquad\qquad 公式(4-23)$$

式中:

$E(\tau)$ 是待积有效剂量,单位为 Sv;

I_{jp} 是 j 类核素通过 p 类途径摄入的摄入量,单位为 Bq;

$e_{jp}(\tau)$ 是 j 类核素通过 p 类途径的剂量系数(单位摄入量的待积有效剂量),单位为 Sv/Bq,其值可从 GBZ 129 中查到。

3. 按 ICRP 新的建议,采用单位含量函数的剂量(dose per content function)方法进行剂量估算。对职业人员,如果采用常规个人监测方法的一次测量结果为 M,可以不再估算摄入量,通过公式(4-24)估算待积有效剂量:

$$E(50) = \sum_j M_j \times Z_j(t) \qquad\qquad 公式(4-24)$$

式中:

M_j 是体内污染核素 j 的个人监测值,单位为 Bq;

$Z_j(t)$ 是摄入后 t 时刻的单位内照射个人监测值的待积有效剂量,单位为 Sv/Bq;其值可从 2015 年开始的 ICRP 放射性核素的职业摄入(OIR)5 个系列出版物中获取。(OIR)5 个系列出版物到目前仅发布了 4 个出版物,还有一个出版物还待发布。

ICRP 的 $Z_j(t)$ 是用以下公式(4-25)计算求得的:

$$Z_j(t) = e_j(50)/m_j(t) \qquad\qquad 公式(4-25)$$

式中:

$m_j(t)$ 是摄入后 t 时刻的单位内照射个人监测值的摄入量,单位 Bq/Bq。对常规监测 $t=T/2$;T 是常规监测的周期。

4. 对吸入途径,在没有个人监测数据的情况下,可用固定空气采样器测量的空气浓度,用公式(4-26)计算待积有效剂量 $E(\tau)$:

$$E(\tau) = \frac{0.02C_s}{DAC} \qquad\qquad 公式(4-26)$$

式中:

Cs 是固定空气采样器测量的空气浓度,单位为 Bq/m³;

DAC 是导出空气浓度,单位为 Bq/m³,其导出方法及参数值见 GBZ 129 附录 B;

0.02 是职业人员年有效剂量限值,单位为 Sv/a。

在仅有单一核素的情况,可直接用其待积有效剂量与 GB 18871 的年剂量限值进行比较,评价防护情况。在同时摄入多种放射性核素混合物的情况下,一般只有少数核素对待积有效剂量有显著贡献,这时原则上应先确认哪些核素是有重要放射生物学意义的核素,然后针对这些核素制订监测计划和进行评价。

5. 内照射个人剂量评价方法举例

(1) 确定内照射监测周期的例子:以工作环境存在 ¹³¹I 气体为例,确定其内照射个人监测周期的 6 个步骤:

1) 明确监测方法及其最低探测限:从标准附录 A 知道,此时有两种监测方法,即,甲状腺体外测量和尿样检测,他们的最低探测限要求分别是 100Bq(15min 测量)和 5Bq/L。

2) 从监测方法相应 $m(t)$ 值的特征确定方法是否适宜:从 GBZ 129 附录 C 的表 C.6.3 可以查出,吸入 ¹³¹I 气体时:

尿样检测第一天的 $m(t) = 5.3 \times 10^{-1}$;第二天的 $m(t) = 4.3 \times 10^{-2}$。

摄入后第一天和第二天估算的摄入量差异达一个数量级,因此尿样检测不适合 ¹³¹I 气体的个人监测。

对甲状腺体外测量,从附录 C 表 C.6.3 中 $m(t)$ 值分析表明,吸入 ¹³¹I 气体时,10 天之内 $m(t)$ 变化较小,因此此方法的监测周期没必要小于 10 天。

3) 估算年剂量控制值相应的摄入量:由 GBZ 129 表 E.1,^{131}I 气体的吸入剂量系数为 $e_{inh}(\tau) = 2 \times 10^{-8} Sv/Bq$;

与内照射年剂量控制值(2mSv)相应摄入量为:$I_{2mSv} = E_{控}/e_{inh}(\tau) = 2 \times 10^{-3}/(2 \times 10^{-8}) = 1 \times 10^5 Bq$;

4) 明确最低探测限相应的测量值 M_{MDA}:对甲状腺体外测量:$M_{MDA} = MDA = 100 Bq$

5) 估算与上述 M 相应的 $m(t)$,并以此确定周期上限值。

因为,$I = M/m(t) \rightarrow m(t) = M_{MDA}/I_{2mSv}$

对甲状腺体外测量:

$$m(t) = M_{MDA}/I_{2mSv} = 100/(1 \times 10^5) = 1 \times 10^{-3}$$

从 GBZ 129 表 C.6.3 中可以查出,甲状腺体外测量的最大时间间隔约为 70 天,超过这个时间就无法监测,此方法的周期上限值为 70 天。

6) 监测周期的最后确定:从上面的分析可以看出,甲状腺体外测量的周期应在 11~70 天之间。

假设监测周期定为 30 天,由 GBZ 129 表 D.3 可以看出,这时的 $m(T/2) = 6.6 \times 10^{-2}$,而 GBZ129 表 C.6.3 可得 $m(t=1) = 2.3 \times 10^{-1}$,这两个值得比值为 $2.3 \times 10^{-1}/6.6 \times 10^{-2} \approx 3.48 > 3$,这已不符合该标准 5.2.4 的规定,因此监测周期不宜大于 30 天。

(2) 生物样品检测的例子:一个工作人员在日常工作中暴露于 UF 和 UO_2F_2,它们属 F 类吸收,在完成一项特殊任务后的一天,他提供了 24 小时的尿样和粪样,分别测得 ^{238}U 的值为:360Bq/24h 和 140Bq/24h,尿样和粪样的体积和质量与 24 小时的排泄量一致。在第一次采样后,第二天,第四天(在假定摄入后的第三天和第五天)也进行了尿样和粪样的采样,并进行了生物样品监测。其测量结果列在表 4-17 中。

表 4-17　尿样和粪样抽样测量结果

摄入后天数	尿样(Bq/24h)	粪样(Bq/24h)
1	360	140
3	12	90
5	10	12

1) 用 GBZ 129 推荐的方法:要估算这次内污染的剂量的首要问题是确定摄入的路径。基于尿样和粪样测量的活度和 $m(t)$ 值(GBZ 129),用公式(4-20)估算摄入量,其估算值列在表 4-18 中。

表 4-18　摄入量估算及估算结果

摄入后的天数	样品	活度/(Bq·24h⁻¹)	$m(t)$/(Bq·d⁻¹)	摄入量估算值/Bq
1	尿样	360	1.8×10^{-1}	2 000
1	粪样	140	5.6×10^{-2}	2 500
3	尿样	12	5.1×10^{-3}	2 353
3	粪样	90	3.9×10^{-2}	2 308
5	尿样	10	4.2×10^{-3}	2 381
5	粪样	12	6.2×10^{-3}	1 935
平均	—	—	—	2 246（尿样）

在摄入后第 1 天,尿样的活度比粪样高,在食入途径不应有此情况;在摄入后的第 5 天,尿样的活度与粪样差别不大,在食入途径也不应有此情况。因此,可以认为,这个工作人员接受的是 ^{238}U 的 F 类吸入途径的内照射。

由于尿样的结果更为可靠,利用表中三次尿样测量结果估算的摄入量的均值 2 246Bq 作为摄入量的估算值。假定 $AMAD = 5\mu m$,从 GBZ 129 中可得到 ^{238}U 的 F 类吸入时:

$e(\tau) = 5.8 \times 10^{-7}$Sv/Bq,用公式(4-23)可以计算 ^{238}U 引起的有效剂量:

$$E(50) = 2\ 246 \times 5.8 \times 10^{-7} \approx 1.3\text{mSv}$$

天然铀的组成是:0.489 ^{234}U、0.022 ^{235}U 和 0.489 ^{238}U。从 GBZ 129 中可查出 ^{234}U 和 ^{235}U 的 F 类吸入时的 $e(\tau)$ 分别为 6.4×10^{-7} 和 6.0×10^{-7}Sv/Bq。

$$天然铀的\ E(50) = 2\ 246/0.489 \times 0.489 \times 6.4 \times 10^{-7} + 2\ 246/0.489 \times 0.022 \times 6.0 \times 10^{-7} + 1.3$$

$$\approx 1.4 + 0.1 + 1.3 \approx 2.8\text{mSv}$$

2) 用 ICRP 137 推荐的 $Z_j(t)$ 值进行待积有效剂量估算:在表 4-19 中列出了剂量估算中的相关参数及估算结果。其中:^{238}U 的测量值是表 4-17 中的直接测量结果;^{234}U 和 ^{235}U 的估算值是基于 ^{238}U 的测量值及天然铀的组成的估算值;从 ICRP 137 中表 15.9、表 15.10 和表 15.11 可查出 ^{234}U、^{235}U 和 ^{238}U 的 $Z_j(t)$ 值;$E(50)$ 用公式(4-24)计算得出。

这个人员由天然铀所致的 $E(50) = 1.08 + 0.046 + 0.97 \approx 2.10$mSv。

(3) 体外全身测量的例子:一个工作人员在核电厂负责存储罐的清洁保养,他往往不按规定操作,有一次在他离开控制区时,发现面部有污染,为验证他体内的 ^{60}Co 污染水平,用全身计算器对他进行了反复的测量。表 4-20 列出了全身计数器对 ^{60}Co 摄入后不同时间的测量结果。吸入 S 类 5μm 气溶胶的单位摄入后的全身沉积值 $m(t)$ 列在表 4-20 的第 3 列中,第 4 列是用公式(4-20)计算的摄入量。

表 4-19　尿样抽样测量结果及相应的 $Z_j(t)$ 值

摄入后天数	测量/估算值/ ($Bq \cdot 24h^{-1}$)			$Z_j(t)/(Sv\,Bq^{-1})$			$E(50)/mSv$		
	^{234}U	^{235}U	^{238}U	^{234}U	^{235}U	^{238}U	^{234}U	^{235}U	^{238}U
1	360	16.2	360	3.0×10^{-6}	2.7×10^{-6}	2.6×10^{-6}	1.08	0.044	0.94
3	12	0.54	12	8.1×10^{-5}	7.4×10^{-5}	7.2×10^{-5}	0.97	0.04	0.86
5	10	0.45	10	1.2×10^{-4}	1.1×10^{-4}	1.1×10^{-4}	1.20	0.50	1.10
平均	—	—	—	—	—	—	1.08	0.046	0.97

表 4-20　^{60}Co 的全身计算器测量结果

摄入后天数	测量值/Bq	$m(t)$	摄入量估算值/Bq
1	136 910	0.490	2.8×10^5
4	3 588	0.098	3.7×10^4
5	3 793	0.080	4.7×10^4
5	3 580	0.080	4.5×10^4
6	3 040	0.073	4.2×10^4
7	2 978	0.069	4.3×10^4
8	3 206	0.068	4.7×10^4
11	2 741	0.064	4.3×10^4
12	2 808	0.064	4.4×10^4
13	2 440	0.063	3.9×10^4
15	2 434	0.061	4.0×10^4
19	2 745	0.059	4.7×10^4
20	2 778	0.058	4.8×10^4
27	2 415	0.055	4.4×10^4
29	2 753	0.054	5.1×10^4
34	2 505	0.052	4.8×10^4
36	2 569	0.052	4.9×10^4
41	2 564	0.050	5.1×10^4
43	2 861	0.049	5.8×10^4
57	2 084	0.046	4.5×10^4
62	2 346	0.045	5.2×10^4
64	2 083	0.044	4.7×10^4
69	2 292	0.043	5.3×10^4

摄入后天数	测量值/Bq	$m(t)$	摄入量估算值/Bq
71	2 021	0.043	4.7×10^4
78	1 912	0.041	4.7×10^4
85	1 993	0.040	5.0×10^4
92	1 888	0.040	4.7×10^4
99	1 916	0.039	4.9×10^4
106	1 760	0.039	4.5×10^4
127	1 767	0.037	4.8×10^4
148	1 599	0.035	4.6×10^4
176	1 603	0.033	4.9×10^4
204	1 393	0.031	4.5×10^4
236	1 084	0.030	3.6×10^4
260	1 141	0.029	3.9×10^4
293	935	0.027	3.5×10^4

从表 4-20 的测量结果可以看出,吸入 S 类 $5\mu m$（AMAD）气溶胶后,除摄入一天后的测量结果外,其他按公式(4-20)估算的结果的一致性较好,其算术平均值为 46kBq,用公式(4-23)可以计算其待积有效剂量,$E(50)$:

$$E(50) = 46\ 000 \times 1.7 \times 10^{-8} \approx 0.78 \text{mSv}$$

在估算中,忽略摄入一天后的测量值是应当的;因为这表明摄入高时,排除也快这个事实。这个事实可以通过粪样的测量来证实。因此,公式(4-20)的计算模式对摄入后的第一天不太适用,这在具体监测中应特别注意。

（四）皮肤污染监测和剂量评价方法

IAEA 建议的皮肤污染监测的操作干预水平（OIL_4）及相应的防护行动。操作干预水平（OIL_4）是决定是否采取相应的防护行动(例如去污)的准则。监测皮肤仅在事故后头几天有效,几天后,大多数放射性物质将通过自然过程从皮肤上去除。请注意,皮肤污染对健康的风险很小,因此,对皮肤进行监测或去污不要延误或干扰更重要的响应动作(例如,隐蔽,撤离,人员或患者受伤的治疗)。OIL_4 监测又分为 $OIL_{4\gamma}$ 监测和 $OIL_{4\beta}$ 监测。

1. $OIL_{4\gamma}$ 监测及其应急措施

（1）监测的类型:在本底小于 $0.5\mu Sv/h$ 的区域中,进行距手和脸裸露皮肤 10cm 处的周围剂量当量率监测。

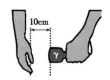

（2）默认值：$OIL_{4\gamma}$的值为扣除本底后 $1\mu Sv/h$。

（3）对可能被监测的所有事件的响应行动：在受照开始后的头几个小时内（实施监测之前）应采取以下措施：

皮肤上放射性物质的主要问题是由于不慎摄入该物质。因此，可以通过采取以下简单而无干扰的措施来保护一个人：①在饮水，饮食，吸烟或触摸面部之前洗手；②不让儿童在地面上玩耍；③避免导致粉尘被吞咽或吸入的活动。

尽快给出更换衣服和淋浴的指导（例如，请勿在寒冷的温度下更换衣服或淋浴）。

对治疗和/或运输受污染人的人员，如果他们采取通用的预防措施（例如手套、口罩等）来预防污染，可以认为是安全的。

（4）监测结果超过 $OIL_{4\gamma}$ 的应急行动

1）受照开始后的头几天应采取以下措施：

① 登记所有要监测的人并记录监测结果（如果可行）；

② 通过被认为适当和安全的方式提供额外的去污（除上述简单的去污措施之外）；

③ 使用 $OIL_{8\gamma}$ 监测甲状腺；

④ 提供医疗检查；

⑤ 指导服用碘甲状腺阻断剂（如果尚未服用且仅在反应堆泄漏的头几天内服用），以减少放射性碘的进一步摄入，在这方面需要遵循世界卫生组织的指导。

2）受照开始后的几周内应采取以下措施：估计所有受照途径中超过 $OIL_{4\gamma}$ 的剂量，以确定是否需要根据 IAEA GSR part 7 和 GSG-2 的相关要求进行医学随访。

（5）$OIL_{4\gamma}$ 未超过的应急行动：进行 $OIL_{8\gamma}$ 的甲状腺检查。

（6）健康危害：在与决策者和新闻官员进行沟通时，可以使用 IAEA EPR-NPP-2013 建议的如图 4-6 所示的健康危害评价方法，这个方法是基于离裸露污染皮肤（手或脸）10cm 处测量的剂量率。

2. $OIL_{4\beta}$ 监测及其应急措施

（1）监测的类型：在本底小于 $0.5\mu Sv/h$ 的区域中，进行距手和脸裸露皮肤 2cm 处的 β 计数率监测。

（2）默认值

$$OIL_{4\beta} = 1\ 000cps$$

此处提供的默认 $OIL_{4\beta}$ 可用于多种仪器。但是，如果已知仪器的特定属性（例如效率和检测器面积），则需要确认其适用性，或者需要在准备阶段计算特定条件下用于该仪器的默

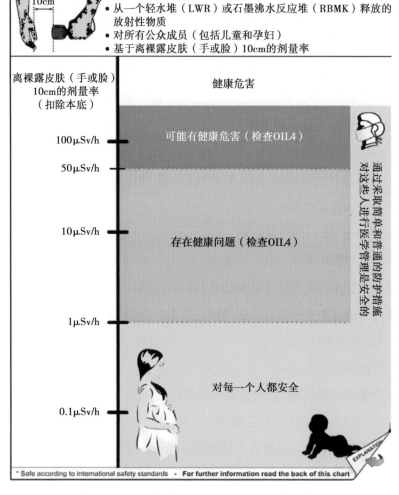

图4-6 基于距离裸露皮肤10cm剂量率测量的健康危害评价方法

认 OIL$_{4\beta}$ 值。

(3) 对可能被监测的所有事件的响应行动:与上述 OIL$_{4\gamma}$ 皮肤监测的相同。

(4) 监测结果超过 OIL4β 的应急行动:与上述 OIL$_{4\gamma}$ 皮肤监测的相同。

(5) 监测结果不超过 OIL4β 的应急行动:与上述 OIL$_{4\gamma}$ 皮肤监测的相同。

(6) 健康危害:与上述 OIL$_{4\gamma}$ 皮肤监测的相同。

3. 应急情况皮肤污染监测方法

(1) 应急情况通用皮肤污染检测

1) 人体表面污染测量的顺序:一般应是先上后下,先前后背。在全面巡测的基础上,再重点测量暴露部位(如手、脸、颈和头发等部位),特别要注意发现严重污染的部位。

2）为了有效探测污染,应控制好监测仪探头离被测表面的距离:在进行 β 监测时,其探头与人体表面的距离应保持在 2cm 左右,用 γ 周围剂量当量率测量污染时应为 10cm;测量时也应小心避免监测仪探头的污染。

3）应控制好监测仪探头的移动速度,使其与所用监测仪的读数响应时间相匹配,一般情况下测探头的移动速度以 5cm/s 为宜。

4）当初始污染或持续污染水平大大高于表面放射性污染控制水平时,应注意污染监测仪的饱和上限。必要时,应选用监测上限值更高的监测仪。

5）实施 α、β 表面污染监测的具体地点应尽量避开 γ 辐射场的干扰。

6）对 α 核素和 β 核素混合物污染的场合,应通过带和不带薄吸收体的检测进行鉴别。测量时应注意它们之间的互相干扰,尤其对低能 β 污染的测量,应注意 α 辐射的干扰。

7）一般衣物和皮肤污染时,通常应监测 $100cm^2$ 的面积,再求 $1cm^2$ 的平均值;若是手部污染,则应监测 $30cm^2$ 的面积,再求其平均值;若是指尖污染,则应监测 $3cm^2$ 的面积求其平均值。

8）测量前后应对污染监测仪作本底测量,并注意在本底小于 0.5μSv/h 的区域测量。

9）一些情况下,可能产生热粒子照射。这种照射是由大小为 1mm 的离散的放射源引起的空间非均匀照射。这时除了考虑是否符合剂量限值外,应特别关注防止急性溃疡的发生。它要求在 $1cm^2$ 范围,测量深度为 $10\sim15mg/cm^2$,所得出的平均剂量应小于 1Sv。由于热粒子具有特别局部的性质,要在工作场所辐射场周围探测它是很困难的,因此这类问题的重点是识别和控制。

（2）伤口污染监测

1）原则:放射性工作场所发生的任何皮肤损伤都要进行伤口放射性污染测量,应正确选择测量仪表进行动态检测,而且应对切除组织进行监测。

2）测量仪表的选择:伤口中能发射 γ 射线和高能 β 的发射体,可用 β、γ 探测仪测量;伤口污染物含有能发射特征 X 射线的 α 发射体时,可用对低能响应较好的周围剂量当量率测量;伤口受到多种放射性核素污染时,应选用有能量甄别本领的探测器测量;伤口探测器应配有良好的准直器,以便对放射性污染物定位。

（3）皮肤污染的剂量估算方法:按 ISO 15238 和 GBZ/T 244 的规范,皮肤监测剂量估算首先是基于污染监测的数据估算出 $H_p(0.07)$,再基于估算的 $H_p(0.07)$,再按 GBZ/T 244 规范方法进行剂量估算,这里重点介绍 $H_p(0.07)$ 的估算方法。

已知污染核素时 $H_p(0.07)$ 用公式（4-27）估算:

$$H_p(0.07) = A_{F,0} \cdot I_C \cdot \lambda^{-1}(1 - e^{-\lambda t}) \qquad \text{公式 (4-27)}$$

式中：

$A_{F,0}$ 是污染开始时，单位面积的放射性活度，单位为 $Bq \cdot cm^{-2}$，需要进行剂量估算时，测量仪器的单位必须用 $Bq \cdot cm^{-2}$ 进行校准；

I_C 是局部皮肤剂量率因子，单位为 $\mu Sv \cdot cm^2/(h \cdot Bq)$；

λ 是衰变常数，$\lambda = \ln 2/T_{1/2}$（$T_{1/2}$ 是放射性核素的物理半衰期，单位为 h；

t 是皮肤污染时间，单位为 h。

注：用上面介绍的皮肤污染检测方法的检测结果确定 $A_{F,0}$。

当 $T_{1/2} \gg t$，没有必要考虑由放射性衰变，上面的 $H_p(0.07)$ 计算公式变为如下形式：

$$H_p(0.07) = A_{F,0} \cdot I_C \cdot t \qquad \text{公式 (4-28)}$$

I_C 值可从 GBZ 244 中表 F.1 中获取。为方便大家应用，该表已转列在表 4-21 中。

污染核素不明确时，这时也用公式 (4-28) 估算 $H_p(0.07)$，这时也用表面污染仪测量结果来确定 $A_{F,0}$，这时的局部皮肤剂量率因子，$I_C = 1.6 \mu Sv \cdot cm^2/(h \cdot Bq)$。

表 4-21　常用污染放射性核素的 I_c 值

放射性核素	$I_c/(\mu Sv \cdot cm^2 \cdot h^{-1} \cdot Bq^{-1})$	放射性核素	$I_c/(\mu Sv \cdot cm^2 \cdot h^{-1} \cdot Bq^{-1})$
^{110}Ag	1.6	$*^{111}In$	0.14
$^{110}Ag^m$	0.64	^{140}La	1.7
$^{137}Ba^m$	0.20	^{24}Na	1.7
^{14}C	0.30	^{95}Nb	0.27
^{60}Co	1.1	$*^{32}P$	1.7
^{51}Cr	0.014	^{124}Sb	1.5
^{137}Cs	1.3	^{90}Sr	1.4
^{59}Fe	1.1	$*^{89}Sr$	1.7
$*^{67}Ga$	1.7	$*^{201}TL$	1.3
^{131}I	1.4	$*^{99}Tc^m$	0.14

注：除表 * 的外均来自 ISO 15382—2015，标 * 的是作者参考 ISO 15382 的计算值。

第三节　辐射源和环境监测

应急照射的场所监测主要包含源监测和环境监测。这些监测的特征包括：预期的和当前的排放率，放射性核素组成，不同照射路径的比较，预期的和潜在的个人剂量等。当实践和源被豁免时,就没有必要开展源和环境的监测。

在表 4-22 中给出了 IAEA 建议的不同照射情况下应进行的各类监测和剂量估算要求。

表 4-22　不同照射情况下应进行的各类监测和剂量估算要求

照射情况	源类型	监测的类型			
		源监测	环境监测	特殊个人监测	剂量估算
—	排除、豁免、清洁解控	没有要求	—	—	—
计划照射情况	登记源	要求	不要求	—	—
	许可源	要求	要求	不要求	要求
	多个许可源	要求	要求	视情况	要求
现存照射情况	慢性照射	视情况	要求	视情况	视情况
应急照射情况	应急照射	要求	要求	视情况	要求

一、辐射源监测

(一) 概述

辐射源监测是指对释放到环境中的放射性物质的活度的测量,或直接测量由于设施中的辐射源引起的辐射。通常将设施视为一个聚集辐射源,这样辐射源监测的关注点就是辐射源对环境的释放(例如,通风烟囱、流出物排放点)和在控制区和监督区边界及设施周围的剂量和剂量率。由于泄漏和不可控地释放,可形成气体、气溶胶或液体。

辐射源监测主要有连续监测和不连续两种监测类型。对不连续监测,取样和测量的频率决定于排放率和非计划地释放的情况。目前的辐射源监测有两种主要类型:排放的在线监测(连续取样和测量)和排放的离线监测。离线监测包括:连续采样,在实验室测量样品的活度浓度和断续采样,在实验室测量样品的活度浓度。

除豁免的以外,对所有向环境排放放射性物质的其他实践都应进行辐射源监测,尤其是得到许可的设施。

(二) 排放的在线监测

在线监测意味着实时或准实时(不能晚于排放后的 1 小时)连续监测。连续监测可以提供排放的物质中放射性含量的连续指示。这对观测排放处理和控制系统是否适当特别有用,并能提供排放物质放射性水平的突然和有意义改变的位置,以及可能存在辐射损伤场外位置。在很多情况下,这种监测也有警示系统,当发现与正常情况偏离时,就可及时采取纠正行动。对一个有潜在事故释放的设施,只要可能,实时监测结果应与管理控制中心实行网络连接,以使警示信号立即传输到责任人员的值班室(例如控制室)。因而要定义警示及其他参考水平,例如调查水平。在线监测的最小探测限应比这些水平至少低一个量级。由于在线监测设备对人群的辐射防护是很重要的,因而应确保这些设备的供电,使其功能保持长期稳定性,如果出现问题,要能在尽可能短时间内修复。最低限度,这些设备应配置不间断电源,还应当有标示仪器涨落的警示设备。警示设备应能对责任人员(例如设备操作的技术团队)给予警示信号,使他们在听到警示后应立即查访和行动。这样,通常采用如下的在线监测阈值(从最低值到最高值):

1. 低于预设水平的阈值,用以标志仪器的涨落。

2. 正好高于正常排放水平的阈值。测量结果高于这个阈值,将显示排放是异常状态,要求采取纠正行动。

3. 相应于排放管理限值或者导出限值的一个分数的阈值。如果废液正在从存储池向外排放过程中,达到这个阈值将自动停止当前的排放。但要注意,出于安全原因和职业人员辐射防护的考虑,终止连续的废气排放通常是不可能的。

4. 相应于安全考虑的一个或多个阈值。从核设施有惰性气体、载有总 β/γ 放射性核素的气溶胶和 ^{131}I 向大气排放时,常采用在线监测。实施上,因为惰性气体很难收集到滤片上,要显示是否符合法规和标准要求,一般来说必须进行在线监测。而载有放射性核素的气溶胶和碘的同位素,可以采用取样和实验室测量的方法。

(三) 排放的离线监测

离线监测包括取样和随后的实验室测量。有连续取样和断续取样两种,样品处理通常在远离现场的实验室进行。如果要求有放射性核素特定资料或额外的灵敏度,必须有此操作程序。对载有放射性核素的气溶胶和碘同位素的典型的离线监测要比在线监测有更低的探测限。它可用于排放的回顾性估算和判断是否符合国家法规和标准的综合评价。

正常的取样通常在一个固定时期,用一个搜集设备对排放进行抽取有代表性的样本。

1. 连续取样 连续取样和继后的实验室测量可以提供放射性核素年释放量的资料,并用于表明是否符合国家的相关排放限值。特别是,实验室测量为获得放射性核素的特殊资料提供了可能。当水平在预设的年释放量以下时,宜采用两步测量程序。作为初期的分析,首先测量 α 或 β 的总放射性;当 α 或 β 的总放射性超过预先设定的水平时再开展放射性核素的特殊测量。

2. 断续取样 在排放量非常低,而且是恒定排放或释放不连续的情况下,宜采用断续或间断取样的方式,随后再到实验室测量。前者的典型例子是 ^{222}Rn 从某一地下储存库、矿山或矿井尾矿设施中释放到周围空气中。后者的例子是分批次的液体排放。

在核设施设计中,应考虑诸如对从设施排放的所有载有放射性核素的气溶胶和气体进行日常和事故监测。这时应考虑到所有可能的释放。

为了在气载监测计划中选择适当的监测点,应当分析通风的流程图和废气系统。要选择到满意的监测点和适合特征的取样系统,流程图应提供关于流速、压差、温度、湿度、排放速度等所有必要的信息。为能确定在大多数情况下适当的样本和测量速度,以及需要的额外资料,必须考虑放射性物质释放的特征及其随时间的变化。

建议对通风系统的流速进行连续测量。在很多情况下,为合理地评价监测的结果,对排放物中放射性物质的监测,往往是通过对其他的一些相关的物理和化学参数连续或周期的测量来实现,例如温度和湿度,在取样管道排放的化学成分和粒度分布等。

(四) 气载放射性排放及测量

1. 气溶胶

(1) β/γ 发射体:当部分的空气流过气溶胶过滤器时就实现了载有 β/γ 发射体的气溶胶采样。滤片最少一周更换 1 次,用高纯锗 γ 谱仪分析,测量应在取下滤片的 2 天内进行。对短寿命核素应进行放射性衰变的修正。对于在线测量,载有 β/γ 发射体的气溶胶,可连续测量滤片上的总 β,或用 γ 谱仪测量。测量系统要能探测到警示水平,警示水平一般设置为国家规定的一定时间内排放限值的一个分数。在线测量中,当警示水平显示时,应更换滤片并立即测量。

(2) 纯 β 发射体:载有纯 β 发射体气溶胶的测量用 β/γ 发射体的相同滤片,用 γ 谱测量后再进行纯 β 发射体的分析。核设施排放中需要进行日常监测的气溶胶核素中,^{90}Sr 是唯一的纯 β 发射体。常用 ^{137}Cs 的 γ 谱浓度测量来判断是否要进行 ^{90}Sr 的分析。其他核素,如 ^{55}Fe 或 ^{63}Ni,仅在已证实核素谱是正确的一些特殊研究中才被测量。对核电厂纯 β 发射体每季的分析就可以判断是否符合管理限值。后处理厂的监测频率应当高些,这时结合放射化学分析,宜每周换 1 次滤片。

(3) α 发射体:对载有纯 α 发射体气溶胶通常采用断续采样,采用 β/γ 发射体使用的同样的滤片类型。仅在 α 发射体排放量很低时,可以使用测量 β/γ 发射体的相同滤片。在这种情况下,α 发射体的分析应在 γ 谱测量后进行。否则,应使用不同的滤片进行取样。由于滤片上微尘可能过载,故取样时间不要超过 2 周。测量的周期决定于设施的类型。对核电厂和研究反应堆,为计算年排放量,监测周期可为一个季度。对后处理厂、铀浓缩工厂和燃料制造厂,测量频率应是一个月 1 次,或更短时间。这时,宜采用两步测量程序。第一步,在^{222}Rn 和 ^{220}Rn 的衰变达到平衡后测量总 α 放射性。除后处理厂外,只需这一步足够。第二步是对滤片或部分滤片进行放射性特殊分析,这一步仅在总 α 超过某一确定的水平时才需要。

2. 氚、^{14}C、放射性碘和其他挥发性放射性核素

(1) 氚:氚可能以水的形式(HTO)或气体形式(HT)排放。此外,还可能有有机结合氚(OBT),但份额很小。对于评估氚的环境影响而言,仅需要评价氚水(HTO)。

有几种方法可以用来测量取样滤片中的总氚。首先常让气流通过被加热的羊毛,将氚气氧化。目前常用下面几种方法来收集氚水:①冷阱凝结氚水;②干燥剂,例如硅胶;③能包含水的泡沫系统。收集到的氚水应当用一个闪烁计数器测量,一年测量 4~12 次。

(2) ^{14}C:排放的 ^{14}C 主要是碳的氧化物形态(CO 或 CO_2)和碳氢化合物,仅有很小的量以有机物的形式存在。对于评价 ^{14}C 对环境的影响而言,通常只需要评估 $^{14}CO_2$。

一般采用样品瓶或压力容器取样,常用镀铝塑料盒。这些用来收集大容量的样品探测限较低。较好的办法是连续采样一周或一个月以上的样品,因为短期排放率的 ^{14}C 在不同操作条件下会有很大的变化。测量 ^{14}C 气体排放有以下几种方法:①用气体计数管直接测量排放样品中 ^{14}C。②先用烤箱将 ^{14}C 氧化为二氧化碳,接着将其转换为碳酸钡,然后用氢氧化钠溶液将碳酸钡溶解,再用液闪计数器测量其中 ^{14}C 活性。对大多数 ^{14}C 都已是二氧化碳的形式,可以直接被氢氧化钠溶液溶解,再用液闪计数器测量。建议每周或每月 1 次连续测量。应当用液闪计数器测量 ^{14}C,每年 4~12 次。

(3) 放射性碘:载有核素碘的气溶胶可与其他 β/γ 发射体一起分析。在除去粒子的滤片后,用专门的吸碘滤片取元素碘和有机碘的样品。断续测量的取样时间不能大于一个星期,应在取下样品后 24 小时内进行测量。测量的活度应进行放射性衰变校正。当要求进行在线监测时,应当监测元素碘和有机碘样品的化学形态。当进行断续采样时,第一张滤纸用于去除粒子,碘同位素吸收在另一碘滤片上。当累积在滤片上后,连续测量放射性碘的活度。警示水平应定为 $1×10^6$ Bq/h 释放量,此水平应能被探测到。

(五)直接辐射

对大多数类型的核设施,对源直接进行辐射测量是源监测项目的基本要求。通常测量控制区、监督区边界和设施边界的剂量和/或剂量率。此系统可用于测量释放的放射性物质中的 γ 辐射。

直接监测源 γ 辐射的常用方法是用在线的剂量率仪测量。这类监测主要用于测量源或其非计划释放的放射性物质直接辐射的明显增加。对大型设施,在线剂量率仪的现场网络

常常是环境在线监测的一部分,并且报警系统安装在设施周围。这种网络的环境部分设置为几个不同半径(例如,1km、5km 和 10km)的圆周或靠近村庄或城市。出于环境监测的目的,建议放置在有空气和雨水取样器的位置。

替代或补充的方法中包括用离线累积被动设备,诸如固体剂量计 [例如,热释光剂量计(TLD)]。使用剂量计的数量决定于设施的类型和大小,以及到警戒线的距离。剂量计应沿设施的警戒线放置,而且放置在剂量可能最高的位置,和可能代表人员能进入的潜在位置。如果放射性废物储存在警戒线附近,在靠近储存废物设施的位置也应布放剂量计。剂量计布放时应离地 1m 高,而且不要受到建筑物屏蔽影响。典型的累积时间为 1~6 个月。

在有高水平的废物或辐照燃料元件的一些厂(例如,后处理厂、临时贮藏设备或贮藏库)周围,中子剂量率也许会较高。在这种情况下,在其设施边界应布放累积式中子剂量计。根据被监测设施的大小,在其设施周围布放 6~12 个剂量计就足够了。在正常条件下,剂量计每 6 个月更换 1 次。在事故情况下,应立即测读剂量计。

二、环境监测

(一) 概述

当预期有明显放射性物质释放时,就必须进行环境监测。发生这样释放的主要设施大多是核燃料循环的一部分。表 4-23 是 IAEA 建议地给出了不同核设施的日常环境监测主要内容。

环境监测方案包括给定放射性核素测量(通过谱分析或化学分析)和总 α 和总 β 放射性测量两个部分。但是,总放射性测量无法提供剂量估算的信息。要进行剂量估算,就要进一步知道环境中不同核素的贡献,例如在总 β 测量的时候,钾-40 也许是主要的。因此,为了剂量估算,就必须进行具体的放射性核素的测量。进行总放射性测量的主要优点在于相对方便。所以,在环境监测方案中有大量的这类监测。这种测量对任何意外的情况将给予警告信息,应周期性地补充特定放射性核素的测量。总放射性测量结果的任何有意义的涨落均应启动进一步的调查,包括特定放射性核素的测量。基于这个原因,在总的监测方案中应预设总 α 和总 β 水平(即调查水平)和预设自动开启特定放射性核素的测量程序。

不论是设施运转的早期阶段,还是运转几年后,虽然很多操作不会导致在环境中能被探测到的水平,但要减少取样频率或环境监测范围必须先进行细心的评估,要考虑公众关心程度提高的问题。环境监测不但是监测日常的释放,也是为了监测异常的释放,为了保证能监测到异常情况,应保证必要的监测内容和取样频率。

表 4-23　不同核设施日常环境监测方案的主要内容

项目	核电厂	燃料富集及元件加工	后处理厂	废物管理及废物库
外照射				
γ 剂量率	+	+	+	+
中子剂量率	−	+	+	(+)
空气				
气溶胶	+	+	+	+
气体	+	+	+	(+)
食品和饲料				
叶类蔬菜	+	+	+	+
其他蔬菜和水果	+	(+)	+	+
饮用水	+	(+)	+	+
奶	+	(+)	+	+
谷物	+	(+)	+	+
肉,猎物	+	(+)	+	+
陆生介质和指示物				
草	+	+	+	+
土壤	+	−	+	+
青苔,苔藓	+	−	+	+
水生介质和指示物				
水	+	(+)	+	+
沉积物	+	(+)	+	+
鱼	+	(+)	+	+
贝类	+	(+)	+	+
海藻	+	−	+	+
底栖的动物	+	−	+	+

注:+ 必须;(+)建议考虑;− 没有具体建议,或者不必要,或者不能做。

表 4-24 是 IAEA 在环境监测时关于取样和测量频率和监测项目的建议。

(二) 不同任务类型的监测

不同任务类型的监测包括:前期监测、日常监测和调查性监测。

1. 前期监测　IAEA 安全标准 No. RS-G-1.8 指出,前期监测,主要包括有些统计资料的集合评估;对实践活动,为判读排放对环境的影响,应建立相应的基线或现存的环境辐射水平和活度浓度。这点对核设施特别必要,对放射性核素向环境的排放量值得注意的其他实

表 4-24　核设施周围气载放射性核素取样和测量频率和监测项目的建议

监测内容	取样和测量频率
外照射	
γ 剂量率	连续
累积 γ 剂量	一年 2 次
中子剂量率（如果存在中子辐射）	连续
累积中子剂量（如果存在中子辐射）	一年 2 次
空气，沉积物	
空气	连续收集，一周至一个月测量
沉降	连续收集，按月测量
沉积	连续收集，按月测量
土壤	一年 1 次取样和测量
食品和饮用水	
叶类蔬菜	在生长季节每月 1 次
其他蔬菜和水果	在收获时，选择取样和测量
谷类	在收获时，选择取样和测量
牛奶	当牛在牧场时每个月 1 次
肉类	选择取样，一年 2 次
饮用水和/或地下水	一年 2 次
陆生指示物	
草地	当牛在牧场每个月 1 次
青苔、苔藓、菌（酌情）	选择取样，一年 1 次
水体及其沉积物	
水生动物	视情况而定
表面水	连续收集，按月测量
沉积物	一年 1 次

践活动也应考虑,例如,一些操作和处理天然产生的放射性物质的矿山。医院核医学部门,在实践活动中主要排放短寿命放射性核素,不必要考虑前期的监测,对一些放射性核素排放量很小的单位也没有必要。

　　前期监测方案应当考虑设施正常运转时可能排放的放射性核素的量和类型,以及可能的照射途径。这种监测结果要能提供用于预测公众成员的辐射剂量的基础资料。前期监测应当给出与后续环境监测方案相关的基线数据。

　　为了确定现存本底的水平和变化,前期监测至少应在设施正式运行前一年进行。

2. 日常监测　在整个设施运行期间,应开展日常的环境监测。为确定是否达到监测的目标,应当评估和更新日常环境监测方案。评估频率决定于如下的一些因素:

(1) 排放对公众成员的辐射剂量。

(2) 释放到环境的放射性核素和直接辐射照射水平的变化程度。

(3) 监管部门的要求。

(4) 在进行监测中取得的经验。

(5) 实践活动的任何变化,例如,周围土地使用的变化有可能改变最初的评估。

对核燃料循环的相关设施和矿山,这个频率最好是一年评估一次。如果设施周围的土地使用情况发生了变化,应立即修订环境监测方案。

监测方案应能反映设施的不同运转阶段(运行、退役、封闭后阶段)和连续释放或直接辐射照射。对一些短寿命核素,在关闭后应立即停止监测。

3. 调查性监测　核设施发生放射性物质非正常释放事件,应立即开展附加的环境监测。

(三) 主要监测内容

1. 外照射　这里指累积沉积在地面的放射性核素和空气中的放射性核素等引起的外照射。对排放物是β/γ发射体,不但要监测设施边界的外照射,也要监测周围地区的外照射。

监测日常排放引起的外照射,通常使用累积剂量计。按照当地的大气排放等因素决定布放剂量计的数量和位置,但必须包括剂量率可能最高的点以及任何典型人员居住的点。监测网站也应当包括参考点。建议剂量计的布放高度为离地1m。剂量计应避免布放在建筑物、树或其他容易屏蔽辐射的物体附近。剂量计的监测周期一般为3~6个月。

对于核电厂和后处理厂,应在设施附近安装1个或多个连续记录剂量率的站点。这些站点的位置视当地的影响因素而定,但一般应安装在预期剂量率最大的位置。剂量率监测对事故监测也是有价值的。

2. 土壤　为提供放射性核素在沉积期间在陆地环境累积的信息,应开展土壤中放射性活度浓度的监测。可以用转移系数估算放射性核素被植物摄入的信息。估算设施对土壤中放射性核素的贡献常常是很困难的,这是因为存在大气核武器试验、铀和其他天然放射性核素源的沉降引入了一些核素,特别是 ^{137}Cs 和 ^{90}Sr。这些放射性核素的任何增加只能通过参考点和前期的测量来确定。通常,为后续的实验室测量,监测还应包括土壤采样。然而,现场HPGe γ谱可探测土壤放射性核素浓度的变化。

为了确保测量数据的可比性,土壤样品应取自前述的相同取样点。为了评估沉积放射性核素的长期影响,取样应是未耕、不要有大量的石头或根、没有树遮挡的开放区域的土壤。为了解全土壤特性,建议做深度剖面图。然而,为探测长期累积,没有必要做日常的深度剖面图。

为研究食入路径,从农业土壤中取样也应是监测方案的内容。在这个食物链循环中,应从一些地方抽取诸如蔬菜的农业样品。

在土壤取样时,要注意不要发生样品间、样品与取样器之间的附加污染。典型的取样设备材料是塑料和不锈钢。应当留意的是,当使用芯取样或类似设备,其表面材料不要接触核芯而使其下层受到污染。类似地,不要通过压缩或伸长核芯而使放射性核素扩散。

土壤取样会使最终结果引入一个变化的不确定度和误差,故要注意保存相关的样品信息。注意记录取样期间可能影响最终结果的任何信息。

3. 食物 日常监测设施周围食物的目的是验证源监测的结果和确定公众成员的剂量。核设施附近的植物、动物产品和饮用水应当包括在设施排放到大气的环境检测方案中。样品应从预期污染最重的典型区域和确定典型人员剂量相关的任何区域采集。应从设施排放影响最小的地区采集参考样品。

(1)植物:在日常和事故释放期间,通过放射性气溶胶、放射性气体的直接沉积,或通过再悬浮(风或雨溅引起)放射性核素的直接污染,使植物被污染。根系污染是次要的,但对长寿命核素的污染,植物根也许是有意义的路径。一旦释放终止此路径也许是主要的。然而,叶类蔬菜通常是确定释放已污染植物的最好指示器。

植物取样,最好选用人类食谱中有代表意义的植物。它将集中食用部分植物,并在靠近收获时采样。应记录植物生长在田野里取样时的确切的位置,不要使用取自市场出售的产品。避免使用温室的产品。通常在设施排放的下风向取样,采样点应靠近预期的最大沉积位置,而且采样区应尽可能是沉积稳定的开放区。最好是典型的本地物种。要注意,样品不要附着土粒。

由于动物能迅速地摄入重要的放射性核素(例如碘和铯的同位素),牧场是很重要的,特别是牛,会将放射性核素转移到了牛奶。应在牧场干/湿沉积最高的地方采样。在相应位置,还应采集牛奶和土壤样品。

应当仔细选择采样的区域。应当选择水平、平坦的开阔区域,应没有大树和建筑物。植物的生长高度应均匀。典型的情况应取 1kg 的样品,应在不小于 $1m^2$ 的范围采样;采集牧草时,应采集高出地面几厘米的牧草样品;仅采集植物的绿叶部分。要注意,植物样品不能带土壤。取样工具应用水清扫洗刷,并用新鲜纸巾擦干,样本应密封在塑料袋里。

对所有植物样品应分析设施排放的放射性核素。例如,用 HPGe γ 谱分析所有样品,选择样品测量 ^{131}I 和 ^{90}Sr。此外,也可选择样品分析氚、^{14}C 和 α 发射体核素。

(2) 动物产品:由于一些原因,牛奶或羊奶常是非常重要被监测的动物产品。沉积在草中的放射性核素,通过牛、羊在牧场的放牧,沉积在草中的一些放射性核素有效地转移到奶中;奶很快被消耗,有的短半衰期核素还没有来得及衰变就转移到人体,而且居民的消耗量大。因而,一般来说,奶是 ^{131}I 和 ^{137}Cs 污染动物产品的指示物。由于奶中的 ^{131}I 半衰期较短,因此,一般一个月分析 1 次奶样。在后处理厂和废物库附近还应分析奶中 ^{129}I 和 ^{14}C。

奶样应从牧场的奶牛中采样,这个牧场应处于实施的下风向,并在污染最重的地区。采集的奶样应放在清洁的容器中,如果不是当天测量,应放在冰箱中。如果需要储存样品,应当加入防腐剂,通常,样品量只需几升。

与奶产品相比,放射性核素进入肉类产品的速度相对慢,故肉类产品取样频率要求不高,可以使几次取样的合成样本。

由于 α 发射体核素(铀、钍和镭的同位素)不容易被动物的肠吸收,奶和肉类产品被这些核素的污染很低,通常不需要监测肉类产品中这些核素。

对动物的食品可进行适当的监测。

(3) 饮用水:地下水是饮用水的主要来源,在日常的排放中,地下水中放射性核素的浓度不会发生迅速的变化,有的也只是长寿命核素的污染,因此,通常一年只需分析 1 次。

但饮用水来源于靠近设施的池、湖和河流时,要求采样的频率大些,特别是在应急时应对样品进行相应核素的分析。取样,要注意样品的代表性,要注意样品的过滤和保存技术和它们给样品带来的信息损失。

对铀矿和废物库周围的水的监测要特殊考虑。在原地浸析工艺(ISL)铀矿的情况,要抽取足够的地下水样本,来验证萃取井场的预定的操作是否满足污染限值的要求。在露天或地下的铀开采时,应对中间控制池塘的渗漏水进行监测。对废物管理设施也应进行地下水的监测。监测的水平决定于这样的地下水是否被饮用。

4. 指示物　指示物可以提供设施日常操作时,环境中放射性核素浓度的短期和长期的变化,此时没有必要监测食品。可能的指示物是指青苔、苔藓、树叶、松针等。虽然,这些物质不能用来计算设施排放引起的公众成员的剂量,但它们确能有效地提供关于趋势和环境积累的信息。

在环境监测方案中,仅指示物常年都容易收集。如果要验证长期趋势,环境监测方案中的指示物应仔细收集,要确保每一年采集的同一生长期的同类指示物。基于不同指示物吸收不同的放射性核素,采集时要选择不同的指示物。典型的例子是:不同的海藻有效吸收锝-99,贝类有效吸收钴和锶的同位素,不同的陆生植物有效累积铯的同位素。

(四)实验室样品分析

源和环境监测,都必须进行实验室的样品测量。实验室分析是监测方案的一部分,它主要是用于就地和在线测量不能测量的工作,就地和在线测量主要任务是看是否符合监测方案,并证明是否符合剂量约束。实验室分析可以确保就地和其他测量的可靠性,并提供精确的可重复的数据。监测样品的实验室分析是在适当的质量管理体系下进行的,这种质量管理体系包括监测所得到数据的可溯源性、准确性、代表性、重复性等。典型的放射学分析实验室要装备用于监测所需的分析的相应的设备。一般应有下列的仪器:①用于 β 和 γ 计数的气体正比探测器;②为 γ 发射核素的定性和定量分析的闪烁计数器(NaI、LaBr 等)或 HPGe γ 谱仪;③低能 X 或 γ 探测器;④用于 α 谱测量的固体探测器;⑤用于 α 和 β 发射核素测量的液体闪烁计数器;⑥质谱仪。

在实验室使用的样品分析方法应当按国家和国际的标准进行操作和文本表述。通过参加国内和国际的比对(采用非计划未事先公布的盲样方式)对实验室的分析能力(准确度和精度)进行评估。实验室的方法应与相关标准的方法一致,如果不是标准的方法,应在实验室质量管理体系进行非标准认证后再实施。美国国家辐射防护和测量委员会(National Commission of Radiation Protection,NCRP)、美国国家标准学会(American National Standards Institute,ANSI)、美国测试和材料学会(American Society for Testing and Materials,ASTM)、美国环保局(Environmental Protection Agency,EPA)、美国能源部(Department of Energy,DOE)和国际原子能机构(International Atomic Energy Agency,IAEA)的相关出版物中,都提出了规范的测量方法。

第四节　食品和饮用水监测

一、样品的采集和储存

(一)样品采集的基本原则

一般情况下,应对占总食谱 5% 以上的所有食品进行采样分析。建议食品分析时,除婴儿食品外,其他食品应采用单个食品的分析,而不宜采用混合食品分析。仅有通过个别食品的分析,才有可能找出减少剂量应采取的对策。

在正常情况下,应该按消费水平进行采样。如果关心短期的影响应按生产采样。采集量要依据分析目的和采用的分析方法确定,现场采集时要留出余量。为估计粮食总消费量重的放射性水平,一般在零售层面进行适时抽样,否则,就应该按消费水平进行抽样。应按不同的放射性核素分析,选择不同的采样方式,例如,对市场食品或饮用水检验应以市场终端采样为主,地区食品或饮用水污染检测应以食品生产点或直接饮用的水为主采样。在生产点采原样时,要防止原样外表面的放射性污染。个别食品宜进行准备工作后进行分析,这时应考虑到如洗、清洁和烹饪对结果的影响。

如果关注短期的影响,为避免生产和消费之间的时间的影响,有必要回到生产地采样。有可能受到污染的个别食品在放射性分析中必须要始终认真考虑。

(二) 食品和饮用水样品采集通用方法

1. 采样作业指导程序　应制订样品采样作业指导程序,并严格按此程序进行采样,此程序应考虑以下因素:

(1) 采集样品应具有地域和时期的代表性。

(2) 采样频度要合理,频度的确定决定于污染源的稳定性,待分析核素的半衰期以及特定的监测目的等。

2. 食品和饮用水原始样品的具体采样方法

(1) 对不同批号、产地的混存食品和饮用水,应按所占比例分别采样或混合而成原始样品。

(2) 对车、舱、库装食品和饮用水,可将整个食品和饮用水分成多层采样. 每层取四角及中心部位样品混合,然后再把各层样品混匀成原始样品。

(3) 对大包装食品和饮用水,可从随机选定的包装件中不同部位采取,混合成原始样品。

(4) 对小包装食品和饮用水,可采集若干代表性的小包装内全量食品,混合成原始样品。

(5) 对市售食品和饮用水,应按随机取样原则,在足够的采样点上采购,混合而成原始样品。

(6) 对固定监测地区(点)的食品和饮用水,应在该地区内选定合适的采样地点,通常用五点法(四角和中心)采样,混合成原始样品。

3. 环境食品和饮用水采集中应考虑的问题

(1) 除了特殊目的之外,采集环境中的食品和饮用水样品时应避开下列影响因素:

1) 天然放射性物质可能浓集的场合。

2) 建筑物的影响。

3）降水冲刷和搅动的影响。

4）产生大量尘土的情况。

5）河流的回水区。

6）靠近岸边的水。

7）不定型的植物群落。

（2）在蔬菜采样时,应避免土壤的污染,尤其在斜坡土地上非正常采集时更应注意这一问题。在进行叶菜抽样时,宜采用切或割的方法。当样品量太大时,可采用标准的四分取样法来减少样品量。

（3）高污染区域的食物,即使用量很小,也会大大增加摄入的总放射性食物的摄入量。这些食品一般在政府卫生部门的管理之中。这时有效的数据很少,在发生事故的情况下,应通过甄别程序识别应分析的类型。对一般家庭要储备的食品,应首先从生产者处采样,然后再从市场采样。

（三）食品样品采集

1. 奶样品采集　一般情况可从每天的食物中收集,也可在奶站、奶农或对奶牛直接采样;在核事故和核设施有挥发性放射性核素释放时,前24小时牛奶可能受到放射性碘和铯的污染,因此要及时采集样品;对有野外放牧习惯的山羊和绵羊,应定期对这类羊奶进行放射性抽样检查。

2. 谷物和薯类样品采集　如果放射性沉降物发生在生长季节,应采集该地区污染当年的谷物和薯类;如果放射性沉降物发生在冬季,应采集该污染地区下一年的谷物和薯类;应采集储存或运输过程中受到污染的谷物和薯类。

3. 肉类样品采集　在发生放射性铯事故释放时,草食动物的肉会受到污染。发生严重放射性沉降物后,除动物个体进行筛选性辐射测量外,还应采集能代表大多数动物的混合肉类样品。

4. 海洋食品样品采集　在发现海洋有放射性污染的情况下,宜在事故后,立即在污染海洋区域,对其主要海产品进行采样。

5. 蔬菜样品采集　在有放射性沉降物的早期阶段,应采集绿叶蔬菜,它是短寿命放射性核素最有意义的污染介质;当放射性沉降物发生在蔬菜生长季节时,应采集其代表性的样本;在蔬菜采样时,应避免土壤的污染,宜采用切或割的方法。

6. 其他食品样品采集　蘑菇和浆果是很容易被显著污染的食物,虽然只在极少数情况下,他们对摄入的剂量会有意义。分析这些食物,以决定是否符合国际出口法规的水平,它可能仍然是最好方法。

（四）饮用水样品采样

1. 采样前的准备

（1）采样容器最好用聚乙烯容器，其大小、形状和重量应适宜，能严密封口，并容易打开，而且容易清洗。应尽可能使用细口容器，容器的盖和塞的材料应与容器统一。在一些情况下，还需要用聚乙烯薄膜包裹，最好用蜡封。

（2）采样前应将容器用水和洗涤剂清洗，除去灰尘、油垢后用自来水洗干净，然后用质量分数 10% 的硝酸(或盐酸)浸泡 8 小时，取出沥干后用自来水冲洗三次，并用蒸馏水充分淋洗干净。

（3）采样前应先用水荡洗采样器、容器和塞子 2~3 次。

2. 不同水源的采样

（1）水源水采样：水源水是指集中式供水水源地的原水。水源水采样点通常应选择汲水处。

取表面水时，可用水桶直接采样，但注意不要混入漂浮于水面上的物质。

取深度水时，可用直立式采水器，这类设备是在下沉过程中水从采样器中流过。当达到预定深度时容器自动闭合而汲取水样。

对自喷的泉水可在涌口处直接采样，采样不自喷的泉水时，应将停滞在抽水管中的水汲出，新水更替后再取样。

从水井采集水样，应在充分抽汲后进行，以保证水样的代表性。

（2）出厂水的采集：出厂水是指集中式供水单位水处理工艺过程完成的水，出厂水的采样点应设在进入输送管道以前处。

（3）末梢水的采集：末梢水是指出厂水经输水管网输送至终端(用户水龙头)处的水。末梢水的采集应注意采样时间。夜间可能洗出可沉淀于管道的附着物，取样时应打开龙头放水数分钟，排除沉淀物。

（4）二次供水的采样：二次供水是指集中式供水在入户之前再度储存，加压和消毒或深度处理，通过管道或容器输送给用户的供水方式。二次供水采集应包括水箱(或蓄水池)进水，出水以及末梢水。

（5）分散式供水的采集：分散式供水是指用户直接从水源取水，未经任何设施或仅有简易设施的供水方式。分散式供水的采集应根据实际使用情况确定。

3. 水样的体积一般为 5L。

4. 当采集放射性水平高的水样时,应特别注意辐射防护和防止工作场所的污染以及样品之间的交叉污染。

（五）**样品的运输和储存**

1. 采集的食品和饮用水样品必须妥善保管,要防止运输及储存过程中损失,防止样品被污染或交叉污染,样品长期存放时要防止由于化学和生物作用使核素损失于器壁上,要防止样品标签的损坏和丢失。

2. 为避免污染,样品收集设备、容器和样品制备区应保持清洁,应尽可能地使用一次性容器。

3. 储存样品时,应注意以下的问题:

（1）在样品收集后,应采用适当的方法储存样品,避免降解、变质、分解或污染;对挥发性放射性核素,应避免核素的丢失。

（2）分析前需短期储存的样品,要求对样品冷藏、冷冻,或者外加防护剂（如亚硫酸氢钠,酒精）,或用甲醛溶液保存生物样品。

（3）样品需要长期储存时,在采样后,应立即将其转换为稳定的样品形式以便储存。

（4）干燥和灰化的样品有利于储存,此时为避免放射性的丢失,也应控制储存的温度。

（5）存储样本的容器应不对样品产生降解,尤其对加酸的液体样本的存储容器,最好使用聚乙烯材料,而不是玻璃。

4. 时间不长的话,奶宜储存在冰箱里。如果预计较长时间的存储,可以添加如甲醛溶液或叠氮化钠防腐剂（5% 水溶液,每升溶液 3.5ml）以防止发酵。必须记录好采样的日期。

二、样品的预处理

（一）食品样品可食部分选取

食品样品应首先进行可食部分选取预处理,通常按以下方式选取可食部分:

1. 粮食类样品应除去砂粒和灰尘等杂物。

2. 薯类样品应用水洗刷除去泥沙,除去腐烂部分。

3. 蔬菜类样品应除去不可食的根、液、把及腐烂部分,水洗去泥沙。

4. 水果类样品应水洗、去皮、去核、去壳。

5. 肉类样品应选肥瘦中等,去骨、水洗。

6. 水产品样品应取鱼肉、虾仁,水洗。

7. 奶类样品可取市售或原奶。

(二) 样品预处理方法

对不能用鲜样直接测量的样品,应根据样品种类和测定核素的特性分别采用不同的预处理方法,其主要预处理方法有干燥、炭化、灰化和蒸发。但是对于易挥发核素,推荐使用加入浓硝酸在专用加热装置中分解的处理方法。在样品的预处理中要严格防止待测核素的损失和污染。

1. **干燥处理** 通常应按以下方式干燥样品:

(1) 样品应在不高于 105℃ 的条件下干燥,而且应有其相应的干燥时间。例如一般叶菜,可在 105℃ 温度以下干燥 24 小时;对含放射性碘的样品,烘干温度最好低于 70℃,防止碘升华损失;如需要用干燥样品进行分析时,则应使样品干燥到能通过 2mm 的筛孔。

(2) 在干燥过程中应防止污染。

(3) 要求称量和记录鲜、湿和干样品的质量。

(4) 为了减少放射性核素的挥发丢失,可使用冷冻干燥的方法。

2. **蒸发处理** 蒸发是浓缩液体样品的通用方法,这种方法应注意以下问题:

(1) 当用盘蒸发液体样品时,要避免样本的溅出和损失,尤其是奶,为此,建议使用蒸发灯,最好使用旋转蒸发灯。

(2) 使用蒸发系统时,其中蒸发碗应用不吸收放射性核素的材料制成。

(3) 一些放射性核素,例如放射性碘、氚、钌,在蒸发过程可能丢失,为此,蒸发时的温度不宜高于 70℃。

(4) 在减压状态下使用转动蒸发系统的快速蒸发,可以有满意的效果。转动情况可干燥不同体积,最多 30L。

(5) 需要炭化的样品应蒸干。

3. **样品灰化** 对于需要灰化的蒸干样品或干燥样品,一般应首先将样品炭化,可将适量干燥样品放在不锈钢盘中,然后再放在电炉上炭化,炭化过程中应经常翻动或搅拌,但应防止着明火,以免细灰粒被气流带出。脂肪多的食品样品应加盖并留适当缝隙炭化或皂化(每 50g 脂肪用 2g 无水碳酸钠)后炭化,直到无烟为止。

样品灰化应注意以下问题:

(1) 当需要灰化操作时,宜使用低碳镍盘。

(2) 若使用内衬铝的其他灰化盘,则应只使用一次。

(3) 用于灰化的镍盘应用去污剂或稀的无机酸清洗(通常使用 HCl)。

(4) 灰化食物时,在达到初始灰化温度前温度应缓慢提高;要适当调整温度避免燃烧,特别是含磷量高的食物;当温度达到初始灰化温度上限时,温度可以迅速地提高到400℃,灰化的时间取决于材料的类型和量,一般为16~24小时,直到灰分呈白色或灰白色疏松颗粒或粉末为止;必要时,可延长灰化时间;干法灰化的上限温度通常不应超过400℃;要严格控制灰化温度,以免造成待测放射性核素损失或样品烧结。

(5) 进行灰化的样品至少应将样品蒸干或干燥;如果样品灰化受到样品体积的限制,可将样品先炭化后,再进行灰化。

(6) 为加快大米等难灰化的食品的灰化速度,可在灰化最后阶段取出冷却后加入适量的硝酸、过氧化氢或亚硝酸钠等助灰化剂,在电炉上蒸干后,再继续在高温炉中灰化,要注意助灰化剂对测量结果的影响,必要时需进行修正。

(7) 对灰化时容易挥发的核素,如铯、碘和钌等,应视其理化性质确定其具体灰化温度或灰化前加入适当化学试剂,或改用其他预处理方法;对要分析碘的样品,灰化前应用0.5mol/L NaOH 溶液浸泡样品十几个小时;牛奶样品在蒸发浓缩或灰化前也应加适量的 NaOH 溶液;^{137}Cs 样品的灰化温度不宜超过 400℃。

(8) 载体元素和示踪放射性同位素应在灰化前加进样品中。

(9) 灰化样后的样品应放在干燥器内冷却后称重。

(10) 使用浓硝酸、过氧化氢在微波炉中加热进行湿式灰化时,应随时观察灰化情况,避免样品蒸干引起爆炸。

4. 样品混匀 干燥或灰化后的样品一般还应混匀,可以采用不同的方法(例如 V 形搅拌器、混合机、球磨机等)。需要进行二次抽样,要特别注意样品的混匀,如果没有混匀,二次抽样就不能代表总样品;当某些放射性核素被附着或吸收在细或粗大微粒中时很难混匀样品,这时的二次抽样量应大些以确保二次抽样的代表性。

三、分析方法

作为食品和饮用水是否受 α 和 β 污染的判断,比较简单的还是按照国家有关标准进行总 α 和总 β 的检测。要进行人员受照剂量的评价还应分别进行不同污染核素的分析。

这里介绍的是通常实验室应用的分析程序。当低和高放射性水平的样品必须在同一设施分析时,必须特别注意污染问题。高放射性水平污染的样品,可不经预处理,可以直接用仪器分析,并可能测定所有 γ 发射体样品。如果本地的监测实验室用直接测量放射性核素,如 ^{137}Cs,能够测量的浓度到 5~10Bq/kg(或 Bq/L),这是足够的。所有地方的实验室应通过中心实验室对其校准。一般来说,中心实验室的检测水平要低得多,可到 0.1~1Bq/kg,因为使用了更先进的设备,计数时间更长和/或更精细地样品制备。一般来说,对指定的放射性核素而言,其探测限应是行动(参考)水平的一个很小的分数(1%~10%)。

按 IAEA 建议食品和饮用水中应分析的主要放射性核素列于表 4-25 中。

表 4-25　食品和饮用水中应分析的主要放射性核素

食品种类或饮用水	应分析的放射性核素 具有 γ 放射性的核素	纯 β 放射核素
饮用水	^{131}I, ^{134}Cs, ^{137}Cs	^{3}H, ^{89}Sr, ^{90}Sr
牛奶	^{131}I, ^{134}Cs, ^{137}Cs	^{89}Sr, ^{90}Sr
肉类	^{134}Cs, ^{137}Cs	—
蔬菜	^{95}Zr, ^{95}Nb, ^{103}Ru, ^{106}Ru, ^{131}I, ^{134}Cs, ^{137}Cs, ^{144}Ce	^{89}Sr, ^{90}Sr
其他食品	^{134}Cs, ^{137}Cs	^{89}Sr, ^{90}Sr

在核事故情况下,应重点检测 ^{89}Sr、^{90}Sr、^{95}Zr、^{95}Nb、^{103}Ru、^{106}Ru、^{131}I、^{134}Cs、^{137}Cs、^{140}Ba、^{140}La、^{238}Pu、$^{239+240}$Pu 和 ^{241}Am 等核素。

(一) γ 谱分析

γ 射线或特征 X 射线发射核素一般应采用 γ 能谱分析方法。γ 能谱分析方法的最大优点是不需要化学分离,有的甚至能直接测量 γ 发射体的原始样品。γ 能谱可以进行定性识别和定量测定样品中的放射性核素。表 4-25 列出了在食品和饮用水中可用 γ 能谱分析的放射性核素。

样品的 γ 射线探测器的形式取决于样品类型,现有的设备,放射性核素的组成和活度水平。现在已有一些标准样品的容器,包括尼龙计数样品盘、铝罐和模压马林杯(Marinelli)。根据不同样品和核素类型,选定最小可检测活度浓度,检测效率和考察的放射性核素所需测量时间。在应急情况下要求最小可检测活度浓度至少能合理的估算出食品和饮用水的操作干预水平(OILs)。表 4-26 中列出了 IAEA 应急情况下用于实验室分析的食品,牛奶和水中主要放射性核素 OILs 的默认值。

一般情况下,要求本底测量时间与样品测量时间满足以下关系:

$$t_{\mathrm{b}} = \sqrt{\frac{x_{\mathrm{b}}}{x_{\mathrm{s}}}} t_{\mathrm{s}} \qquad\qquad 公式 (4-29)$$

式中:

t_{b} 是本底测量时间;

t_{s} 是样品测量时间;

表 4-26　用于实验室分析的食品、牛奶和水中主要放射性核素 OILs 的默认值

放射性核素	OILs (Bq/kg)	放射性核素	OILs (Bq/kg)
^{3}H	2×10^5	^{125}I	1×10^3
^{14}C	1×10^4	^{131}I	3×10^3
^{60}Co	8×10^2	^{134}Cs	1×10^3
^{89}Sr	6×10^3	^{137}Cs	2×10^3
^{90}Sr	2×10^2	^{238}Pu	5×10^1
^{95}Zr	6×10^3	^{239}Pu	5×10^1
^{95}Nb	5×10^4	^{240}Pu	5×10^1
^{103}Ru	3×10^4	^{241}Am	5×10^1
^{106}Ru	6×10^2	^{252}Cf	4×10^1

x_b 是本底计数率；

x_s 是样品计数率。

当样品的计数率与本底的接近时，总的测量时间（本底与样品测量时间之和）最好不要低于 24 小时。

使用 γ 能谱仪分析的一些具体建议如下：

1. 必须按测量的样品相应的情况选择几何条件，这些样品包括空气过滤器、水、植被、牛奶、新鲜蔬菜和其他食品、淡水和海洋生物。

2. 几何条件必须按样品密度作为 γ 射线能量的函数进行校准。这种校准包括制作几何计数效率与 γ 射线能量的校正曲线。

3. 包括在准备校准曲线时，使用的标准放射性核素应是有可靠来源的（例如国家标准局）。

4. 包括水和肉类，单位密度的材料的校准曲线，可在样品容器的水溶液中使用已知量放射性核素。对大于或小于单位密度的样品，应当用适当的放射性核素标记，应当用标记的基体准备校准曲线。

5. 为确认 γ 能谱仪运行正常，应用如 ^{137}Cs 和 ^{60}Co 标准放射性核素每天计数。

（二）氚活度浓度的测定

氚的活度浓度用 ISO 9698 推荐的方法进行检测分析。我国也基于此方法建立了相应的检测方法标准。

应注意 IAEA 安全标准 No. GSG-2 推荐的应急情况的操作干预水平为 2×10^5 Bq/kg，

WHO 推荐的日常的指导水平(GL)为 $2 \times 10^4 Bq/kg$,按 ISO 9698 建议,当氚的活度浓度 $\geq 2 \times 10^4 Bq/kg$,低于 $10^6 Bq/kg$ 时,不需要进行电解浓集预处理,宜用直接闪烁测量方法进行分析。因此,对应急情况只需用 ISO 9698 推荐的直接闪烁测量方法进行分析就可以了。当氚活度浓度高于 $10^6 Bq/kg$,应用蒸馏水将其适当稀释后再进行测量。氚的有机结合形态的丰度很低,一般测量氚是测量氚水,因此,测量食品中的氚时,应首先将食品样品燃烧-氧化将其转换为水再进行分析。

(三) ^{89}Sr 和 ^{90}Sr 活度浓度的测定

^{89}Sr 和 ^{90}Sr 活度浓度的测定应按 ISO 13160—2012 建议进行。我国也基于此标准制定了相应的国家标准。常用 ^{89}Sr 和 ^{90}Sr 活度浓度测定方法如表 4-27。

表 4-27　常用 ^{89}Sr 和 ^{90}Sr 活度浓度测定方法比较

方法	水样量/L	测量时间/s	^{89}Sr 探测限/ ($Bq \cdot ml^{-1}$)	^{90}Sr 探测限/ ($Bq \cdot ml^{-1}$)
沉淀法 + 正比计数器	2	60 000	10	2
沉淀法 + 液闪	1	86 400	22	12
^{90}Y 有机提取物 + 液闪	1	86 400	—	15
^{90}Y 有机提取物 + 正比计数器	1~200	6 000	—	0.1~15
离子交换分离 + 正比计数器	1~6	86 400	—	5
特定冠醚树脂分离 + 液闪	1	3 600	—	50

虽然最常用的方法是硝酸沉淀分离锶,但从表 4-26 中可以看出,这种方法需要测量时间较长,而且化学分离过程复杂,不宜用于核事故应急检测。特定冠醚树脂分离 + 液闪的方法需要的测量时间较短,而且化学分离简单,较适于用来进行核事故应急检测。

(四) ^{238}Pu、$^{239+240}Pu$ 活度浓度的测定

^{238}Pu、$^{239+240}Pu$ 用 ISO 18589—4—2009 推荐的方法进行检测分析。我国也基于此方法制定了相应的国家标准。

这个方法推荐了三种化学分离方法,即:液液萃取、离子交换树脂萃取或色谱树脂特定萃取方法。源的制备是通过在测量盘(不锈钢盘)上用电沉积或共沉淀方法制备测试源。确定这种技术的化学回收率时,使用 ^{236}Pu 或 ^{242}Pu 作钚示踪剂。用 α 谱仪对测试源、空白样品和校准源,用相同的设备和测量条件进行测量。

四、数据处理及质量控制

(一) 回收率测定

在等量待测样品灰(或干、鲜样)中,加入已知量标准物质或放射性示踪剂,称加标样品,同样测量待测样品和加标样品,可以用下式计算出回收率:

$$R(\%) = \frac{m_1}{m} \cdot 100 \qquad \text{公式(4-30)}$$

式中:

R 是回收率,%;

m 是加入标准物质量或示踪剂放射性的量,g 或 Bq;

m_1 是加标样品和待测样品的测出量增值,g 或 Bq。

(二) 标准差计算

当测量的量满足正态分布,标准差 σ_0 是决定正态分布形状的特征量,而且是一个恒定的量,此时可用下式计算正态分标准差 σ_0:

$$\sigma_0 = \sqrt{N/F} \qquad \text{公式(4-31)}$$

式中:

F 是测量样品的计数到活度的校准因子,计数/Bq;

N 是样品计数率或本底(包括空白样,基线)计数。

当测量的量不满足正态分布,这时单个样品净计数率的标准差(S_0)用下式计算:

$$s_0 = \sqrt{\frac{1}{F}\left[\frac{N_s}{t_s^2} + \frac{N_b}{t_b^2}\right]} \qquad \text{公式(4-32)}$$

式中:

F 是测量样品的校准因子,单位为(计数/s)/Bq;

N_s,N_b 分别为样品计数率和本底(包括空白样,基线)计数;t_s,t_b 分别为样品和本底测量时间,单位为 s。

本底样品的标准差(S_b)用下式计算:

$$s_b = \sqrt{\frac{1}{F}\frac{n_b}{t}} \qquad \text{公式(4-33)}$$

式中:

$$n_b = N_b / t_b。$$

第五节　核或辐射突发事件应急中的剂量评价方法

一、概述

核或辐射突发事件应急准备与响应的剂量评价包括两个方面：一是辐射事故应急剂量估算；二是核突发事件应急剂量估算。

（一）辐射事故应急剂量估算

事故应急剂量估算的剂量学量有急性外照射（< 10 天）所致的 $AD_{器官}$、$AD_{胎儿}$、$AD_{组织}$、$AD_{皮肤}$ 等的平均相对生物效能权重吸收剂量，7 天以内的有效剂量 E、甲状腺当量剂量 $H_{甲状腺}$ 和胎儿当量剂量 $H_{胎儿}$，1 年以内的有效剂量 E 和胎儿发育期的当量剂量 $H_{胎儿}$。

1. 通用要求

（1）进行外照射剂量时，应按事故的不同场景、源项信息和其他相关信息分别用 GBZ 128、GBZ/T 261、GB/T 16149、GBZ/T 244 和 GBZ/T 301 等国家标准推荐的方法进行剂量估算。

（2）进行外照射器官剂量估算时，一般应根据辐射损伤的可能器官，确定应估算哪些器官的剂量，例如，若是全身性的骨髓损伤就应估算红骨髓剂量；当有局部皮肤辐射损伤时，应估算受照部位的皮肤剂量；当有眼晶状体辐射损伤时，应估算眼晶体的剂量；具体被估算器官的选，决定于放射性疾病的损伤器官。

（3）在器官剂量估算时，应特别注意，实用量[$H_p(d)$、$H^*(d)$、$H'(d,\Omega)$]和注量等检测时，必须尽可能地靠近估算剂量的器官，特别是眼晶状体的剂量监测这点极其重要。

（4）进行中子外照射剂量估算时，由于中子辐射常可以认为是均匀照射在人体上的，在进行防护评价时一般不必估算眼晶状体和皮肤的剂量，而将个人剂量全身监测结果视为相应器官的剂量；仅在眼晶状体或皮肤可能有确定性效应才需要对其剂量进行估算；对中子通常可估算红骨髓和性腺的器官剂量。

（5）进行电子外照射器官剂量估算时无须对除皮肤、眼晶状体、睾丸或乳腺和以外的其他器官进行剂量估算，由于这时对人体的照射时极其不均匀的，这时估算器官剂量比估算全身剂量更有意义，特别是皮肤和眼晶状体剂量，仅当电子能量≥0.01MeV 才需进行外照射皮肤剂量估算；仅当电子能量≥0.5MeV 才需进行外照射眼晶状体、睾丸或乳腺剂量的剂量估算。

（6）进行 α 外照射器官剂量估算时无须对除皮肤以外的其他器官进行剂量估算，仅当 α 粒子能量≥6.5MeV，电子能量≥0.01MeV 才需进行外照射皮肤剂量估算；α 粒子和其他重离子不需估算眼晶状体剂量。

（7）进行 X 射线、γ 射线外照射器官剂量估算时，X 射线、γ 射线能量≥8keV 才需进行外照射皮肤剂量估算；仅当 X 射线、γ 射线能量≥10keV 才需进行外照射眼晶状体、睾丸或乳腺剂量的剂量估算。

（8）所有器官剂量估算的结果不但应给出平均值，还应给出平均值 95% 可信水平的不确定度，均值和不确定度的单位应是 Gy。

（9）无须对 α 外照射和能量低于 0.5MeV 的电子束外照射进行有效剂量及深部器官的当量剂量估算。

（10）GBZ/T 261 等相关标准的 ICRP 方法不涉及新的相关剂量转换系数的测量，因此不会引入新的测量结果的不确定度，结果的不确定度决定于测量结果的不确定度。

2. 估算方法　具体估算方法已在第二节详细介绍，这里不再重复描述。

（二）核突发事件应急剂量估算

在核突发事件应急剂量估算中主要是估算应急准备与响应行动的基本准则中的剂量学量，即操作干预水平（operational intervention level，OIL）和应急行动水平（emergency action level，EAL）相关的剂量学量。这些剂量学量主要包括两个方面：

1. 避免或减少确定性效应基本准则中需要评价的剂量学量　在这些剂量学量中，包括用于急性外照射（< 10 小时）的 $AD_{红骨髓}$、$AD_{胎儿}$、$AD_{组织}$ 和 $AD_{皮肤}$；用于急性摄入引起的内照射（Δ=30 天）的 $AD(\Delta)_{红骨髓}$、$AD(\Delta)_{甲状腺}$、$AD(\Delta)_{肺}$、$AD(\Delta)_{结肠}$ 和 $AD(\Delta)_{胎儿}$。其中 $AD_{组织}$ 指密切接触放射源（如手持或贴身携带的放射源）导致组织体表下 0.5cm 深处 $100cm^2$ 所受的剂量。

上述的 AD_T 称为器官或组织 T 的相对生物效能（RBE）权重吸收剂量。它是不同类型辐射（R）所致的器官或组织 T 内的平均吸收剂量（D）与辐射相对生物效能（RBE）的乘积，即：

$$AD_{T,R} = D_{T,R} \times RBE_{T,R} \qquad 公式（4-34）$$

式中：

$D_{T,R}$ 是 R 类辐射在某个组织或器官 T 上产生的吸收剂量，单位为 Gy；

$RBE_{T,R}$ 是 R 类辐射在某个组织或器官 T 中产生的严重确定性效应的相对生物效能。表 1-6 列出了 IAEA 推荐的 $RBE_{T,R}$ 值。

2. 降低随机性效应基本准则中需要评价的剂量学量　这些剂量学量包括：7 天之内的 $H_{甲状腺}$、E 和 $H_{胎儿}$；一年之内的 E 和 $H_{胎儿}$。

3. 限制应急工作人员在应急响应中受照需要评价的剂量学量　这些剂量学量包括 $H_p(10)$、E 和 AD_T。

4. 用于 OIL 预置值监测评价的剂量学量　评价方法是现场监测得剂量学的值与 OIL 预置值进行比较,这些监测值包括 γ 辐射剂量率[与 OIL(γ) 比较]、β 辐射计数每秒[与 OIL(β) 比较]和 α 辐射计数每秒[与 OIL(α) 比较]。

EALs 准则设置及其相应应急防护行动可参见第五章第二节。在 GBZ/T 271 中给出操作干预水平(OIL)的设置及其相应的应急监测,这里不再列举。在 2017 年 IAEA EPR-NPP-OIL 中推了核或辐射突发事件中需要评价的剂量学量的估算方法,下面仅对其中常用场景的一些剂量学量进行介绍,其他量的估算方法,可参考 IAEA EPR-NPP-OIL。

二、基于地面监测的剂量估算

基于地面监测的剂量估算时,监测结果到总有效剂量和婴儿当量剂量的剂量转换系数参见表 4-28,表中提供了待积时间 Δ 为 7 天和 1 年的值。下面介绍这些量的估算方法。

(一) 代表人员的总有效剂量

表 4-28 提供了 $E_{grd,i}(\Delta)$ 的值,它是地面场景下,由核素 i 单位地面沉积比活度在时段 Δ 中致代表人员的总有效剂量,单位是 Sv/(Bq/m²)。因此,只要能监测到地面沉积的放射性核素 i 的比活度,就能很容易的得到这个核素所致的代表人员(成人或婴儿)的总有效剂量。

下面介绍 $E_{grd,i}(\Delta)$ 的估算方法,它由公式(4-35)确定:

$$E_{grd,i}(\Delta) = e_{grd-sh,i}(\Delta) + e_{air-sh,i}(\Delta) + e_{inh-resu,i}(\Delta) + e_{inadv-ing,i}(\Delta) \qquad 公式(4-35)$$

式中:

* $e_{grd-sh,i}(\Delta)$ 是地面场景时,放射性核素 i 的单位地面的沉积活度在照射时间段 Δ 内所致代表个人外照射有效剂量。由公式(4-36)确定。

$$e_{grd-sh,i}(\Delta) = e_{plane-srf,i}(成人) \times C_{or}F_{grd} \times SF_{e_{ext}}(成人 \rightarrow 婴儿) + WI_{G,i}(\Delta) + (F_{sf} \times F_{of} + (1-F_{of}))$$

$$公式(4-36)$$

式中:

$e_{plane-srf,i}(成人)$ 是从无限光滑平面源的放射性核素 i 的单位表面活度到成人的有效剂量率,单位 (Sv/s)/(Bq/m²)。表 4-29 中给出了这些值,这些值适用于站在理想平面的上的裸露表面均匀受污染人员。这会高估真实的(非平面)浓度均匀表面的剂量;因此,下面将讨论使用地面粗糙度校正因子。

$CorF_{grd} = 0.7$(无量纲)是地面粗糙度校正因子,用于说明由于地面粗糙度导致的剂量率

降低;

$SF_{e_{ext}}$（成人→婴儿）=1.4（无量纲）是比例因子,用于将外照射成人的有效剂量转换为婴儿的有效剂量;

$WI_{G,i}(\Delta)$是放射性核素 i 外照射地面剂量率在照射时间段 Δ 内的时间积分风化因子,单位 s。表 4-29 中给出了 7d 和 1a 照射时间的相应值。

Fsf = 0.4（无量纲）是居住在房间人员剂量率的屏蔽修正因子,其值来自 IAEA 较早的建议（IAEA-TECDOC-955=1 997）,欧共体的建议值为 0.42。

Fof = 0.6（无量纲）是人员在房间的居留因子,其值来自 IAEA 较早的建议。

*$e_{air-sh,i}(\Delta)$是代表人（即,该照射场景和途径的婴儿）在照射时间段 Δ 内的外照射有效剂量,对于地面场景而言,这种外照射是由于单位地面沉积核素放射性核素 i 悬浮在空气产生的,单位为 Sv/(Bq/m²),其值由公式（4-37）确定:

$$e_{air-sh,i}(\Delta) = e_{air-sh,i}（成人）\times TI_{grd\to air,i}(\Delta) \times SF_{e_{ext}（成人→婴儿）} \qquad 公式（4-37）$$

式中:

$e_{air-sh,i}$（成人）是放射性核素 i 每单位空气活度浓度致年人的外照射有效剂量率,单位 (Sv/s)/(Bq/m³)。这些值在表 4-29 中给出,适用于站在半无限,均匀污染的大气云中心的裸露个体。对真实均匀浓度（有限）烟羽流,上述剂量会高估剂量。

$TI_{grd\to air,i}(\Delta)$是放射性核素 i 从地面到空气（通过风或其他自然过程重悬浮到空气中）的时间积分转移因子,在受照时间段 Δ 积分,单位 s/m。表 4-30 中给出了 7d 和 1a 受照时间的值。

$SF_{e_{ext}}$（成人→婴儿）=1.4（无量纲）是将外照射成人的有效剂量转换为婴儿有效剂量的比例因子。

*$e_{inh-resu,i}(\Delta)$是在地面场景中,代表人在这种照射场景和途径下,成年人体内在照射期 Δ 内从地面单位比活度的地面沉积物悬浮物吸入放射性 i,所致的待积有效剂量,单位 Sv/(Bq/m²)。其值由公式（4-38）确定。

$$e_{inh-resu,i}(\Delta) = e_{inh,i}（成人）\times TI_{grd\to air,i}(\Delta) \times F_{rf} \times Q_{air} \qquad 公式（4-38）$$

式中:

$e_{inh,i}$（成人）是成人吸入核素 i 单位摄入活度所致的待积有效剂量,单位为 Sv/Bq。表 4-29 中列出了相关的值。

$TI_{grd\to air,i}(\Delta)$是放射性核素 i 从地面到空气（通过风或其他自然过程重新悬浮到空气中）的时间积分转移因子,在暴露时间段 Δ 积分,单位 s/m。其值已列在表 4-30 中。

$F_{rf} = 1$（无量纲）是空气中放射性物质沉积在肺部肺区域（可呼吸部分）的分数。实际上，在大多数情况下，预期 F_{rf} 小于此默认值的十分之一。

$Q_{air} = 1.2 \text{m}^3/\text{h} = 3.3 \times 10^{-4} \text{m}^3/\text{s}$ 是进行轻度活动的成年人的呼吸速率。

* $e_{inadv\text{-}ing,i}(\Delta)$ 是对于地面场景而言，在照射时间段 Δ 内，由于无意摄入地表比活度地面沉积物，射性核素 i 单位所致的代表人（即这种场景和途径的婴儿）的待积有效剂量，单位 Sv/(Bq/m²)。其值用下式计算：

$$e_{inadv\text{-}ing,i}(\Delta) = e_{ing,i}(\text{婴儿}) \times TI_{grd \to GI,i}(\Delta, \text{婴儿}) \qquad \text{公式(4-39)}$$

式中：

$e_{ing,i}(\text{婴儿})$ 是放射性核素 i 通过食入途径入单位摄入量所致婴儿的待积有效剂量，单位 Sv/Bq。其值列在表 4-29 中。

$TI_{grd \to GI,i}(\Delta, \text{婴儿})$ 是由于婴儿（即这次照射场景和途径的代表人）在照射时间段 Δ 内累积积分意外摄入放射性核素 i 时，从地面到胃肠道的时间累积转移因子，单位 m²。表 4-31 给出了婴儿 7d 和 1a 照射时间的值。

（二）胎儿的总当量剂量

表 4-32 提供了 $H_{\text{胎儿},grd\text{-}scen,i}(\Delta)$ 值，单位 Sv/(Bq/m²)，它是地面场景下，照射时间段 Δ 时间内，放射性核素 i 的单位地面沉积比活度所致胎儿的总当量剂量。因此，只要能监测到地面沉积的放射性核素 i 的比活度，就能很容易的得到这个核素所致的代表胎儿的总有效剂量。

下面介绍 $H_{\text{胎儿},grd\text{-}scen,i}(\Delta)$ 的估算方法，它用公式(4-40)计算：

$$H_{\text{胎儿},grd\text{-}scen,i}(\Delta) = h_{\text{胎儿},grd\text{-}sh,i}(\Delta) + h_{\text{胎儿},air\text{-}sh,i}(\Delta) + h_{\text{胎儿},inh\text{-}resu,i}(\Delta) + h_{\text{胎儿},inadv\text{-}ing,i}(\Delta)$$

$$\text{公式(4-40)}$$

式中：

* $h_{\text{胎儿},grd\text{-}sh,i}(\Delta)$ 是，对于"地面"情况，在照射时间段 Δ 中，从地面沉积放射性核素 i 的单位地面比活度产生的地面照射致使胎儿受到的外照射当量剂量，单位 Sv/(Bq/m²)。其值用公式(4-41)计算：

$$h_{\text{胎儿},air\text{-}sh,i}(\Delta) = h_{red,mar.plane\text{-}srf,i}(\Delta) \times CorF_{grd} \times WI_{G,i}(\Delta) \times SF_{(h_{red,mar} \to h_{\text{胎儿}}).grd\text{-}sh.i} \times (F_{sF} \times F_{oF} + (1 - F_{oF}))$$

$$\text{公式(4-41)}$$

式中：

$h_{redmar,plane\text{-}srf,i}(\text{成人})$ 是从无限光滑平面源放中射性核素 i 所致的成人红骨髓剂量率，单位 (Sv/s)/(Bq/m²)。其值在表 4-33 中给出，并且适用于站在表面均匀污染理想平面上的受照个体。这会高估均匀浓度的真实表面(非平面)剂量;因此,将使用地面粗糙度校正因子。

$CorF_{grd}$=0.7(无量纲)是地面粗糙度校正因子,用于说明由于地面粗糙度导致的剂量率降低。

$SF_{(h_{red,mar}\rightarrow h_{胎儿}).grd-sh,i}$=0.9(无量纲)是地面照射时,红骨髓当量剂量率与胎儿当量剂量率的剂量转换因子的比例因子。

$WI_{G,i}(\Delta)$是放射性核素 i 外照射地面剂量率在照射时间段 Δ 内的时间积分风化因子,单位 s。表 4-30 中给出了 7d 和 1a 照射时间的相应值,单位 s。

F_{sF}= 0.4(无量纲)是居住在房间人员剂量率的屏蔽修正因子,其值来自 IAEA 较早的建议(IAEA-TECDOC-955=1 997),欧共体的建议值为 0.42。

F_{oF}= 0.6(无量纲)是人员在房间的居留因子,其值来自 IAEA 较早的建议。

* $h_{胎儿,air-sh,i}(\Delta)$ 是地面场景下,在照射时间段 Δ 内,由于单位地面比活度的地面沉积物悬浮在空气中的放射性核素 i 而产生的空气照射所致胎儿的外照射当量剂量,单位 $Sv/(Bq/m^2)$。其值用公式(4-42)确定:

$$h_{胎儿.mar,air-sh,i}(\Delta) = h_{red.mar,air-sh,i}(成人) \times SF_{(h_{red.mar}\leftarrow h_{胎儿}),air-sh} \times TI_{grd-air,i}(\Delta)$$

公式(4-42)

式中:

$h_{redmar,air-sh,i}$(成人)是人员在浸没在半无限的气载放射性物质云场景时,单位摄入量的放射性核素 i 空气活度浓度所致成年人红骨髓当量剂量率,单位 $(Sv/s)/(Bq/m^3)$。这些值在表 4-33 中给出,适用于站在半无限、均匀污染的大气云中心受照的个人。这会高估站在真实均匀浓度的(有限)烟羽中人员的剂量。

$SF_{(h_{red.mar}\leftarrow h_{胎儿}),air-sh}$=0.9(无量纲)是对空气中这类受照时,比例因子,对用于将对红骨髓当量效剂量率转换为对胎儿的当量剂量率的剂量转换因子的校准因子。

$TI_{grd\rightarrow air,i}(\Delta)$是在照射时间段 Δ 中,放射性核素 i 从地面到空气(通过风或其他自然过程重新悬浮到空气中)的时间积分传递因子。表 4-30 中给出了 7d 和 1a 照射时间的值。

* $h_{胎儿,inh-resu,i}(\Delta)$ 是地面场景下,在受照期 Δ 中,孕妇从单位地面比活度的地面重悬浮的沉积物中吸入放射性核素 i 所致胎儿的待积当量剂量,单位 $Sv/(Bq/m^2)$。其值用公式(4-43)确定:

$$h_{胎儿,inh-resu,i}(\Delta) = h_{胎儿,inh,i} \times TI_{grd\rightarrow air,i}(\Delta) \times F_{rf} \times Q_{air}$$

公式(4-43)

式中:

$h_{胎儿,inh,i}$ 是成人(即孕妇)吸入每单位摄入量的放射性核素 i 所致胎儿的当量剂量,单位

Sv/Bq。其值在表 4-34 中给出。

$TI_{grd \to air,i}(\Delta)$ 是放射性核素 i 从地面到空气(通过风或其他自然过程重新悬浮到空气中)的时间积分转移因子,在受照时间段 Δ 中积分,单位 s/m。表 4-30 中给出了 7d 和 1a 受照时间的值。

$F_{rf} = 1$(无量纲)是空气中放射性物质沉积在肺部肺区域(可呼吸部分)的分数。实际上,在大多数情况下,预期 F_{rf} 小于此默认值的十分之一。

$Q_{air} = 1.2m^3/h = 3.3 \times 10^4 m^3/s$ 是进行轻度活动的成年人的呼吸速率。

$^*h_{胎儿,inadv\text{-}ing,i}(\Delta)$ 是指地面场景下,在受照期 Δ 中,成人(即孕妇)无意摄入地面沉积物中单位摄入量的放射性核素 i 的地面比活度所致胎儿的待积当量剂量,单位 $Sv/(Bq/m^2)$。其值用公式(4-44)确定:

$$h_{胎儿,inadv\text{-}ing,i}(\Delta) = h_{胎儿,ing,i} \times TI_{grd \to GI,i}(\Delta,成人) \qquad 公式(4\text{-}44)$$

$h_{胎儿,ing,i}$ 是成人(即孕妇)食入单位摄入量的放射性核素 i 所致的胎儿的待积当量剂量,单位 Sv/Bq。其值列于表 4-34 中。

$TI_{grd \to GI,i}(\Delta,成人)$ 是成人由于意外摄入(考虑到胎儿受照)而放射性核素 i 从地面到胃肠道的时间积分转移因子,在受照时间段 Δ 积分,单位 m^2。表 4-31 给出了成年人 7d 和 1a 受照时间的值。

表 4-28　基于地面监测的总有效剂量和婴儿当量剂量的剂量转换系数 $Sv/(Bq/m^2)$

放射性核素	$E_{grd,i}(\Delta)$ 转换系数 $Sv/(Bq/m^2)$		婴儿当量剂量转换系数 $Sv/(Bq/m^2)$	
	$\Delta=7d$	$\Delta=1a$	$\Delta=7d$	$\Delta=1a$
^{86}Rb	3.5×10^{-11}	1.3×10^{-10}	2.0×10^{-11}	8.3×10^{-11}
^{89}Sr	1.1×10^{-11}	2.4×10^{-11}	6.6×10^{-11}	1.1×10^{-10}
$^{90}Sr+$	1.6×10^{-10}	4.4×10^{-10}	1.8×10^{-10}	4.6×10^{-10}
^{91}Sr	2.1×10^{-11}	2.1×10^{-11}	1.3×10^{-11}	1.3×10^{-11}
^{91}Y	1.3×10^{-11}	4.1×10^{-11}	1.3×10^{-12}	1.3×10^{-11}
$^{95}Zr+$	8.7×10^{-10}	1.0×10^{-8}	5.4×10^{-10}	6.3×10^{-9}
$^{97}Zr+$	8.2×10^{-11}	8.2×10^{-11}	5.1×10^{-11}	5.1×10^{11}
$^{99}Mo+$	4.8×10^{-11}	5.7×10^{-11}	2.9×10^{-11}	3.5×10^{-11}
$^{103}Ru+$	1.7×10^{-10}	1.3×10^{-9}	1.0×10^{-10}	8.0×10^{-10}
^{105}Ru	1.1×10^{-11}	1.1×10^{-11}	7.0×10^{-12}	7.0×10^{-12}
$^{106}Ru+$	1.4×10^{-10}	2.5×10^{-9}	5.4×10^{-11}	1.5×10^{-9}

放射性核素	$E_{grd,i}(\Delta)$转换系数 Sv/(Bq/m²)		婴儿当量剂量转换系数 Sv/(Bq/m²)	
	Δ=7d	Δ=1a	Δ=7d	Δ=1a
^{105}Rh	8.8×10^{-12}	9.1×10^{-12}	5.2×10^{-12}	5.4×10^{-12}
^{127m}Te+	1.8×10^{-11}	1.3×10^{-10}	2.0×10^{-11}	7.2×10^{-11}
^{127}Te	2.2×10^{-13}	2.2×10^{-13}	9.8×10^{-14}	9.8×10^{-14}
^{129m}Te+	3.8×10^{-11}	2.0×10^{-10}	3.1×10^{-11}	1.3×10^{-10}
^{131m}Te	1.3×10^{-10}	1.3×10^{-10}	1.3×10^{-10}	1.3×10^{-10}
^{132}Te+	4.8×10^{-10}	6.1×10^{-10}	5.0×10^{-10}	5.9×10^{-10}
^{131}I	1.4×10^{-10}	2.7×10^{-10}	8.5×10^{-10}	1.1×10^{-9}
^{133}I	4.3×10^{-11}	4.4×10^{-11}	9.9×10^{-11}	9.9×10^{-11}
^{134}I	7.2×10^{-12}	7.2×10^{-12}	4.6×10^{-12}	4.6×10^{-12}
^{135}I	3.2×10^{-11}	3.2×10^{-11}	2.6×10^{-11}	2.6×10^{-11}
^{134}Cs	5.9×10^{-10}	1.9×10^{-8}	3.6×10^{-10}	1.2×10^{-8}
^{136}Cs	6.6×10^{-10}	2.1×10^{-9}	4.1×10^{-10}	1.3×10^{-9}
^{137}Cs+	2.6×10^{-10}	8.6×10^{-9}	1.4×10^{-10}	5.4×10^{-9}
^{140}Ba+	8.8×10^{-10}	2.7×10^{-9}	5.6×10^{-10}	1.7×10^{-9}
^{141}Ce	3.0×10^{-11}	1.8×10^{-10}	1.5×10^{-11}	9.8×10^{-11}
^{143}Ce	3.0×10^{-11}	3.1×10^{-11}	1.7×10^{-11}	1.8×10^{-11}
^{144}Ce+	7.4×10^{-11}	7.0×10^{-10}	1.8×10^{-11}	3.6×10^{-10}
^{143}Pr	3.5×10^{-12}	4.9×10^{-12}	1.1×10^{-13}	3.4×10^{-13}
^{147}Nd	4.5×10^{-11}	1.2×10^{-10}	2.4×10^{-11}	6.6×10^{-11}
^{239}Np	2.7×10^{-11}	3.1×10^{-11}	1.5×10^{-11}	1.7×10^{-11}
^{238}Pu	9.3×10^{-8}	2.2×10^{-7}	2.6×10^{-9}	6.2×10^{-9}
^{239}Pu	1.0×10^{-7}	2.4×10^{-7}	2.5×10^{-9}	5.8×10^{-9}
^{240}Pu	1.0×10^{-7}	2.4×10^{-7}	2.5×10^{-9}	5.8×10^{-9}
^{241}Pu	2.0×10^{-9}	4.6×10^{-9}	1.9×10^{-12}	4.4×10^{-12}
^{241}Am	8.2×10^{-8}	1.9×10^{-7}	1.4×10^{-9}	3.4×10^{-9}
^{242}Cm	5.0×10^{-9}	9.9×10^{-9}	9.3×10^{-10}	1.8×10^{-9}
^{244}Cm	4.8×10^{-8}	1.1×10^{-7}	1.4×10^{-9}	3.2×10^{-9}

+ 这些核素在 OIL 计算中已被视为该放射性核素与其子代处于平衡状态,因此无须另行考虑。

另请注意,本章中"胎儿"一词既涵盖胚胎和胎儿;为简单起见,使用的暴露期为 1 年而不是 9 个月。

表 4-29　用于计算地面场景中代表人员的总有效剂量的剂量换算因子

放射性核素	$e_{\text{plane-srf},i}$（成人） （Sv/s)/(Bq/m²)	$e_{\text{air-sh},i}$（成人） （Sv/s)/(Bq/m³)	$e_{\text{inh},i}$（成人） Sv/Bq	$e_{\text{ing},i}$（婴儿） Sv/Bq
^{86}Rb	9.3×10^{-17}	4.8×10^{-15}	9.3×10^{-10}	2.0×10^{-8}
^{89}Sr	2.3×10^{-18}	7.7×10^{-17}	7.9×10^{-9}	1.8×10^{-8}
^{90}Sr+	5.6×10^{-18}	2.0×10^{-16}	1.6×10^{-7}	9.3×10^{-8}
^{91}Sr	6.8×10^{-16}	3.5×10^{-14}	4.1×10^{-10}	4.0×10^{-9}
^{91}Y	5.7×10^{-18}	2.6×10^{-16}	8.9×10^{-9}	1.8×10^{-8}
^{95}Zr+	2.4×10^{-15}	1.2×10^{-13}	9.9×10^{-9}	1.3×10^{-8}
^{97}Zr+	1.5×10^{-15}	7.5×10^{-14}	9.7×10^{-10}	1.4×10^{-8}
^{99}Mo+	2.6×10^{-16}	1.3×10^{-14}	1.0×10^{-9}	3.6×10^{-9}
^{103}Ru+	4.6×10^{-16}	2.3×10^{-14}	3.0×10^{-9}	4.6×10^{-9}
^{105}Ru	7.7×10^{-16}	3.8×10^{-14}	1.8×10^{-10}	1.8×10^{-9}
^{106}Ru+	2.1×10^{-16}	1.0×10^{-14}	6.6×10^{-8}	4.9×10^{-8}
^{105}Rh	7.6×10^{-17}	3.7×10^{-15}	3.5×10^{-10}	2.7×10^{-9}
^{127m}Te+	1.6×10^{-17}	3.9×10^{-16}	9.9×10^{-9}	1.9×10^{-8}
^{127}Te	5.2×10^{-18}	2.4×10^{-16}	1.4×10^{-10}	1.2×10^{-9}
^{129m}Te+	7.7×10^{-17}	3.3×10^{-15}	7.9×10^{-9}	2.4×10^{-8}
^{131m}Te	1.4×10^{-15}	7.0×10^{-14}	9.4×10^{-10}	1.4×10^{-8}
^{132}Te+	2.4×10^{-15}	1.2×10^{-13}	2.1×10^{-9}	3.2×10^{-8}
^{131}I	3.8×10^{-16}	1.8×10^{-14}	7.4×10^{-9}	1.8×10^{-7}
^{133}I	6.0×10^{-16}	2.9×10^{-14}	1.5×10^{-9}	4.4×10^{-8}
^{134}I	2.5×10^{-15}	1.3×10^{-13}	5.5×10^{-11}	7.5×10^{-10}
^{135}I	1.5×10^{-15}	8.0×10^{-14}	3.2×10^{-10}	8.9×10^{-9}
^{134}Cs	1.5×10^{-15}	7.6×10^{-14}	2.0×10^{-8}	1.6×10^{-8}
^{136}Cs	2.1×10^{-15}	1.1×10^{-13}	2.8×10^{-9}	9.5×10^{-9}
^{137}Cs+	5.9×10^{-16}	2.9×10^{-14}	3.9×10^{-8}	1.2×10^{-8}
^{140}Ba+	2.8×10^{-15}	1.5×10^{-13}	7.1×10^{-9}	3.4×10^{-8}
^{141}Ce	7.4×10^{-17}	3.4×10^{-15}	3.8×10^{-9}	5.1×10^{-9}
^{143}Ce	2.8×10^{-16}	1.3×10^{-14}	8.3×10^{-10}	8.0×10^{-9}
^{144}Ce+	5.8×10^{-17}	2.8×10^{-15}	5.3×10^{-8}	3.9×10^{-8}
^{143}Pr	7.0×10^{-19}	2.1×10^{-17}	2.4×10^{-9}	8.7×10^{-9}
^{147}Nd	1.4×10^{-16}	6.2×10^{-15}	2.4×10^{-9}	7.8×10^{-9}
^{239}Np	1.6×10^{-16}	7.7×10^{-15}	1.0×10^{-9}	5.7×10^{-9}

放射性核素	$e_{\text{plane-srf},i}$（成人） （Sv/s）/（Bq/m^2）	$e_{\text{air-sh},i}$（成人） （Sv/s）/（Bq/m^3）	$e_{\text{inh},i}$（成人） Sv/Bq	$e_{\text{ing},i}$（婴儿） Sv/Bq
^{238}Pu	8.4×10^{-19}	4.9×10^{-18}	1.1×10^{-4}	4.0×10^{-7}
^{239}Pu	3.7×10^{-19}	4.2×10^{-18}	1.2×10^{-4}	4.2×10^{-7}
^{240}Pu	8.0×10^{-19}	4.8×10^{-18}	1.2×10^{-4}	4.2×10^{-7}
^{241}Pu	1.9×10^{-21}	7.3×10^{-20}	2.3×10^{-6}	5.7×10^{-9}
^{241}Am	2.8×10^{-17}	8.2×10^{-16}	9.6×10^{-5}	3.7×10^{-7}
^{242}Cm	9.6×10^{-19}	5.7×10^{-18}	5.9×10^{-6}	7.6×10^{-8}
^{244}Cm	8.8×10^{-19}	4.2×10^{-18}	5.7×10^{-5}	2.9×10^{-7}

+ 这些核素在 OIL 计算中已被视为该放射性核素与其子代处于平衡状态，因此无须另行考虑。

表 4-30　外照射地面剂量率时间积分风化因子和再悬浮的时间积分转移因子

放射性 核素	$WI_{G,j}$(7d) [s]	$WI_{G,j}$(1a) [s]	$TI_{\text{grd-air},i}$(7d) [s/m]	$TI_{\text{grd-air},i}$(1a) [s/m]
^{86}Rb	5.3×10^5	2.2×10^6	2.4	3.2
^{89}Sr	5.7×10^5	5.5×10^6	2.5	4.1
^{90}Sr+	6.0×10^5	2.3×10^7	2.5	6.0
^{91}Sr	5.0×10^4	5.0×10^4	0.47	0.47
^{91}Y	5.8×10^5	6.3×10^6	2.5	4.2
^{95}Zr+	5.8×10^5	6.8×10^6	2.5	4.3
^{97}Zr+	8.7×10^4	8.7×10^4	0.74	0.74
^{99}Mo+	2.8×10^5	3.4×10^5	1.6	1.7
^{103}Ru+	5.7×10^5	4.4×10^6	2.4	3.9
^{105}Ru	2.3×10^4	2.3×10^4	0.23	0.23
^{106}Ru+	6.0×10^5	1.8×10^7	2.5	5.5
^{105}Rh	1.8×10^5	1.8×10^5	1.2	1.2
^{127m}Te+	5.9×10^5	1.0×10^7	2.5	4.7
^{127}Te	4.9×10^4	4.9×10^4	0.46	0.46
^{129m}Te+	5.6×10^5	3.8×10^6	2.4	3.7
^{131m}Te	1.5×10^5	1.6×10^5	1.1	1.1
^{132}Te+	3.1×10^5	4.0×10^5	1.7	1.8
^{131}I	4.5×10^5	9.8×10^5	2.1	2.5
^{133}I	1.1×10^5	1.1×10^5	0.86	0.86
^{134}I	4.5×10^3	4.5×10^3	0.045	0.045

放射性核素	$WI_{G,j}(7d)$ [s]	$WI_{G,j}(1a)$ [s]	$TI_{grd\text{-}air,i}(7d)$ [s/m]	$TI_{grd\text{-}air,i}(1a)$ [s/m]
^{135}I	3.4×10^4	3.4×10^4	0.34	0.34
^{134}Cs	6.0×10^5	2.0×10^7	2.5	5.7
^{136}Cs	5.0×10^5	1.6×10^6	2.3	2.9
^{137}Cs+	6.0×10^5	2.3×10^7	2.5	6.0
^{140}Ba+	5.0×10^5	1.5×10^6	2.3	2.9
^{141}Ce	5.6×10^5	3.7×10^6	2.4	3.7
^{143}Ce	1.7×10^5	1.7×10^5	1.2	1.2
^{144}Ce+	6.0×10^5	1.6×10^7	2.5	5.4
^{143}Pr	5.1×10^5	1.6×10^6	2.3	3.0
^{147}Nd	4.9×10^5	1.3×10^6	2.2	2.8
^{239}Np	2.6×10^5	2.9×10^5	1.5	1.5
^{238}Pu	6.0×10^5	2.3×10^7	2.5	6.0
^{239}Pu	6.0×10^5	2.4×10^7	2.5	6.0
^{240}Pu	6.0×10^5	2.4×10^7	2.5	6.0
^{241}Pu	6.0×10^5	2.3×10^7	2.5	6.0
^{241}Am	6.0×10^5	2.3×10^7	2.5	6.0
^{242}Cm	5.9×10^5	1.3×10^7	2.5	5.0
^{244}Cm	6.0×10^5	2.3×10^7	2.5	6.0

+ 这些核素在 OIL 计算中已被视为该放射性核素与其子代处于平衡状态,因此无须另行考虑。

表 4-31　由于意外摄入的从地面到胃肠道的时间累积转移因子

放射性核素	$TI_{grd\rightarrow GI,i}(7d,婴儿)$ m^2	$TI_{grd\rightarrow GI,i}(7d,成人)$ m^2	$TI_{grd\rightarrow GI,i}(1a,婴儿)$ m^2	$TI_{grd\rightarrow GI,i}(1a,成人)$ m^2
^{86}Rb	1.7×10^{-4}	8.5×10^{-5}	2.3×10^{-4}	1.2×10^{-4}
^{89}Sr	1.8×10^{-4}	8.9×10^{-5}	2.9×10^{-4}	1.5×10^{-4}
^{90}Sr+	1.8×10^{-4}	9.2×10^{-5}	4.3×10^{-4}	2.1×10^{-4}
^{91}Sr	3.4×10^{-5}	1.7×10^{-5}	3.4×10^{-5}	1.7×10^{-5}
^{91}Y	1.8×10^{-4}	9.0×10^{-5}	3.0×10^{-4}	1.5×10^{-4}
^{95}Zr+	1.8×10^{-4}	9.0×10^{-5}	3.1×10^{-4}	1.5×10^{-4}
^{97}Zr+	5.4×10^{-5}	2.7×10^{-5}	5.4×10^{-5}	2.7×10^{-5}
^{99}Mo+	1.2×10^{-4}	5.8×10^{-5}	1.2×10^{-4}	6.0×10^{-5}
^{103}Ru+	1.8×10^{-4}	8.9×10^{-5}	2.8×10^{-4}	1.4×10^{-4}

放射性核素	$TI_{grd \to GI,i}$(7d,婴儿) m²	$TI_{grd \to GI,i}$(7d,成人) m²	$TI_{grd \to GI,i}$(1a,婴儿) m²	$TI_{grd \to GI,i}$(1a,成人) m²
^{105}Ru	1.7×10^{-5}	8.3×10^{-6}	1.7×10^{-5}	8.3×10^{-6}
^{106}Ru+	1.8×10^{-4}	9.2×10^{-5}	3.9×10^{-4}	2.0×10^{-4}
^{105}Rh	8.7×10^{-5}	4.3×10^{-5}	8.7×10^{-5}	4.4×10^{-5}
^{127m}Te+	1.8×10^{-4}	9.1×10^{-5}	3.4×10^{-4}	1.7×10^{-4}
^{127}Te	3.3×10^{-5}	1.7×10^{-5}	3.3×10^{-5}	1.7×10^{-5}
^{129m}Te+	1.8×10^{-4}	8.8×10^{-5}	2.7×10^{-4}	1.3×10^{-4}
^{131m}Te	7.9×10^{-5}	3.9×10^{-5}	7.9×10^{-5}	4.0×10^{-5}
^{132}Te+	1.2×10^{-4}	6.2×10^{-5}	1.3×10^{-4}	6.5×10^{-5}
^{131}I	1.5×10^{-4}	7.7×10^{-5}	1.8×10^{-4}	9.1×10^{-5}
^{133}I	6.2×10^{-5}	3.1×10^{-5}	6.2×10^{-5}	3.1×10^{-5}
^{134}I	3.3×10^{-6}	1.6×10^{-6}	3.3×10^{-6}	1.6×10^{-6}
^{135}I	2.4×10^{-5}	1.2×10^{-5}	2.4×10^{-5}	1.2×10^{-5}
^{134}Cs	1.8×10^{-4}	9.2×10^{-5}	4.1×10^{-4}	2.1×10^{-4}
^{136}Cs	1.6×10^{-4}	8.2×10^{-5}	2.1×10^{-4}	1.1×10^{-4}
^{137}Cs+	1.8×10^{-4}	9.2×10^{-5}	4.3×10^{-4}	2.1×10^{-4}
^{140}Ba+	1.6×10^{-4}	8.2×10^{-5}	2.1×10^{-4}	1.1×10^{-4}
^{141}Ce	1.8×10^{-4}	8.8×10^{-5}	2.7×10^{-4}	1.3×10^{-4}
^{143}Ce	8.3×10^{-4}	4.2×10^{-5}	8.4×10^{-5}	4.2×10^{-5}
^{144}Ce+	1.8×10^{-4}	9.2×10^{-5}	3.9×10^{-4}	1.9×10^{-4}
^{143}Pr	1.7×10^{-4}	8.3×10^{-5}	2.1×10^{-4}	1.1×10^{-4}
^{147}Nd	1.6×10^{-4}	8.1×10^{-5}	2.0×10^{-4}	1.0×10^{-4}
^{239}Np	1.1×10^{-4}	5.4×10^{-5}	1.1×10^{-4}	5.6×10^{-5}
^{238}Pu	1.8×10^{-4}	9.2×10^{-5}	4.3×10^{-4}	2.2×10^{-4}
^{239}Pu	1.8×10^{-4}	9.2×10^{-5}	4.3×10^{-4}	2.2×10^{-4}
^{240}Pu	1.8×10^{-4}	9.2×10^{-5}	4.3×10^{-4}	2.2×10^{-4}
^{241}Pu	1.8×10^{-4}	9.2×10^{-5}	4.3×10^{-4}	2.1×10^{-4}
^{241}Am	1.8×10^{-4}	9.2×10^{-5}	4.3×10^{-4}	2.2×10^{-4}
^{242}Cm	1.8×10^{-4}	9.1×10^{-5}	3.6×10^{-4}	1.8×10^{-4}
^{244}Cm	1.8×10^{-4}	9.2×10^{-5}	4.3×10^{-4}	2.1×10^{-4}

+ 这些核素在 OIL 计算中已被视为该放射性核素与其子代处于平衡状态,因此无须考虑。

表 4-32　地面场景中代表人总有效剂量到胎儿当量剂量间的剂量转换因子

放射性核素	$E_{\text{grd-scen},i}$(7d) [Sv/(Bq/m^2)]	$E_{\text{grd-scen},i}$(1a) [Sv/(Bq/m^2)]	$H_{\text{胎儿,grd-scen},i}$(7d) [Sv/(Bq/m^2)]	$H_{\text{胎儿,grd-scen},i}$(1a) [Sv/(Bq/m^2)]
^{86}Rb	3.5×10^{-11}	1.3×10^{-10}	2.0×10^{-11}	8.3×10^{-11}
^{89}Sr	1.1×10^{-11}	2.4×10^{-11}	6.6×10^{-11}	1.1×10^{-10}
^{90}Sr+	1.6×10^{-10}	4.4×10^{-10}	1.8×10^{-10}	4.6×10^{-10}
^{91}Sr	2.1×10^{-11}	2.1×10^{-11}	1.3×10^{-11}	1.3×10^{-11}
^{91}Y	1.3×10^{-11}	4.1×10^{-11}	1.3×10^{-12}	1.3×10^{-11}
^{95}Zr+	8.7×10^{-10}	1.0×10^{-8}	5.4×10^{-10}	6.3×10^{-9}
^{97}Zr+	8.2×10^{-11}	8.2×10^{-11}	5.1×10^{-11}	5.1×10^{-11}
^{99}Mo+	4.8×10^{-11}	5.7×10^{-11}	2.9×10^{-11}	3.5×10^{-11}
^{103}Ru+	1.7×10^{-10}	1.3×10^{-9}	1.0×10^{-10}	8.0×10^{-10}
^{105}Ru	1.1×10^{-11}	1.1×10^{-11}	7.0×10^{-12}	7.0×10^{-12}
^{106}Ru+	1.4×10^{-10}	2.5×10^{-9}	5.4×10^{-11}	1.5×10^{-9}
^{105}Rh	8.8×10^{-12}	9.1×10^{-12}	5.2×10^{-12}	5.4×10^{-12}
^{127m}Te+	1.8×10^{-11}	1.3×10^{-10}	2.0×10^{-11}	7.2×10^{-11}
^{127}Te	2.2×10^{-13}	2.2×10^{-13}	9.8×10^{-14}	9.8×10^{-14}
^{129m}Te+	3.8×10^{-11}	2.0×10^{-10}	3.1×10^{-11}	1.3×10^{-10}
^{131m}Te	1.3×10^{-10}	1.3×10^{-10}	1.3×10^{-10}	1.3×10^{-10}
^{132}Te+	4.8×10^{-10}	6.1×10^{-10}	5.0×10^{-10}	5.9×10^{-10}
^{131}I	1.4×10^{-10}	2.7×10^{-10}	8.5×10^{-10}	1.1×10^{-9}
^{133}I	4.3×10^{-11}	4.4×10^{-11}	9.9×10^{-11}	9.9×10^{-11}
^{134}I	7.2×10^{-12}	7.2×10^{-12}	4.6×10^{-12}	4.6×10^{-12}
^{135}I	3.2×10^{-11}	3.2×10^{-11}	2.6×10^{-11}	2.6×10^{-11}
^{134}Cs	5.9×10^{-10}	1.9×10^{-8}	3.6×10^{-10}	1.2×10^{-8}
^{136}Cs	6.6×10^{-10}	2.1×10^{-9}	4.1×10^{-10}	1.3×10^{-9}
^{137}Cs+	2.6×10^{-10}	8.6×10^{-9}	1.4×10^{-10}	5.4×10^{-9}
^{140}Ba+	8.8×10^{-10}	2.7×10^{-9}	5.6×10^{-10}	1.7×10^{-9}
^{141}Ce	3.0×10^{-11}	1.8×10^{-10}	1.5×10^{-11}	9.8×10^{-11}
^{143}Ce	3.0×10^{-11}	3.1×10^{-11}	1.7×10^{-11}	1.8×10^{-11}
^{144}Ce+	7.4×10^{-11}	7.0×10^{-10}	1.8×10^{-11}	3.6×10^{-10}
^{143}Pr	3.5×10^{-12}	4.9×10^{-12}	1.1×10^{-13}	3.4×10^{-13}
^{147}Nd	4.5×10^{-11}	1.2×10^{-10}	2.4×10^{-11}	6.6×10^{-11}
^{239}Np	2.7×10^{-11}	3.1×10^{-11}	1.5×10^{-11}	1.7×10^{-11}

放射性核素	$E_{\text{grd-scen},i}$ (7d) [Sv/(Bq/m²)]	$E_{\text{grd-scen},i}$ (1a) [Sv/(Bq/m²)]	$H_{\text{胎儿,grd-scen},i}$ (7d) [Sv/(Bq/m²)]	$H_{\text{胎儿,grd-scen},i}$ (1a) [Sv/(Bq/m²)]
^{238}Pu	9.3×10^{-8}	2.2×10^{-7}	2.6×10^{-9}	6.2×10^{-9}
^{239}Pu	1.0×10^{-7}	2.4×10^{-7}	2.5×10^{-9}	5.8×10^{-9}
^{240}Pu	1.0×10^{-7}	2.4×10^{-7}	2.5×10^{-9}	5.8×10^{-9}
^{241}Pu	2.0×10^{-9}	4.6×10^{-9}	1.9×10^{-12}	4.4×10^{-12}
^{241}Am	8.2×10^{-8}	1.9×10^{-7}	1.4×10^{-9}	3.4×10^{-9}
^{242}Cm	5.0×10^{-9}	9.9×10^{-9}	9.3×10^{-10}	1.8×10^{-9}
^{244}Cm	4.8×10^{-8}	1.1×10^{-7}	1.4×10^{-9}	3.2×10^{-9}

+ 这些核素在 OIL 计算中已被视为该放射性核素与其子代处于平衡状态,因此无须另行考虑。

表 4-33 地面场景下,用于计算同时期的婴儿当量剂量的剂量转换因子

放射性核素	$h_{\text{red.mar,plane-srf},i}$ (成人) [(Sv/s)/(Bq/m²)]	$h_{\text{red.mar,air-sh},i}$ (成人) [(Sv/s)/(Bq/m²)]	$h_{\text{婴儿,inh},i}$ [Sv/Bq]	$h_{\text{婴儿,ing},i}$ [Sv/Bq]
^{86}Rb	9.2×10^{-17}	4.6×10^{-15}	7.5×10^{-10}	2.2×10^{-9}
^{89}Sr	1.9×10^{-18}	6.4×10^{-17}	6.6×10^{-8}	1.3×10^{-7}
^{90}Sr+	4.8×10^{-18}	1.7×10^{-16}	1.7×10^{-7}	3.4×10^{-7}
^{91}Sr	6.6×10^{-16}	3.3×10^{-14}	3.6×10^{-11}	1.3×10^{-10}
^{91}Y	5.3×10^{-18}	2.4×10^{-16}	5.9×10^{-11}	1.7×10^{-12}
^{95}Zr+	2.3×10^{-15}	1.1×10^{-13}	3.0×10^{-9}	1.5×10^{-9}
^{97}Zr+	1.5×10^{-15}	7.1×10^{-14}	9.7×10^{-11}	3.2×10^{-10}
^{99}Mo+	2.5×10^{-16}	1.2×10^{-14}	8.4×10^{-10}	2.5×10^{-9}
^{103}Ru+	4.5×10^{-16}	2.1×10^{-14}	9.9×10^{-10}	3.6×10^{-10}
^{105}Ru	7.5×10^{-16}	3.6×10^{-14}	5.3×10^{-11}	6.0×10^{-11}
^{106}Ru+	2.1×10^{-16}	9.8×10^{-15}	6.0×10^{-9}	6.9×10^{-10}
^{105}Rh	7.3×10^{-17}	3.4×10^{-15}	1.9×10^{-11}	2.7×10^{-11}
^{127m}Te+	2.9×10^{-16}	2.1×10^{-8}	7.5×10^{-9}	9.2×10^{-18}
^{127}Te	4.9×10^{-18}	2.2×10^{-16}	1.5×10^{-11}	4.9×10^{-12}
^{129m}Te+	3.1×10^{-15}	1.9×10^{-8}	6.8×10^{-9}	6.8×10^{-17}
^{131m}Te	1.3×10^{-15}	6.7×10^{-14}	1.2×10^{-7}	5.4×10^{-8}
^{132}Te+	2.4×10^{-15}	1.2×10^{-13}	3.4×10^{-7}	1.4×10^{-7}
^{131}I	3.6×10^{-16}	1.7×10^{-14}	9.9×10^{-7}	1.1×10^{-6}
^{133}I	5.8×10^{-16}	2.8×10^{-14}	2.3×10^{-7}	2.5×10^{-7}
^{134}I	2.5×10^{-15}	1.3×10^{-13}	1.9×10^{-9}	1.9×10^{-9}

放射性核素	$h_{red.mar,plane-srf,i}$（成人）$[(Sv/s)/(Bq/m^2)]$	$h_{red.mar,air-sh,i}$（成人）$[(Sv/s)/(Bq/m^2)]$	$h_{婴儿,inh,i}$ $[Sv/Bq]$	$h_{婴儿,ing,i}$ $[Sv/Bq]$
^{135}I	1.5×10^{-15}	7.8×10^{-14}	4.8×10^{-8}	5.2×10^{-8}
^{134}Cs	1.5×10^{-15}	7.2×10^{-14}	3.9×10^{-9}	1.1×10^{-8}
^{136}Cs	2.0×10^{-15}	1.0×10^{-13}	1.2×10^{-9}	3.5×10^{-9}
$^{137}Cs+$	5.7×10^{-16}	2.7×10^{-14}	2.5×10^{-9}	7.2×10^{-9}
$^{140}Ba+$	2.7×10^{-15}	1.4×10^{-13}	8.1×10^{-9}	1.2×10^{-8}
^{141}Ce	6.5×10^{-17}	2.8×10^{-15}	3.8×10^{-10}	6.0×10^{-11}
^{143}Ce	2.6×10^{-16}	1.2×10^{-14}	3.7×10^{-11}	8.9×10^{-11}
$^{144}Ce+$	5.3×10^{-17}	2.5×10^{-15}	5.7×10^{-9}	4.7×10^{-11}
^{143}Pr	5.2×10^{-19}	1.6×10^{-17}	7.5×10^{-13}	1.1×10^{-14}
^{147}Nd	1.2×10^{-16}	5.4×10^{-15}	1.9×10^{-11}	7.3×10^{-11}
^{239}Np	1.5×10^{-16}	6.5×10^{-15}	5.9×10^{-10}	9.2×10^{-11}
^{238}Pu	1.9×10^{-19}	1.7×10^{-18}	3.1×10^{-6}	6.3×10^{-9}
^{239}Pu	1.2×10^{-19}	2.7×10^{-18}	2.9×10^{-6}	5.9×10^{-9}
^{240}Pu	1.9×10^{-19}	1.7×10^{-18}	2.9×10^{-6}	5.9×10^{-9}
^{241}Pu	1.4×10^{-21}	5.6×10^{-20}	2.2×10^{-9}	4.5×10^{-12}
^{241}Am	1.7×10^{-17}	5.2×10^{-16}	1.6×10^{-6}	3.2×10^{-9}
^{242}Cm	2.3×10^{-19}	1.9×10^{-18}	1.1×10^{-6}	2.2×10^{-9}
^{244}Cm	2.0×10^{-19}	1.5×10^{-18}	1.6×10^{-6}	3.3×10^{-9}

+这些核素在 OIL 计算中已被视为该放射性核素与其子代处于平衡状态，因此无须另行考虑。

三、基于食品摄入的剂量估算

（一）基于地面沉积监测的剂量估算

在应急响应中，往往不可能有较完善的食品分析数据，这时可用地面沉积监测结果类进行食品摄入剂量的初步估算。基于这类监测值（计算 $OIL_{3\gamma}$ 所需）的剂量估算时，在受照期 Δ 为 1 年的情况下，计算代表人预期有效剂量和胎儿的当量剂量时的剂量转换系数参见表 4-34。具体计算方法将在这节中讨论。

1. 代表人的待积有效剂量　表 4-34 提供了 $e_{ing,食品分析前,i}$ 是基于地面沉积监测时，放射性核素 i 单位地面沉积比活度相应的代表人（成人核婴儿）通过食入途径 1 年的待积有效剂量，单位 $Sv/(Bq/m^2)$。因此，只要有放射性核素 i 单位地面沉积比活度的监测结果，就很容易估算出地面沉积的该核素所致的代表人通过食入途径 1 年的待积有效剂量。

下面讨论 $e_{\text{ing,食品分析前},i}$ 的估算方法,它由公式(4-45)确定:对于食入而言,成人和婴儿代表人的剂量转换因子是按导致最高剂量的食物消耗率考虑的。

$$e_{\text{ing,食品分析前},i} = [\phi_1 \times F_\text{奶} \times U_\text{牛} \times F_\text{饲料} \times T_{\text{饲料→牛→奶},i} \times \text{Max}\{Q_\text{奶}(婴儿) \times e_{\text{ing},i}(婴儿), Q_\text{奶}(成人) \times$$
$$e_{\text{ing},i}(成人)\} + \text{Max}\{Q_{1V}(婴儿) \times e_{\text{ing},i}(婴儿), Q_{1V}(成人) \times e_{\text{ing},i}(成人)\} \times \phi_2 \times$$
$$F_{1V} \times \Delta_{\text{eff,OIL},3i} \times F_{\text{消费},i} \qquad\qquad\qquad \text{公式(4-45)}$$

式中:

$\Phi_1 = 3\text{m}^2/\text{kg}$ 是牧草在干重时的质量截留因子,即植物中的比活度[Bq/kg]与地面上的单位地面比活度[Bq/m^2](土壤加植被)之比。

$\Phi_2 = 0.3\text{m}^2/\text{kg}$ 是叶类蔬菜(新鲜或湿重)的质量截留因子,即植物比活度[Bq/kg]与地面单位地面比活度[Bq/m^2](土壤加植被)的比值。

$F_\text{奶} = 0.5$(无量纲)是在采取控制摄入量行动之前,假定所受到影响而消耗的牛奶比例。

$F_{1v} = 0.5$(无量纲)是在采取控制摄入量行动之前,假定所受到影响消耗的叶类蔬菜比例。

$U_\text{牛} = 16\text{kg/d} = 1.9 \times 10^{-4}\text{kg/s}$ 是奶牛干重饲料的消耗率。

$F_\text{饲料} = 0.7$(无量纲)是假定受到影响的牛饲料分数。

$T_{\text{饲料→牛→奶},i}$ 是放射性核素 i 从饲料到牛奶的转移因子,单位 s/L。其值列在表4-35中。

$Q_\text{奶}(婴儿) = 120\text{L/a} = 3.8 \times 10^{-6}\text{L/s}$ 是婴儿的牛奶消耗率(按代表人考虑)。

$Q_\text{奶}(成人) = 105\text{L/a} = 3.3 \times 10^{-6}\text{L/s}$ 是婴儿的牛奶消耗率(按代表人考虑)。

$Q_{1V}(成人) = 20\text{kg/a} = 6.3 \times 10^{-7}\text{kg/s}$ 是婴儿(按代表人)按鲜重计算的叶类蔬菜的消费率。

$Q_{1V}(成人) = 60\text{kg/a} = 1.9 \times 10^{-6}\text{kg/s}$ 是成人(按代表人)按鲜重计算的叶类蔬菜的消费率。

$e_{\text{ing},i}(婴儿)$ 是婴儿食入单位摄入量的放射性核素 i 所致的有效剂量,单位 Sv/Bq。其值列于表4-36。

$e_{\text{ing},i}(成人)$ 是成人食入单位摄入量的放射性核素 i 所致的有效剂量,单位 Sv/Bq。其值列于表4-36。

$\Delta_{\text{eff,OIL3},i}$ 是在采用地面沉积监测的剂量估算中,摄入放射性核素 i 的有效的有效期,单位 s。其值列在表4-37中。

$F_{\text{消费},i}$[无量纲]是人类食入后,放射性核素 i 残留的分数。其值列在表4-38中。

2. 胎儿的待积有效剂量　表4-34提供了基于地面沉积监测时,放射性核素 i 的单位地面沉积比活度所致胎儿的待积当量剂量 $h_{\text{ing.food-pre-analy},i}$,它是孕妇子宫内发育期内摄入食物,牛奶和饮用水后引起的,单位 Sv/(Bq/m^2)。因此,只要有放射性核素 i 单位地面沉积比活度的监测结果,就很容易估算出地面沉积的该核素所致婴儿发育期的待积有效剂量。

下面讨论 $h_{\text{ing,food-pre-analy},i}$ 的估算方法,它由公式(4-46)确定:

$$h_{\text{ing,food-pre-analy},i} = \left[\phi_1 \times F_{\text{奶}} \times U_{\text{牛}} \times F_{\text{饲料}} \times T_{\text{饲料}\to\text{牛}\to\text{奶}} \times Q_{\text{奶}}(\text{成人}) \times h_{\text{胎儿,ing},i} + \right.$$
$$\left. \phi_2 \times F_{\text{IV}} \times Q_{\text{IV}}(\text{成人}) \times h_{\text{胎儿,ing},i}\right] \times \Delta_{\text{eff,OIL3},i} \times F_{\text{消费},i} \quad \text{公式(4-46)}$$

式中:

$h_{\text{胎儿,ing},i}$ 是成人(即孕妇)摄入单位摄入量的放射性核素 i 所致胎儿的当量剂量,单位 Sv/Bq。其值列于表4-36。

其他因素如上所述。

由于很难对受影响的饮用水的剂量做出合理的估算,因此这些计算不包括摄入受影响的饮用水对剂量的贡献。但是,由于可能是剂量的重要贡献者,因此,当超过 $\text{OIL}_{3\gamma}$ 时,作为预防措施,直接收集的雨水的消耗和分配也受到限制。

表4-34 基于地面沉积监测的剂量转换因子

放射性核素	$e_{\text{ing,food-analy},i}$ / [Sv/(Bq/m^2)]	$h_{\text{胎儿,ing},i}$ / [Sv/(Bq/m^2)]	放射性核素	$e_{\text{ing,food-analy},i}$ / [Sv/(Bq/m^2)]	$h_{\text{胎儿,ing},i}$ / [Sv/(Bq/m^2)]
^{86}Rb	1.2×10^{-7}	1.2×10^{-8}	^{134}I	8.3×10^{-21}	2.8×10^{-20}
^{89}Sr	4.3×10^{-9}	6.3×10^{-8}	^{135}I	1.0×10^{-11}	8.1×10^{-11}
^{90}Sr+	2.9×10^{-8}	2.1×10^{-7}	^{134}Cs	1.8×10^{-8}	1.0×10^{-8}
^{91}Sr	6.2×10^{-12}	4.0×10^{-13}	^{136}Cs	3.0×10^{-9}	1.5×10^{-9}
^{91}Y	2.5×10^{-9}	6.8×10^{-13}	^{137}Cs+	1.3×10^{-8}	6.8×10^{-9}
^{95}Zr+	1.7×10^{-9}	6.2×10^{-10}	^{140}Ba+	2.8×10^{-9}	2.7×10^{-9}
^{97}Zr+	4.2×10^{-11}	2.8×10^{-12}	^{141}Ce	5.9×10^{-10}	2.1×10^{-11}
^{99}Mo+	1.3×10^{-10}	1.9×10^{-10}	^{143}Ce	7.3×10^{-11}	2.4×10^{-12}
^{103}Ru+	5.6×10^{-10}	1.3×10^{-10}	^{144}Ce+	6.3×10^{-9}	2.2×10^{-11}
^{105}Ru	9.3×10^{-14}	9.2×10^{-15}	^{143}Pr	6.8×10^{-10}	2.6×10^{-15}
^{106}Ru+	7.9×10^{-9}	3.3×10^{-10}	^{147}Nd	5.4×10^{-10}	1.5×10^{-11}
^{105}Rh	3.6×10^{-11}	8.8×10^{-13}	^{239}Np	1.1×10^{-10}	5.0×10^{-12}
^{127m}Te+	3.4×10^{-9}	3.5×10^{-9}	^{238}Pu	1.1×10^{-7}	3.1×10^{-9}
^{127}Te	1.1×10^{-12}	1.2×10^{-14}	^{239}Pu	1.2×10^{-7}	2.9×10^{-9}
^{129m}Te+	3.4×10^{-9}	2.5×10^{-9}	^{240}Pu	1.2×10^{-7}	2.9×10^{-9}
^{131m}Te	1.3×10^{-10}	1.4×10^{-9}	^{241}Pu	2.4×10^{-9}	2.2×10^{-12}
^{132}Te+	9.9×10^{-10}	1.1×10^{-8}	^{241}Am	1.0×10^{-7}	1.6×10^{-9}
^{131}I	4.6×10^{-8}	3.8×10^{-7}	^{242}Cm	1.2×10^{-8}	1.0×10^{-9}
^{133}I	8.9×10^{-10}	6.7×10^{-9}	^{244}Cm	6.0×10^{-8}	1.6×10^{-9}

+ 这些核素在 OIL 计算中已被视为该放射性核素与其子代处于平衡状态,因此无须另行考虑。

表 4-35　放射性核素 i 从饲料到牛乳的转移因子

放射性核素	$T_{\text{feed}\rightarrow\text{cow-milk},i}$ [d/L]	$T_{\text{feed}\rightarrow\text{cow-milk},i}$ [s/L]	放射性核素	$T_{\text{feed}\rightarrow\text{cow-milk},i}$ [d/L]	$T_{\text{feed}\rightarrow\text{cow-milk},i}$ [s/L]
^{86}Rb	0.1	8.6×10^3	^{134}I	5.4×10^{-3}	4.7×10^2
^{89}Sr	1.3×10^{-3}	1.1×10^2	^{135}I	5.4×10^{-3}	4.7×10^2
^{90}Sr+	1.3×10^{-3}	1.1×10^2	^{134}Cs	4.6×10^{-3}	4.0×10^2
^{91}Sr	1.3×10^{-3}	1.1×10^2	^{136}Cs	4.6×10^{-3}	4.0×10^2
^{91}Y	6.0×10^{-5}	5.2	^{137}Cs+	4.6×10^{-3}	4.0×10^2
^{95}Zr+	3.6×10^{-6}	0.31	^{140}Ba+	1.6×10^{-4}	14
^{97}Zr+	3.6×10^{-6}	0.31	^{141}Ce	2.0×10^{-5}	1.7
^{99}Mo+	1.1×10^{-3}	95	^{143}Ce	2.0×10^{-5}	1.7
^{103}Ru+	9.4×10^{-6}	0.81	^{144}Ce+	2.0×10^{-5}	1.7
^{105}Ru	9.4×10^{-6}	0.81	^{143}Pr	5.0×10^{-6}	0.43
^{106}Ru+	9.4×10^{-6}	0.81	^{147}Nd	5.0×10^{-6}	0.43
^{105}Rh	5.0×10^{-4}	43	^{239}Np	5.0×10^{-5}	4.3
^{127m}Te+	3.4×10^{-4}	29	^{238}Pu	1.0×10^{-5}	0.86
^{127}Te	3.4×10^{-4}	29	^{239}Pu	1.0×10^{-5}	0.86
^{129m}Te+	3.4×10^{-4}	29	^{240}Pu	1.0×10^{-5}	0.86
^{131m}Te	3.4×10^{-4}	29	^{241}Pu	1.0×10^{-5}	0.86
^{132}Te+	3.4×10^{-4}	29	^{241}Am	4.2×10^{-7}	3.6×10^{-2}
^{131}I	5.4×10^{-3}	4.7×10^2	^{242}Cm	2.0×10^{-6}	0.17
^{133}I	5.4×10^{-3}	4.7×10^2	^{244}Cm	2.0×10^{-6}	0.17

+ 这些核素在 OIL 计算中已被视为该放射性核素与其子代处于平衡状态,因此无须另行考虑。

表 4-36　用于食品摄入的剂量转化因子

放射性核素	$e_{\text{ing},i}$(婴儿) [Sv/Bq]	$e_{\text{ing},i}$(成人) [Sv/Bq]	$h_{\text{胎儿,ing},i}$ [Sv/Bq]	$ad_{\text{真皮-srf},i}$ [(Gy/s)/(Bq/m^2)]
^{86}Rb	2.0×10^{-8}	2.8×10^{-9}	2.2×10^{-9}	3.3×10^{-14}
^{89}Sr	1.8×10^{-8}	2.6×10^{-9}	1.3×10^{-7}	3.2×10^{-14}
^{90}Sr+	9.3×10^{-8}	3.1×10^{-8}	3.4×10^{-7}	5.0×10^{-14}
^{91}Sr	4.0×10^{-9}	6.5×10^{-10}	1.3×10^{-10}	3.2×10^{-14}
^{91}Y	1.8×10^{-8}	2.4×10^{-9}	1.7×10^{-12}	3.2×10^{-14}
^{95}Zr+	1.3×10^{-8}	2.2×10^{-9}	1.5×10^{-9}	5.9×10^{-15}
^{97}Zr+	1.4×10^{-8}	2.2×10^{-9}	3.2×10^{-10}	6.5×10^{-14}
^{99}Mo+	3.6×10^{-9}	6.2×10^{-10}	2.5×10^{-9}	2.4×10^{-14}

放射性核素	$e_{ing,i}$（婴儿） [Sv/Bq]	$e_{ing,i}$（成人） [Sv/Bq]	$h_{胎儿,ing,i}$ [Sv/Bq]	$ad_{真皮-srf,i}$ [(Gy/s)/(Bq/m^2)]
^{103}Ru+	4.6×10^{-9}	7.3×10^{-10}	3.6×10^{-10}	1.1×10^{-15}
^{105}Ru	1.8×10^{-9}	2.6×10^{-10}	6.0×10^{-11}	2.6×10^{-14}
^{106}Ru+	4.9×10^{-8}	7.0×10^{-9}	6.9×10^{-10}	4.5×10^{-14}
^{105}Rh	2.7×10^{-9}	3.7×10^{-10}	2.7×10^{-11}	7.3×10^{-15}
^{127m}Te+	1.9×10^{-8}	2.5×10^{-9}	7.5×10^{-9}	1.4×10^{-14}
^{127}Te	1.2×10^{-9}	1.7×10^{-10}	4.9×10^{-12}	1.4×10^{-14}
^{129m}Te+	2.4×10^{-8}	3.0×10^{-9}	6.8×10^{-9}	3.1×10^{-14}
^{131m}Te	1.4×10^{-8}	1.9×10^{-9}	5.4×10^{-8}	7.1×10^{-15}
^{132}Te+	3.2×10^{-8}	4.1×10^{-9}	1.4×10^{-7}	3.0×10^{-14}
^{131}I	1.8×10^{-7}	2.2×10^{-8}	1.1×10^{-6}	1.1×10^{-14}
^{133}I	4.4×10^{-8}	4.3×10^{-9}	2.5×10^{-7}	2.6×10^{-14}
^{134}I	7.5×10^{-10}	1.1×10^{-10}	1.9×10^{-9}	3.4×10^{-14}
^{135}I	8.9×10^{-9}	9.3×10^{-10}	5.2×10^{-8}	2.2×10^{-14}
^{134}Cs	1.6×10^{-8}	1.9×10^{-8}	1.1×10^{-8}	1.1×10^{-14}
^{136}Cs	9.5×10^{-9}	3.0×10^{-9}	3.5×10^{-9}	6.4×10^{-15}
^{137}Cs+	1.2×10^{-8}	1.3×10^{-8}	7.2×10^{-9}	1.5×10^{-14}
^{140}Ba+	3.4×10^{-8}	5.0×10^{-9}	1.2×10^{-8}	5.7×10^{-14}
^{141}Ce	5.1×10^{-9}	7.1×10^{-10}	6.0×10^{-11}	6.0×10^{-15}
^{143}Ce	8.0×10^{-9}	1.1×10^{-9}	8.9×10^{-11}	2.6×10^{-14}
^{144}Ce+	3.9×10^{-8}	5.3×10^{-9}	4.7×10^{-11}	4.3×10^{-14}
^{143}Pr	8.7×10^{-9}	1.2×10^{-9}	1.1×10^{-14}	2.0×10^{-14}
^{147}Nd	7.8×10^{-9}	1.1×10^{-9}	7.3×10^{-11}	1.4×10^{-14}
^{239}Np	5.7×10^{-9}	8.0×10^{-10}	9.2×10^{-11}	5.0×10^{-15}
^{238}Pu	4.0×10^{-7}	2.3×10^{-7}	6.3×10^{-9}	6.0×10^{-17}
^{239}Pu	4.2×10^{-7}	2.5×10^{-7}	5.9×10^{-9}	2.3×10^{-17}
^{240}Pu	4.2×10^{-7}	2.5×10^{-7}	5.9×10^{-9}	5.7×10^{-17}
^{241}Pu	5.7×10^{-9}	4.8×10^{-9}	4.5×10^{-12}	3.6×10^{-20}
^{241}Am	3.7×10^{-7}	2.0×10^{-7}	3.2×10^{-9}	3.7×10^{-16}
^{242}Cm	7.6×10^{-8}	1.2×10^{-8}	2.2×10^{-9}	5.4×10^{-17}
^{244}Cm	2.9×10^{-7}	1.2×10^{-7}	3.3×10^{-9}	5.1×10^{-17}

+ 这些核素在 OIL 计算中已被视为该放射性核素与其子代处于平衡状态,因此无须另行考虑。

表 4-37　基于地面沉积监测的食入放射性核素 i 有效的有效期

放射性核素	$\Delta_{eff,OIL3,i}$ [s]	$\Delta_{eff,OIL4\text{-}Urgent,i}$ [s]	$\Delta_{eff,OIL4\text{-}Acu,i}$ [s]	$\Delta_{eff,OIL7,i}$ [s]
^{86}Rb	1.0×10^6	7.4×10^4	2.8×10^4	2.3×10^6
^{89}Sr	1.4×10^6	7.5×10^4	2.9×10^4	6.3×10^6
$^{90}Sr+$	1.7×10^6	7.6×10^4	2.9×10^4	3.1×10^7
^{91}Sr	4.9×10^4	3.0×10^4	2.1×10^4	5.0×10^4
^{91}Y	1.4×10^6	7.6×10^4	2.9×10^4	7.2×10^6
$^{95}Zr+$	1.4×10^6	7.6×10^4	2.9×10^4	7.8×10^6
$^{97}Zr+$	8.3×10^4	4.1×10^4	2.4×10^4	8.7×10^4
$^{99}Mo+$	2.9×10^5	6.2×10^4	2.7×10^4	3.4×10^5
$^{103}Ru+$	1.3×10^6	7.5×10^4	2.9×10^4	4.9×10^6
^{105}Ru	2.3×10^4	1.8×10^4	1.5×10^4	2.3×10^4
$^{106}Ru+$	1.7×10^6	7.6×10^4	2.9×10^4	2.3×10^7
^{105}Rh	1.7×10^5	5.4×10^4	2.6×10^4	1.8×10^5
$^{127m}Te+$	1.5×10^6	7.6×10^4	2.9×10^4	1.2×10^7
^{127}Te	4.7×10^4	3.0×10^4	2.1×10^4	4.9×10^4
$^{129m}Te+$	1.2×10^6	7.5×10^4	2.9×10^4	4.2×10^6
^{131m}Te	1.4×10^5	5.1×10^4	2.6×10^4	1.6×10^5
$^{132}Te+$	3.2×10^5	6.4×10^4	2.8×10^4	4.0×10^5
^{131}I	6.4×10^5	7.1×10^4	2.8×10^4	1.0×10^6
^{133}I	1.0×10^5	4.5×10^4	2.5×10^4	1.1×10^5
^{134}I	4.5×10^3	4.3×10^3	4.3×10^3	4.5×10^3
^{135}I	3.3×10^4	2.4×10^4	1.8×10^4	3.4×10^4
^{134}Cs	1.7×10^6	7.6×10^4	2.9×10^4	2.7×10^7
^{136}Cs	8.5×10^5	7.3×10^4	2.8×10^4	1.6×10^6
$^{137}Cs+$	1.7×10^6	7.6×10^4	2.9×10^4	3.1×10^7
$^{140}Ba+$	8.3×10^5	7.3×10^4	2.8×10^4	1.6×10^6
^{141}Ce	1.2×10^6	7.5×10^4	2.9×10^4	4.1×10^6
^{143}Ce	1.6×10^5	5.3×10^4	2.6×10^4	1.7×10^5
$^{144}Ce+$	1.7×10^6	7.6×10^4	2.9×10^4	2.1×10^7
^{143}Pr	8.6×10^5	7.3×10^4	2.8×10^4	1.7×10^6
^{147}Nd	7.7×10^5	7.2×10^4	2.8×10^4	1.4×10^6
^{239}Np	2.5×10^5	6.1×10^4	2.7×10^4	2.9×10^5

放射性核素	$\Delta_{eff,OIL3,i}$ [s]	$\Delta_{eff,OIL4-Urgent,i}$ [s]	$\Delta_{eff,OIL4-Acu,i}$ [s]	$\Delta_{eff,OIL7,i}$ [s]
^{238}Pu	1.7×10^6	7.6×10^4	2.9×10^4	3.1×10^7
^{239}Pu	1.7×10^6	7.6×10^4	2.9×10^4	3.2×10^7
^{240}Pu	1.7×10^6	7.6×10^4	2.9×10^4	3.2×10^7
^{241}Pu	1.7×10^6	7.6×10^4	2.9×10^4	3.1×10^7
^{241}Am	1.7×10^6	7.6×10^4	2.9×10^4	3.2×10^7
^{242}Cm	1.6×10^6	7.6×10^4	2.9×10^4	1.6×10^7
^{244}Cm	1.7×10^6	7.6×10^4	2.9×10^4	3.1×10^7

+ 这些核素在 OIL 计算中已被视为该放射性核素与其子代处于平衡状态,因此无须另行考虑。

表 4-38　人类食入时放射性核素 i 残留的分数

放射性核素	$F_{消费,i}$ [无量纲]	放射性核素	$F_{消费,i}$ [无量纲]
^{86}Rb	0.96	^{134}I	5.5×10^{-9}
^{89}Sr	0.99	^{135}I	7.9×10^{-2}
^{90}Sr+	1.0	^{134}Cs	1.0
^{91}Sr	0.18	^{136}Cs	0.95
^{91}Y	0.99	^{137}Cs+	1.0
^{95}Zr+	0.99	^{140}Ba+	0.95
^{97}Zr+	0.37	^{141}Ce	0.98
^{99}Mo+	0.78	^{143}Ce	0.60
^{103}Ru+	0.98	^{144}Ce+	1.0
^{105}Ru	2.4×10^{-2}	^{143}Pr	0.95
^{106}Ru+	1.0	^{147}Nd	0.94
^{105}Rh	0.62	^{239}Np	0.75
^{127m}Te+	0.99	^{238}Pu	1.0
^{127}Te	0.17	^{239}Pu	1.0
^{129m}Te+	0.98	^{240}Pu	1.0
^{131m}Te	0.57	^{241}Pu	1.0
^{132}Te+	0.81	^{241}Am	1.0
^{131}I	0.92	^{242}Cm	1.0
^{133}I	0.45	^{244}Cm	1.0

+ 这些核素在 OIL 计算中已被视为该放射性核素与其子代处于平衡状态,因此无须另行考虑。

（二）基于食品分析监测的剂量估算

表 4-39 提供了基于食品分析结果时,受照期 Δ 为 1 年时(在 OIL$_7$ 计算中需要的)对代表人的有效剂量到胎儿的当量剂量的剂量转换系数。下面将分别介绍这些转换系数的确定方法。

1. 代表人的待积有效剂量　表 4-39 提供了 $e_{\text{ing,食品分析后},i}$ 是在有食品分析情况下,代表人 1 年内从食入食品,牛奶或饮用水等食物中放射性核素 i 单位活度浓度所致的待积有效剂量,单位 Sv/(Bq/kg)。对食入,代表人的定义是成人和婴儿的剂量转换因子和消耗率的组合,导致最高剂量,如表 4-40 中所述。

下面介绍 $e_{\text{ing,食品分析后},i}$ 的估算方法,它用公式(4-47)确定。

$$e_{\text{ing,食品分析后},i} = \text{Max}\{Q_{\text{饮食}}(\text{婴儿}) \times e_{\text{ing},i}(\text{婴儿}), Q_{\text{饮食}}(\text{成人}) \times e_{\text{ing},i}(\text{成人})\} \times \Delta_{\text{eff,OIL7},i} \times$$
$$F_{\text{饮食,OIL7}} \times F_{\text{pre}} \qquad\qquad 公式(4-47)$$

式中:

$e_{\text{ing},i}$(婴儿)是婴儿摄入单位摄入量的放射性核素 i 所致的待积有效剂量,单位 Sv/Bq。其值列于表 4-36。

$e_{\text{ing},i}$(成人)是成人摄入单位摄入量的放射性核素 i 所致的待积有效剂量,单位 Sv/Bq。其值列于表 4-36。

$Q_{\text{饮食}}$(婴儿)= 415kg/a = 1.6×10^{-5}kg/s 是婴儿总饮食中食品,牛奶和饮用水的消费率(考虑代表人)。

$Q_{\text{饮食}}$(成人)= 1 040kg/a = 3.2×10^{-5}kg/s 是成人总饮食中食物,牛奶和饮用水的消费率(考虑到胎儿受照)。

$\Delta_{\text{eff,OIL7},i}$ 是基于食品分析结果时,摄入的放射性核素 i 的有效有效期,单位 s。

$F_{\text{饮食,OIL7}}$ = 0.5(无量纲)假设有食品分析结果时,受总饮食(即所消耗的所有食物,牛奶和饮用水)的分数的影响。实际上,若考虑饮食的不同成分和来源,预计它会更小。

F_{pre} = 1(无量纲)是制备后剩余的可摄入的放射性物质的比例。假定正常的准备/加工(例如洗涤和烹饪)而没有减少,实际上在某些情况下,是大大降低了食物中放射性核素的浓度。

2. 胎儿的待积当量剂量　表 4-39 提供了 $h_{\text{胎儿,ing,食品分析后},i}$,它是在有食品分析结果时,孕妇在超过 1 年的时间内摄入食物,牛奶或饮用水中放射性核素 i 单位活度浓度所致胎儿的待积当量剂量,单位 Sv/(Bq/kg)。

下面介绍 $h_{\text{胎儿,ing,食品分析后},i}$ 的估算方法,它用公式(4-48)确定:

$$h_{胎儿,\text{ing},食品分析后,i} = h_{胎儿,\text{ing},i} \times Q_{饮食(成人)} \times \Delta_{\text{eff,OIL7},i} \times F_{饮食,\text{OIL7}} \times F_{\text{pre}}$$

公式（4-48）

式中：

$h_{胎儿,\text{ing},i}$ 是成人（即孕妇）摄入单位活度的放射性核素 i 所致胎儿的待积当量剂量，单位 Sv/Bq，其值列于表 4-36。

其他因素如上所述。

表 4-39　基于食品分析结果时的剂量转换因子

放射性核素	$e_{\text{ing},食品分析后,i}$ [Sv/(Bq/kg)]	$h_{胎儿,\text{ing},食品分析后,i}$ [Sv/(Bq/kg)]	放射性核素	$e_{\text{ing},食品分析后,i}$ [Sv/(Bq/kg)]	$h_{胎儿,\text{ing},食品分析后,i}$ [Sv/(Bq/kg)]
^{86}Rb	3.1×10^{-7}	8.4×10^{-8}	^{134}I	2.2×10^{-11}	1.4×10^{-10}
^{89}Sr	7.4×10^{-7}	1.3×10^{-5}	^{135}I	2.0×10^{-9}	2.9×10^{-8}
^{90}Sr+	1.9×10^{-5}	1.7×10^{-4}	^{134}Cs	8.4×10^{-6}	4.9×10^{-6}
^{91}Sr	1.3×10^{-9}	1.1×10^{-10}	^{136}Cs	1.0×10^{-7}	9.5×10^{-8}
^{91}Y	8.5×10^{-7}	2.0×10^{-10}	^{137}Cs+	6.7×10^{-6}	3.7×10^{-6}
^{95}Zr+	6.5×10^{-7}	2.0×10^{-7}	^{140}Ba+	3.5×10^{-7}	3.1×10^{-7}
^{97}Zr+	8.3×10^{-9}	4.6×10^{-10}	^{141}Ce	1.4×10^{-7}	4.0×10^{-9}
^{99}Mo+	8.2×10^{-9}	1.4×10^{-8}	^{143}Ce	9.0×10^{-9}	2.5×10^{-10}
^{103}Ru+	1.5×10^{-7}	2.9×10^{-8}	^{144}Ce+	5.4×10^{-6}	1.6×10^{-8}
^{105}Ru	2.7×10^{-10}	2.3×10^{-11}	^{143}Pr	9.7×10^{-8}	3.1×10^{-13}
^{106}Ru+	7.4×10^{-6}	2.6×10^{-7}	^{147}Nd	7.0×10^{-8}	1.6×10^{-9}
^{105}Rh	3.3×10^{-9}	8.2×10^{-11}	^{239}Np	1.1×10^{-8}	4.5×10^{-10}
^{127m}Te+	1.5×10^{-6}	1.5×10^{-6}	^{238}Pu	1.2×10^{-4}	3.3×10^{-6}
^{127}Te	3.8×10^{-10}	3.9×10^{-12}	^{239}Pu	1.3×10^{-4}	3.1×10^{-6}
^{129m}Te+	6.7×10^{-7}	4.7×10^{-7}	^{240}Pu	1.3×10^{-4}	3.1×10^{-6}
^{131m}Te	1.4×10^{-8}	1.4×10^{-7}	^{241}Pu	2.4×10^{-6}	2.3×10^{-9}
^{132}Te+	8.5×10^{-8}	9.4×10^{-7}	^{241}Am	1.0×10^{-4}	1.7×10^{-6}
^{131}I	1.2×10^{-6}	1.8×10^{-5}	^{242}Cm	8.0×10^{-6}	5.8×10^{-7}
^{133}I	3.1×10^{-8}	4.5×10^{-7}	^{244}Cm	6.1×10^{-5}	1.7×10^{-6}

+这些核素在 OIL 计算中已被视为该放射性核素与其子代处于平衡状态，因此无须另行考虑。

表 4-40　有食品分析时的照射途径和参数

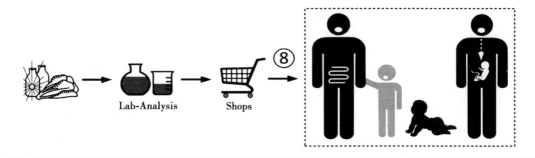

照射途径	代表人的有效剂量	胎儿的当量剂量
从食谱中的食物,牛奶和饮用水摄入的放射性物质	对于每种放射性核素,在以下组合中,使用导致最高剂量的结果: * 婴儿消费率及婴儿的待积有效剂量; * 成人消费率及成人的待积有效剂量。	成人(即孕妇)的消费率与孕妇摄入所致胎儿的待积当量剂量。

四、基于皮肤监测的剂量估算

表 4-41 提供了基于皮肤监测时的剂量转换因子(计算 $OIL_{4\gamma}$ 和 $OIL_{4\beta}$ 时需要)。

(一)代表人的待积有效剂量

表 4-41 提供基于皮肤监测时,放射性核素 i 的单位皮肤表面比活度的待积有效剂量 $e_{ing,skin,i}$,它是由于"误食"而导致的代表人(即,此场景和途径的婴儿)的待积有效剂量,单位 $Sv/(Bq/m^2)$。其值用公式(4-49)计算:

$$e_{ing,皮肤,i} = e_{ing,i}(婴儿) \times T_{皮肤 \to GI}(婴儿) \times \Delta_{eff,OIL4-Ur,i} \qquad 公式(4-49)$$

式中:

$e_{ing,i}$(婴儿)是单位摄入量的放射性核素 i 所致的婴儿待积有效剂量,单位 Sv/Bq。其值列于表 4-36。

$T_{皮肤 \to GI}$(婴儿) $= 6.4 \times 10^{-8} m^2/s$ 是代表人(即该场景和途径的婴儿)的意外摄入导致的从皮肤到胃肠道的转移因子。

$\Delta_{eff,OIL4-Ur,i}$ 对于通用应急准则,是基于皮肤监测时,对皮肤无意摄入的放射性核素 i 的有效沉留期,单位 s。其值列于表 4-37。

(二)胎儿的待积当量剂量

表 4-41 提供的 $h_{胎儿,ing,皮肤,i}$ 是基于皮肤监测时,因从皮肤上意外摄入放射性物质后,放射性核素 i,单位皮肤表面比活度所致胎儿的待积当量剂量),单位 $Sv/(Bq/m^2)$。其值用

式(4-50)确定：

$$h_{胎儿,ing,皮肤,i} = h_{胎儿,ing,i} \times T_{皮肤 \to GI}(成人) \times \Delta_{eff,OIL4,-Ur,i} \qquad 公式(4-50)$$

式中：

$h_{胎儿,ing,i}$ 是成人（即孕妇）摄入单位摄入量的放射性核素 i 所致的胎儿待积当量剂量，单位 Sv/Bq。其值列于表 4-36。

$T_{皮肤 \to GI}(成人) = 3.2 \times 10^{-8} m^2/s$ 对引起胎儿照射，它是由于孕妇无意间摄入从皮肤到胃肠道的转移因子。

$\Delta_{eff,OIL4,-Ur,i}$ 对于通用应急准则，是基于皮肤监测时，皮肤无意摄入的放射性核素 i 的有效沉留期，单位 s。其值列于表 4-37。

（三）代表人的 *RBE* 真皮权重吸收剂量

表 4-41 提供的 $ad_{真皮,i}$ 是基于皮肤监测时，皮肤表面放射性核素 i 的单位比活度致使代表人真皮的 RBE 权重吸收剂量，单位 $Gy/(Bq/m^2)$。其值用公式(4-51)确定：

$$ad_{真皮,i} = ad_{真皮-srf,i} \times \Delta_{eff,OIL4-Acu,i} \qquad 公式(4-51)$$

式中：

$ad_{真皮-srf,i}$ 是皮肤表面上放射性核素 i 单位比活度所致代表人的真皮肤 *RBE* 权重吸收剂量率，单位 $(Gy/s)/(Bq/m^2)$。其值列于表 4-36。

$\Delta_{eff,OIL4-Acu,i}$ 对于急性通用应急准则，是基于皮肤监测时，皮肤无意摄入的放射性核素 i 的有效沉留期，单位 s。其值列于表 4-37。

表 4-41 基于皮肤监测时的剂量转换因子

放射性核素	$e_{ing,skin,i}$ $[Sv/(Bq/m^2)]$	$h_{胎儿,ing,皮肤,i}$ $[Sv/(Bq/m^2)]$	$ad_{真皮,i}$ $[Gy/(Bq/m^2)]$
^{86}Rb	9.5×10^{-11}	5.2×10^{-12}	9.5×10^{-10}
^{89}Sr	8.7×10^{-11}	3.2×10^{-10}	9.1×10^{-10}
$^{90}Sr+$	4.6×10^{-10}	8.3×10^{-10}	1.4×10^{-9}
^{91}Sr	7.8×10^{-12}	1.3×10^{-13}	6.8×10^{-10}
^{91}Y	8.7×10^{-11}	4.1×10^{-15}	9.2×10^{-10}
$^{95}Zr+$	6.1×10^{-11}	3.7×10^{-12}	1.7×10^{-10}
$^{97}Zr+$	3.8×10^{-11}	4.2×10^{-13}	1.6×10^{-9}
$^{99}Mo+$	1.5×10^{-11}	4.9×10^{-12}	6.5×10^{-10}
$^{103}Ru+$	2.2×10^{-11}	8.7×10^{-13}	3.1×10^{-11}
^{105}Ru	2.0×10^{-12}	3.4×10^{-14}	4.1×10^{-10}

放射性核素	$e_{ing,skin,i}$ [Sv/(Bq/m²)]	$h_{胎儿,ing,皮肤,i}$ [Sv/(Bq/m²)]	$ad_{真皮,i}$ [Gy/(Bq/m²)]
^{106}Ru+	2.4×10^{-10}	1.7×10^{-12}	1.3×10^{-9}
^{105}Rh	9.4×10^{-12}	4.7×10^{-14}	1.9×10^{-10}
^{127m}Te+	9.4×10^{-11}	1.8×10^{-11}	4.1×10^{-10}
^{127}Te	2.3×10^{-12}	4.7×10^{-15}	2.8×10^{-10}
^{129m}Te+	1.2×10^{-10}	1.6×10^{-11}	8.8×10^{-10}
^{131m}Te	4.6×10^{-11}	8.9×10^{-11}	1.8×10^{-10}
^{132}Te+	1.3×10^{-10}	2.9×10^{-10}	8.4×10^{-10}
^{131}I	8.2×10^{-10}	2.5×10^{-9}	3.1×10^{-10}
^{133}I	1.3×10^{-10}	3.6×10^{-10}	6.4×10^{-10}
^{134}I	2.1×10^{-13}	2.6×10^{-13}	1.4×10^{-10}
^{135}I	1.3×10^{-11}	3.9×10^{-11}	4.0×10^{-10}
^{134}Cs	7.8×10^{-11}	2.7×10^{-11}	3.2×10^{-10}
^{136}Cs	4.5×10^{-11}	8.2×10^{-12}	1.8×10^{-10}
^{137}Cs+	5.9×10^{-11}	1.8×10^{-11}	4.3×10^{-10}
^{140}Ba+	1.6×10^{-10}	2.8×10^{-11}	1.6×10^{-9}
^{141}Ce	2.5×10^{-11}	1.4×10^{-13}	1.7×10^{-10}
^{143}Ce	2.7×10^{-11}	1.5×10^{-13}	6.7×10^{-10}
^{144}Ce+	1.9×10^{-10}	1.2×10^{-13}	1.2×10^{-9}
^{143}Pr	4.1×10^{-11}	2.6×10^{-17}	5.8×10^{-10}
^{147}Nd	3.6×10^{-11}	1.7×10^{-13}	4.1×10^{-10}
^{239}Np	2.2×10^{-11}	1.8×10^{-13}	1.3×10^{-10}
^{238}Pu	2.0×10^{-9}	1.5×10^{-11}	1.7×10^{-12}
^{239}Pu	2.1×10^{-9}	1.4×10^{-11}	6.7×10^{-13}
^{240}Pu	2.1×10^{-9}	1.4×10^{-11}	1.6×10^{-12}
^{241}Pu	2.8×10^{-11}	1.1×10^{-14}	1.0×10^{-15}
^{241}Am	1.8×10^{-9}	7.9×10^{-12}	1.1×10^{-11}
^{242}Cm	3.7×10^{-10}	5.4×10^{-12}	1.5×10^{-12}
^{244}Cm	1.4×10^{-9}	8.1×10^{-12}	1.5×10^{-12}

+ 这些核素在 OIL 计算中已被视为该放射性核素与其子代处于平衡状态，因此无须另行考虑。

五、基于甲状腺监测的剂量的估算

$h_{甲状腺,I-131}=1.2\times10^{-5}$Sv/Bq,它是指婴儿由于甲状腺中 ^{131}I(甲状腺负担)所致的甲状腺待积当量剂量(计算 OIL$_8$ 时需要)。$h_{甲状腺,ing,I-131}$ 找不到具体的值,可根据假设 ^{131}I 摄入量的大约 1/3,再用公式(4-52)估算 $h_{甲状腺,I-131}$。尽管公式(4-36)是用食入估算的甲状腺当量剂量,使用吸入的剂量转换因子进行将导致相同的结果。

$$h_{甲状腺,I-131}=h_{甲状腺,ing,I-131}\big/F_{I-131-ret-in-甲状腺} \qquad 公式(4-52)$$

式中:

$F_{I-131-ret-in-甲状腺}=0.3$(无量纲)是摄入后存留在甲状腺中的 ^{131}I 分数。

$h_{甲状腺,ing,I-131}=3.6\times10^{-6}$Sv/Bq 是婴儿每摄入单位摄入量的 ^{131}I 所致的甲状腺待积当量剂量。

第六节　应急监测仪器的选择和使用

OIL 是旨在与仪器提供的监测结果一起使用的操作准则。本章介绍在 OIL 计算中如何考虑仪器的选择和使用。

一、γ 监测仪器

假定所有周围剂量当量率仪器在测量周围剂量当量率 $H^*(10)$ 时都具有相似的响应,其响应取决于所监测的表面或物体,监测程序和条件。提供 OIL 的周围剂量当量率,由现场调查仪器测量得出,用于沉积在地面的放射性物质(相应 OIL$_{1\gamma}$、OIL$_{2\gamma}$、OIL$_{3\gamma}$),沉积在皮肤上的放射性物质(相应 OIL$_{4\gamma}$)和甲状腺中的放射性物质(相应 OIL$_{8\gamma}$ 的发射量)的监测。对这些 OIL 的周围剂量当量率的监测基础(以在推荐距离测量)如下所述。

(一)对应于不同操作干预水平的监测

表 4-42 给出了地表放射性核素 i 单位表面比活度时,离地 1m 处的周围剂量当量率转化因子(即,$H^*_{grd-sh,i}$,单位 (Sv/s)/(Bq/m^2),其值用公式(4-53)确定:

$$H^*_{grd-sh,i}=e_{plane-srf,i}(成人)\times CorF_{grd}\times SF_{e\leftarrow H^*} \qquad 公式(4-53)$$

式中:

$e_{plane-srf,i}$(成人)是从无限光滑平面源的放射性核素 i 的单位表面活度到成人的有效剂量率,单位(Sv/s)/(Bq/m^2)。表 4-29 中给出了这些值。

$CorF_{\text{grd}} = 0.7$（无量纲）是地面粗糙度校正因子,用于说明由于地面粗糙度导致的剂量率降低。

$SF_{e \leftarrow H^*} = 1.4$（无量纲）是将光子能量的有效剂量转换为周围剂量当量的比例因子。

（二）皮肤监测

污染皮肤上放射性核素 i 单位表面比活度所致距皮肤 10cm 处 100cm^2 上的周围剂量当量率,(即,$H^*_{\text{皮肤-100cm}^2\text{-srf},i}$),单位 $(\text{Sv/s})/(\text{Bq/m}^2)$,其值列于表 4-42。这个值用公式（4-54）确定:

$$H^*_{\text{皮肤-100cm}^2\text{-srf},i} = \sum_j Y^\gamma_{E_j,i} \times ConF_{\varphi \rightarrow H^*(10),E_j} \times GF_{\text{srf}} \times UC \qquad 公式（4-54）$$

式中:

$Y^\gamma_{E_j,i}$ 是每次放射性核素 i 的核衰变时发射的能量 E_j 光子的绝对产额,单位为 $\text{Bq}^{-1}\text{s}^{-1}$。

表 4-42　周围剂量当量率转化因子

放射性核素	$H^*_{\text{grd-sh},i}$ $(\text{Sv/s})/(\text{Bq/m}^2)$	$H^*_{\text{皮肤-100cm}^2\text{-srf},i}$ $(\text{Sv/s})/(\text{Bq/m}^2)$	放射性核素	$H^*_{\text{grd-sh},i}$ $(\text{Sv/s})/(\text{Bq/m}^2)$	$H^*_{\text{皮肤-100cm}^2\text{-srf},i}$ $(\text{Sv/s})/(\text{Bq/m}^2)$
^{86}Rb	9.1×10^{-17}	3.3×10^{-18}	^{134}I	2.5×10^{-15}	9.4×10^{-17}
^{89}Sr	2.2×10^{-18}	3.2×10^{-21}	^{135}I	1.4×10^{-15}	5.3×10^{-17}
^{90}Sr+	5.5×10^{-18}	4.7×10^{-22}	^{134}Cs	1.5×10^{-15}	6.0×10^{-17}
^{91}Sr	6.6×10^{-16}	2.6×10^{-17}	^{136}Cs	2.0×10^{-15}	7.8×10^{-17}
^{91}Y	5.6×10^{-18}	1.1×10^{-19}	^{137}Cs+	5.7×10^{-16}	2.3×10^{-17}
^{95}Zr+	2.3×10^{-15}	9.1×10^{-17}	^{140}Ba+	2.7×10^{-15}	1.0×10^{-16}
^{97}Zr+	1.5×10^{-15}	5.9×10^{-17}	^{141}Ce	7.2×10^{-17}	3.7×10^{-18}
^{99}Mo+	2.6×10^{-16}	1.1×10^{-17}	^{143}Ce	2.7×10^{-16}	1.3×10^{-17}
^{103}Ru+	4.5×10^{-16}	2.1×10^{-17}	^{144}Ce+	5.7×10^{-17}	2.0×10^{-18}
^{105}Ru	7.5×10^{-16}	3.0×10^{-17}	^{143}Pr	6.9×10^{-19}	3.4×10^{-25}
^{106}Ru+	2.1×10^{-16}	8.1×10^{-18}	^{147}Nd	1.4×10^{-16}	7.1×10^{-18}
^{105}Rh	7.5×10^{-17}	3.2×10^{-18}	^{239}Np	1.6×10^{-16}	1.1×10^{-17}
^{127m}Te+	1.6×10^{-17}	2.5×10^{-18}	^{238}Pu	8.2×10^{-19}	6.5×10^{-19}
^{127}Te	5.1×10^{-18}	2.1×10^{-19}	^{239}Pu	3.6×10^{-19}	2.8×10^{-19}
^{129m}Te+	7.5×10^{-17}	5.0×10^{-18}	^{240}Pu	7.9×10^{-19}	6.1×10^{-19}
^{131m}Te	1.3×10^{-15}	5.4×10^{-17}	^{241}Pu	1.9×10^{-21}	1.4×10^{-22}
^{132}Te+	2.4×10^{-15}	9.8×10^{-17}	^{241}Am	2.7×10^{-17}	3.7×10^{-18}
^{131}I	3.7×10^{-16}	1.6×10^{-17}	^{242}Cm	9.4×10^{-19}	6.4×10^{-19}
^{133}I	5.9×10^{-16}	2.4×10^{-17}	^{244}Cm	8.6×10^{-19}	5.5×10^{-19}

+ 这些核素在 OIL 计算中已被视为该放射性核素与其子代处于平衡状态,因此无须另行考虑。

$ConF_{\phi\rightarrow H^*(10),E_j}$ 是具有能量 E_j 的每光子注量[cm^{-2}]到周围剂量当量 $H^*(10)$ [pSv]的转换因子,单位 pSv cm^2。其值可参考 ICRP 116 号出版物相关出版物。

$UC = 10^{-6}$ (Sv m^2)/(pSv cm^2) 是单位换算系数。

GF_{srf}(无量纲)是几何因子,用于说明在距离皮肤 10cm 处使用 $100cm^2$ 评估的仪器进行的测量。其值用公式(4-55)确定:

$$GF_{srf} = \frac{1}{4}ln\left[1 + \left(\frac{R_{view\text{-}area}}{d_{监测}} \right)^2 \right] \qquad 公式(4\text{-}55)$$

式中:

$d_{监测} = 0.1m$ 是建议对默认 $OIL_{4\gamma}$ 值进行皮肤测量的监测距离,并且被认为是在应急情况下进行皮肤表面监测的合理距离。

$R_{view\text{-}area} = 0.056\,4m$ 是面积为 $100cm^2$ 的圆的半径。选择该面积是因为它是手和脸部的典型表面积。

(三) 甲状腺监测

为了使 $OIL_{8\gamma}$ 正常运行(即在野外条件下可用),在计算默认 $OIL_{8\gamma}$ 值时会使用用于监测甲状腺的基本仪器。这种用于监测甲状腺的基本仪器应满足下式两个条件:①校准因子 $\leqslant 3.5 \times 10 + 13Bq/(Sv/s)$;②有效面积 $\leqslant 15cm^2$(出于几何考虑)。如果在低本底下进行测量或以其他任何方式改进了监测技术,则可以使用具有较高校准因子的仪器,这时会导致低于 $0.5\mu Sv/h$(默认 $OIL_{8\gamma}$ 值)。

婴儿的脖子前方用基本仪器测量的甲状腺中 ^{131}I(负担)的单位活度相应的周围剂量当量率($H^*_{I\text{-}131\text{-}甲状腺}$),等于 2.9×10^{-14} (Sv/s)/Bq(即 0.1 ($\mu Sv/h$)/kBq,其值可用公式(4-56)计算:

$$H^*_{i\text{-}131\text{-}甲状腺} = \frac{1}{CalF_{RI\text{-}131}(基线\text{-}inst)} \qquad 公式(4\text{-}56)$$

式中:

$CalF_{RI\text{-}131}$(基线-inst)$= 3.5 \times 10^{13}Bq/(Sv/s)$ 是用周围剂量当量率基本监测仪器在与婴儿甲状腺前方皮肤接触进行甲状腺中 ^{131}I 的活度测量的校准因子。

在一些参考文献中描述了确定校准因子的可能方法的示例。

二、β 监测仪器

计算默认值和仪器特定的 $OIL_{4\beta}$ 值时,需要使用 β 监测仪器的响应(例如 cps)。在应急情况下,对于相同的表面活度,不同的仪器的响应可能会显着不同,具体取决于以下因素:

①所测量放射性核素的仪器效率;②仪器的窗口面积;③相对于仪器窗口面积而言,被监测区的面积;④表面条件(例如,不规则、有污垢);⑤监控技术(例如,测量持续时间或探测器与表面的距离)。此外,并非所有的表面污染监测仪都适合在应急情况下皮肤污染监测(例如,窗口面积不能太大,无法给出用于监测手和脸的代表性结果)。在使用默认 OIL$_{4\beta}$ 值时这些因素考虑如下:

使用基本监测仪器(针对所有相关放射性核素)的响应来计算默认 OIL$_{4\beta}$ 值。该基本监测仪器具有检测器面积和效率,以便使其响应在应急情况下进行皮肤 β 活度监测是保守的,或通常典型表面污染监测仪器的两倍范围。

在应急情况下,应考虑由于探测器与地面的距离以及遇到的地面条件计数率降低校正因子。如前所述,描述测量距离并在 β 图表中提供合适的仪器描述以进行皮肤监测。这样做对大多数合适的仪器,是为了允许使用默认的 OIL$_{4\beta}$ 值,而无须进行修订。但是,如果已知用于应对应急情况的 β 监测仪器的具有专用特性(例如,效率和检测器面积),则①需要确认默认 OIL$_{4\beta}$ 值的适用性;②必须按照前面提供的方法为该特定仪器计算默认的 OIL$_{4\beta}$ 值。如果可能,这需要作为应急准备阶段一部分事先完成,因为在应急情况下要尽早计算和有效应用这类特定仪器的 OIL 可能非常困难。

下面将分别介绍基本的 β 监测仪器,现场条件对监测结果的影响,β 监测仪器的适用性标准。

1. 基本的 β 监测仪器　基本的 β 监测仪器的特征在于其有效窗口面积和理想的响应因子,在计算默认 OIL$_{4\beta}$ 值并确定基本的 β 监测仪器的系数和校准因子时将是必需的。如前所述特定仪器的 OIL$_{4\beta}$ 值的计算中也需要这些。

(1) 基本 β 监测仪器的有效窗口面积:对于基本的 β 监测仪器(用于计算默认 OIL$_{4\beta}$ 值),使用的窗口有效面积为 $15cm^2$,因为它是在常用的 β 监测仪器的有效窗口面积的低端。

(2) 基本 β 监测仪器的理想响应因子:"理想响应因子"等同于基准监测工具的效率。使用术语"理想响应因子"代替"效率",以避免与基于经验数据(即通过使用参考源)获得的效率值产生任何混淆。考虑到必须针对所有放射性核素计算基本 β 监测仪器的效率,因此这是必要的,因为供应商通常仅提供少数放射性核素的效率,而不提供反应堆紧急情况中所有关注的放射性核素的效率。

基本 β 监测仪器的理想响应因子($R_{4\pi,\beta,i}$[cps/Bq])反映了污染表面上放射性核素 i 每秒每一次核转化[Bq]的响应[cps]。它是在理想条件下(例如无自吸收或无空气吸收)且仪器窗口非常靠近表面的情况下为 4π 几何条件下的响应。这些值在表 4-43 中给出,并由公

式(4-57)确定:

$$R_{4\pi,\beta,i}^{*}=Y_{\beta,E,i}\times F_{\text{ide-sur-emis}}\times R_{\beta}\qquad\qquad 公式(4\text{-}57)$$

式中:

$Y_{\beta,E,i}$ [$Bq^{-1}s^{-1}$] 是每次放射性核素 i 的核转化(产率)发射的 β 能量≥75keV(即可由基本监测器检测到)的感兴趣的粒子数;感兴趣的粒子包括 β^+、β^- 和内部转换电子。这些值在表4-43中给出。

$F_{\text{ide-sur-emis}}$=0.5(无量纲)是理想的表面发射因子,即①从表面正面出现的颗粒数量;②从表面上的放射性核素发射的颗粒数量之间的比率。这说明了这样的事实,即使在理想条件下(例如,没有反向散射,自吸收或空气吸收),也有一半的辐射从检测器逸出。

R_{β}=0.3[计数]是基本仪器计数的数量与 β 能量≥75keV(因此假定被检测到)的到达检测器外表面的感兴趣粒子的数量之间的比率。选择该值是为了确保在一定范围的能量范围内,$R_{4\pi,\beta,i}$(基线-inst)值低于(即保守的)大多数污染物监测仪器的仪器制造商规定的 4π 仪器效率。

表4-43给出的 R4π,β,i 值与仪器制造商提供的现场使用的 β 表面污染监测仪器的范围说明的中和高能 β 发射体(例如 ^{14}C、^{36}Cl、^{60}C、^{137}Cs、^{129}I、^{90}Sr 和 ^{99}Tc)的仪器效率进行比较。这不包括设计用于探测的仪器(例如,由 HAZMAT 团队等急救人员使用的仪器)。发现大多数仪器的 $R_{4\pi,\beta,i}$ 值都比仪器制造商规定的 4π 仪器效率低(即更保守),并且几乎是所有仪器供应商所说的两倍。

(3) 基本 β 监测仪器的仪器系数和校准因子

如前所述,基本 β 监测仪器的校准因子和仪器系数仅用于计算仪器特定的 $OIL_{4\beta}$ 值,因此仅针对有限数量的放射性核素(即通常由供应商提供的放射性核素)进行计算,如表4-44中所述。

表4-44给出了放射性核素 i 的基本 β 监测仪器系数(即 $C_{\beta,i}$ [cps/(Bq/cm^2)]),并由公式(4-58)确定:

$$C_{\beta,i}=a_{\text{eff},\beta}\times R_{4\pi,\beta,i}\qquad\qquad 公式(4\text{-}58)$$

式中:

$a_{\text{eff},\beta}$ = 15cm^2,如前所述,它是基本 β 监测仪器的有效窗口面积(例如,灵敏或辐射入口面积);

$R_{4\pi,\beta,i}$ 是基本 β 监测仪器的理想响应因子,它是污染表面上放射性核素 i 每秒每一次核转化的响应。单位 cps/Bq。它是在理想条件下(例如无自吸收或无空气吸收)且仪器窗口非常靠近表面的情况下为 4π 几何条件下的响应。其值列在表 4-43 上。

表 4-44 给出了基本 β 监测仪器对于放射性核素 i 的校准因子($CalF_{\beta,i}$[(Bq/cm²)/cps]),其值由公式(4-59)确定:

$$CalF_{\beta,i} = 1/C_{\beta,i} \qquad \text{公式(4-59)}$$

2. 现场 β 校正因子　现场监测条件可能会导致 β 监测仪器对相同水平的放射性物质沉积提供相当不同的响应(以 cps 为单位)。为了解决在现场(即非理想)条件下进行测量所导致的 β 计数率降低的问题,使用了 β 校正因子 $CorF_{field,\beta} = 0.25$(无量纲),这表明了空气的吸收(OIL$_{4\beta}$ 为计算距离裸露皮肤 2cm 处的测量值),及由于表面条件所致的减少。其值用公式(4-60)确定:

$$CorF_{现场,\beta} = CorF_{距离,\beta} \times CorF_{表面,\beta} \qquad \text{公式(4-60)}$$

式中:

$CorF_{距离,\beta} = 0.5$(无量纲)是 β 监测仪的距离校正因子,它表明皮肤监测议距离 2cm 由于空气吸收而导致的减少。

$CorF_{表面,\beta} = 0.5$(无量纲)是 β 监测仪的表面校正因子,用于表明由于应急情况下遇到的非理想表面条件而引起的吸收。

3. β 监测仪器的适用性标准　本部分提供了确定 β 监测仪是否适合用于监测皮肤活度的默认 OIL$_{4\beta}$ 的准则。适用性准则可以分为:①适用于所有用于皮肤监测的 β 监测仪器的通用准则;②与默认 OIL$_{4\beta}$ 值一起使用的适用性准则。

(1) 适用于所有用于皮肤监测的 β 监测仪器的通用准则:作为最低准则,如果满足以下情况,则认为 β 监测仪适合用于监测皮肤活度:

仪器在 OIL$_{4\beta}$ 值的相关范围内显示 cps(或等效 cpm);

仪器的有效窗口面积≤50cm²。指定最大窗口面积是为了防止相对于手和脸的表面活度的实际水平的每秒计数而言,明显的非保守响应。这些非保守响应是由于:①检测器面积明显大于要监测的脸和手的面积(OIL$_{4\beta}$ 值假定窗口小于或近似等于要监测的手或脸的面积);②监测器窗口的重要部分距手和脸的距离大于计算 OIL$_{4\beta}$ 所假定的 2cm。

(2) 与默认 OIL$_{4\beta}$ 值一起使用的适用性准则:若 β 监测仪被认为适合直接与默认 OIL$_{4\beta}$ 值一起使用,在以下情况下无须将该值调整为特定的仪器:

β 监测仪器的校准因子($CalF_{\beta,i}$[(Bq/cm²)/cps])由公式(4-61)确定。应小于表 4-44 中给出的合适仪器的校准系数。

$$CalF_{\beta,i} = 1/a_{eff,\beta} \times R_{4\pi,\beta,i} \qquad \text{公式(4-61)}$$

式中：

$a_{\text{eff},\beta}$ 是 β 监测仪器的有效窗口面积（例如，灵敏或辐射入口面积），单位 cm^2。

$R_{4\pi,\beta,i}$ 是 β 监测仪器的响应因子，在理想条件下（例如无自吸收或无空气吸收），它反映了皮肤表面上放射性核素 i 每秒的核转化（对于 4π 几何形状）的响应[cps]并且仪器窗口非常靠近皮肤表面，单位 cps/Bq。

或 β 监测仪器的仪器系数（$C_{\beta,i}$[cps/(Bq/cm^2)]），由公式（4-62）确定。应大于表 4-44 中给出的合适仪器的仪器系数。

$$C_{\beta,i} \cong a_{\text{eff},\beta} \times R_{4\pi,\beta,i} \qquad 公式（4-62）$$

这些条件确保该仪器的响应比 $OIL_{4\beta}$ 值产生时所假定的响应高 2 倍或更高（即保守）。

表 4-43 能量相关的产量和基本监测仪的理想的响应因子

放射性核素	$Y_{\beta,E,i}$ [$Bq^{-1}s^{-1}$]	$R_{4\pi,\beta,i}$ [cps/Bq]	放射性核素	$Y_{\beta,E,i}$ [$Bq^{-1}s^{-1}$]	$R_{4\pi,\beta,i}$ [cps/Bq]
^{32}P [a]	0.97	0.15	^{133}I	0.91	0.14
^{36}Cl [a]	0.86	0.13	^{134}I	0.97	0.15
^{86}Rb	0.95	0.14	^{135}I	0.85	0.13
^{89}Sr	0.94	0.14	^{134}Cs	0.59	8.8×10^{-2}
^{90}Sr+	1.8	0.26	^{136}Cs	0.73	0.11
^{91}Sr	0.94	0.14	^{137}Cs+	0.86	0.13
^{91}Y	0.95	0.14	^{140}Ba+	2.0	0.30
^{95}Zr+	1.0	0.15	^{141}Ce	0.91	0.14
^{97}Zr+	1.9	0.29	^{143}Ce	0.93	0.14
^{99}Mo+	1.0	0.15	^{144}Ce+	1.5	0.23
^{103}Ru+	0.35	5.2×10^{-2}	^{143}P	0.88	0.13
^{105}Ru	1.1	0.17	^{147}Nd	0.89	0.13
^{106}Ru+	0.99	0.15	^{239}Np	1.3	0.20
^{105}Rh	0.68	0.10	^{238}Pu	1.0×10^{-3}	1.5×10^{-4}
^{127m}Te+	1.4	0.21	^{239}Pu	3.9×10^{-4}	5.8×10^{-5}
^{127}Te	0.81	0.12	^{240}Pu	8.0×10^{-4}	1.2×10^{-4}
^{129m}Te+	1.3	0.19	^{241}Pu	7.9×10^{-6}	1.2×10^{-6}
^{131m}Te	0.80	0.12	^{241}Am	3.3×10^{-3}	5.0×10^{-4}
^{132}Te+	1.4	0.21	^{242}Cm	4.0×10^{-4}	6.1×10^{-5}
^{131}I	0.78	0.12	^{244}Cm-	3.1×10^{-4}	4.6×10^{-5}

[a] P-32 和 Cl-36 仅在这个表中出现，是因为它们常用来刻度仪器，与应急情况的其他剂量估算无关。

+ 这些核素在 OIL 计算中已被视为该放射性核素与其子代处于平衡状态，因此无须另行考虑。

表 4-44　一般的 β 监测仪器的校准因子和仪器系数

发射体	基本仪器		一般的仪器	
	$CalF_{\beta,i}$	$C_{\beta,i}$	$CalF_{\beta,i}$	$C_{\beta,i}$
	[(Bq/cm^2)/cps]	[cps/(Bq/cm^2)]	[(Bq/cm^2)/cps]	[cps/(Bq/cm^2)]
^{32}P, ^{36}Cl, ^{137}Cs 或其他媒质或高能 β 发射($E_{\beta,max}$> 400keV)	0.5	2	<1	>1
^{90}Sr/^{90}Y (^{90}Sr 与子体 ^{90}Y 处于平衡状态)	0.25	4	<0.5	>2

注:一般仪器的 $CalF_{\beta,i}$ 是基本仪器 $CalF_{\beta,i}$ 的 2 倍;一般仪器的 $C_{\beta,i}$(suitable-inst) 是基本仪器 $C_{\beta,i}$ 的 1/2。

第七节　应急监测和评价的质量控制

一、核素分析的质量控制

建立质量保证方案是基本防护标准的要求。另外,实验室还应当进行质量管理体系的认证。质量保证方案应:①为满足防护和安全的相关要求给出足够的保证;②为审查和评估整体防护和安全措施的效能,建立有质量控制机制和程序。

(一) 源监测的质量保证

这里的源监测包括:在线监测、周期性采集和分析介质样品的连续监测、周期采集和分析短期样品的监测(例如,分批的液体排放)。不管使用监测的类型如何,排放到环境的代表性样品的采集基本上是监测过程的第一步。

传递和采集气载排放的代表性样本的可靠系统不同阶段的要求如下:

1. 在运行前期阶段,应当使样本的抽取程序化,并由独立的机构对其进行审查。在核素分析设备安装之前,在取样位置通过适当的性能测试,确认排放是否彻底的混合,并使其程序化。应正确的安装设备,包括泄漏和抽样系统的热示踪检验,进一步确认和程序化。估算样品抽取和传送过程中的损失,建立适当的修正因子,并程序化,通过审管部门的评估。

2. 在运行阶段,为确保采样系统继续完好,应周期性开展泄漏检验。应周期性进行日常(或自动)热示踪检验(如果需要避免冷凝),并程序化。

3. 基于预期的排放成分(放射性核素、粒子大小和化学形式),仔细选择空气样品采集的介质,对介质的特性进行周期性检验。通常使用两个滤片(或木炭盒或其他收集器),并比较两个滤片上累积的放射性活度。

4. 为精确的估算排放,测量排放和抽样流量是最基本的,因此,质量保证方案应覆盖这方面的内容。不同时间,气载排放的流量也许会发生变化,应记录这种变化。应对空气和液体流量计进行日常校准和记录,并使其能溯源到国家或国际基准。为确保能正确计算出排放和抽样量,应评估相关的记录。

(二) 校准和控制设备

为确保测量结果可靠,用于测量放射性的仪器,不论是在线或是样品测量,用可溯源到国家或国际基准的源进行校准是极其关键的。这些仪器包括:放射性活度测量仪器、现场 γ 能谱仪系统、手提式剂量率仪,以及固定式剂量率仪测量系统等。应由一个经认可的适当的实验室进行校准。操作者有责任审查仪器的校准信息,并确保每个仪器按规定安排校准。

在应急条件下应使用经校准的高量程监测仪。系统的任何偏离线性响应都应引起注意和记录。审管部门应评估校准数据,以便能确保仪器的测量范围满足事故监测的要求。为确保事故后采集的样品能安全取回,事先应进行一个全面的分析,并送审管部门。

操作者和审管部门应定期对仪器校准记录进行独立的评估。

应开展例行的操作和本底计数率测量的检查,此时也许需要使用检验源。然而,这样的检查不能替代定期的校准。例行检查的结果应记录在值班日志或其他仪器的永久性文件中。

(三) 放射性分析操作的质量

一个有效的实验室管理系统应当包括这方面的内容。开展放射化学分析的实验室,在进行如下分析时,应符合国家标准的建议:①能力测试,或与其他实验室比对;②设置空白平行样品以保证在试剂中没有不希望的放射性或抽样时的交叉污染;③分析参考材料;④进行平行样品分析;⑤有资质机构的评审。

使用的平行样,参考物质将是通常实验室常规标准化的一部分。未公布的平行样和参考物质可用作实验室质量体系的检查,特别是承包的实验室。

(四) 样品计数中的质量

对用于测量放射性活度仪器的要求取决于规章的要求和监测任务的复杂程度。在线的气载和液体放射性监测中需要使用 α、β 和 γ 能谱仪系统、不同类型的总 α 或总 β 放射性计数以及液闪探测器,决定于具体的要求。登记设备可以不像许可设备要求那样严格,但对可能用到的仪器的质量保证也是重要的。

为确保仪器的输出(例如放射性计数结果)能正确地计算出活度浓度,应对原始数据和计算过程进行例行检查。因此,当对原始样品中的放射性或相关样品系数进行测量时,应记录和保持相关的数据(使用的仪器,总计数率,本底计数率,计数效率,原始样品中空气或水的体积)。对谱仪测量,同样应当记录和保存能量校准、峰识别和减除本底的过程。用于计算测量结果的不确定度,或计算最低探测水平,在样品的分析记录中应清楚地记录。分析数据和计算的核查和评估也应记录在文件中。

采用适当的修正方法是必要的,例如,用矩阵、衰变/生长、γ能谱测量的符合重叠等修正。当使用了这类修正时,应将其完全记录在文件中,并同时记录它们对总不确定度的贡献。

二、测量和分析方法的判断阈和探测限

测量分析过程的分析能力主要用判断阈(L_T)和探测限(L_D)描述,一般称这些量为测量和分析方法的基本特征量。判定阈(decision threshold):是用来判断样品是否有必要进行放射性检测的一个判定值。探测限(detection limit)也称为最小可探测限(minimum detectable limit),是能与本底,或空白,或基线值区分开的最小可探测信号值。

(一)判断阈的计算

在检测量服从正态分布的情况下,L_T用下式计算:

$$L_T = k_{1-\alpha}\sigma_0 \xrightarrow{\text{95\%置信水平}} = 1.645\sigma_0 \qquad 公式(4-63)$$

式中:

$k_{1-\alpha}$是检测量正态分布的单边临界值,通常α取为5%,在这种情况下$k_{1-\alpha}=1.645$。

在检测量不服从正态分布的情况下,L_T用下式计算:

$$L_T = t_{1-\alpha,\nu}S_b \xrightarrow{\nu=4} = 2.132S_b \qquad 公式(4-64)$$

式中:

$t_{1-\alpha}$是检测量的t分布的单边临界值;

ν是测量系列的自由度;

S_b是本底测量的标准差。

(二)探测限的计算

在检测量服从正态分布的情况下,L_D用下式计算:

$$L_D = L_T + Z_{1-\beta}\sigma_0 \xrightarrow{\text{95\%置信水平}} = 2L_T = 3.29\sigma_0 \qquad 公式(4-65)$$

式中:

$Z_{1-\beta}$是标准正态分布的单边临界值,通常β取为5%,这种情况下$k_{1-\beta}=1.645$。

在检测量不服从正态分布的情况下,L_D用下式计算:

$$L_C = 2t_{1-\alpha,\nu}S_b \xrightarrow{\nu=4} = 4.26S_b \qquad 公式(4-66)$$

式中：

ν 是自由度，当样本数局够大或测量时间足够长时，将与自由度的关系不大。

S_b 可用 IAEA 建议的以下公式计算：

$$S_b = \sqrt{n_b \left(\frac{1}{t_b} + \frac{1}{t_S} \right)} \qquad 公式(4\text{-}67)$$

式中：

n_b 是本底计数率；

t_b 和 t_S 分别是本底测量和样品测量的持续时间。

若考虑探测效率和 γ 衰变的跃迁概率对上述结果的影响，则上述计算应当乘以以下的修正因子：

$$f_x = \frac{1}{\varepsilon P_\gamma} \qquad 公式(4\text{-}68)$$

式中：

ε 是核素分析核素特定能量的探测效率（$\leqslant 1$）；

P_γ 时对相对于计数效率为 ε 的能量的 γ 衰变的跃迁概率，其值 $\leqslant 1$。

三、测量或估算结果的不确定度评定

除平均值外，通常描述测量结果的特征量还有不确定度和置信区间。

（一）不确定度评定方法

1. 外照射情况　对不确定度的评估定应使用剂量测定系统的数学模型。这个数学模型可以表示为：

$$Y = f(X_1, X_2 \Lambda) = f(X) \qquad 公式(4\text{-}69)$$

式中：

Y 是输出量或被测量，例如 $H_p(10)$，X 是包含测量系统的输入量和影响量的数组。不确定性的评定则包括两个阶段：公式化阶段和计算阶段。

（1）公式化阶段包括下述内容：

1）明确输出量 Y。

2）确定输入量数组 X。这些都是影响输出量值的量，在这种辐射场特性情况下，典型的输入量包括：①剂量率，能量和入射角；②测量系统的特性（例如，灵敏度是能量和角度的函数，剂量计褪色以及剂量计评估系统的特性，例如显影剂温度和读取器灵敏度等）；③校准系

统的特征;④应减去的自然本底辐射引起的受照剂量。

3）建立输入量与输出量相关的模型。

4）为每个输入量确定一个概率密度函数。使用剂量测定系统和测量条件的所有可用知识完成此确定。

（2）在不确定度的"A类"评定中,其概率密度函数的确定基于统计分析。标准不确定度 A 类评定与一系列测量确定的标准偏差相关。具有 A 类不确定度的参数示例如下:

1）热致发光剂量计读数器光输出或胶片密度的测量。

2）阅读器系统的空白信号。

3）个人探测器的灵敏度。

（3）对于许多其他输入量,应基于对不确定度的科学判断,采用"B类"评估。B 类不确定度是那些无法通过重复测量而减少的不确定度。通常认为以下是 B 型不确定度的来源:

1）剂量计受照方面的特性。

2）剂量计的能量和角度依赖性。

3）响应非线性。

4）环境温度和湿度所致的信号衰退。

5）可见光照射的影响。

6）非计划内电离辐射照射对剂量计响应的影响。

7）机械冲击的影响。

8）校准误差。

9）当地自然本底辐射的变化。

（4）计算阶段包括通过测量模型 $Y = f(X)$ 将输入的概率密度函数传播为输出的概率密度函数。根据输出的概率密度函数,应计算出以下汇总量:

1）期望值是概率密度函数的中心值,被用作剂量 Y 的估计值 y。

2）标准偏差是剂量 Y 的合成不确定度 $u_c(y)$。

3）包含 Y 且具有指定概率的一个覆盖间隔。

（5）如果认为剂量 Y 的概率密度函数遵循高斯(正态)分布,则平均值的每一侧的一个标准偏差对应于大约 68% 的置信区间。因此,通常有必要将合成标准不确定度乘以一个适当的因子(称为覆盖因子 k),以产生扩展的不确定度(也称为总不确定度)。覆盖因子的典型值为 2 或 3,分别对应于大约 95% 或 99% 的置信区间。应当明确指出覆盖因子的数值。

（6）在计算阶段,基本上有两种方法可用:

1）基于不确定度传播定律和中心极限定理的框架。

2）蒙特卡洛方法，它使用来自输入量的概率密度函数的统计采样来评估概率密度函数的卷积积分。

（7）从辐射计量学的角度来看，超出标准不确定度允许的范围详细报告剂量是没有意义的。因此，例如，在标准不确定度小于 0.1mSv 低剂量系统中，剂量可以用 0.01mSv 的间隔报告。在标准不确定度更大的系统中，可以 0.1mSv 的间隔报告剂量。

2. 内照射情况　内照射以食品和饮用水分析为例。食品和饮用水分析结果的不确定度由三个主要阶段决定：

1）实验室外的操作阶段（u_s），包括采样，样品的包装，运输和储存。

2）样品的预处理阶段（u_{sp}），包括样品预处理、样品制备和二次抽样。

3）分析阶段（u_A），包括提取，净化，蒸发，测量源制备，仪器测定等。

食品和饮用水分析结果的合成标准不确定度（u_c）用下式计算：

$$u_C = \sqrt{u_S^2 + u_{SP}^2 + u_A^2}$$
公式（4-70）

食品和饮用水分析中，通常仅需要估算实验室部分的不确定度，而且，计数时间的不确定度可以忽略，这时食品和饮用水活度浓度的合成不确定度用式（4-71）计算：

$$u_C(a) = \sqrt{w^2 \cdot \left[u^2(n_S) + u^2(n_b) \right] + a^2 u_{rel}^2(w)}$$
$$= \sqrt{w^2 \cdot \left[n_S/t_S + n_b/t_b \right] + a^2 u_{rel}^2(w)}$$
公式（4-71）

式中：

a 是单位质量或单位体积的放射性活度；

n_S 是测试样品的计数率；

n_b 是本底计数率；

t_S 是测试样品计数时间；

t_b 是本底计数时间；

$u_{rel}(\omega)$ 是 ω 的相对合成不确定度；

ω 是影响活度结果的主要因素（例如质量、化学收率等）相关的修正量。

在应急检测的情况下，可不必准确评估不确定度，而默认在 95% 的置信水平其相对扩展不确定度为 50%。

（二）置信区间

置信区间通常表示为置信区间上限 $a^{\triangle}$，和置信区间下限 $a^{\triangledown}$。在核事故应急情况下，例如食品和饮用水检测的情况下，置信区间可表示为如下形式：

$$a^{\triangle\triangledown} = \overline{a} \pm 1.96u(a)$$ 公式（4-72）

式中：

$\overline{a}$ 是单位质量或单位体检=积的放射性活度浓度的均值。

四、测量和分析结果的表示

（一）通用要求

通常应按 GBZ/T 27025—2019《检测和校准实验室的通用要求》的要求给出检测报告，其内容至少应包括以下信息：

1. 样本的识别。

2. 检测结果应表示为测量均值 ± 扩展不确定度，并给出相应相应覆盖因子(k)值。

3. 测量均值及其扩展不确定度的单位。

（二）有效数位的规范描述

1. 不确定度的有效位数　根据 JJF 1059.1—2012《测量不确定度评定与表示》的规范要求：

（1）通常最终报告的不确定度根据需要取一位或两位有效数字。

（2）不确定度的有效数字的首位为 1 或 2 时，一般应给出两位有效数字。

（3）对于评定过程中的各不确定度分量，为了在连续计算中避免修约误差导致不确定度而可以适当保留多一些位数。

（4）当计算得到的不确定度有过多位的数字时，一般采用常规的修约规则将数据修约到需要的有效数字，修约规则参见 GB/T 8170—2008《数值修约规则与极限数值的表示和判定》。有时也可以将不确定度最末位后面的数都进位而不是舍去。

例如：U=28.05kHz，需取两位有效数字，按常规的修约规则修约后写成 28kHz。

又如：U=10.47mΩ，有时可以进位到 11mΩ；U=28.05kHz 也可以写成 29kHz。

2. 被测量估计值的有效位数　根据 JJF 1059.1—2012《测量不确定度评定与表示》的规范要求：

通常在相同计量单位下，被测量估计值应修约到其末位与不确定度的末位一致。

如：若 y=10.057 62Ω，U=27mΩ，由于 U=0.027Ω，则 y 应修约到 10.058Ω。

第五章
应急行动水平与应急响应行动

第一节 应急行动常用术语和剂量学量

一、基本概念及术语

在发生核或辐射突发事件的情况下,为减少事实上已存在的照射(例如事故照射),需要对其采取应急防护行动.通过适当的应急防护行动,变更已存在的照射因素,限定已存在的照射途径,以及改变人们的习惯、行动和生活环境,以防止其受到照射。

在核或辐射突发事件应急行动中,以下几个名词术语非常重要。

1. 应急行动水平(emergency action level) 用于测定、确认和确定应急等级的适用于可观察条件的具体、预先确定的准则。其准则通常用预期剂量表示,在特定情况下也以接受的剂量表示。

2. 应急等级(emergency class) 需要立即做出类似应急响应的一系列情况。这一术语用来向响应组织和公众通报所需的响应水平。根据专用于装置、源或活动的准则来确定属于某一应急等级的事件,如超过某项准则即表示该事件属于该规定水平的分级。针对每个应急等级,预先确定了响应组织应采取的初始行动。

3. 应急(响应)行动[emergency (response) action] 在核或辐射突发事件应急响应中为缓解紧急情况对人类生命、健康、财产和环境的后果而采取的行动。应急响应行动包括防护行动和防护行动以外的应急响应行动。

4. 防护行动(protective action) 指旨在避免或减少公众成员在持续照射或应急照射情况下的受照剂量而进行的一种干预。分为早期防护行动、缓解行动、紧急防护行动。

5. 早期防护行动(early protective action) 指在核或辐射突发事件应急情况下在数天乃至数周内可能采取并仍然有效的防护行动。最常见的早期防护行动有避迁和较长期限制消费可能受污染食品。

6. 缓解行动(mitigatory action) 指由营运者或其他方立即采取的行动,以便:①减少导致需要在场内或场外采取应急响应行动的照射或放射性物质释放情况发展的可能性;②缓解可能导致需要在场内或场外采取应急响应行动的照射或放射性物质释放的源的状况。

7. 紧急防护行动(urgent protective action) 指在核或辐射突发事件应急情况下为有效起见必须迅速(通常在数小时至一天内)采取的防护行动,如有延误则将明显降低其有效性。包括服用稳定性碘、疏散、短期掩蔽、采取行动减少不慎摄入、个人去污和防止摄入可能受到污染的食品、牛奶或饮用水。预防性紧急防护行动系指在放射性物质释放或照射之前或之后不久根据当时状况为避免或最大程度减少严重确定性效应风险采取的紧急防护行动被称为预防性紧急防护行动。

8. 预期剂量(projected dose) 指若不采取防护行动或补救行动,预期会受到的照射剂量。

9. 残留剂量(residual dose) 在现存照射和应急照射情况下制定参考水平的剂量表述形式。

10. 隐蔽(sheltering) 应急防护行动之一,指人员停留(或进入)室内,关闭门窗及通风系统,其目的是减少放射性烟羽所致外照射剂量和放射性物质吸入后所致内照射剂量,也可以减少来自放射性沉积物的外照射剂量。

11. 撤离(evacuation) 应急防护行动之一,指将人们从受影响区域紧急转移,以避免或减少放射性烟羽或高水平放射性沉积物产生的照射剂量。该措施为短期措施,预期人们在预计的某一有限时间内可返回原地区。

12. 避迁(relocation) 应急防护行动之一,指人们从受污染地区迁出,以避免或减少地面放射性物沉积的长期累积剂量。避迁时间一般为几个月到1~2年,或因难以确切预计返回时间而暂不考虑返回。

13. 稳定性碘(stable iodine) 含有非放射性碘的化合物,在事故可能或已经导致放射性碘同位素释放的情况下,将其作为一种防护药物,在适当的时期分发给居民使用,以降低甲状腺的受照剂量。

二、应急照射情况下使用的剂量学量

应急照射情况下使用的剂量学量分为辐射防护量与实用量两类。通常情况下,用有效剂量,器官当量剂量和相对生物效能(relative biological effectiveness,RBE)加权平均吸收剂量等来评价核或辐射突发事件应急情况下辐射诱发的后果,表5-1中列出了应急准备与响应中常用的剂量学量。

表 5-1　应急照射情况下使用的剂量学量

类型	名称	符号	用途
辐射防护量	RBE 权重吸收剂量	AD_T	用于评价组织或器官受照射后的确定性效应
	当量剂量	H_T	用于评价组织或器官受照射后的随机性效应
	有效剂量	E	用于评价受照人群中随机性效应引起的损害
实用量	个人剂量当量	$H_p(d)$	用于监测个人的外照射剂量
	周围剂量当量	$H^*(d)$	用于监测在应急情况发生现场的辐射场

表 5-1 中器官或组织的相对生物效能（RBE）权重吸收剂量（AD_T）定义为器官或组织（T）中辐射（R）的平均吸收剂量（$D_{R,T}$）与其相对生物效能（$RBE_{T,R}$）的乘积，即：

$$AD_T = \sum_R RBE_{T,R} \times D_{T,R} \qquad\qquad 公式（5\text{-}1）$$

式中：

AD_T 是器官 T 的相对生物效能（RBE）权重吸收剂量，单位为（Gy），主要用来反映严重确定性效应的风险，并使得来自不同辐射类型的器官或组织的剂量可直接进行比较；

$RBE_{T,R}$ 是不同辐射类型和照射方式 R 对器官 T 的相对生物效能，在这里的 RBE 不但考虑了辐射类型，还考虑到内照射，特别是 α 内照射对不同疾病及病变器官所致确定性效应的差异。

对外照射，可以直接描述为 $AD_{红骨髓}$，$AD_{皮肤}$，$AD_{甲状腺}$ 和 $AD_{婴儿}$ 等。

对内照射：应描述为 $AD(\Delta)_{红骨髓}$，$AD(\Delta)_{皮肤}$，$AD(\Delta)_{甲状腺}$ 和 $AD(\Delta)_{婴儿}$ 等，$AD(\Delta)$ 系指一个时间段 Δ 内，导致 5% 的受照个人产生严重确定性效应的相对生物效能权重吸收剂量。

有关剂量学量及其应用见图 5-1。

在核或辐射突发事件应急中，我们关注的剂量和健康效应的 RBE 值列在表 1-6 中。RBE 权重吸收剂量的国际单位制（SI）单位是 J/kg，称为戈瑞（Gy）。

器官当量剂量 H_T、有效剂量 E、个人剂量当量 $H_p(d)$ 和周围剂量当量 $H^*(d)$ 都已在第一章中给出了定义和解释，这里不再重复。

IAEA 给出了应急照射情况下使用的剂量学量的关系如图 5-2 所示。从图中可以看出：用于个人监测的个人剂量当量可以理解为身体表面吸收剂量与线束品质因子的乘积；用于场所监测的周围剂量当量可以理解为空间某一点的空气吸收剂量与线束品质因子的乘积；用于辐射防护评价的有效剂量可用不同组织或器官的当量剂量与组织权重因素的加权和；与随机性效应相关的组织或器官的当量剂量是用不同辐射对组织或器官的平均吸收剂量与辐射权重因素的加权和；与确定性效应相关的组织或器官的 RBE 权重吸收剂量是用不同辐

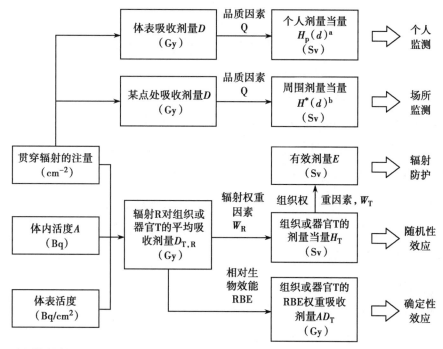

本图资料来源于IAEA No. GSG-2. 2011。
[a] ICRU平板模体中深度dmm处。
[b] ICRU球中深度10mm处。

图 5-1　剂量学量及其应用

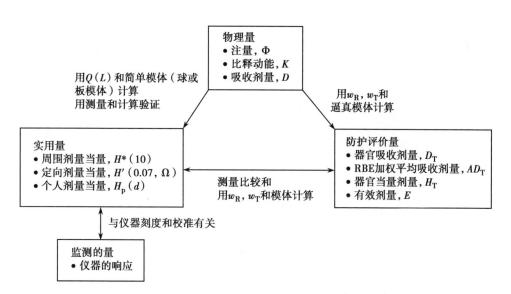

图 5-2　应急照射情况的剂量学量及其应用相互关系

射对组织或器官的平均吸收剂量与相对生物效能的加权和;组织或器官的平均吸收剂量通常可以通过贯穿辐射注量、体内放射性活度和体表的放射性比活度测量来确定。

第二节　应急行动水平

由联合国食品和农业组织、国际原子能机构、国际劳工局、泛美卫生组织以及世界卫生组织联合提案制定的《核或辐射应急准备和响应标准》给出了一套根据预期剂量或已接受剂量表示的一般标准。这套一般标准根据与参考水平范围 20~100mSv 相协调的预期剂量表示。如果在这一剂量水平采取防护行动,将避免所有确定性效应的发生,并且随机性效应的风险将降至可接受的水平。如果一个防护行动执行有效,那么大部分预期剂量将得以避免。因此避免剂量的概念对评价单一防护行动或联合防护行动的有效性是有用的。避免剂量的概念代表着应急响应计划最优化中的一个重要组成部分。对单一防护行动在应用一般标准时,应执行应急响应计划的最优化过程。

根据《核或辐射应急的准备与响应——一般安全要求》第 GSR Part7 号相关条款,用于应急准备和响应的一般准则的剂量包括:

1. 核或辐射突发事件应急中在任何情况下为避免或最大限度减少严重确定性效应预期采取防护行动和其他响应行动的剂量。

2. 核或辐射突发事件应急中为合理地减少随机性效应的风险预期采取防护行动和其他响应行动(在能够安全采取这种行动的情况下)的剂量。

3. 核或辐射突发事件应急中需要在充分考虑非放射性后果的情况下限制国际贸易的剂量。

4. 用作向现行照射情况过渡的目标剂量的剂量。

一、减少确定性效应的一般准则

短期内所受剂量并预期在应急中任何情况下为避免或最大限度减少确定性效应的发生,应采取的防护行动和其他响应行动见表 5-2。

表 5-2　避免或减少确定性效应采取的防护行动和其他响应行动

急性外照射(<10 小时)		
$AD_{红骨髓}$ [a]	1Gy	如果剂量是预报的,应采取如下行动:
$AD_{胎儿}$	0.1Gy[b]	立即采取预防性紧急防护行动(即使在困难的条件下),以使剂量保持在一般准则以下;
$AD_{组织}$ [c]	0.5cm 处 25Gy	向公众提供信息和发出警报;
$AD_{皮肤}$ [d]	100cm² 均值 10Gy	开展紧急去污工作。

急性摄入引起的急性内照射（Δ=30d[e]）		
$AD(\Delta)_{红骨髓}$	原子序数 Z > 89 的放射性核素 0.2Gy 原子序数 Z< 90 的放射性核素 2Gy	如果已接受了剂量,应采取如下行动: 立即进行体检、会诊和所需医疗;
$AD(\Delta)_{甲状腺}$	2Gy	进行污染控制;
$AD(\Delta)_{肺}{}^{f}$	30Gy	立即进行促排(如适用);
$AD(\Delta)_{结肠}$	20Gy	进行较长期医疗随访登记;
$AD(\Delta)_{胎儿}{}^{g}$	0.1Gy[b]	提供全面的心理咨询。

注:本表数据来源于 IAEA GSR Part 7 号。

[a] $AD_{红骨髓}$代表强贯穿辐射均匀场中的照射对体内组织或器官(例如,红骨髓、肺、小肠、性腺、甲状腺)以及对眼晶体的平均相对生物效能权重吸收剂量。

[b] 在 0.1Gy 只适用于怀孕后子宫内发育 8~15 周之间的这段时间,接受高剂量率受照的情况下。对其他情况的胎儿在短期内准则可适用 1Gy 为一般准则。

[c] 因密切接触放射源(如手持或贴身携带的放射源)导致组织体表下 0.5cm 深处 100cm^2 所受的剂量。

[d] 该剂量系指 100cm^2 真皮(体表下 40mg/cm^2(或 0.4mm)深处的皮肤结构)所受的剂量。

[e] $AD(\Delta)_{T}$ 系指器官 T 在一个时间段 Δ 内通过摄入(I_{05})受到的将导致 5% 的受照个人产生严重确定性效应的相对生物效能权重吸收剂量。

[f] 就本一般准则之目的,"肺"系指呼吸道的肺泡间质区。

[g] 就这一特定情况而言,"Δ"系指胚胎和胎儿在子宫内的发育期。

二、降低随机性效应的应急行动水平

降低随机性效应的应急行动水平包括通用一般准则和专用的一般准则(包括:适用于食品、牛奶和饮用水的一般准则,车辆和设备的一般准则,和国际贸易食品的一般准则)。

(一) 通用一般准则

在核或放射应急中为降低随机性效应风险所采取的防护行动和其他响应行动的一般准则见表 5-3。

表 5-3　在应急中为降低随机性效应风险所采取的防护行动和其他响应行动的一般准则

一般准则	防护行动和其他响应行动的实例 [a]
超过下列一般准则的预报剂量:采取紧急防护行动和其他响应行动	
$H_{甲状腺}$<7d 内 50mSv[b]	碘甲状腺阻断 [c]
E^{d}<7d 内 100mSv	掩蔽;疏散;防止不慎摄入;
$H_{胎儿}{}^{e}$<7d 内 100mSv	限制食品、牛奶和饮用水以及限制食物链和供水; 限制食品之外的商品; 污染控制;去污;登记;恢复公众信心

一般准则	防护行动和其他响应行动的实例 [a]
超过下列一般准则的预测受照剂量：采取早期防护行动和其他响应行动	
E 第一年内 100mSv $H_{胎儿}$子宫内发育的整个期间 100mSv	暂时性避迁；防止不慎摄入；限制食品、牛奶和饮用水以及限制食物链和供水；限制食品之外的商品；污染控制；去污；登记；恢复公众信心。
已经接受的超过下列一般准则的受照剂量：采取较长期医疗行动，以检测和有效治疗辐射诱发的健康效应	
E 一个月内 100mSv	基于特定放射敏感器官所受当量剂量的健康筛查（作为较长期医疗随访的基础），登记，提供咨询
$H_{胎儿}$子宫内发育的整个期间 100mSv	提供咨询，以便在具体情况下做出知情决定

注：本表数据来源于 IAEA GSR Part 7 号。

[a] 这些例子不是详尽无遗，也非以相互排斥的方式进行分类。

[b] $H_{甲状腺}$仅指因放射性碘所致照射而受到的剂量当量。

[c] 该一般准则仅适用于实施碘甲状腺阻断。

[d] 有效剂量。

[e] $H_{胎儿}$是胎儿所受剂量当量。

（二）专项一般准则

1. 适用于食品、牛奶和饮用水等的一般准则　根据《核或辐射应急的准备与响应——一般安全要求》第 GSR Part7 号相关条款，表 5-4 提供关于在核或辐射突发事件应急中采取防护行动和其他响应行动以降低由于摄入食品、牛奶和饮用水以及使用其他商品所引起的随机性效应风险的一般准则。

表 5-4　适用于食品、牛奶和饮用水以及其他商品的旨在降低随机性效应风险的一般准则

一般准则	防护行动和其他响应行动的实例
由于摄入食品、牛奶和饮用水以及使用其他商品所产生的预报剂量超出下列一般准则：采取防护行动和其他响应行动	
E^{a} 第一年内 10mSv $H_{胎儿}{}^{d}$子宫内发育的整个期间 10mSv	限制消费、分发和销售非必需 [b] 食品、牛奶和饮用水 [c]，以及限制使用和分发其他商品。尽快替换必需食品、牛奶和饮用水，或在无法替换的情况下避迁受到影响的人。对那些可能已经摄入过食品、牛奶和饮用水或用过其他商品的人的剂量作出估算，以确定这是否导致了表 5-3 规定的需要就医的剂量。

注：本表数据来源于 IAEA GSR Part 7 号。

[a] 有效剂量。

[b] 对必需食品、牛奶或饮用水进行限制可能导致脱水、严重营养不良或其他严重健康后果，因此，只有在可以提供替代品的情况下，才能对必需食品、牛奶和饮用水进行限制。

[c] 一旦对食品、牛奶和饮用水进行取样和分析，就要适用对食品、牛奶和饮用水采取行动的基本准则。作为表 5-3 中一般准则基础上的一项预防措施，这还将为中止施加于食品、牛奶和饮用水的限制提供依据。

[d] $H_{胎儿}$是胎儿所受剂量当量，以外照射剂量和由于胚胎或胎儿对不同化合物和在相对于怀孕不同时期的摄入所致任何器官的最大待积当量剂量之和导出。

表 5-3 提供的关于早期防护行动和其他响应行动的一般准则中的 1/10 的值被确定为对食品、牛奶和饮用水以及其他商品进行限制的一般准则,其目的是确保通过所有照射途径包括摄入途径的剂量不超过表 5-3 提供的关于早期防护行动和其他响应行动的一般准则。

如果对食品、牛奶或饮用水的限制由于替代品无法获得而将导致严重的营养不良或脱水,则在提供替代品之前,可以消费放射性核素浓度水平据预测将导致剂量超出表 5-4 规定的一般准则的食品、牛奶或饮用水,但前提是:

(1) 这不会导致所有照射途径的剂量超出表 5-3 规定的一般准则。

(2) 否则,可以对受影响的人进行避迁。

2. 适用于车辆和设备等的一般准则　适用于车辆、设备和其他物项的旨在降低随机性效应风险的一般准则见表 5-5。

表 5-5　适用于车辆、设备和其他物项的旨在降低随机性效应风险的一般准则

一般准则	防护行动和其他响应行动的实例
使用来自受影响区域的车辆、设备和其他物项的预报剂量超过下列一般准则:采取防护行动和其他响应行动。	
E^a 第一年内 10mSv $H_{胎儿}{}^c$ 子宫内发育的整个期间 10mSv	限制非必要 [b] 使用。在提供替代品之前使用来自受影响区域的必要车辆、设备和其他物项,但前提是: 1) 其使用不会导致所有照射途径的剂量超过表 5-3 为公众成员规定的一般准则或限制应急人员照射的指导值(表 5-7); 2) 采取行动,以酌情控制作为应急人员、应急帮助人员或公众成员的使用者所受的剂量。估计可能使用了来自受影响区域的车辆、设备或其他物项的应急人员、应急帮助人员和公众成员所受的剂量,以确定这是否可能已导致表 5-4 规定的需要就医的剂量。

注:本表数据来源于 IAEA GSR Part 7 号。

[a] 有效剂量。

[b] 限制使用来自受影响区域的必要车辆、设备和其他物项可能会干扰采取紧急防护行动和其他响应行动或干扰提供对于公众健康或福祉至关重要的服务(如限制使用车辆转移需要紧急医疗的人员)。

[c] $H_{胎儿}$ 是胎儿所受剂量当量,以外照射剂量和由于胚胎或胎儿对不同化合物和在相对于怀孕不同时期的摄入所致任何器官的最大待积当量剂量之和导出。

表 5-3 提供的关于早期防护行动和其他响应行动的一般准则中的 1/10 的值被确定为适用于来自受影响区域的车辆、设备和其他物项的一般准则,其目的是确保通过所有照射途径包括使用这种车辆、设备和其他物项的剂量不会超过表 5-3 提供的关于对公众成员采取早期行动的一般准则。

限制使用来自受影响区域的车辆、设备和其他物项可能会干扰采取紧急防护行动和其他响应行动或干扰提供对于公众健康至关重要的服务(如限制使用车辆转移需要紧急医疗的人员,或防止已离开受影响区域的船舶或飞机抵达最终目的地)。在提供替代品之前,可以使用这种车辆、设备和其他物项(尽管它们的使用会引起其使用者受到超出表5-5规定的一般准则的预测剂量),但前提是:它们的使用不会导致所有照射途径的剂量超过表5-4为公众成员规定的一般准则或用于限制应急人员照射的指导值的限制;采取行动,以酌情管理和控制对作为应急人员、应急帮助人员或公众成员的使用者的照射。

3. 适用于国际贸易食品等的一般准则 继续或恢复国际贸易的基础有效实施减轻核或放射应急非放射性后果的响应行动的一般准则见表5-6。

表5-6 适用于国际贸易食品和其他商品的一般准则

一般准则	防护行动和其他响应行动的实例
食品和其他商品中超出一般准则的预报剂量:采取限制国际贸易的响应行动。	
E^{a} 第一年内 1mSv $H_{胎儿}{}^{c}$ 子宫内发育的整个期间 1mSv	限制非必要[b]国际贸易。在下列情况下,在提供替代品之前进行必要食品和其他商品的贸易: 1) 与接收国一道批准贸易; 2) 贸易将不会导致公众所受剂量超过表5-3中给出的适用于所有照射途径和表5-4适用于相关途径的一般准则; 3) 采取行动以管理和控制在运输过程中的剂量; 4) 采取行动以管理食品的消费和其他商品的使用,以及降低对公众成员的照射剂量。

注:本表数据来源于 IAEA GSR Part 7 号。

[a] 有效剂量。

[b] 限制必要商品和食品的贸易可能导致在另一国产生严重的健康影响或其他不利情况。

[c] $H_{胎儿}$是胎儿所受剂量当量,以外照射剂量和由于胚胎或胎儿对不同化合物和在相对于怀孕不同时期的摄入所致任何器官的最大待积当量剂量之和导出。

超过表5-6一般准则的数值在(临时)紧急状况下是可以接受的。

适用于国际贸易食品的一般准则源自粮农组织/世卫组织营养法典联合委员会采用的水平。这些一般准则以及适用于可能在核或辐射突发事件应急后含有放射性核素的其他国际贸易商品的一般准则被确定为表5-3对早期防护行动和其他响应行动规定的一般准则的1/100,以确保公众所接受剂量。

就可能在核或辐射突发事件应急后含有放射性核素的国际贸易食品而言,可能最终采用粮农组织/世卫组织营养法典联合委员会公布的业务标准(即指导水平)。

如果限制食品和其他商品贸易可能导致在另一国产生严重的健康/影响或其他不利影响,则在提供替代品之前在证明该贸易正当的情况下可以进行会引起预测剂量超过表5-6规定的一般准则的食品和其他商品的贸易,但前提是:

(1)与接受国一道批准该贸易。

(2)该贸易不会导致剂量超出表5-3和表5-4规定的适用于公众的一般准则。

(3)采取行动以管理和控制在运输过程中的照射。

(4)采取行动以管理食品的消费和其他商品的使用,以及降低对公众成员的照射。

三、应急工作人员的受照指导值

限制应急工作人员在应急响应中受照的指导值见表5-7。

表 5-7　限制应急工作人员在应急响应中受照的指导值

应急任务	指导值		
	$H_p(10)^a$	Ec^b	AD_T^c
拯救生命行动	< 500mSv	< 500mSv	<0.5AD_T
	在给他人带来的预期利益明显大于应急人员自身的健康危险,而且应急人员自愿采取行动并了解和接受这种健康危险的情况下,并同时充分考虑表5-2中的一般准则,可能超出这一数值		
防止严重确定性效应的行动,以及防止可能对人类和环境产生重要影响向灾难性状况发展的行动	< 500mSv	< 500mSv	<0.5AD_T
避免大的集体剂量的行动	< 100mSv	< 100mSv	<0.1AD_T

注:本表数据来源于 IAEA GSR Part 7 号。

[a] 个人剂量当量 $H_p(d)$,其中 $d = 10mm$。$Hp(10)$ 所用强贯穿辐射外照射剂量。需要采取一切可能的手段防止弱贯穿辐射外照射以及摄入或皮肤污染所产生的剂量。如果这样不可行,必须限制有效剂量和某个组织或器官的相对生物效能权重吸收剂量,以便最大程度地减少对个人造成与本表给出的指导值有关的危险相符的健康危险。

[b] 有效剂量。

[c] 某个组织或器官的相对生物效能权重吸收剂量。表5-2给出的某个组织或器官的相对生物效能权重吸收剂量值。

第三节　应急响应行动

根据所确定的危害和核或辐射突发事件应急的潜在后果,应确保在准备阶段制定防护战略并使其正当和最优化,以便在核或辐射突发事件应急中有效采取防护行动和其他响应行动,实现应急响应的目标。

防护战略的制定必须包括但不限于以下方面:

1. 应必须考虑为避免或最大程度减少严重确定性效应以及减少随机性效应危险而应采取的行动。应在组织或器官的相对生物效应权重吸收剂量的基础上评价确定性效应;应在组织或器官的剂量当量的基础上评价在组织或器官中的随机性效应;应在有效剂量的基础上评价与个人随机性效应在受照射人群中发生的相关危害。

2. 应确定用残留剂量表示的参考水平,一般是一个范围介于 20~100mSv 之间的年有效剂量,这包括经由各种照射途径的剂量贡献。应将这种参考水平与应急响应的目标和拟实现特定目标的具体时限结合使用。

3. 在防护战略正当化和最优化结果的基础上,应制定供采取用预期剂量或已接受的剂量表示的特定防护行动和其他响应行动所用的国家一般准则,同时考虑到一般准则。如果超过关于预期剂量或所接受剂量的国家一般准则,应实施这些防护行动和其他响应行动,而不论单独实施还是合并实施。

4. 防护战略一旦达到正当化和最优化并已制定了一套国家一般准则,为启动应急计划不同部分和采取防护行动和其他响应行动而预先制定的准则(现场状况、应急行动水平和运行干预水平)应源于该一般准则。应预先制定安排,以便在核或辐射突发事件应急过程中考虑到随着情况发展出现的主要状况,酌情修改这些准则。

在防护战略范畴内制定的每个防护行动和防护战略本身都必须被证明是正当的(即利大于害)。

核事故情况下,对人员(主要是事故周围的居民及应急人员)采取适当防护行动可减少人员受照剂量。防护行动可分为紧急防护措施和长期防护措施。紧急防护措施要求在事故发生后短时间内就应作出启动这些措施的决定,包括:隐蔽、服用稳定性碘、撤离、控制出入、人员体表去污、更换衣服以及穿防护服等。长期防护行动包括:临时性避迁、永久性重新定居、控制食品和饮用水以及建筑物和地表消除污染等。主要的防护行动如下:

一、隐蔽

核事故早期阶段,大量的放射性核素释放到大气中,携带放射性核素的烟羽在事故周边的区域进行扩散和漂移,对接触的人员造成照射。这时隐蔽是一种切实可行的防护行动。人们躲避在建筑物内,关闭门窗和通风系统,并采取适当的个人防护措施,可以减少放射性烟羽产生的外照射和吸入放射性核素后产生的内照射。

人员隐蔽于室内,可使来自放射性烟云的外照射剂量减少到室外的 1/2~1/10。关闭门窗和通风系统就可减少因吸入放射性核素污染所致的剂量,隐蔽也可降低由沉降于地面时放射性核素所致的外照射剂量,一般预计可降低到无隐蔽措施的 1/5~1/10。上述减弱系数要视建筑物类型及人员所处位置而定。建筑物越大,减弱效果越明显,砖墙建筑物或大型商业结构可将外照射剂量降低一个数量级或更多。国际原子能机构关于各类建筑物对烟羽外照射和地面沉积外照射的平均减弱因子见表 5-8。

表 5-8　各类建筑物对沉积外照射的减弱因子[a]

建筑物	减弱因子[b]
砖建筑物	0.05~0.3
小型多层建筑物	
一层、二层	0.05
地下室	0.01
大型多层建筑物	
地面各层	0.01
地下室	0.005

[a] 取自国际原子能机构安全丛书第 81 号。
[b] 减弱因子为射线穿过屏蔽物之前与之后的剂量率之比。

一般认为在无可能实施预防性撤离情况下,隐蔽是一种在事故早期可供选择的紧急防护行动中较易实施、有效、困难及代价都较小的措施。但短时间内通知大量人员采取隐蔽措施并不容易,特别是事先无计划隐蔽,而且如果处置不当,可引起社会、医学和心理等方面的问题。隐蔽时间一般认为不宜超过 2 天。

2011 年 3 月 11 日日本福岛核事故发生后,东京电力公司(简称"东电")立刻通知政府当局,宣布进入"一级紧急状态"。日本政府于 3 月 11 日指示,福岛第一核电站周围 3~10km 范围内屋内隐蔽,3 月 12 日指示,福岛第二核电厂周围 3~10km 范围内屋内隐蔽,3 月 15 日指示,福岛第一核电站周围半径 20~30km 范围内屋内隐蔽,4 月 22 日解除 20~30km 范围内隐蔽指令。通过隐蔽,福岛第一核电站周边人员的受照剂量得到了较好的控制。

二、个人防护方法

空气中有放射性核素污染的情况下,可用简易法进行呼吸道防护,例如用手帕、毛巾等织物捂住口鼻,可使吸入的放射性核素所致剂量减少到防护前的 1/10。防护效果与粒子大小、防护材料特点及防护物(如口罩)周围的泄漏情况等有关。体表防护可用日常服装,包括帽子、头巾、雨衣、手套和靴子等。当人们开始隐蔽或由污染区撤离时,可使用这些简易的防护措施。简易个人防护措施一般不会引起伤害,所花代价也小。但进行呼吸道防护时可能会对有呼吸系统疾病或心脏病的人员造成不利影响。

如果隐蔽的人员必须外出,应尽可能采取上述简易防护措施,避免体表或皮肤直接暴露在受放射性污染的空气中。简易方法的防护效果与放射性物质的物理状态、粒子分散度、防护材料特点及防护物周围的泄漏情况等密切相关。

对已受到可疑放射性污染的人员应尽快进行去污。可采取用水淋浴的方法去污,并将受污染的衣服、鞋、帽子等脱下存放起来,直到以后交由专门的人员监测或处理。在实际操作中,要避免因人员去污而延误撤离或避迁,同时尽可能防止将放射性污染扩散到未受污染的地区。

三、服用稳定性碘

在应急行动的决策过程中,应遵循正当性、最优化原则和国家标准规定的降低随机性效应的响应行动准则,既要考虑尽可能降低辐射剂量,也要考虑响应行动实施防护措施的困难和代价。我国现行 GB 18871—2002《电离辐射防护与辐射源安全基本标准》中规定碘防护的通用优化干预水平为 100mGy 甲状腺的可防止的待积吸收剂量,但要注意,目前 IAEA 规定的行动准则为 7d 内甲状腺当量剂量 $H_{甲状腺}$ <50mSv。

服用稳定性碘是阻止和减少人体甲状腺对吸入和食入的放射性碘吸收的一种有效措施。碘进入人体后主要蓄积在甲状腺,在放射性碘摄入前服用稳定性碘,使甲状腺达到饱和状态,就可以阻止甲状腺对放射性碘的吸收,从而达到保护人体的目的。需要说明的是服用稳定性碘只是对放射性碘的防护有作用,对其他放射性核素的防护几乎没有效果。服用稳定性碘一般不单独采用,常与隐蔽、撤离等措施同时进行。

碘化钾(KI)或碘酸钾(KIO_3)可以减少放射性碘同位素进入甲状腺。一次服用 100mg 碘(相当于 130mg KI 或 170mg KIO_3)。服碘时间对防护效果有明显影响,在摄入放射性碘前或摄入后立即给药效果最好;摄入后 6 小时给药,可使甲状腺剂量减少约 50%;摄入后 12 小时给药,预期防护效果很小;24 小时后给药已基本无效。最佳服用时机是预期受照开始前24 小时之内且不超过受照后 2 小时。在受照开始后 8 小时服用仍然有效。在受照 24 小时后服用可能弊大于利。

以碘化钾为例,WHO 推荐的不同年龄组服用的单次剂量如下:对 12 岁以上和成年人推荐的服用剂量为每次 130mg;3~12 岁儿童用药量为成人用药量的 1/2;1 个月至 3 岁儿童用药量为成人用药量的 1/4;新生儿(出生至 1 个月)用药量为成人用药量的 1/8。稳定性碘通常只能服用一次,特殊情况下可连续服用不超过十次。主管部门应该保证当放射性碘的吸收一降到所设置的水平以下时,人们就立即不再服用稳定性碘。不同年龄组人群服用稳定碘的单次剂量见表 5-9。

表 5-9　不同年龄组人群服用稳定碘的单次剂量

年龄组	碘质量/mg	KI 质量/mg	相当于 100mg 碘的 KI 片数
<1 月龄	12.5	16	1/8
~3 岁	25	32	1/4
~12 岁	50	65	1/2
~40 岁	100	130	1

因放射性碘导致胎儿、婴幼儿、儿童及青少年甲状腺癌的风险高于成人,在储备的稳定碘数量不足时,最优先考虑防护的人群是新生儿、婴幼儿、儿童、青少年、孕妇、哺乳妇女、高风险的应急人员。对生活在碘缺乏地区的人群,也应特别予以考虑。

世界卫生组织近期的出版物碘甲状腺阻滞中,对重点人群推荐建议如下:

新生儿:新生儿应优先考虑隐蔽、撤离等防护行动。在无法进行隐蔽、撤离等措施时,应单次服用稳定碘,且用量不超过 12.5mg。如果新生儿出现服用超量或者多次服用,可能会出现甲状腺功能减退,如不治疗,可导致脑损伤。因此,对超量或多次服用的新生儿应当由医生来监测甲状腺激素的水平。

婴幼儿、儿童和青少年:由于放射性碘引起甲状腺癌的风险高于成人,在分发和服用稳定碘时应优先考虑 1 月龄至 17 岁这个年龄组的人群。

孕期妇女:孕期妇女应当遵从服用成人的推荐剂量来保护本人和胎儿的甲状腺。应急期过后,孕期妇女应告知医生这些信息并记录在就诊手册上,以便在婴儿出生时评估甲状腺的功能。

哺乳妇女:哺乳期妇女也应当服用成人的推荐剂量。同时,婴儿也应给予年龄别推荐剂量的稳定碘。

稳定碘的不良反应很罕见,包括碘引起的一过性过敏反应和甲状腺功能减退症。据报道,严重的临床相关反应包括涎腺炎(唾液腺的炎症,然而,在切尔诺贝利事故后,波兰的 KI

服用者中没有报告此种情况)、胃肠道紊乱和轻微皮疹。有一些罕见但有临床相关的反应,例如疱疹性皮炎或低补体血症性血管炎。此类反应的危险群体还包括既往患有甲状腺疾病和碘过敏的患者。如果对碘过敏,可以考虑使用高氯酸钾来抑制在潜在照射期间甲状腺对碘的吸收。应尽可能避免使用添加剂,如着色剂,因为它们可能会引起不良反应(例如过敏)。

四、撤离

核或辐射突发事件发生大量放射性物质释放时,撤离是最有效的防护对策,可使人们避免或减少受到来自各种途径的照射。但也是各种对策中难度最大的一种,特别是在事故早期,如果进行不当,可能付出较大的代价,所以应对此制订周密的计划以避免造成人群接受比其他防护行动(如隐蔽)更大的剂量。在事先制订应急计划时,必须考虑多方面的因素。如事故大小和特点,撤离人员的多少及其具体情况,可利用的道路、运输工具和所需时间,可利用的收容中心、地点、设施、气象条件等。

日本福岛核事故发生后,日本政府于 3 月 11 日指示,福岛第一核电站周围半径 3km 范围内撤离,3 月 12 日指示福岛第一核电站 10km、福岛第二核电厂周围半径 3km 范围内撤离,由于事态进一步恶化,后又将半径分别扩大至 20km、10km。

五、避迁

与撤离的区别主要是采取行动的时间长短不同,如果照射量率没有高到需及时撤离,但长时间照射的累积剂量又较大,此时就可能需要有控制地将人群从受污染地区避迁。这种对策可避免人们遭受已沉降的放射性核素的持续照射。

随着时间的推移,放射性衰变和自然过程(如雨水冲刷和气候风化作用)会降低事故地区的污染水平,使人员能返回并恢复在该地区的活动。可以在临时避迁的同时采取恢复措施(包括土地及建筑物、用品去污)以缩短临时避迁的时间。

避迁不像撤离时那样紧急,居民的迁移可预先周密地计划和控制,故风险一般较撤离时小。主管部门要了解污染程度及范围,并及时告知公众是否要避迁,认真做好组织和思想工作。

六、控制食物和水

放射性核素释放到环境时,就会直接或间接地转移到食物和水中。牛奶中的 ^{131}I 峰值一般在一次孤立的放射性核素释放后 48 小时出现,因此对牛奶的控制较其他食物尤为重要。事故发生后,越早将奶牛和其他肉食用的牲畜撤离受污染的牧场,并喂以未污染的饲料,牛奶及其他肉食品的污染水平就越低,人们可能接受的照射剂量就越小。受污染的食物(牛奶、水果、蔬菜、谷物等),可采用加工、洗消、去皮等方法除污染,也可在低温下保存,使短寿命的放射性核素自行衰变,以达到可食用的水平。对于受污染的水,可用混凝、沉淀、过滤机离子交换等方法消除污染。通常,在能够得到未受污染的食品和饮用水供应情况下,采取禁止销售及食用和饮用受放射性污染的食品和水的措施。

国际粮农组织(FAO)和世界卫生组织(WHO)的食品法典委员会(CAC)发布了 CAC/GL 5-2006,其中制定了针对核或放射紧急情况污染后进入国际贸易的食品中放射性核素活度浓度的指导水平(guidance level,GL),并将其收入正式的法典标准(CODEX STAN 193-1995)的最近一次修订版中。CAC/GL 5-2006 规定的食品中放射性核素分组及其指导水平见表 5-10。我国也制定了相应的食品安全国家标准,规定了食品中放射性核素通用行动水平,与 CAC/GL 5-2006 中规定的水平一致。

表 5-10　CAC/GL 5-2006 规定的食品中放射性核素指导水平

食品类别	代表性核素	假设食品年消费量/kg	指导水平/(Bq·kg^{-1})
婴儿食品	^{238}Pu, ^{239}Pu, ^{240}Pu, ^{241}Am	200(婴儿)	1
	^{90}Sr, ^{106}Ru, ^{129}I, ^{131}I, ^{235}U		100
	^{35}S*, ^{60}Co, ^{89}Sr, ^{103}Ru, ^{134}Cs, ^{137}Cs, ^{144}Ce, ^{192}Ir		1 000
	^{3}H**, ^{14}C, ^{99}Tc		1 000
除婴儿食品外的其他食品	^{238}Pu, ^{239}Pu, ^{240}Pu, ^{241}Am	550(成人数值)	10
	^{90}Sr, ^{106}Ru, ^{129}I, ^{131}I, ^{235}U		100
	^{35}S*, ^{60}Co, ^{89}Sr, ^{103}Ru, ^{134}Cs, ^{137}Cs, ^{144}Ce, ^{192}Ir		1 000
	^{3}H**, ^{14}C, ^{99}Tc		10 000

注:* 代表有机结合硫的数值。
　　** 代表有机结合氚的。

日本"3·11"大地震后,日本厚生劳动省于 3 月 17 日宣布,基于《日本食品卫生法》的立法目的,即通过实施法规和其他必要措施预防由食品或饮用水导致的健康危害,从公众健康角度确保食品安全,从而保护公众健康,采纳日本核安全委员会制定的《食品和饮用水摄入相关限值指标》作为暂行规定值,同时制定了监测应遵循的技术规范。3 月 21 日起,根据检测结果陆续对福岛核电站周边地区的食品、饮用水等进行限制,4 月 8 日起,根据检测结果陆续解除上述限制。

七、控制出入

一旦确定受放射性物质污染地区的人群隐蔽、撤离或避迁,就应采取控制进出口通路的措施。采取此对策可减少放射性核素由污染区向外扩散,并避免进入污染区而受照射。其主要困难在于长时间控制出入后,人们会急着要离开或返回自己家中,以便照料生产或由封锁区运出货物、产品等。

日本福岛核事故发生后,为了控制放射性污染的扩散,日本政府决定于 4 月 22 日 0:00 起在福岛第一核电站周围 20km 设定警戒区,架设警告牌,禁止未经许可的人员进入。5 月 13 日,日本政府设立了临时返家申请中心,每天安排 500 人临时返家。

每个申请临时返家的灾民都必须要填写一份确认声明书。声明包括:进入警戒区后全程听从管理者的指挥;严守各项注意事项;离开警戒区后,要接受核辐射检查,封存被确认污染的物品;警戒区内的许多建筑因地震成为危房,要保持安全意识。

返家同行的包括警察、消防员、东电的工作人员、村政府的工作人员等。东电的工作人员负责随时监控核辐射数值的变化,警察负责保障警戒区内的治安问题,消防员负责提醒警戒区内因地震而造成的危险路段,村政府的工作人员则负责返家灾民的联系工作。而管理者们时刻做好准备,如果核电厂出现异常,保证全员能够快速撤退。

返家人员从避难所来到集合点,在这里进行各种准备。包括签署确认书,参加说明会,领取剂量仪、步话机和防护服,穿戴好全身的防护服——戴手套和口罩,用胶带将腿脚和袖口封牢,直到全副武装地坐上统一的大巴进入警戒区。两小时后,再乘坐大巴返回集合点。能够带到警戒区外的物品限于装满一个约 $70cm^2$ 见方的塑料袋。在集合点,进行辐射检测和除污染的程序。最终结束返回各自住处。为了保障临时返家的绝对安全,日本政府还特意起草了一项法规——《临时返家法》,明文规定了临时返家的程序,以及对于返家者的种种要求:比如当天必须穿长袖衣服;返家途中不可以喝水以避免如厕导致污染;不可以把家禽和宠物以及食品带出;返家灾民不可以是儿童以及行动不便的老人等。

八、人员除污染

应对已受到或可疑受到污染的人员除污染。其方法简单,但不能因为人员除污染而延误撤离或避迁。

九、地区除污染

消除放射性污染,主要包括建筑物和土地去污、对污染物的固定、隔离和处置等,以尽可能地恢复到事故前的状况,其目的是减少来自地面沉积放射性物质所产生的外照射,减少放射性物质向人体、动物和食品转移,降低放射性物质悬浮和扩散的可能性,即对受放射性物质污染的地区消除污染。由于去污后就可以恢复某些活动,因而去污通常要比长期封闭污染区的破坏性小。

通常去污操作越早效率越高,但推迟去污可利用放射性衰变和气候风化作用而使放射性水平降低,从而减少去污人员的集体剂量,所需费用也可以降低。

道路和建筑物表面可用水冲或真空抽吸法。设备可用水和适当的清洗剂清洗,耕种的农田和牧场可去掉表层土并移往贮存点埋藏,也可深耕而使受污染的表层移向深层。

去污的困难、风险和代价在于:

1. 进行去污作业的工作人员可因外照射及吸入放射性核素而增加受照射剂量,所以相关工作人员必须采取防护措施。

2. 去污面积较大时,不仅所需花费大,贮存或处理大量放射性废物也是个困难问题。

福岛核事故放射性污染处理包括:在事故起始阶段和过程中,对怀疑受到一定程度的放射性表面污染的人员,脱除衣物、用肥皂和水进行去污。事故后,采取恢复性措施,对主要公共场所如厂矿、学校等的建筑物和泥土进行去污。

十、医学处理

在核或辐射突发事件中,一些人员可能受到超过剂量限值的照射,少数人员甚至可能会引起不同类型、不同程度的放射性损伤或其他损伤,需在不同水平的医疗单位进行分级处理。对皮肤污染要及时进行去污,对体内污染的促排则应在专门的医学监护下进行。

对受到小剂量照射的人员,医务人员应向他们做好解释工作,以消除顾虑。对决定采取防护措施地区以外的人员,虽未受干扰,风险也很小,但他们会对家人、自己、家畜和财产等担心,此时医务人员也需要向他们做解释。对事故受照人员及其后代进行长期医学观察也是一项重要的任务,应该对受照人员进行登记、分类,并根据受照剂量进行有目的的医学监督,以分析随机性效应(致癌和遗传效应)及对事故的精神心理反应。

第四节 心 理 干 预

核或辐射突发事件一旦发生,不仅能引起人员的辐射损伤,还会导致社会心理恐慌,甚至影响社会稳定和国家安全。苏联切尔诺贝利核事故、英国钋-210事件、我国河南"杞人忧钴"事件和日本福岛第一核电站事故等一系列核或辐射突发事件都充分证明核或辐射突发事件引起的公众恐慌对政治、经济和社会的影响和后果往往远大于核或辐射直接导致的对人员的健康影响与伤亡。因此,公众沟通、媒体交流和信息发布在核或辐射突发事件应急处置中占有重要地位。及时、公开、透明、科学、有效的公众沟通、媒体交流和信息发布对排解公众心理恐慌、维护社会稳定、保障国家安全具有重要的现实意义。然而,核或辐射突发事件情况下的公众沟通、媒体交流与信息发布与地震、泥石流等自然灾害等情况下的公众沟通、媒体交流与信息发布不同。核或辐射突发事件情况下的公众沟通、媒体交流与信息发布专业性强,公众对辐射的认知不足,且认知来源多为负面的,如广岛、长崎的原子弹爆炸,苏联切尔诺贝利核电站事故等,因此,公众往往是"谈辐色变""谈核色变",在核或辐射突发事件情况下极易产生心理恐慌,并且核或辐射突发事件导致的社会心理恐慌和后果是其他自然灾害导致的心理恐慌和后果不能比拟的。要在核或辐射突发事件发生情况下科学、有效地开展公众沟通、媒体交流与信息发布就必须了解核辐射突发事件的特点和规律、公众出现心理恐慌的原因,有的放矢地开展风险沟通、媒体交流与信息发布,才能有效地排解公众的恐慌心理,维护社会稳定。

一、引起公众心理恐慌的主要原因

核或辐射突发事件导致公众心理恐慌的主要原因是公众对辐射及其健康影响的认知程度较低,存在很多认知误区,而且也大多是负面的。同时,由于核或辐射相关领域专业性强,而且辐射看不见、摸不着,无色、无味,无法直观地感知,只能通过专业设备才能发现和检测。另外,核辐射领域用的计量单位与其他领域不同,公众对其他领域用的计量单位"克""千克""米""千米"等都有感性认识,而公众对核辐射领域用的计量单位"贝可""戈瑞""希沃特"等没有感性认识,甚至有一种深不可测的感觉。公众也不了解多大剂量的辐射可以引起多么严重的健康危害。加上在公众宣传和信息发布时,时常出现信息相互冲突,不同"专家"的言论相互矛盾现象,导致公众无所适从,引发恐慌情绪。尤其在发生重大核事故后,公众无法直观了解自己所处的环境是否受到放射性污染,释放到环境中的放射性物质是否对健康造成影响,自身是否受到放射性污染,食品和饮用水是否受到污染,而此时如果没有及时地发布官方权威信息,则会加重公众的恐慌心理。

二、心理恐慌的主要特征

核或辐射突发事件情况下,心理恐慌的主要特征及表现形式有以下几个方面:

1. 情绪失控 表现为抑郁、焦虑、隔绝、孤立、兴奋过度、易怒等。

2. 能力下降 表现为反应迟钝、困惑以及决策能力、执行能力、计算能力、自我评价能力、记忆力和注意力下降等。

3. 行为异常 主要表现为反应过度、情绪急躁、极端疲惫、语无伦次、书写不清等。

4. 急性应激的体征与症状 主要表现为筋疲力尽、胃肠不适、疑病症、食欲改变、睡眠紊乱、战栗与风疹、头痛、心率加快,血压升高、胸痛等。

三、引起公众心理恐慌的案例

既往的经验表明,几乎每一起核或辐射突发事件都会不同程度地引起公众的心理恐慌。核或辐射突发事件发生后,及时、公开、透明的开展公众沟通、媒体交流和信息发布尤为重要,如果没有及时、公开、透明的开展公众沟通、媒体交流和信息发布将导致谣言迅速传播,造成公众心理恐慌,甚至引起经济社会混乱。以下两个案例值得深思。

(一) 关于"杞人忧'钻'"事件的思考。

2009 年 6 月 7 日,河南杞县利民辐照厂发生放射源卡源事件,本来这样的卡源事件是不会对外环境和公众造成任何影响,但是由于未及时、公开、透明地发布信息,也未开展任何形式的公众沟通和媒体交流,直至 2009 年 7 月 12 日当地政府才首次公开发布信息,在此期间,由于没有权威及正规渠道的信息来源,当地各种传言、猜测和谣言四起,当地政府公信力下降,甚至怀疑政府是否会告诉真相,引发当地居民恐慌,数十万居民逃离家园,造成了严重的群体性社会混乱,演变成了一场社会危机事件。该事件再次表明及时、公开、透明的信息发布在抑制谣言传播,消除公众恐慌情绪中起着非常重要的作用。

(二) "3·17"碘盐抢购事件的启示。

2011 年 3 月 11 日,日本福岛核电站发生 7 级核事故后,由于公众担心日本福岛核事故释放的放射性物质将会污染我国近海并影响我国盐业生产和供应,另外公众误认为碘盐可以防核辐射,导致 3 月 17 日在全国范围内发生抢购碘盐事件。当天国家有关部委立即组织相关专家通过电视、电台、报纸和网络等 13 家媒体发布相关信息,开展公众沟通,进行专家答疑解惑,正确引导社会舆论,普及相关科学知识,成功地使抢购碘盐事件在 3 月 18 日下午基本得到平息。"3·17"碘盐抢购事件也再次提示:我国公众对核或辐射、辐射与健康、辐射防护等科学知识认知不够,相关科普宣传亟待加强,核或辐射突发事件发生后及时的公众沟通和答疑解惑对消除公众恐慌情绪具有非常重要的作用。

四、应急人员的心理干预

核或辐射突发事件不仅能够引起公众心理恐慌,也会对应急人员造成心理影响。应急人员的心理恐慌不仅会导致情绪失控、能力下降、行为异常和身体不适,还可能导致应急救援的效率下降、错误处置,影响应急救援,因此对应急人员的心理干预也非常重要。

在核或辐射突发事件应急救援中,通常认为参与救援的警察、医务人员、公共卫生人员、工程技术人员等都是接受过相关技术培训,且掌握相关专业知识的人员,因此,不应出现心理恐慌,其实不然,这些应急人员平时虽是接受过相关培训和演练,但多数并没有实战经验,他们清楚在核或辐射突发事件应急救援中,可能会接受较大剂量的照射,也可能会遭遇比平时更血腥、更残酷的场景,加之长期高压、繁重的应急救援工作,尤其当应急救援工作开展不顺利时,很可能会出现各种急性应激反应。

对应急人员的心理干预应关口前移,注重平时的培训和演练,在平时的培训和演练中,不仅要加强应急人员专业知识和救援技能的培训与提升,还应加强责任感、使命感和个人防护知识的培训,使应急人员增强责任感和使命感,让他们熟练掌握应急救援技能、个人防护知识,增强他们完成应急救援工作的信心。同时,在培训中纳入心理健康知识、心理自我调适方法的学习,提高应急人员对心理健康的自我认知和面对危机的心理调适能力。

在应急救援中,为应急人员提供突发事件的实时信息,让他们知道自己所处的环境是否安全。为应急人员配备完整良好的个人防护用品和可设定剂量率和累计剂量阈值的可报警式剂量计,并告知报警剂量水平和每次应急行动后的受照剂量。必要时行动前服用辐射防护药物和阻吸收药物。在应急救援队伍中,可配备专业的心理卫生工作人员,及时关注应急人员的心理状况,开展评估与干预工作。

完成应急救援任务后,应及时对应急救援人员剂量登记,必要时进行医学处理和医学随访,对发生心理障碍的人员持续进行专业心理干预。如果突发事件涉及非密封放射性物质、放射性粉尘或放射性气溶胶,应及时对应急人员进行表面污染监测和去污洗消以及内污染检测和促排。

五、公众的心理干预

核或辐射突发事件公众的心理干预是通过公众沟通、媒体交流与信息发布来实现的。及时有效的公众沟通、媒体交流与信息发布不仅能够有效消除公众恐慌，而且能够防止谣言传播，维护社会稳定，保障应急处置的有序开展。政府、专家、媒体和公众都是风险沟通的主体及参与者，尤其是专家和媒体在核或辐射突发事件风险沟通及消除公众恐慌心理中扮演着非常重要的角色，须密切配合，他们是相辅相成的两个方面，并非对立，因此，与媒体的交流，不能称之为"媒体应对"。无论是政府有关部门，还是专家、媒体在开展公众沟通、媒体交流与信息发布前都应该了解核辐射突发事件的特点、严重程度、影响范围、风险大小，并掌握公众关注的焦点，有的放矢地开展公众沟通、媒体交流与信息发布，才能取得满意的效果。

（一）公众沟通与媒体交流

以往的经验表明，在发生核或辐射突发事件情况时，公众沟通非常重要。有效的公众沟通可以提高防护行动的执行效率，减少怀疑，避免担心自己处于危险中的人们采取不当反应，减轻人们的压力和焦虑。

在发生核或辐射突发事件之前，制订一个完善的核或辐射应急公众沟通计划是非常重要的。该计划能有助于在发生核或辐射突发事件之前、期间和之后进行公众的有效沟通。制订的核或辐射突发事件应急沟通计划需要与国家辐射应急计划大纲（National Radiation Emergency Plan，NREP）的核心内容一致。国际原子能机构（IAEA）2015 年发布了应急准备与响应系列丛书——公众沟通计划《制定核或辐射应急公众沟通策略与计划方法》，建议成员国制订国家核或辐射应急沟通计划（Radiological Emergency Communication Plan，RECP），并为国家核或辐射应急公众沟通计划（RECP）提供了模板。

在紧急情况下，媒体和公众会倾向于给予他们熟悉的组织更多的可信度。因此，他们可能对该组织所采取的应对行动更有信心。透明和提供正确的信息对公众沟通都是至关重要的。因此，重要的是，参与执行核或辐射突发事件应急沟通计划的组织应制订一个完善的实施方案，并在应急情况发生前就与公众进行沟通及宣传。诸如向新闻媒体提供信息的新闻发言人、以通俗易懂的语言提供有关主题的信息，以及将信息上载到网络上，这些活动将有助于提高政府的信誉，在发生应急情况时是至关重要的。

在规划公众沟通活动之前，必须确定这些公众沟通活动的目标对象。目标对象是那些可能受到核或辐射突发事件不同程度（直接和间接）影响的群体，因此可能有不同的信息需求。应根据这些对象对应急总体目标的重要性,将其列为一级、二级和三级优先对象。例如,一级对象可以包括那些直接受到紧急情况影响的人,也可以包括"忧虑患者"。

在核或辐射突发事件应急情况下,媒体是一个非常重要的目标受众,因为许多人依赖媒体告诉他们什么是重要的。然而,媒体既可以被认为是目标受众,也可以是向其他受众传播信息的一种途径。应当指出的是,在早期反应期间,媒体可作为核或辐射突发事件信息的传播者。随着核或辐射突发事件的发展,它们更有可能对行动提出质疑,并就应急情况提供更重要的报道。因此,在核或辐射突发事件应急情况下,有效的媒体交流与认识的统一至关重要。值得关注的是,在当今的信息化时代,新媒体及社交媒体资源正变得比传统媒体更加重要。

开展公众沟通与媒体交流时,应注意以下几个方面:

首先,公众沟通的关键在于了解公众关注的问题,并对公众关注的问题及时、坦诚地做出回应。通过舆情监测,分析媒体对辐射、辐射安全、核能问题和核辐射突发事件的报道,可以捕捉公众情绪。也可以通过回顾过去的紧急情况,从媒体报道和社交媒体,以及政府有关部门提供的信息,获得大量关于公众态度和公众关注问题的信息。这些信息还可用于了解公众对潜在核或辐射突发事件应急情况的认识和基本辐射防护概念的认知程度。因此,在发生核或辐射突发事件应急情况之前甚至是在核或辐射突发事件应急情况发生期间,仍有必要更新这种分析,或定期进行舆情研究。通常在核辐射突发事件应急情况下公众关注的主要问题包括:发生了什么? 影响区域和范围? 后果是什么? 自己所处的环境是否受到放射性污染? 自己及家人是否会遭受辐射危害? 食品和饮用水等是否受到污染,能否食用? 如何防护? 政府是否采取行动? 政府及媒体能否及时公布事情真相? 值得注意的是,在核或辐射突发事件应急情况下,无论实际风险如何,公众对公众沟通的需求可能很高,因为公众往往对感知的风险会做出反应,而非实际风险。

第二,应及时采取排解公众恐慌心理的措施。事故发生后,政府应迅速响应,在第一时间通过主流媒体为公众及时、准确提供事件发展的最新信息,并不断更新,树立和提高政府的公信度,让公众了解政府有关部门的行动和行动计划,组织专家及时答疑解惑。

第三,掌握媒体交流的基本原则。要获取媒体和公众的信任,为建立公众信心,态度要坦诚和实事求是,信息要公开透明,与媒体交流正在发生和可预测的事件,切忌主观臆断。交流语言要简明扼要,通俗易懂,避免过多和太专业的术语,可以列举公众身边可感知例子进行比较说明(如:对于辐射剂量可以举例与天然辐射本底或 X 射线胸片检查的辐射剂量进行比较),避免信息"冲突",在必要时可通过演示进行说明。

（二）信息发布

信息发布在核或辐射突发事件处置中占有不可替代的作用。及时、公开、透明的信息发布可有效避免信息相互矛盾和冲突,防止谣言传播,保持政府和应急响应机构的信用,消除或减少公众心理影响,最大程度维护社会稳定。同时,可以使应急响应组织和应急响应人员集中精力开展应急响应行动。

国家应建立统一的信息发布机制,制订统一的信息政策与信息计划,完善国家公众信息政策,指定官方发言人,确定各部门提供和发布信息的职责,确定权威信息发布机构,同时在信息发布前,应对重要信息进行会商和审批;制订和实施信息发布的详细计划,确保各部门发布信息的一致性和处置建议的协调性。

信息发布也应关注公众所关注的焦点问题,尤其是应实时更新发布突发事件及其应急处置的最新动态,及时、公开、透明地发布政府的行动和行动计划。信息发布应避免太多的专业技术问题,如放射性核素及其辐射类型、污染范围及水平、辐射损伤和辐射防护等专业技术问题留给专家在公众沟通及答疑解惑中完成。

在信息化、大数据及新媒体高度发达的时代,信息发布的及时性、公开透明性和真实性尤为重要。一旦信息发布迟缓或不适当,将会谣言四起,必将加剧公众心理恐慌,甚至影响社会稳定。如果没有及时、公开、透明和真实的信息发布,也必将影响政府形象,导致政府公信力下降。

第六章
现场医学救援

第一节　现场救援的目的、原则和任务

核或辐射突发事件现场救援,担负现场伤员搜救,现场急救、伤员初步分类诊断、现场去污处置,内污染人员的阻吸收和促排,过量照射人员的现场处置,样品采集和伤员转送等工作。与医院内救援工作相比,有其特殊的要求,无论在救援装备、人员组成和人员要求等方面,还是在应急救援方案、人员的分工合作和救援人员的自我保护等方面,都存在着明显的差异,需要进行深入的研究,进行精准的技术准备和医学应急管理准备。

一、目的

现场救援不同于医院救治,现场救援"抢"是重点,"防"是关键,"治"则为次。这就要求现场救援时,目的要明确,措施要得当。核或辐射突发事件现场救援主要有以下目的:

1. 发现伤员,初步分类,分级救治　核或辐射突发事件现场不同于其他灾害事故,事故现场可能存在有严重的空气、物体和地面放射性核素污染,以及高剂量水平的外照射。减少伤员暴露在放射性核素污染场所中的时间,避免接触放射性核素污染,防止大剂量照射,对保护伤员的安全和健康,及其治疗和愈后都是非常重要的。伤员在现场停留时间愈短,发现愈早,治愈的成功率愈高。

核或辐射突发事件现场如果受影响的人员比较多,伤员的伤情比较复杂,初步分类、分级救治是核或辐射突发事件现场救援的重要措施,需要合理地、有效地分配现场的救治力量,保证现场救援有序进行,最大限度地保障危重伤员得到及时救治,精准救治。

2. 保证过量照射和/或放射性核素污染患者及时而有效的处置　核或辐射突发事件可能会造成伤员过量照射,放射性核素体表污染、伤口放射性核素污染、体内放射性核素摄入,这些患者如果能够得到及时有效的预防性治疗,将会大大地减轻放射性损伤,减少放射性核

素的摄入,加速放射性核素从体内的排出。

3. 收集核或辐射突发事件现场救援信息,保障应急救援合理有序实施　收集分析事故(事件)医学后果所需要的相关信息,评估事故(事件)的医学后果和现场的医学处置能力,适时向现场应急指挥部提出建议,并向国家或地方核事故医学应急指挥部报告,将事故(事件)的医学后果减轻到最低程度。

核或辐射突发事件现场救援信息对于保障应急救援合理有序的实施非常重要。通过现场准确的信息反馈,能够及时掌握现场伤员的数量、伤情分布、区域分布,以及现场救援的力量投入情况、医学处置能力等,能够为核或辐射突发事件医学应急救援指挥部及时决策、合理调配力量提供依据。

4. 建立现场临时救援处置站,做好伤员的分类和转送工作　核或辐射突发事件现场临时救援处置站是现场救援的重要场所,临时救援处置站的位置选择,安全保障直接影响现场救援工作的进行,对保护伤员以及救援人员的生命安全和健康,保障核或辐射突发事件现场救援工作合理有序的进行具有重要的意义;同时,也能为后续诊治收集并提供相关信息和必要的样品采集。

二、基本原则

核或辐射突发事件现场救援遵循快速有效,保护抢救者和被抢救者的原则;优先抢救危及生命的伤员,初步分类,分级转送,尽快将伤员撤离事故现场、保护伤员和救援人员的生命安全和身体健康。

核或辐射突发事件现场,可能存在有严重的危险因素,在现场救援过程中只有遵循快速有效的原则,才能完成救援任务,保护伤员以及抢救者的生命安全和健康。救援人员要根据事故性质、受照情况,剂量水平,采取积极的医学应急救治措施。核事故现场情况复杂,可能存在其他有害因素,在现场救援过程中,要尽可能消除或减少有害因素的来源,防止二次污染。要重点关注昏迷、休克等无反应的伤员,优先保证危重伤员得到及时救治,避免重伤员因救治不及时死于现场,降低核或辐射突发事件的死亡率。现场救援时,伤员多,伤类、伤情复杂,要进行伤员分类,实行分类、分级和专业救治同步实施,保证核或辐射突发事件现场医学应急救援合理有序地进行,减低核或辐射突发事件的危害。对估计外照射剂量较大的伤员应尽早给予合适的抗辐射药物,减轻辐射损伤;伤口放射性核素污染,或内污染可能超过干预水平的伤员应尽早进行阻吸收和促排治疗,减少放射性核素的吸收;体表污染的伤员应尽早去污,减低皮肤受照剂量,防止放射性核素污染扩散。

三、基本任务

核或辐射突发事件的现场救援任务与事故的特点密切相关,通常核或辐射突发事件现场救援的基本任务有以下几个方面:

1. 应急救援队伍的准备。

2. 现场救援的实施。

3. 医学应急救援队伍的个人防护。

4. 事故(事件)医学后果的评估和建议。

5. 建立现场临时救援处置站。

6. 伤员的初步分类和诊治。

7. 体表污染人员的去污、防护和建议。

8. 放射性核素摄入量的评估、阻吸收治疗及医学预防建议。

9. 疑似过量照射人员的受照剂量评估,预防性治疗和后续诊治建议。

10. 采集现场救治和后续诊治需要的相关样品。

11. 收集事故(事件)医学后果评估需要的相关信息并进行分析、评价和报告。

12. 适时向场外核事故医学应急指挥部报告现场救治情况。

13. 及时评估现场的医学应急救援处置能力和力量,提出支援的意见和建议。

14. 提出终止现场救援活动的建议,及其终止现场救援后的防护行动。

15. 应急医学救援队伍现场救援的总结和报告。

第二节　现场救援人员的个人防护

一、概述

个体防护用品是以保护医学应急救援人员安全和健康为目的,并且直接与人体接触的装备或者用品。从某种意义上说,个体防护用品是保护核或辐射突发事件医学应急救援人员安全和健康的最后一道防线。因此,做好核或辐射突发事件医学应急救援人员个体防护用品的配备和使用是一项非常重要的工作。

广义的个人防护用品是指可以保护人员免受在生产活动中遭受危险材料、危险元素、危险事件或危险过程等对人体的伤害或职业危害,供劳动者穿着、佩戴或携带使用的防护装备、器具和用品。个体防护装备涉及医学、卫生学、工效学、材料学、工程技术等多个学科，经过几十年的发展，逐渐成为一门综合性的边缘学科，属于安全工程学的范畴，是保证安全生产不可缺少的措施。例如焊接工作时没有防护面具，强光和紫外线会伤害焊工的眼睛，使其无法进行操作；又如带电作业，必须穿等电位屏蔽服和导电靴；在有毒气体环境下作业，必须穿戴防毒服，佩戴防毒面具；在有尘环境中，作业人员必须佩戴防尘口罩预防尘肺发生；部队官兵装备的防弹头盔、防弹衣、防核辐射、防化学毒剂、防生物毒剂等等个体防护用品是防止伤亡和保持战斗力的重要因素。在核或辐射突发事件情况下，救援现场可能存在有大剂量的放射性外照射，严重的放射性核素空气污染，物体表面放射性核素污染，还可能存在有其他的危险因素、危害因素，这些危险因素、危害因素都可能随时影响到救援人员的生命安全和健康，因此做好救援人员的安全保障，个体防护是非常重要的，是核或辐射突发事件医学应急救援准备不可缺少的重要内容和条件。

二、个人防护用品的分类

关于个体防护用品的分类，不同学者采用不同的分类方法，如商业部门习惯于按防护用途和性质分类，以便于商业经营和使用单位选购。这样可分为 16 类：即防尘用品、防毒用品、防噪声用品、防触电用品、防高温辐射用品（包括烧灼、防红外线和紫外线辐射），防微波和激光辐射用品、防放射线用品、防酸碱用品（亦称耐酸碱用品）、防油用品（亦称耐油用品）、防水用品、水上救生用品、防冲击用品、防坠落用品、防机械外伤和脏污用品（主要是防刺割、绞碾、磨损及肮脏）、防寒用品和其他用品。

《劳动防护用品标准体系表》按人体防护部位不同，将个体防护用品划分为 10 大类，这种划分方法与国际标准化组织中的个体防护装备标准化技术分委员会（ISO/TC94）的方法基本一致，分为 10 大类。

1. 头部护具类　是用于保护头部、防撞击、防挤压伤害的护具。其主要产品有塑料安全帽、橡胶矿工安全帽、玻璃钢安全帽、胶纸安全帽、防寒安全帽、竹编安全帽等。

2. 呼吸护具类　按防护用途分为防尘、防毒和供气三类；按作用原理分为净化式、隔绝式两类。呼吸防护用品是预防尘肺和职业中毒等职业病的重要产品。其主要产品有自吸滤式防颗粒物面罩、过滤式防毒面具、氧气呼吸器、自救器、空气呼吸器等。

3. 眼（面）护具类　用以保护作业人员的眼（面）部，防止异物、紫外光、电磁辐射、酸碱溶液的伤害，其主要产品有焊接护目镜和面具、炉窑护目镜和面具、防冲击眼护具、防微波眼镜、防 X 射线眼镜、防化学（酸碱）眼罩、防尘眼镜等。

4. 听力护具类　这是降低噪声保护听力的有效措施。其主要产品有耳塞、耳罩和防噪声帽等品种。

5. 防护手套类　用于保护手和臂,其主要产品有耐酸碱手套、电工绝缘手套、焊工手套、防 X 射线手套、耐温防火手套及各种袖套等。

6. 防护鞋类　用于保护足部免受各种伤害。目前,我国防护鞋的产品有防砸安全鞋、耐高温鞋、绝缘鞋、防静电鞋、导电鞋、耐酸碱鞋、耐油鞋、工矿防水鞋、防刺穿鞋等品种。

7. 防护服类　防护服用于保护生产者免受作业环境的物理、化学和生物等因素的伤害。防护服分为特殊防护服和一般作业防护服两类。特殊防护服产品有阻燃防护服、防静电工作服、防酸工作服、带电作业屏蔽服、防 X 射线工作服、防寒服、防水服、防微波服、潜水服、防尘服等。

8. 护肤用品类　用于裸露皮肤的保护,这类产品分为护肤膏、护肤膜和洗涤剂,前者在整个劳动过程中使用,后者在皮肤受到污染后使用。

9. 防坠落护具类　用于保护高处作业人员,防止坠落事故的发生。这类护具分为安全带和安全网两类。安全带产品分为围杆作业安全带、悬挂安全带和攀登安全带三类。安全网产品分为平网和立网两类。

10. 其他防护用品　这是有些产品尚不能归于防护部位的原因而设立的门类。例如水上救生圈、救生衣等。

三、个人防护装备的分级

个人防护装备由多种个人防护用品集成,集成后的个人防护装备的防护性能不得降低各个人防护用品的防护性能。个人防护装备依其工作原理不同,其结构和性能各异,适用工作场所也有很大的不同。同时,由于使用者所处的威胁环境不同,面临的威胁和危害程度不同,使用的防护等级不同,因此必须将个人防护装备进行分级管理,实施分级防护,以适应不同威胁环境中的人员,保证个人防护装备得到合理、有效地选择和配置,与任务要求相适应,创造舒适、高效、安全的个体防护条件。

个人防护装备分级是防护的基本要求,科学、合理地选择、使用适宜的个人防护装备,不仅对保护使用者的生命安全和健康有着至关重要的意义。按照我国相关国家标准和国家军用标准规定的个人防护装备防护等级及其要求,共分四级,分别是 A 级、B 级、C 级和 D 级个人防护装备。

1. A 级防护装备　A 级防护装备适用于对周围环境中的气体与液体提供最完善保护。

A级防护装备由全面罩正压式自给式呼吸器、密闭型防毒衣、内层防毒手套和防毒安全靴等组成。可选配冷却系统、外层手套、防护头盔、骨导式双向无线通信系统。能够可获得呼吸道、皮肤和眼睛免受固态、液态和气态化学品伤害的最高防护水平。一旦化学品已被识别,证明可造成对呼吸道、皮肤和眼睛较高的危害程度;或者存在已知或怀疑对皮肤有毒性或可致癌的物质;以及必须在有限空间内或通风不良的场所内作业,必须采用A级防护。通常A级防护适用于下列工作场所,或应急救援环境:

(1) 存在高蒸气压、可经皮肤吸收。

(2) 存在致癌和高毒性化学物。

(3) 可能发生高浓度液体泼溅、接触、浸润和蒸气暴露。

(4) 接触未知化学物(纯品或混合物)。

(5) 有害物浓度达到IDLH(立即威胁生命和健康浓度)。

(6) 作业环境中缺氧。

A级防护装备通常包括以下几种配置:

(1) 全面罩正压空气呼吸器(SCBA):根据容量、使用者的肺活量、活动情况等确定气瓶使用时间。

(2) 全封闭A级气密性化学防护服:为气密性系统,防护各类化学液体、气体渗透。

(3) 无线通信系统:用于人员在隔绝式防护条件下辅助通信,具有送话和受话功能、佩戴轻便舒适操作使用方便,完全解放双手,自动识别声音。

(4) 降温系统:穿在防护服内,为穿着者提供服装内的一个凉爽而健康的微气候。

(5) 防护手套:抗化学防护手套,防化学液体渗透。

(6) 防护靴:防化学防护靴,防化学液体渗透。

(7) 安全帽:根据需要可以选配。

A级防护服对现场的化学品或混合物必须是不透气的,要求A级防护装备必须允许对个人防护用品进行集成,集成后的A级防护装备的防护性能不得降低个人防护用品的防护性能。

2. B级防护装备　B级防护装备适用于工作场所,或者救援现场存在有毒气体(或蒸汽),针对致病物质对皮肤危害不严重的环境。B级防护系统由全面罩正压式自给式呼吸器、非密闭型防毒衣、内层防毒手套和防毒安全靴等组成,可选择配备冷却系统、外层手套、骨导式双向无线通信系统,所提供的呼吸道防护水平与等级A相同,但皮肤防护水平较等级A低。一旦现场的危险因素已被识别,但不需要高水平的皮肤防护等级时,可选配B级防护装备。在使用个人防护装备的过程中,需要对现场的危险因素进行调查,对危害因素进行检测,如果发现现场的危害程度发生了变化,特别是危险因素增加,危害程度变大,要及时调整个人防护装备等级。通常 B 级防护适用于下列工作场所,或应急救援环境:

(1) 存在气态的毒性化学物质,能被皮肤吸收,或对呼吸道造成危害。

(2) 有害物的浓度达到"立即威胁生命和健康浓度"(IDLH)。

(3) 作业环境中缺氧。

B 级防护装备通常包括以下几种配置:

(1) 全面罩正压空气呼吸器(SCBA):在使用过程中,要明确防护的时间。

(2) 全封闭(头罩式)B 级致密性化学防护服:非气密性,防化学液体渗透。

(3) 无线通信系统:用于人员在隔绝式防护条件下辅助通信,具有送话和受话功能、佩戴轻便舒适操作使用方便,完全解放双手,自动识别声音。

(4) 降温系统:穿在防护服内,提供服装内的一个凉爽而健康的微气候。

(5) 防护手套:抗化学防护手套,防化学液体渗透。

(6) 防护靴:防化学防护靴,防化学液体渗透。

(7) 安全帽:根据需要可以选配。

3. C 级防护装备　C 级防护装备适用于低浓度污染环境或现场支持作业区域。C 级防护系统由全面罩过滤式防毒面具、非密闭型防毒衣、防毒手套和防毒靴等组成。

可选择配备面部防护罩、逃生式自给式呼吸器、骨导式双向无线通信系统和硬帽子。提供的皮肤防护水平与等级 B 相同,但呼吸道防护水平较等级 B 低。有害作业现场,或者应急医学救援现场,接触现场的化学危害因素不会影响皮肤;空气污染物已被确认,浓度已被测定,使用防毒面具滤毒罐是有效的。使用 C 级防护装备要求有毒化学品的空气浓度必须低于"立即威胁生命和健康浓度"(IDLH)值,空气氧含量不低于 17%。通常 C 级防护适用于下列工作场所,或应急救援环境:

(1) 存在非皮肤吸收的有毒物。

(2) 毒物种类和浓度已知,浓度低于"立即威胁生命和健康浓度"(IDLH)。

(3) 作业场所,或者救援现场不缺氧。

C 级防护装备通常包括以下几种配置:

(1) 空气过滤式呼吸器:正压或负压系统,选择性空气过滤,适合特定的防护对象和危害等级。

(2) 防护服要求隔离颗粒物、防护少量液体的喷溅。

（3）防护手套：抗化学防护手套，防化学液体渗透。

（4）防护靴：防化学防护靴，防化学液体渗透。

（5）安全帽：根据需要可以选配安全帽。

4. D级防护装备　D级防护装备适应范围：适用于现场冷区或冷区外的人员，防护一般的危害物质。D级防护系统由防护口罩、透气式防毒服或生物防护服、防护鞋、防护眼镜或防化学品飞溅护目镜等组成。可选择配备防护手套、逃生式呼吸器、面部防护罩。对于呼吸道可防护气溶胶，提供最低水平的皮肤防护。使用D级防护装备要排除飞溅、浸渍、潜在吸入或直接接触化学危险品。不能在热区使用D级防护装备，在使用D级防护装备时空气氧含量不低于17%。D级防护装备通常包括以下几种配置：

（1）衣裤相连的工作服或其他普通工作服。

（2）限次使用D级防护服、口罩、防护眼罩、靴套、靴子、手套等。

四、现场救援人员的个人防护

1. 核或辐射突发事件现场面临的威胁　核或辐射突发事件救援现场面临的主要威胁是电离辐射。救援人员可能要面临外照射，表面放射性核素污染，放射性核素内照射等风险。也可能面临有其他非电离辐射，如危险化学品，病原微生物，机械伤害，火焰燃烧等等，威胁救援人员的生命安全和健康。从辐射防护考虑有外照射个人防护，包括光子（γ、X）个人防护和中子个人防护，以及放射性尘埃，放射性气体，放射性气溶胶，放射性核素表面污染等防护。

2. 外照射个人防护　外照射的个人防护就是采用一定的方法减小个人的外照射剂量。外照射危害和受剂量密切相关，接受剂量愈大，身体伤害愈大。人体受照剂量的大小，受到接触剂量率和照射时间的影响，只有减少接触剂量率，减少受照时间就能有效地减小外照射剂量。因此外照射的防护方法有时间防护、距离防护和屏蔽防护。时间防护是尽量减少人员受照射的时间，以减少受照剂量；距离防护是尽量增加人体与辐射源之间的距离，以减少人体受照的剂量；屏蔽防护是在人与辐射源之间设置屏蔽物，以减小人员的受照剂量率。

（1）中子外照射的个人防护：中子防护服的材料必须同时具有将快中子慢化和将慢化中子吸收的功能。将快中子慢化的材料和慢化中子吸收的物质混合后，添加到纤维布中或涂覆在织物上，制成中子防护服材料。

通常中子防护服有面料、内衬、里料组成。面料：面料可以使用各种颜色的防水油绸布料,理化性能满足 GB 12799 的要求。内衬是防中子辐射材料,理化性能满足国家标准要求,碳化硼含量应大于 30%,单位质量面积满足要求,和屏蔽效率要求的单位面积一致,中子屏蔽效率满足要求。里料可以使用纯棉机织布,单位质量面积小于 $80g/m^2$。

中子防护服的防护效果是否有效,要进行检验。检验的物项包括面料、内衬、里料和辅料。检验的内容包括纤维的线密度,纤维的断裂强度,纤维的断裂伸度,纤维的卷曲度,纤维的比电阻,纤维的单位面积质量,碳化硼含量和屏蔽效率等。检验要到有资质的检测机构进行,要按照国家标准进行相应的检验。购买中子防护服,需要有相应的检测报告。

中子防护服可分为全身式、马甲式和围裙式,中子防护镜由添加硼、锂的有机玻璃制成。可选配中子防护帽、中子防护颈板、中子防护短裤、中子防护手套等。

(2) 光子(γ、X)防护:光子在通过屏蔽材料时主要通过光电效应、康普顿散射和电子对形成过程把能量传给屏蔽材料而被减弱或吸收。

光子与物质发生光电效应、康普顿效应和电子对效应的概率分别与物质的原子序数的四次方、一次方和二次方成正比,因此,物质的原子序数大小直接决定该物质屏蔽性能的好坏。铅元素以其原子序数大,价格低廉等特点成为最重要的 X 射线屏蔽物质,γ 射线是一种比 X 射线波长更短,射线能量更高,屏蔽更难;铅氧化物具有一定的毒性,对人有害,对环境产生一定的污染,目前国内、外用钽和钨等用作防护服的屏蔽材料。

3. 皮肤放射性核素污染的个人防护　体表放射性核素污染防护服的要求:保护皮肤,防止放射性核素沾染,防护放射性尘埃,防护放射性液体,对弱贯穿辐射有屏蔽作用,防护服主料理化性质满足国家标准要求,防护服辅料理化性质满足国家标准要求,防护服单位面积重量满足要求。

防护服材料要进行检测,检测的物项包括主料、辅料。检测的内容主要有理化性质,防护放射性尘埃性能,防护放射性液体性能,弱贯穿辐射屏蔽性能,单位面积重量等。检测必须到有检测资质的机构进行,检测要按国家标准进行,所有物项(主料、辅料)都要进行检测。

4. 放射性核素内污染的个人防护装备　核事故应急放射性核素进入人体的原因和途径主要有以下几个方面:空气中的放射性尘埃、放射性气体、放射性气溶胶等通过吸入进入体内;皮肤放射性核素污染,通过皮肤进入体内。核事故现场、环境复杂、防护服选择不合理、质量有问题、带有放射性污染的物品刺穿防护服致伤、足部防穿刺不当致伤等,放射性核素通过伤口进入体内。

放射性核素内污染个人防护装备要能够防护放射性尘埃、放射性气体、放射性气溶胶通过呼吸道进入人体,防止放射性核素通过皮肤进入人体,对弱贯穿辐射有屏蔽作用,防护服主料理化性质满足国家标准要求,防护服辅料理化性质满足国家标准要求,防护服单位面积重量满足要求。

放射性核素内污染个人防护装备有气密型防护服和全面罩过滤式防护。

(1) 气密型防护服:气密型防护服能够防护呼吸系、皮肤等造成的内污染,属于最高等级的防护。气密型防护服由全面罩正压式自给式呼吸器、密闭型辐射防护服(外照射屏蔽功能)、内置防护手套、内置防护安全靴等组成;可选择配备冷却系统、外层手套、防护头盔、骨导式双向无线通信系统等。

(2) 全面罩过滤式防护:全面罩过滤式防护服由全面罩过滤式防护面具、非密闭型防护服、防护手套、防护安全鞋等组成,可选配面部防护罩、逃生式自给式呼吸器、骨导式双向无线通信系统等。

5. 个体防护装备应用中需注意的问题

(1) 使用的个人防护装备应是正规厂家生产的、经国家有关部门认证合格,具有该批次检测报告,并在有效期内的产品。

(2) 准确判断污染的类型和浓度是确定使用何种个人防护装备的重要前提。在未明确所面临的污染物特性的条件下,应采取隔绝式防护。在炎热地区人员采取隔绝式防护时,应适当降低作业强度和减少作业时间,防止人员出现中暑现象。

(3) 核事故现场面临不可预知的复杂环境,可能存在多种威胁,因此选择个人防护装备不可能是仅仅一种防护性能的装备就可满足所有要求,只有合理的搭配才能发挥最大的效能。应充分考虑到作业现场的复杂性和不确定性,一些化学品在燃烧、爆炸、水等媒介的作用下可能会生成新的危险化学品,危及作业人员的生命安全和健康。

(4) 避免"二次污染"的发生。人员进出污染区后,必须对人员进行严格的清洗和洗消;人员解除防护时,应处于上风方向。

6. 核事故辐射防护应急救援个人防护装备解决方案 首先要进行任务分析,明确承担的任务,其次要了解现场面临的危险和威胁,进行风险分析,同时要确定可能遇到的危害因素,进行相应的危害因素分析,威胁分类、分级分析,提出个人防护要求。

个人防护装备必须明确个人防护装备分级系统组成,个人防护装备分级可选装备,个人防护装备的使用条件,个人防护装备的限制条件,也要考虑人机工程要求,最后决定不同救援人员的装备标准。

第三节 现场救援准备和响应

一、现场救援队员集结

1. 集结指令 国家、地方核事故医学应急指挥部接到核或辐射突发事件救援的请求后，要及时向相应核或辐射突发事件应急医学救援队伍发出集结的指令，召集救援队伍，集结待命。指令包括：集结时间、集结地点、装备要求，并要求待命的队员重复指令，保证指令能够准确传达，队员正确接受。

2. 指令回复 队员接到集结指令后，要对指令进行确认，并明确回复接受指令和到达时间，保证接收的指令准确，能够正确的了解指令的内容和行动要求。

3. 队员集结 队员接到国家或地方核事故医学应急指挥部的指令后，按时到达集结地点，向相应的国家、地方核事故医学应急指挥部报到。

二、出发前的准备

1. 救援队队长的准备 核或辐射突发事件现场应急医学救援队伍接到应急行动的指令，按照指挥部的命令集结后，救援队队长要根据核或辐射突发事件，或者核恐怖事件的不同性质，进行相应的准备。核或辐射突发事件现场应急医学救援队队长出发前要进行以下准备：

(1) 了解核或辐射突发事件，或者核恐怖事件的相关信息，现场伤员及其现场救援的基本情况。

(2) 明确现场救援的主要任务。

(3) 拟定救援队伍现场救援的实施方案。

(4) 检查队员的集结和准备情况。

(5) 明确到达现场的联系方式，接口单位和接口人。

2. 救援队队员的准备 核或辐射突发事件现场应急医学救援队伍接到应急行动的指令，按照指挥部的命令集结后，救援队队员要根据核事故、辐射事故、核或辐射恐怖事件的不同性质，自身承担的任务以及救援队队长的命令进行相应的准备。核或辐射突发事件现场应急医学救援队队员出发前要进行以下准备：

(1) 向队长报到，领取任务。

（2）检查装备，提出补充意见和建议。

（3）了解现场救援的实施方案并提出补充意见和建议。

（4）完成队长指派的相关工作。

核或辐射突发事件现场应急医学救援队伍接到国家、地方相应核事故医学应急指挥部的指令，按照要求立即赶赴事故（事件）现场，实施现场救援。核或辐射突发事件现场应急医学救援队伍出发后，要保证路途安全，随时保持与国家、地方相应核事故医学应急指挥部的联系，了解现场事故的发展和变化。

三、救援队现场待命

1. 救援队队长　核或辐射突发事件现场应急医学救援队伍到达现场后，如果接到现场待命的指令，核或辐射突发事件现场应急医学救援队队长要进行以下准备工作：

（1）到达现场后，队长立即向事故（事件）现场应急指挥部报到，了解事故（事件）的相关情况，领取任务。

（2）根据现场的实际情况，如果必要，及时调整现场救援方案，并向国家、地方核事故医学应急指挥部简要报告。

（3）向队员介绍事故的相关情况，说明救援方案，并分配任务。

（4）和场内医学救援组织，国家或地方应急医学救援组织建立接口关系，协调现场救援活动，分工协作。

2. 救援队队员　核或辐射突发事件现场应急医学救援队伍到达现场后，如果接到现场待命的指令，核或辐射突发事件现场应急医学救援队队员要进行以下准备工作：

（1）到达现场后，立即检查装备。

（2）正确穿戴防护服、手套、靴和呼吸装备，佩戴个人剂量计和报警式个人剂量仪，如果必要，服用预防性药物。

（3）监测待命地点的辐射水平，并予以评价，提出意见和建议。

（4）执行队长的命令。

（5）如果必要，建立临时救援处置站。

四、建立现场卫生应急救援区（UPZ 区）

现场防护监测组首先进入应急现场。使用手持式风速风向仪对现场风速风向进行测量，以便选择事故发生地上风向地区设置现场应急处置区，并使用便携式 γ 谱仪测量现场放射性污染核素。使用 β/γ 辐射巡测仪从事故现场外围向内展开测量。在辐射剂量率水平 <0.3μSv/h 的区域,按 IAEA 建议设置如图 3-2 所示的卫生应急救援区(UPZ 区)。

五、现场搜寻伤员

仅在现场应急指挥部有拯救生命行动的特殊指令下,核或辐射突发事件应急救援队伍才能进入如图 3-2 所示的内部警戒区(PAZ 区)搜寻伤员,这时必须做好个人防护的准备。根据现场的实际情况穿戴防护用品,佩戴个人剂量报警仪和个人剂量计,个人剂量报警仪的报警阈值应设置为表 5-7 中的拯救生命行动的剂量指导值;如果必要,服用稳定性碘剂等预防性药物;并做好现场辐射测量的准备。

现场搜寻伤员必须了解和观察现场的环境,保护自身和同伴的生命安全和健康。在现场搜寻伤员过程中,若个人剂量报警仪已开始报警,救援队员应立即停止现场搜寻伤员工作,立即离开内部警戒区(PAZ 区)。

当发现伤员,要用最快的速度,尽快将受伤人员从危险区域移至卫生应急救援区(UPZ 区)。减少伤员和救援人员的辐射风险。

六、应急救援工作流程

通常使用第一节中描述的分类系统评估受害者的状况,以确保优先管理危及生命的伤害。医疗分类的术语和识别不同类别的方法各不相同,是一个习惯问题。为避免混淆或延误护理,需要标准术语和分类方法。应该强调的是,严重的医疗问题总是优先于放射学问题。

这里为了便于说明应急救援流程,采用如图 6-1 的简单分类方法。现场卫生应急救援区建立后,各救援组按规定的位置进入卫生应急救援区,按图 6-1 的工作流程开展救援工作。

(一) 现场分类

卫生应急救援区开展卫生应急救援的首要工作是对从内部警戒区(PAZ 区)出来的人员按损伤(包括非辐射损伤)严重程度进行分类,分为有严重损伤,无严重损伤或无损伤两大类。

(二) 有严重损伤人员的处置流程

对这类人员,首要的工作是通过现场救援处置使其伤情稳定,在伤情稳定后,再看是否病危,若是病危,应立即后送到最近的医院进行抢救;若不是病危,可立即进行污染监测,并进行现场去污后再后送到应急救治医院。

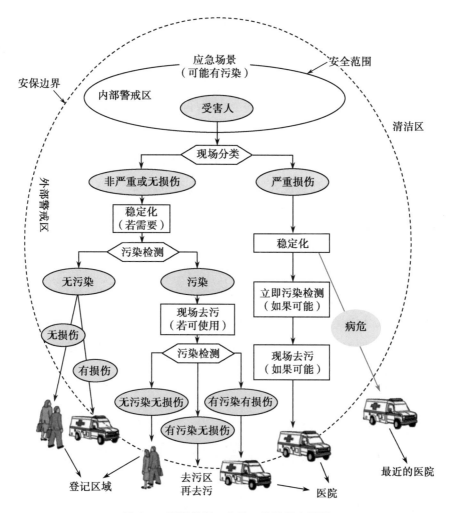

图 6-1　现场救援工作的工作流程实用图

（三）无严重损伤或无损伤的处置流程

对这类人员,应立即进行污染检测。污染检测未发现污染者若无损伤可直接到 UPZ 外的登记区登记后离开;对有污染人员应进行现场去污,去污完成后再进行污染检测。污染检测未发现污染者若无损伤可直接到 UPZ 外的登记区登记后离开;有污染者有损伤人员可直接后送到专门的应急救治医院;对有污染无损伤人员可再进行去污,若检测无污染可直接到 UPZ 外的登记区登记后离开;对还有污染人员,可能存在体内污染,应该后送到专门的应急救治医院救治。

七、现场抢救

在卫生应急救援区(UPZ 区)发现伤员后,如果伤员不能立即撤离,需要就地抢救,要立刻实施现场抢救,待伤员生命体征稳定,立刻撤离。

在现场抢救伤员的过程中,放射卫生人员要持续监测现场的辐射水平,提出现场可允许停留时间的意见和建议。如果现场辐射水平比较高,或者存在其他风险,威胁伤员和救援人员的安全,不能停留,要立刻转移到安全地带,再实施急救。如果现场的辐射风险可以接受,伤员生命垂危,为了挽救伤员的生命,立刻就地急救。经抢救,伤员可以撤离,立刻撤离。

在现场救援过程中,如果现场安全状况发生了变化,辐射水平升高,威胁到伤员和救援人员的生命安全,立刻把伤员和救援人员撤离到安全地带。

八、临时处置站的救援行动

1. 建立现场卫生应急救援区(UPZ 区) 现场防护监测组首先进入应急现场。使用手持式风速风向仪对现场风速风向进行测量,以便选择事故发生地上风向地区设置现场应急处置区,并使用便携式 γ 谱仪测量现场放射性污染核素。使用 β/γ 辐射巡测仪从事故现场外围向内展开测量。在辐射剂量率水平 <0.3μSv/h 的区域,按 IAEA 建议设置如第三章图 3-2 所示的卫生应急救援区(UPZ 区)。

2. 卫生应急救援区的地点选择要考虑下列因素:

(1) 现场应急指挥部的意见和指令。

(2) 有利于场内应急医学救援组织及国家或地方应急医学救援组织的协作。

(3) 有利于现场救援。

(4) 临时救援处置的安全问题。

(5) 临时救援处置区域的辐射剂量率水平 <0.3μSv/h。

3. 卫生应急救援区使用过程的安全保障

(1) 队长随时跟踪卫生应急救援区的安全环境的变化,及时作出评估。卫生应急救援区的安全环境威胁到伤员和救援人员的生命安全,如果不能停留,队长要立刻向现场应急指挥部报告,请求撤离。

(2) 放射卫生人员要持续监测卫生应急救援区的辐射水平,及时作出评估。如果卫生应急救援区的辐射水平威胁到伤员和救援人员的生命安全,立刻向队长报告,并提出建议。队长经过核实,分析后,及时作出决策。如果需要撤离,立刻向现场应急指挥部报告,请求撤离。

(3) 保持与现场应急指挥部的联系,接到现场指挥部要求卫生应急救援区撤离的指令后,立刻撤离到指定地点。

第四节　人体放射性核素污染的现场监测

一、伤员污染监测

身体最可能在外部受到污染的部分是手和脸(包括眼、耳、口和鼻),而头部,颈部,头发,前臂,手腕和躯干的可能性较小。如果放射性物质呈液体形式,则它可能会穿透衣服,从而增加了在身体的这些后面部分中受到污染的可能性。

(一)无伤和轻伤员的监测流程

1. 监测流程　这类人员的放射性污染监测流程如图6-2所示。监测探头与人体距离约1cm。监测顺序:从头顶开始,沿身体一侧向下移动探头,依次监测颈部、衣领、肩部、手臂、手腕、手、手臂内侧、腋下、体侧、腿、裤口和鞋、腿内侧,再监测身体另一侧。监测体前、体后。特别注意脚、臀部、肘、手和脸部。探头移动速度:5cm/s。应用耳机监听污染声音信号。

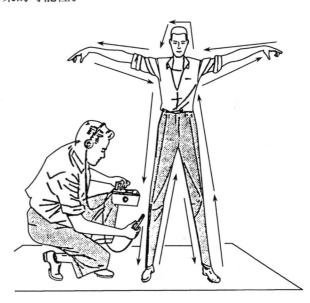

图6-2　无伤和轻伤员的污染监测流程

2. 污染监测注意事项

(1) 对身体皮肤和衣服,按100cm² 的面积求平均值;手部按30cm² 的面积求平均值;指尖按3cm² 的面积求平均值。平均表面污染测量值的最简单方法是使用带有相对敏灵敏探针式表面污染监测器。

(2) 进行 α 监测,探头与人体距离应小于0.5cm。

(3) 测量暴露皮肤,如有污染应更换衣服。

(二)重伤员的监测流程

在应急救援情况下,只能根据医护人员的要求进行监视,具体取决于伤人的状况。监测的步骤如下:

1. 一般应进行快速的污染评估。通常,会以躺着的姿势监测受重伤的人。检测可以接近的部分(头部、手、腿和身体的前部)。仅在可能的情况下,根据受害人的身体状况,对身体的背面进行检查。如果伤员出于医疗目的将患者转身,这时可对身体背面进行检测。

2. 如果患者需要立即转移到医院,请确保医疗团队在抵达后通知医院未在应急现场进行放射污染监测。

(三)污染人数较多时的监测

当污染人数较多时,可在运动场、体育馆和社区中心等处设立监测点;配备人员、监测设备和除污染设备等,保存监测记录。

二、伤口污染监测

主要的问题可能是放射性物质位于伤口内,如何有效地进行净化。专用伤口针型探测器(闪烁或半导体探测器)可提供良好的灵敏度来评估伤口部位的总活度。一般而言,基于伤口中测得的活度无法评估由于伤口污染引起的内部剂量。而是基于体外直接测量或生物样品分析的方法进行剂量评估。不过有关伤口污染监测的信息可以为如何解释生物测定结果提供一个思路。

最后,使用专用伤口针形探测器监测伤口。应该检查伤口是否裸露。如果伤口已包扎,则应将包扎物留在原处,除非医务人员将其除去。应注意的是,伤口的液体可能会吸收 α 粒子,这将导致探测结果不正确。在这些情况下,应使用无菌纱布仔细擦拭伤口,将其擦干后再测量,并对所有用于吸干的材料进行仔细检测。

三、眼、耳、口和鼻污染监测

监测步骤如下:

1. 首先,使用面积为 30~100cm^2 的大窗探测器来监测眼、耳、口和鼻子附近的区域。然后使用窗口较小的探测器来确定污染区域。

2. 用潮湿,清洁的棉签进行的鼻拭子和口腔拭子的放射学检查。由于会鼻子和嘴巴的放射性核素可能会快速被身体吸收,在应急情况下应在约 10 分钟内使用拭子。

注意:如果仅一个鼻孔被污染,则很可能是用被污染的手指触摸了鼻子。如果拭子检测结果值到每分钟数百次,则可能有大量摄入。如果结果仅为每分钟数十次,则摄入量可能很低。这样的检测结果的解释只能用于初始评估。

四、监测后的评估方法

（一）与操作干预水平比较

将监测结果与操作干预水平进行比较。如果国家主管部门未指定源自表面污染的相应的 OIL 值，则建议使用 IAEA 推荐默认值：$OIL_{4\gamma}$ 的值为扣除本底后 $1\mu Sv/h$；$OIL_{4\beta}$ 的值为 1 000cps。如果超过操作干预水平则采取相应的应急行动。

应注意的是：如果探测器无法区分 α 和 β，可在检测器和源之间使用一张纸。如果读数下降，则可以认为存在 α。

（二）是否存在放射性污染的简单判定

在应急情况下，如果测量值低于上述操作干预水平，可用下式方法进行是否存在简单粗略的判断：

1. 把高于本底水平 2~3 倍的部位视为污染部位。

2. 如测出在正常情况下不会出现的放射性核素（如碘），即认为有污染。

3. 当测出 α 污染读数小于 2 倍本底水平时，可不视为有污染，但防止因吸入/食入 α 放射性或低能 β 放射性造成的内污染，可采取脱衣等措施。

（三）相关结果记录

将结果记录在特定的记录表上，记录所有相关的操作，还应记录测量面积（探测器的有效表面）。

（四）其他应检测的事项

应该对所有个人物品，包括手表、手提包、金钱、TLD 和武器进行监测。被污染的物品应装袋包装并贴上去污标签。可以将受污染的个人服装脱下，包装并贴上标签，并提供替代服装。

第五节　现场伤员分类

一、概述

伤员分类（triage）是根据伤员受伤严重程度，在医疗资源不足情况下，为使更多伤员得到及时有效治疗而采取区分伤员治疗优先次序的过程。"triage"一词来源于法语中的"trier"，意为"分类、筛选或选择"。

伤员分类最早用于军事医学领域,后逐渐发展成灾害救援和急诊救援中的必须工作程序之一,主要目的是决定哪些伤员需优先治疗,以挽救更多生命,将伤亡降到最低,并提高伤员救治的生存率。伤员分类常用于战场、灾难现场和医院急诊室,这是在有限的医疗设施和人员无法满足所有的患者同时治疗的需要时不得不进行的合理医疗资源分配的举措,是不得已而为之,但同时又必须为之的重要医疗行动。

目前,国际上的伤员分类渐趋一致,大致上分为:重伤员,第一优先救治,用红色标签表示;中度伤员,其次优先,用黄色标志;轻伤员,可延期处理,用绿色或者蓝色标志;死亡遗体,最后处理,其标签在不同的国家及地区则不尽相同,大多数国家和地区用黑色,英国则使用白色。

轻伤在整个灾害事故中所占的比例最高,发生率至少为35%~50%。轻伤员的重要部位和脏器均未受到损伤,仅有皮外伤或单纯闭合性骨折,而无内脏伤及重要部位损毁,因此伤员的全部生命体征稳定,不会有生命危险。轻伤的预后很好,一般在1~4周内痊愈,不会遗留后遗症。中度伤的发生率占伤员总数的25%~35%,伤情介于重伤与轻伤之间。伤员的重要部位或脏器有损伤,生命体征不稳定,如果伤情恶化则有潜在的生命危险,但短时间内不会发生心跳呼吸骤停,及时救治和手术完全可以使中度伤员存活,预后良好,治愈时间需1~2个月,可能遗留功能障碍。重伤的发生率占伤亡总数的20%~25%,伤员的重要部位或脏器遭受严重损伤,生命体征出现明显异常,随时有生命危险,呼吸心跳随时可能骤停;常因严重休克而不能耐受根治性手术,也不适宜立即转院(但可在医疗监护的条件下从灾难现场紧急后送),因此重伤员需要得到优先救治。重伤员治愈时间需2个月以上,预后较差,可能遗留终身残疾。死亡占灾害伤亡总数的5%~20%,创伤造成的第一死亡高峰在伤后1小时内,严重的重伤员如得不到及时救治就会死亡。

核或辐射突发事件除具有一般灾害事故的特点外,同时还存在放射性的致伤因素,伤员可能有过量外照射,体内放射性核素污染,伤口放射性核素污染,体表放射性核素污染,还有放烧复合伤,放冲复合伤等。核或辐射突发事件的伤害特点使得伤员的分类更加复杂,特别是体表放射性核素污染,不但可以造成皮肤放射性损伤,还可引起体内放射性核素的吸收,处置不当还能发生放射性核素污染扩散,造成救援人员污染、救援场所污染,间接引起其他人员放射性伤害。因此,核或辐射突发事件的伤员分类,不仅仅是合理分配医疗资源,优先救治的问题,而且还有核或辐射突发事件伤害因素特殊性的需要。放射性伤害的治疗还有时限性的要求,放射性核素体内污染一旦失去早期给药的时机,治疗效果便会大大降低甚至无效;过量照射早期不用抗辐射的药品,将会加重辐射损伤;伤口放射性核素污染,随着时间的推移,吸收进入体内放射性核素的量将会大大增加,因此核或辐射突发事件的伤员分类也是现场救治时限性的要求。核或辐射突发事件的伤员救治专业性比较强,大部分医院都缺少专业辐射检测设施,没有放射损伤诊断检查设备,专业救治技术比较薄弱,缺乏辐射损伤专业救治人员,需要专科医院诊治,从这一方面讲,核或辐射突发事件的伤员分类,也是专业救治的需要。

综上所述,核或辐射突发事件无论从一般灾害事件考虑,还是从核或辐射突发事件的特点考虑,都必须进行伤员分类。由于核或辐射突发事件致伤特点的不同,治疗时限性和专科治疗的要求,其伤员分类不同于一般突发灾害事故伤员的分类,也不能仅由普通医务人员进行分类,必须由经过专业训练的核事故医学应急人员进行特殊分类。

在核或辐射突发事件情况下,关于现场救援伤员分类问题,ICRP、IAEA 以及我国相关的核或辐射突发事件应急医学救援规范和标准中都提出了要求,在现场救援时要对伤员进行分类。目前我们国家已经发布了核或辐射突发事件伤员的分类标准,提出了伤员分类的方法,推荐了伤员分类标签或标志。

二、伤员分类的目的和意义

1. 保证核或辐射突发事件现场应急医学救援合理有序的进行 核或辐射突发事件现场伤员多、伤类多、伤情复杂;既有普通伤员,又有放射性受害者,还有复合伤伤员;现场救援人员,既有普通的医疗急救人员,又有核或辐射突发事件应急急救人员,还有其他专业的应急急救人员,以及辅助专业人员。如果没有进行伤员分类,就会造成现场救援不便,伤员转送的混乱,转送目标医院不明确,影响伤员的有效救治。

2. 最大限度地减低核或辐射突发事件的危害 核或辐射突发事件既能给受害者造成身体伤害,又能引起巨大的心理影响,还会造成严重的社会危害。伤员分类,保证了现场救援、伤员转送和医院救治同时进行,大大缩短了现场的救援时间,最大限度地减低核或辐射突发事件给受害者造成的身体和心理伤害,以及社会影响。

3. 最大限度地降低核或辐射突发事件的死亡率 通过伤员分类,优先保证了危重伤员得到及时救治,避免重伤员因救治不及时死于现场,从而最大限度地降低核或辐射突发事件的死亡率。轻伤员由于身体重要部位和脏器未受损伤,没有生命危险,可以等待稍后的延期医疗处理。

4. 实现分级救治,保证医疗资源的合理分配 面对核或辐射突发事件,伤员分类可以将众多的伤员分为不同等级,按伤势的轻重缓急有条不紊地展开现场医疗急救和梯队顺序后送,实现了分级救治,保证了医疗资源的合理分配,从而提高灾害救援效率,合理救治伤员,积极改善预后。

5. 保证过量照射和放射性核素污染人员得到及时处置,降低受害者的辐射损伤,减低放射性核素的吸收。

放射性核素内污染一旦失去早期给药的时机,治疗效果便会大大降低甚至无效;过量照射早期不用抗辐射的药品,将会加重辐射损伤;伤口放射性核素污染,随着时间的推移,吸收进入体内放射性核素的量将会大大增加,通过伤员分类,保证过量照射和放射性核素污染人员得到及时处置,降低受害者的辐射损伤,减低放射性核素的吸收。

6. 通过现场伤员分类可以从宏观上对伤亡人数、伤情轻重和发展趋势等,作出一个合理、可信的评估,以便及时、准确地掌握灾情变化,指导医学救援,决定是否增援,以及需要增援的专业,也有利于后方医院准备等。

7. 保护救援人员,防止放射性污染扩散　核或辐射突发事件最主要的致伤因素是放射性核素污染。放射性核素污染不同于其他污染,放射性核素污染看不到,摸不着,无臭无味,必须借助于辐射监测仪器检测,才能甄别。通过伤员分类及现场污染监测能够及时发现人员体表放射性核素污染,而且可有针对性的采取有效的辐射防护措施,防止污染扩散,保护救援现场救援人员和其他人员。

8. 有助于判断伤员的预后和治愈时间　通过伤员分类,确定其个人在伤亡群体中的伤情等级,决定是否给予优先救治和转送。当伤员抵达医院后,仍应逐个进行院内检伤分类,完成分诊,并且动态地对照比较创伤评分,有助于准确判断伤情的严重程度。因为某个伤员的全身伤情往往要比其所有局部伤中最重的情况还要严重,检伤分类亦有助于推测每个伤员的预后和治愈时间。

三、伤员分类原则

核或辐射突发事件既有单一的放射性损伤的伤员,又有非放射性损伤的伤员,还有复合性损伤。特别是放射性损伤的判断,专业性要求比较强,除了医务人员外,还需要保健物理专家一起监测、估算剂量,判断伤情。为了简化核或辐射突发事件的伤员分类过程,避免不同专业的影响,保证现场伤员分类快速有效地进行,在核或辐射突发事件的伤员分类时,应遵循下列原则:

1. 非放射性损伤的伤员,按照一般的分类标准进行。

2. 放射性损伤的伤员,按照放射性损伤的伤员分类标准和方法进行分类。

3. 合并放射性照射和放射性核素污染的伤员,分别进行一般分类和放射性损伤的分类,按照其中任一的分类最高一级进行现场处置。

4. 死亡人员要进行有无体表放射性核素污染分类,以免搬运和处理尸体时造成放射性污染扩散。

四、伤员分类

目前我们国家已经制定了核或辐射突发事件伤员的分类标准,本节结合伤员分类标准和国内某核电站核事故医学应急演练伤员分类的实践,介绍伤员的分类。

(一)非放射损伤伤员的分类

1. 分类等级　非放射性的伤员分类等级按照国际公认的标准进行,现场伤员分类分为四个等级,分别为轻伤、中度伤、重伤与死亡,统一使用不同的颜色加以标志,遵循下列的救治顺序:

(1) 第一优先:重伤员(红色标志)。

(2) 其次优先:中度伤员(黄色标志)。

(3) 延期处理:轻伤员(绿色或者蓝色标志)。

(4) 最后处理:死亡遗体(黑色标志)。

2. 分类方法　伤员分类有模糊定性法与定量评分法两大类。其中模糊定性法简单方便,不用记忆分值和评分计算,即可迅速完成现场检伤分类,但缺乏科学性与可比性,仅适用于救援现场对灾害事故的快速检伤分类。而定量评分法通过量化打分,用数字直观地评价,因此具有科学性、符合标准化;但必须记忆分值并进行评分计算,比较烦琐、复杂和费时,目前已有几十种定量评分方法,各有其特点。

考虑到伤员分类不同方法的优缺点,特别是现场救援伤员分类要快速有效,我们推荐在没有合并放射性损伤时,伤员分类按照以下标准进行:

(1) 第一优先:重伤员(红色标志):

1) 呼吸停止或呼吸道阻塞。

2) 动脉血管破裂或无法控制的出血。

3) 稳定性的颈部受伤。

4) 严重的头部受伤伴有昏迷。

5) 开放性胸部或腹部创伤。

6) 大面积烧伤。

7）严重休克。

8）呼吸道烧伤或烫伤。

9）压力性气胸。

10）股骨骨折。

（2）其次优先：中度伤员（黄色标志）：

1）背部受伤（无论是否有脊椎受伤）。

2）中度的流血（少于两处）。

3）严重烫伤。

4）开放性骨折或多处骨折。

5）稳定的腹部伤害。

6）眼部伤害。

7）稳定性的药物中毒。

（3）延期处理：轻伤员（绿色或者蓝色标志）：

1）小型的挫伤或软组织伤害。

2）小型或简单型骨折。

3）肌肉扭伤。

（4）最后处理：死亡遗体（黑色标志）。

对于死亡遗体要区分体表有无放射性核素污染，体表受到放射性核素污染的尸体要特殊处理，体表没有受到放射性核素污染的尸体按常规处理。

（二）放射性损伤伤员的分类

1. 分类等级　放射性损伤的伤员，现场伤员分类分为四个等级，统一使用不同的颜色加以标志，遵循下列的救治顺序：

（1）第一优先，立即处理，用红色标志。

（2）第二优先，其次处理，用黄色标志。

（3）延期处理，用绿色标志。

（4）最后处理，用黑色标志。

2. 分类方法　核或辐射突发事件的主要致伤因素是放射性危害，事件可能引起过量外照射，伤口放射性核素污染，体内放射性核素污染，体表放射性核素污染。过量照射处理不及时，可以加重放射性损伤，引起放射病，甚至可造成死亡；伤口放射性核素污染，处置不及时，可以增加体内放射性核素的吸收，引起内照射放射病，吸收剂量超过致死剂量，可发生伤员死亡,如果伤口处理不及时还可影响伤口愈合,后期导致伤口组织和靶器官癌变。体表放射性核素污染,处置不及时,可以增加皮肤的受照剂量,引起皮肤放射性损伤。发生核或辐射恐怖事件,可以造成放射性核素空气污染,场所污染,体表污染,伤口污染等,放射性核素可以通过呼吸道、消化道、伤口和皮肤进入体内,摄入量达到一定程度时,处置不及时,可以增加体内放射性核素的吸收,引起内照射放射病,同样,吸收剂量超过致死剂量,可发生伤员死亡。

综上所述,核或辐射突发事件伤员分类标准的制定要考虑外照射、放射性核素摄入、体表和伤口放射性核素污染的危害特点,放射性损伤的发生和发展规律,近期和远期效应。据此,放射性损伤的伤员,现场分类按照以下要求进行:

(1) 第一优先,立即处理,用红色标志:

1) 外照射剂量可能大于 2Gy。

2) 放射性核素摄入可能大于 10 倍的年摄入量限值。

3) 伤口有活动性出血伴有放射性核素污染。

4) 体表放射性核素污染可能造成皮肤的吸收剂量大于 5Gy。

5) 放烧复合伤。

6) 放冲复合伤。

(2) 第二优先,其次处理,用黄色标志:

1) 外照射剂量可能大于 1Gy,小于 2Gy。

2) 放射性核素摄入可能大于 5 倍,小于 10 倍的年摄入量限值。

3) 伤口放射性核素污染。

4) 体表放射性核素污染可能造成皮肤的吸收剂量大于 3Gy,小于 5Gy。

(3) 延期处理,用绿色标志:

1) 外照射剂量可能大于 0.2Gy,小于 1Gy。

2) 放射性核素摄入可能大于 1 倍,小于 5 倍的年摄入量限值。

3) 体表放射性核素污染可能造成皮肤的吸收剂量小于 3Gy。

(4) 最后处理,用黑色标志:

1) 死亡人员最后处理。

2) 对于死亡遗体要区分体表有无放射性核素污染,体表受到放射性核素污染的尸体要特殊处理,体表没有受到放射性核素污染的尸体按常规处理。

(三) 合并放射性损伤伤员的分类

1. 分类等级　核或辐射突发事件非放射性损伤和放射性损伤的伤员分类等级相同,都分为四个等级,分别为轻伤、中度伤、重伤与死亡,统一使用的标签颜色也相同,遵循救治顺序也相同。合并放射性照射和放射性核素污染的伤员具有两种损伤的特点,也分为如下四个等级:

(1) 第一优先,立即处理,用红色标志。

(2) 第二优先,其次处理,用黄色标志。

(3) 延期处理,用绿色标志。

(4) 最后处理,用黑色标志。

2. 分类处置

(1) 第一优先

1) 非放射性损伤分类为第一优先,放射性损伤也分类为第一优先,先处置非放射性伤情,再处置放射性损伤伤情。

2) 非放射性损伤分类为其次优先,放射性损伤也分类为第一优先,先处置放射性损伤伤情,再处置非放射性损伤伤情。

3) 非放射性损伤分类为第一优先,放射性损伤分类为其次优先,先处置非放射性伤情,再处置放射性损伤伤情。

(2) 其次优先

1) 非放射性损伤分类为其次优先,放射性损伤也分类为其次优先,先处置非放射性伤情,再处置放射性损伤伤情。

2) 非放射性损伤轻伤,分类为延期处理,放射性损伤分类为其次优先,先处置放射性损伤伤情,再处置非放射性损伤伤情。

3) 非放射性损伤分类为其次优先,放射性损伤分类为延期处理,先处置非放射性损伤,再处置放射性损伤。

(3) 延期处理:非放射性损伤和放射性损伤都是轻伤,分类为延期处理,先处置放射性损伤伤情,再处置非放射性损伤伤情。

(4) 最后处理死亡遗体:对于死亡遗体要区分体表有无放射性核素污染,体表受到放射性核素污染的尸体要特殊处理,体表没有受到放射性核素污染的尸体按常规处理。

五、检伤方法

(一)非放射性损伤现场分类检伤方法

现场检伤通常采用"五步检伤法"和"简明检伤分类法",前者强调检查内容,后者将检伤与分类一步完成。

1. 五步检伤法

(1)气道检查:首先判定呼吸道是否通畅、有无舌后坠、口咽气管异物梗阻或颜面部及下颌骨折,并采取相应的救护措施,保持气道通畅。

(2)呼吸情况:观察是否有自主呼吸、呼吸频率、呼吸深浅或胸廓起伏程度、双侧呼吸运动对称性、双侧呼吸音比较以及患者口唇颜色等。如怀疑有呼吸停止、张力性气胸或连枷胸存在,须立即给予人工呼吸、穿刺减压或胸廓固定。

(3)循环情况:检查桡动脉、股动脉和颈动脉搏动,如可触及,则收缩压估计分别为10.7kPa(80mmHg)、9.3kPa(70mmHg)、8.0kPa(60mmHg)左右;检查甲床毛细血管再灌注时间(正常为2秒钟)以及有无活动性大出血。

(4)神经系统功能:检查意识状态、瞳孔大小及对光反射、有无肢体运动功能障碍或异常、昏迷程度评分。

(5)充分暴露检查:根据现场具体情况,短暂解开或脱去伤病员衣服充分暴露身体各部,进行望、触、叩、听等检查,以便发现危及生命或正在发展为危及生命的严重损伤。

2. 简明检伤分类法　此法可快捷地将伤员分类,最适于初步检伤。目前被很多国家和地区采用。通常分四步:

(1)行动能力检查:对行动自如的患者先引导到轻伤接收站,暂不进行处理,或仅提供敷料、绷带等让其自行包扎皮肤挫伤及小裂伤等,通常不需要医护人员立即进行治疗。但其中仍然有个别患者可能有潜在的重伤或可能发展为重伤的伤情,故需复检判定。

(2)呼吸检查:对不能行走的患者进行呼吸检查之前须打开气道(注意保护颈椎,可采用提颌法或改良推颌法,尽量不让头部后仰)。检查呼吸须采用"一听、二看、三感觉"的标准方法。无呼吸的患者标示黑标,暂不处理。存在自主呼吸,但呼吸次数每分钟超过30次或少于6次者标示红标,属于危重患者,需优先处理;每分钟呼吸6~30次者可开始第三步检伤——血液循环状况检查。

(3)循环检查:患者血液循环的迅速检查可以简单通过触及桡动脉搏动和观察甲床毛细血管复充盈时间来完成,搏动存在并复充盈时间<2秒者为循环良好,可以进行下一步检查;

搏动不存在且复充盈时间>2秒者为循环衰竭的危重症患者,标红标并优先进行救治,并需立即检查是否有活动性大出血并给予有效止血及补液处理。

(4) 意识状态:判断伤病者的意识状态前,应先检查其是否有头部外伤,然后简单询问并命令其做诸如张口、睁眼、抬手等动作。不能正确回答问题、进行指令动作者多为危重患者,应标示红标并予以优先处理;能回答问题、进行指令动作者可初步列为轻症患者,标示绿标,暂不予处置,但需警惕其虽轻伤但隐藏内脏的严重损伤或逐渐发展为重伤的可能性。

(二)放射性损伤伤员现场分类检伤方法

1. 剂量估算 可通过急性照射后的体征/症状、直读式个人剂量数据、鼻试纸检测结果、伤口污染监测数据、皮肤污染监测数据以及事故严重程度、辐射水平、停留时间和所在位置进行现场剂量初步估算。

(1) 基于辐射损伤体征/症状的早期剂量估算:通常采用 IAEA 建议的辐射损伤早期剂量估算方法(IAEA EPR-Medical Physicists 2020 Guidance for Medical Physicists Responding to a Nuclear or Radiological Emergency)粗略估算人员受照剂量。

表 6-1 和表 6-2 分别给出了皮肤损伤体征/症状和辐射综合征体征/症状与急性照射剂量间的相关关系,应用表 6-1 和表 6-2 可粗略估算人员受照剂量。

表 6-1　急性照射剂量与皮肤损伤体征/症状的关系

剂量/Gy	体征/症状	受照后的时间 *
3	脱毛	14~21 天
6	红斑	几小时内,然后 14~21 天后
10~15	干性脱皮	2~3 周
15~25	湿性脱皮	2~3 周
>25	深溃疡/坏死	取决于剂量

* 在较高剂量下,体征/症状开始的时间可能会减少。

表 6-2　急性照射剂量与辐射综合症体征/症状的关系

剂量/Gy	综合征	体征和症状 *
0~1	无	一般无症状,以后淋巴细胞潜在轻微下降
>1	造血	厌食,恶心,呕吐,初期粒细胞增多和淋巴细胞减少
>6~8	肠胃	早期严重恶心,呕吐,水样腹泻,全血细胞减少
>20	心血管/中枢神经系统	恶心/呕吐在第一小时内,俯卧,共济失调,混乱

* 在较高剂量下,症状/症状出现的时间可能减少。

（2）如果有直读式个人剂量计，可由剂量计读取剂量数据。

（3）若知道人员在PAZ区域位置（下风向轴向和侧向距离事故点距离），反应堆类型、风速、事故泄漏程度、核素类型和停留时间等，可用剂量估算软件进行剂量粗略估算。

（4）通过伤口放射性核素污染监测，粗略估算体内摄入量。

（5）通过鼻拭子检测结果值达到每分钟数百次，则可能有大量摄入。如果结果仅为每分钟数十次，则摄入量可能很低。这样的检测结果的解释只能用于初始评估。

（6）通过体表放射性核素污染监测，粗略估算皮肤受照剂量。

2. 临床判断　急性大剂量放射性照射后患者可依据受照剂量不同，出现不同的临床症状，如恶心、呕吐等，大剂量照射后还可出现其他严重症状，如低血压、颜面充血、腮腺肿大等。局部受照时可出现早期红斑、感觉异常等。受照剂量不同，出现临床症状的时间早晚不同。依据早期临床症状判定辐射损伤可参照GBZ 113核与放射事故干预及医学处理原则，GBZ 96内照射放射病诊断标准，GBZ 104外照射急性放射病诊断标准，GBZ 106放射性皮肤疾病诊断标准，GBZ 103放烧复合伤诊断标准，GBZ 102放冲复合伤诊断标准，GB/T 18197放射性核素内污染人员的医学处理规范。

（三）检伤时需要的注意事项

1. 最先到达现场的医护人员应尽快进行检伤、分类。对放射性损伤的伤员检伤时必须依据现场的监测情况，由辐射防护人员和临床医师共同作出判断。

2. 检伤人员须时刻关注全体伤病员，而不是仅检查、救治某个危重伤病员，应处理好个体与整体、局部与全局的关系。

3. 伤情检查时应认真、迅速，方法应简单、易行。

4. 现场检伤、分类的主要目的是救命，重点不是受伤种类和机制，而是创伤危及生命的严重程度和致命性和并发症。

5. 对危重伤病患者需要在不同的时段由初检人员反复检查、记录并对比前后检查结果。通常在患者完成初检并接受了早期急救处置、脱离危险境地进入"伤员处理站"时，应进行复检。复检对于昏迷、聋哑或小儿伤病员更为需要。初检应注重发现危及生命的征象，病情相对稳定后的复检可按系统或解剖分区进行检查，复检后还应根据最新获得的病情资料重新分类并相应采取更为恰当的处理方法。对伤病员进行复检时，还应该将其性别、年龄、一般健康状况及既往疾病等因素考虑在内。

6. 检伤时应选择合适的检查方式，尽量减少翻动伤病者的次数，避免造成"二次损伤"（如脊柱损伤后不正确翻身造成医源性脊髓损伤）。还应注意，检伤不是目的，不必在现场强求彻底完成,如检伤与抢救发生冲突时,应以抢救为先。

7. 检伤中应重视检查那些"不声不响"、反应迟钝的伤病患者,因其多为真正的危重患者。

8. 双侧对比是检查伤病患者的简单有效方法之一,如在检查中发现双侧肢体出现感觉、运动、颜色或形态不一致,应高度怀疑有损伤存在的可能。

六、伤员分类标签

(一)标签的基本要求

1. 使用方便,易填写　核或辐射突发事件现场救援要做到快速有效,伤员分类是关键,特别是分类标签的使用,直接影响伤员的分类速度。因此标签设计要保证使用方便。填写文字少,标记简单,佩戴方便;

2. 标签醒目,易识别　核或辐射突发事件医学应急救援要现场抢救、伤员转运和后方医院救治同时进行。实现这一目标,现场伤员分类和分类标签是关键,不但要现场分类人员使用标签要准确,而且要转运人员、后方医院要能正确、快速识别,因此标签设计要简单,做到一目了然。

3. 信息完整,易统计　核或辐射突发事件伤员多、伤类多、伤情复杂,救援人员多,可能参与的医疗单位多,为了掌握事故的伤害情况,宏观上对伤亡人数、伤情,事故发展趋势等,做出一个全面、正确的评估,以便及时、准确地掌握灾情变化,指导现场的救援工作。伤员分类标签设计要保证伤员、伤情信息完整,便于统计和分析。

(二)标签使用说明

1. 伤员分类标签的佩戴部位　大多数设计的标签是佩戴在受害者的手腕,根据手腕粗细不同,手腕式表带上要有多个孔眼,按扣连接。为防止脱落,按扣为一次性按扣。

2. 伤员分类标签的颜色　颜色代表伤势和优先处置级别。按照国际和国内标准,现场的抢救分类可分为四个等级:轻伤、中度伤、重伤与死亡,处理等级为第一优先处理、第二优先处理,可延期处理和最后处理,统一使用不同的颜色加以确认。在抢救中必须遵循一定的救治顺序,分别以醒目的红色标志代表重伤员,第一优先处理;黄色标志代表中度伤员,其次优先处理;绿色标志代表轻度伤员,可延期处理;黑色标志代表死亡遗体,最后处理。依据此标志伤员处置的次序为"红色-黄色-绿色-黑色"。

3. 伤员分类标签的内容　根据核或辐射突发事件伤员的特点,伤员分类标签的内容包括超剂量照射,伤口放射性核素污染、体内放射性核素摄入和体表放射性核素污染的严重程度。

（三）分类标签式样（图 6-3～图 6-6）

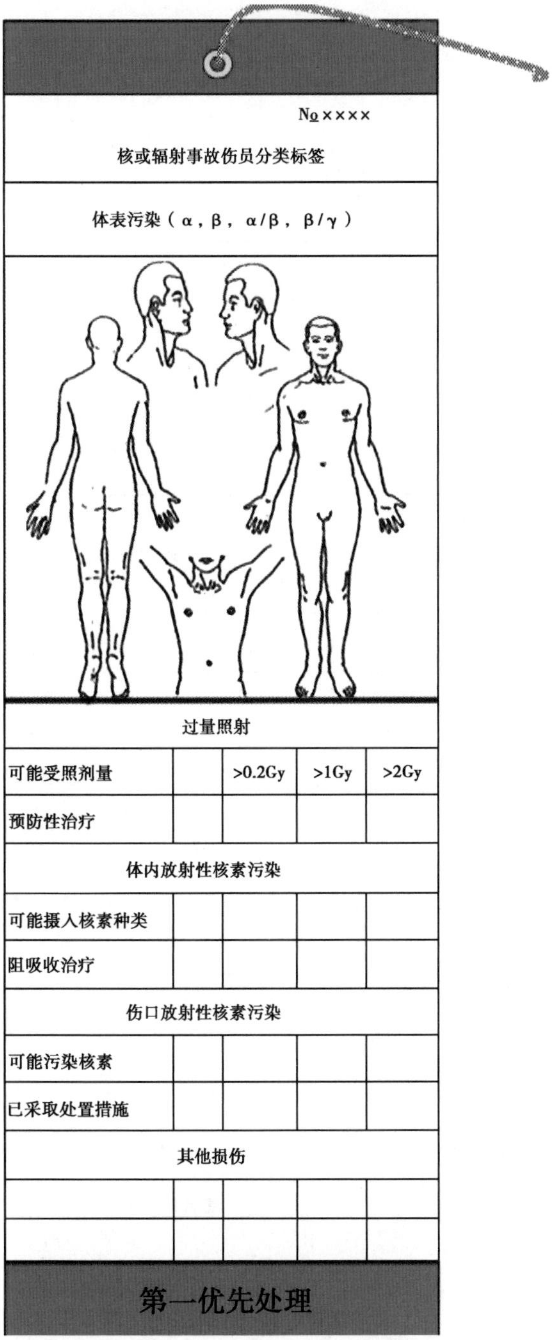

No××××

核或辐射事故伤员分类标签

体表污染（α，β，α/β，β/γ）

过量照射				
可能受照剂量		>0.2Gy	>1Gy	>2Gy
预防性治疗				
体内放射性核素污染				
可能摄入核素种类				
阻吸收治疗				
伤口放射性核素污染				
可能污染核素				
已采取处置措施				
其他损伤				

第一优先处理

图 6-3A　红色分类标识的核或辐射突发事件伤员分类标签正面

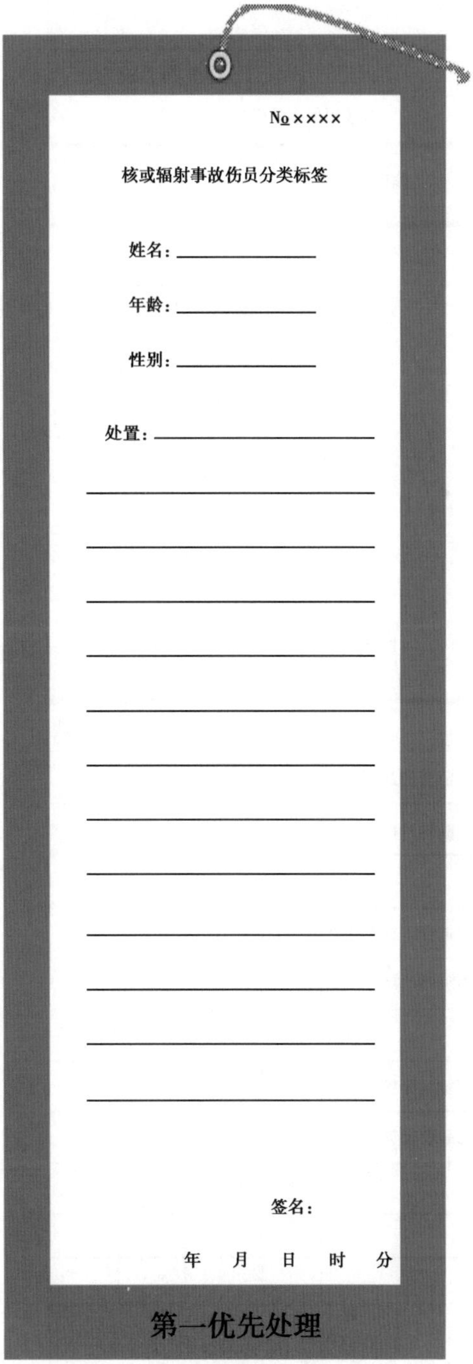

No××××

核或辐射事故伤员分类标签

姓名：________

年龄：________

性别：________

处置：________

签名：

年　月　日　时　分

第一优先处理

图 6-3B　红色分类标识的核或辐射突发事件伤员分类标签背面

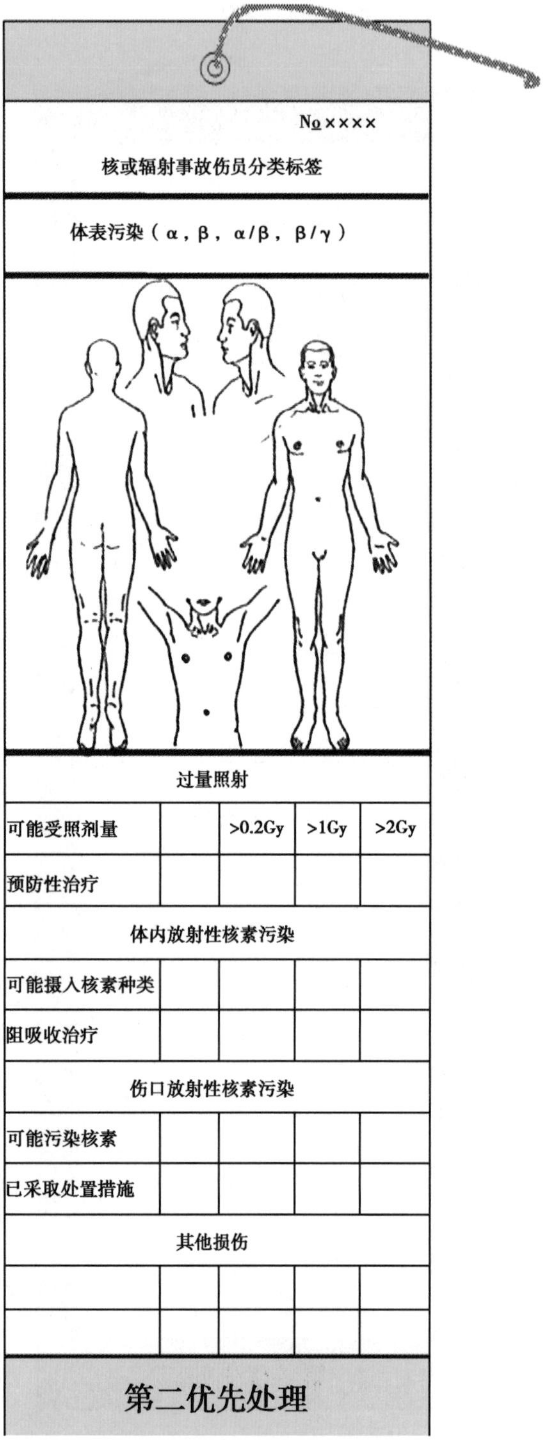

No ××××

核或辐射事故伤员分类标签

体表污染（α，β，α/β，β/γ）

过量照射

可能受照剂量		>0.2Gy	>1Gy	>2Gy
预防性治疗				

体内放射性核素污染

可能摄入核素种类				
阻吸收治疗				

伤口放射性核素污染

可能污染核素				
已采取处置措施				

其他损伤

第二优先处理

图 6-4A　黄色分类标识的核或辐射
突发事件伤员分类标签正面

No ××××

核或辐射事故伤员分类标签

姓名：————————

年龄：————————

性别：————————

处置：————————

————————————

————————————

————————————

————————————

————————————

————————————

————————————

————————————

————————————

————————————

————————————

————————————

签名：

年　月　日　时　分

第二优先处理

图 6-4B　黄色分类标识的核或辐射
突发事件伤员分类标签背面

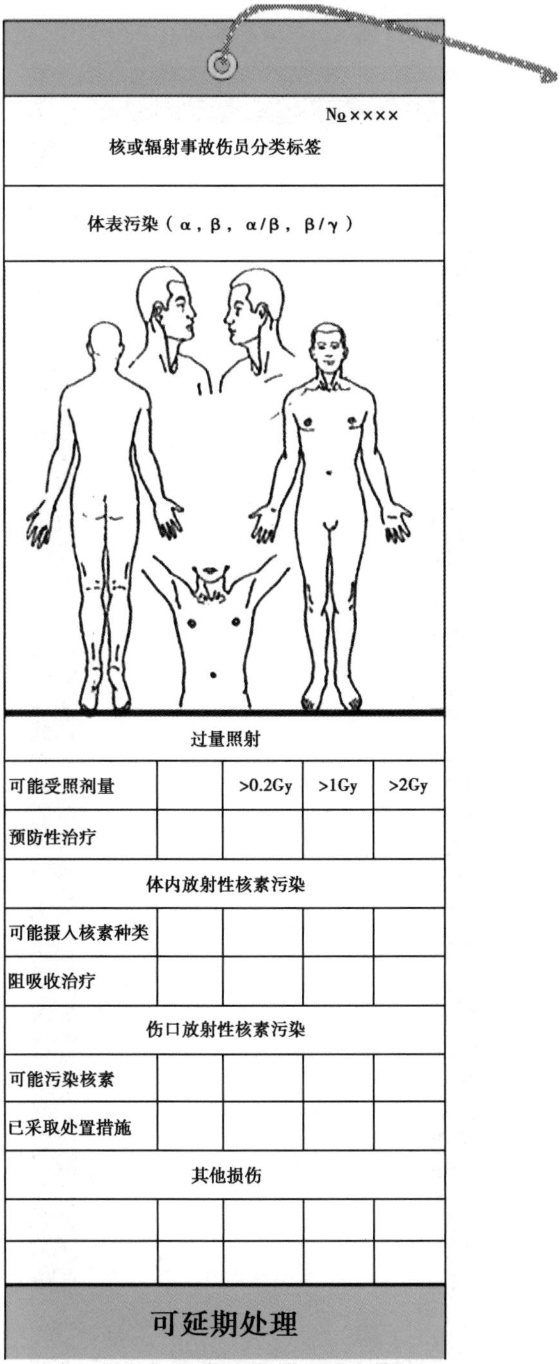

核或辐射事故伤员分类标签 No××××				
体表污染（α，β，α/β，β/γ）				

过量照射

可能受照剂量		>0.2Gy	>1Gy	>2Gy
预防性治疗				

体内放射性核素污染

可能摄入核素种类				
阻吸收治疗				

伤口放射性核素污染

可能污染核素				
已采取处置措施				

其他损伤

可延期处理

图 6-5A 绿色分类标识的核或辐射
突发事件伤员分类标签正面

核或辐射事故伤员分类标签

姓名：＿＿＿＿＿＿＿

年龄：＿＿＿＿＿＿＿

性别：＿＿＿＿＿＿＿

处置：＿＿＿＿＿＿＿

＿＿＿＿＿＿＿＿＿＿＿

＿＿＿＿＿＿＿＿＿＿＿

＿＿＿＿＿＿＿＿＿＿＿

＿＿＿＿＿＿＿＿＿＿＿

＿＿＿＿＿＿＿＿＿＿＿

＿＿＿＿＿＿＿＿＿＿＿

＿＿＿＿＿＿＿＿＿＿＿

＿＿＿＿＿＿＿＿＿＿＿

＿＿＿＿＿＿＿＿＿＿＿

＿＿＿＿＿＿＿＿＿＿＿

＿＿＿＿＿＿＿＿＿＿＿

签名：

年　月　日　时　分

可延期处理

图 6-5B 绿色分类标识的核或辐射
突发事件伤员分类标签背面

<table>
<tr><td>N<u>o</u>××××</td></tr>
</table>

核或辐射事故伤员分类标签

体表污染（α，β，α/β，β/γ）

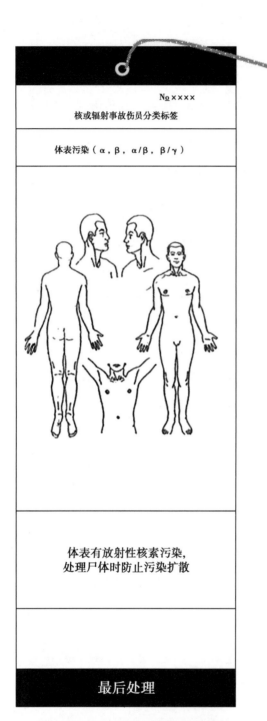

体表有放射性核素污染，
处理尸体时防止污染扩散

最后处理

图 6-6A　黑色分类标识的核或辐射
突发事件伤员分类标签正面

N<u>o</u>××××

核或辐射事故伤员分类标签

姓名：＿＿＿＿＿＿＿＿

年龄：＿＿＿＿＿＿＿＿

性别：＿＿＿＿＿＿＿＿

处置：＿＿＿＿＿＿＿＿

＿＿＿＿＿＿＿＿＿＿＿＿

＿＿＿＿＿＿＿＿＿＿＿＿

＿＿＿＿＿＿＿＿＿＿＿＿

＿＿＿＿＿＿＿＿＿＿＿＿

＿＿＿＿＿＿＿＿＿＿＿＿

＿＿＿＿＿＿＿＿＿＿＿＿

＿＿＿＿＿＿＿＿＿＿＿＿

＿＿＿＿＿＿＿＿＿＿＿＿

＿＿＿＿＿＿＿＿＿＿＿＿

＿＿＿＿＿＿＿＿＿＿＿＿

签名：

年　月　日　时　分

最后处理

图 6-6B　黑色分类标识的核或辐射
突发事件伤员分类标签背面

七、现场分类实施

1. 分类条件　　如果现场伤员少,或者伤类、伤情单一,不需要进行分类。只有出现下列情况,才需要进行分类:

(1) 现场伤员多,需要保证危重伤员得到及时救治。

(2) 现场伤员伤情复杂,需要分级救治。

(3) 伤员种类多,需要转送到不同的专科医院。

(4) 现场救援、伤员转送和后方救治要同时进行。

(5) 过量照射人员,需要及时预防性治疗。

(6) 放射性核素内污染人员,需要进行阻吸收治疗。

(7) 体表放射性核素污染,需要去污,防止污染扩散。

2. 分类准备

(1) 分类标签准备。

(2) 分类登记表准备。

(3) 受照剂量估算准备。

(4) 体表、伤口放射性核素污染监测准备。

(5) 放射性核素摄入评估准备。

(6) 救援队伍分类分工准备。

3. 分类实施

(1) 首先分类现场需要紧急处置和不需要紧急处置的伤员。需要紧急处置的伤员,现场立即进行抢救;不需要紧急处置的伤员分类、分级转送。

(2) 其次要分类有无过量照射或放射性核素污染。没有过量照射或放射性核素污染,按照通用的伤员分类方法进行分类,转普通医院诊治;有过量照射或放射性核素污染,再进行放射性损伤的分类。

(3) 分类有无体表放射性核素污染的疑似放射性损伤的伤员。有放射性核素体表、伤口污染的伤员,如果现场条件允许,立刻去污;如果现场条件不允许,做好防止污染扩散的防护措施,转送到后方的放射性核素去污站处理。没有体表、伤口污染的疑似放射性损伤的伤员再行分类处理。

(4) 疑似放射性损伤没有放射性核素体表或伤口污染的伤员,分类是否有需要现场进行预防性治疗。不需要现场预防性治疗,立刻转送到专科医院进一步诊治;需要现场预防性治疗的伤员,预防性给予抗辐射药,或阻吸收药品后再行转送。

(5) 所有分类转送的伤员,都要在伤员身体统一部位佩挂分类标签,并进行登记。

八、电子伤票

伤员电子伤票是一种智能的伤员分类标签。系统将伤员的信息通过伤员电子伤票的信息系统,无线网络实时地传输到服务器的数据库中,各级医疗救护机构都会实时监控到该伤员的信息,为重伤员治疗赢得宝贵的时间和更加合理的治疗方案。

现场分类组将伤员的信息填写到电子伤票中,在电子伤票的填写过程中,为了保证了伤票信息存储的安全性和准确性,伤员电子伤票输入多为触摸式点击输入,这样输入的速度快,操作简便。也可通过手写识别和虚拟键盘用笔取代键盘以及下拉式选择框,使得界面简洁。伤员电子伤票的应用大大地提高了现场分类的速度。

伤员电子伤票系统由硬件和软件组成。伤员电子伤票系统的硬件主要由笔记本电脑、Pad、射频桌面读卡器、射频移动读卡器、射频卡、局域网、通信设施等组成,构成伤员信息采集、存储、传输平台。伤员电子伤票系统主要利用射频识别技术实现伤员信息快速采集与传输。和目前广泛采用的条型码技术比较,射频识别技术通过射频信号使用户可以自动识别目标对象,无须可见光源,读写器一定距离范围内可以从任意方向实现卡片的操作。同时具有预防污染扩散、读取距离远、信息量大的特点。软件系统主要包括:伤员电子伤票采集、编码和存储模块,伤员信息查询、统计模块,及无线数据传输模块组成,具有 GPS 定位,信息采集、编码、存储、查询、无线信息传输和伤员伤情统计分析等功能。

第六节　过量照射人员的现场处置

一、一般概念

核或辐射突发事件情况下,一次或短时间内受到超过年剂量限值且低于 1Gy 的照射称为过量照射。过量照射视其受照剂量不同,临床表现不同,实验室检查结果不同。受照剂量小于 0.1Gy,一般无明显的临床症状,外周血象基本上在正常范围内波动;受照剂量大于 0.1Gy,小于 0.25Gy,临床上一般也看不到明显的症状,白细胞数量的变化不明显,淋巴细胞数量可有暂时性的下降;受照剂量大于 0.25Gy,小于 0.50Gy,临床上约有 2% 的受照人员可能有症状,表现为疲乏无力、恶心等,白细胞、淋巴细胞数量略有减少;受照剂量大于0.50Gy,小于1Gy,临床上约有5%的受照人员有症状,表现为疲乏无力、恶心等,白细胞、淋巴细胞和血小板数量轻度减少;受照剂量大于1Gy,可引起急性放射病。急性放射病的严重程度取决于吸收剂量,以及主要的受照部位、受照范围,个体对辐射的敏感性等。急性放射病的病程有明显的阶段性,可分为初期、假愈期、极期和恢复期。但是各期之间的界限往往不能划分得很清楚,患者接受的剂量小,急性放射病的病程短,初期反应期症状轻微而无明显的客观体征,可由初期反应期直接进入恢复期,整个病程分期不明显。当患者受照剂量比较大时,常无假愈期或者假愈期极短,特别是极重度以上的急性放射病损伤可直接从初期进入极期,在受照后数小时或数天死亡。通常急性放射病的阶段性病程分期在中度和重度急性放射病表现的比较典型。

过量照射人员早期使用抗辐射药物能有效地减低辐射损伤效应,缓解患者的病情。因此对于疑似过量照射的人员,特别是有可能遭受大剂量照射的人员,在现场救援时,需尽早使用抗辐射药物进行预防性治疗,减轻患者的病情。

二、基本要求

核或辐射突发事件的现场救援时,对分类为疑似过量照射人员要引起足够的重视,现场处置时要遵守以下基本要求:

1. 对疑似过量照射人员要初步估算受照剂量。

2. 对疑似过量照射人员的剂量要偏保守估算。

3. 对疑似过量照射人员的剂量估算要采用多种方法,特别是要重视伤员的临床症状和淋巴细胞的变化。

4. 过量照射人员要分级救治,及时后送。

5. 对过量照射人员要尽早使用抗辐射药物。

三、现场处置

过量照射人员现场进行合理、有效的处置能大大地缓解患者的辐射损伤效应,延缓病情的发展,降低死亡率,有利于患者恢复。过量照射人员现场救援时要按照以下程序处置:

1. 初步估算受照剂量 核或辐射突发事件情况下,发生过量照射,要引起足够的重视,如果受照射的人员带有剂量计,可以直接读取剂量数据。如果受照射的人员没有佩戴个人剂量计,就要估算剂量。要根据受照的时间、地点、受照射的人员所处的体位、姿势、与放射源的距离、停留时间、放射源或射线装置的种类和强度、受照方式、有无屏蔽和防护措施等因素进行初步估算。在初步估算剂量时,除进行物理剂量估算外,还要观察受照射人员的临床变化,观察受照射人员的精神状态,询问有无恶心、呕吐、腹泻,及其出现的时间、持续的时间和严重程度等。特别要注意受照射人员的皮肤变化,有无红斑和温度的改变,这些临床症状和体征都会为初步估算受照剂量提供依据。

2. 留取血液样品 受照射人员的早期症状和血象变化是判断病情的重要依据。一般情况下,受照剂量小于 0.1Gy,受照射的人员无症状,血象基本在正常范围内波动;受照剂量大于 0.1Gy,受照射的人员一般也没有症状,白细胞数的变化不明显,淋巴细胞数可有暂时性的下降;受照剂量大于 0.25Gy,受照射的人员约有 2% 的人员有临床症状,白细胞数、淋巴细胞数略有下降;受照剂量大于 0.50Gy,受照射的人员约有 5% 的人员有临床症状,白细胞数、淋巴细胞数和血小板轻度减少;受照剂量大于 1.0Gy,受照射的人员多数有临床症状,白细胞数、淋巴细胞数和血小板明显减少。血象变化和受照剂量的大小有着明显的关系,对早期临床诊断和处理有着积极意义,因此,对过量照射人员处置时要注意留取血液样品。

3. 留取可供个人剂量估算的其他样品 对过量照射人员,临床上采取合理、有效的早期处理,对放射性损伤的恢复和预后有着非常重要的作用。早期处理的判断有赖于尽可能正确的剂量估算,因此,收集尽可能多的样品,用于个人剂量估算,对临床诊断和治疗非常重要。

4. 疑似受照剂量可能大于 0.5Gy,尽早使用抗辐射药物 抗辐射药物能有效地减轻患者的辐射损伤,有利于患者恢复和预后,因此,现场救援时,对初步估算剂量可能大于 0.5Gy 的受照射人员要尽可能早的使用抗辐射药物,减轻辐射损伤,缓解病情,为临床进一步救治打好基础。

5. 给伤员佩戴分类标签,立刻后送 分类标签不但是现场救援的先后次序问题,而且提供了伤员的伤害状况和严重程度,以及现场采取的相应措施,对临床诊断和处置都有很大的帮助,因此在伤员后送时,要注意给伤员佩戴分类标签。

6. 做好伤员转送记录 伤员的转送记录,标明了伤员的去向,转运单位,转运人员等信息,对伤员的进一步跟踪有着重要的意义,因此,现场过量照射人员处置时,要做好伤员的转送记录,以便进一步跟踪和其他后续处理。

第七节　放射性核素内污染人员的处理

一、一般概念

放射性核素内污染是指体内的放射性核素超过其自然存在量,它是一种状态而不是疾病,其生物学损伤效应和可能的健康后果取决于下列因素:进入方式、分布模型、放射性核素在器官内的沉积部位、污染核素的辐射性质、放射性核素污染量、污染物的理化性质等。内照射是指进入人体内的放射性核素作为辐射源对人体的照射。辐射源沉积的器官,称为源器官;受到从源器官发出辐射照射的器官,称为靶器官。均匀或比较均匀地分布于全身的放射性核素引起全身性损害。选择性分布的放射性核素以靶器官的损害为主,靶器官的损害可因放射性核素种类而异,例如放射性碘可引起甲状腺损伤,镭、钚等亲骨性放射性核素可导致骨组织的损伤,稀土元素和以胶体形式进入体内的放射性核素可导致单核-吞噬细胞系统的损伤。由于各种器官或组织的放射敏感性不同,内照射空间、时间分布的问题就非常重要。

放射性核素可经由呼吸道、消化道、皮肤和伤口进入体内导致内污染。如果发现可能导致放射性核素内污染的情况,如环境中放射性核素气体、放射性气溶胶浓度升高、体表放射性核素严重污染等,应立即着手调查污染核素种类,收集有关样品,对放射性核素摄入量作初步估计。

放射性核素内污染由于常常难以清除且会在体内滞留很长时间,所以比外污染的处置要难得多。因此,在确定消除污染的步骤时,应当尽量减少或防止患者及工作人员受到放射性核素内污染。放射性核素内污染医学处理的根本目的在于减少体内沉积的放射性核素,减小受照剂量和由此带来的远期健康效应。

二、处理原则

1. 尽快撤离放射性核素污染现场。

2. 对放射性核素内污染及时、正确的医学处理是对内照射损伤的有效预防。应尽快清除初始污染部位的污染;阻止人体放射性核素的吸收;加速排出人体的放射性核素,减少其在组织和器官中的沉积。

3. 当鼻拭子检测结果值达到每分钟数千次,核素又很清楚时,在现场可进行放射性核素加速排出治疗,其原则应权衡利弊,既要减小放射性核素的吸收和沉积,以降低辐射效应的发生率,又要防止加速排出措施可能给机体带来的毒副作用。特别要注意因内污染核素的加速排出加重肾损害的可能性。

4. 一般而言,鼻拭子检测结果值达到每分钟数百次,则可能有大量摄入。如果检测结果仅为每分钟数十次,则摄入量可能很低。这样的检测结果的解释只能用于初始评估。

三、基本要求

核或辐射突发事件的现场救援时,对分类为放射性核素内污染的人员要引起重视,现场处置时要遵守以下基本要求:

1. 明确摄入放射性核素的种类。

2. 初步估算放射性核素的摄入可能性。

3. 对疑似体内放射性核素摄入人员的剂量估算要偏保守估算。

4. 当鼻拭子检测结果值达到每分钟数千次,核素又很清楚时,可在现场尽早使用适用于该核素的阻吸收药物。

5. 使用阻吸收药物前要留取生物样品。

6. 现场要分类、分级救治,及时后送。

四、处置行动

对鼻当鼻拭子检测结果值达到每分钟数千次,核素又很清楚时,放射性核素内污染的人员在现场经过合理、有效的处置能大大地缓解患者体内放射性核素的吸收和沉积,加速放射性核素的排泄,减低辐射损伤效应。放射性核素内污染人员现场救援时要按照以下程序处置:

1. GBZ 129 明确指出摄入放射性核素的种类、摄入途径和摄入时间,内剂量估算方法对内照射剂量结果的可靠性影响很大,因此,要对核事故情况下内污染人员进行合理剂量估算,要明确受污染人员摄入的放射性核素种类,摄入途径和摄入时间等十分重要。

2. 按 GBZ 129 的规范,应通基于体外直接测量、生物样品分析和个人空气监测对个人接受剂量进行估算才是合理的。基于辐射损伤早期剂量估算和现场的鼻当鼻拭子检测等粗略剂量估算结果仅能作为现场相关处置的决策。

3. 当鼻拭子检测结果值达到每分钟数千次,核素又很清楚时,在现场可尽早使用与该核素相适应的阻吸收药物,一般而言,阻吸收治疗药物的使用直接影响放射性核素在体内的沉积和治疗效果,用药愈早效果愈好,超过 24 小时,效果就明显降低。

4. 使用阻吸收治疗药物前最好采用直接测量方法动态检测体内放射性沉积量的变化,对纯 β 核素应留取生物样品,同过动态的生物样品分析,也可检测体内放射性沉积量的变化。

5. 给伤员佩挂分类标签,立刻后送　分类标签不但是现场救援的先后次序问题,对于放射性核素摄入人员标签上还标明了摄入放射性核素的种类,及初步鼻拭子检测结果,以及现场采取的相应措施,对临床诊断和处置都有很大的帮助,因此在伤员后送时,要注意给伤员佩戴分类标签。

6. 伤员的转送记录,应标明伤员的去向,转运单位,转运人员等信息,对伤员的进一步跟踪有着重要的意义,因此,现场对疑似放射性核素摄入人员处置时,要做好转送记录,以便专业医院对他们进行合理的治疗。

五、阻吸收

1. 减少放射性核素经体表(特别是伤口)的吸收　首先应对污染放射性核素的体表进行及时、正确的洗消;对伤口要用大量生理盐水冲洗,必要时尽早清创。切勿使用促进放射性物质吸收的洗消剂。

2. 减少放射性核素经呼吸道的吸收　首先用棉签拭去鼻孔内污染物,剪去鼻毛,向鼻咽腔喷洒血管收缩剂。然后,用大量生理盐水反复冲洗鼻咽腔。必要时给予祛痰剂。

3. 减少放射性核素经消化道吸收　首先进行口腔含漱、机械或药品催吐,必要时用温水或生理盐水洗胃,放射性核素入体 3~4 小时后可服用沉淀剂或缓冲剂。对某些放射性核素可选用特异性阻吸收剂:如铯的污染可用亚铁氰化物(普鲁士蓝);褐藻酸钠对锶、镭、钴等具有较好的阻吸收效果;锕系和镧系核素可口服适量磷酸铝凝胶等。摄入放射性核素锶等二价元素,可酌情服用下列一种:硫酸钡 50~100g,用温水混合成稀糊状口服或磷酸铝凝胶 50ml 口服。也可服医用药用炭(10g 与水混合口服,能吸附多种离子)。在服用以上药品后约半小时,口服泻剂如硫酸镁 10g 或硫酸钠 15g 等,以加速被吸附沉淀的放射性核素的排出。勿用蓖麻油作泻剂,避免增加放射性核素吸收。摄入的放射性核素已超过 4 小时,应首先使用泻剂。

六、促排

根据体内放射性核素的种类和代谢途径,可使用一些特殊的促排方法,包括封闭、稀释和置换剂。促排治疗开始的越早,其效果越好。

对于放射性碘,因其大部分浓集在甲状腺,用稳定性碘(碘化钾)封闭甲状腺可阻止放射性碘的吸收。必要时可用抑制甲状腺素合成的药品,如甲巯咪唑。

对锕系元素(^{239}Pu、^{241}Am、^{252}Cf 等),镧系元素(^{140}La、^{144}Ce、^{147}Pm 等)和 ^{90}Y、^{60}Co、^{59}Fe 等均可首选二乙烯三胺五醋酸(DTPA)。DTPA 可全身或局部使用,也可用于皮肤或肺灌洗。早期促排治疗宜用钙钠盐,晚期连续间断促排宜其锌盐,以减低 DTPA 毒副作用。也可选用喹胺酸盐,其对钍的促排作用优于 DTPA。

对 ^{210}Po 内污染则首选二巯丙磺钠。也可用二巯基丁二酸钠。

铀的内污染可给予碳酸氢钠进行促排治疗。

在摄入氚的情况下,应大量给予大量液体(白水或茶水)作为稀释剂,要持续一周,同时也可给利尿剂。

激活(置换)剂是增加自然转换过程的化合物,可增加放射性核素从体内组织的排出。如果污染后很快服用这种制剂,其效果更好。但有些制剂在数周内服用还是有效的。肺灌洗只有在确定有大量毒性较高的核素污染时才考虑采用,并应由训练有素的专家进行。

第八节 放射性核素体表污染的现场处置

一、 一般概念

1. 放射性核素皮肤污染 放射性核素体表污染是指放射性核素沾附于人体表面(皮肤或黏膜),或为健康的体表,或为创伤的表面。所沾附的放射性核素对污染的局部构成外照射源,同时可经过皮肤吸收进入血液构成放射性核素内照射。在事故条件下,放射性尘埃、放射性液体或放射性气体、放射性气溶胶释放到环境中,就可能沉积于人体表面而造成放射性核素外污染,只要此类物质仍然存在于人体表面或体内,照射就会持续发生。

放射性核素皮肤沾染的形式有四种,一是机械性结合(机械沉着),放射性核素疏松地沉积于表皮或皮肤皱纹处;二是物理性结合(物理吸附),放射性核素通过静电引力或皮肤表面张力固着于皮肤表面;三是化学性结合,放射性核素与表皮蛋白质结合(物理化学作用所致,结合牢固);四是多种方式结合,既有物理结合,又有化学结合。

2. 放射性核素伤口污染 放射性核素伤口污染是放射性核素体表污染的一种特殊形式。放射性核素污染的伤口不同于一般单纯创伤,其危害有以下几个方面:

（1）放射性核素能够影响伤口的愈合。

（2）放射性核素可通过伤口吸收进入体内，引起内照射，诱发靶器官癌变。

（3）放射性核素伤口污染，放射性核素可长期沉积在伤口局部组织，产生远期效应，导致局部组织癌变。

（4）伤口放射性核素污染组织手术切除后，如果在功能部位可致残，在面部可导致患者毁容。

（5）伤口放射性核素污染的人员往往会有产生严重的心理影响，给患者造成心理伤害。

因此，伤口放射性污染处理不同于一般伤口的处理，除要进行一般的伤口处理外，还要进行需要特殊处理，也就是要进行放射性核素的伤口污染处理。特殊医学处理的目的就是要降低放射性污染物对伤口的影响，降低放射性污染物对邻近组织的辐射剂量，减少放射性核素经伤口吸收，预防远期效应，包括伤口局部组织癌变和靶器官癌变。

核或辐射突发事件救援现场发生的任何皮肤损伤都要进行伤口放射性污染测量，伤口放射性核素污染测量时要正确选择测量仪表。

（1）伤口中能发射高能 β、γ 射线的辐射体，可用 β、γ 探测仪测量。

（2）伤口污染物能发射特征 X 射线的 α 辐射体，可用 X 射线探测器测量。

（3）伤口受到多种放射性核素污染时，应选用有能量甄别本领的探测器测量。

（4）伤口探测器应配有良好的准直器，以便对放射性污染物定位。

二、基本要求

（一）放射性核素皮肤污染

核或辐射突发事件现场体表放射性核素去污不同于医院内的污染处置，目的主要是防止放射性核素污染扩散，预防放射性核素对现场救援人员污染，以及预防救援场所的设施、设备和器材的放射性污染；其次现场进行体表放射性核素去污，可以减少患者的皮肤受照剂量，预防皮肤放射性损伤；同时现场进行体表放射性核素去污，也可以减少放射性核素通过皮肤吸收进入体内，减轻内污染。因此，在核或辐射突发事件的现场救援时，对分类为放射性核素体表污染的人员也要引起重视，现场处置时要遵守以下基本要求：

1. 一般情况下，体表放射性核素污染要在现场人体去污染站处理。

2. 现场去污只需要去除疏松的放射性核素沾染，难以去除的固定放射性核素污染不在现场处置。

3. 难以去除的固定的体表放射性核素污染人员要及时后送。

4. 避免放射性核素经眼、口、鼻、耳等器官进入体内。

5. 防止污染扩散。

（二）放射性核素伤口污染

核或辐射突发事件放射性核素污染伤口的现场处置不同于医院内的伤口污染处置,目的主要是减少伤口放射性核素污染水平,减少放射性核素通过伤口吸收进入体内,减轻内污染。因此,在核或辐射突发事件的现场救援时,对分类为伤口放射性核素污染的人员要引起足够的重视,现场处置时要遵守以下基本要求:

1. 不能因为处理伤口放射性核素污染影响伤员的健康和生命安全。

2. 明确伤口污染的放射性核素种类。

3. 尽早进行伤口放射性核素去污处理,并使用阻吸收药物,防止放射性核素的进一步摄入。

4. 使用阻吸收药物前要留取生物样品。

5. 按照分类、分级救治的原则,及时后送。

三、处置行动

（一）放射性核素皮肤污染处置

按 IAEA EPR-Medical Physicists-2020 的规范,受污染人员皮肤污染水平超过操作干预水平时,应在现场进行洗消(表 6-3)。

表 6-3　皮肤污染时不同 OIL 的应急行动建议

	OIL 值	如果超过 OIL,则采取响应行动
OIL_4	距离皮肤 10cm　1μSv/h	进行皮肤去污[a] 和减少误食[b]。登记并提供体检。
$OIL_{4\gamma}$	距离皮肤 2cm 直接 β 皮肤污染测量 1 000 计数/s	
$OIL_{4\beta}$	距离皮肤 <0.5cm 直接 α 皮肤污染测量 50 计数/s	

[a]　如果无法立即进行消毒,建议撤离人员尽快换衣服和洗淋浴。

[b]　建议撤离人员不要喝酒,吃东西或抽烟,并且要保持双手离开嘴巴,直到洗手为止。

体表放射性核素污染现场进行合理、有效的处置,能大大地减少患者的皮肤受照剂量,减少放射性核素通过皮肤的吸收,降低内照射剂量。体表放射性核素污染人员现场救援时要按照以下程序处置:

1. 体表放射性核素污染监测　体表放射性核素污染必须借助于表面污染检测仪器发

现,使用的检测仪器的探头必须和污染的放射性核素相一致,如果可能是 α/β 放射性核素污染,探头要选择 α/β 表面污染检测探头;同样如果可能是 β/γ 放射性核素污染,检测探头要选择 β/γ 表面污染检测探头。检测时要注意检测仪器的量程,要从低量程开始。

2. 记录污染部位、面积、污染水平　表面污染检测时要记录放射性核素污染部位,污染面积,用于指导人员去污。同时也要记录放射性核素的污染水平和可能的污染时间,便于估算皮肤剂量时使用。

3. 如果必要,应估算皮肤剂量　皮肤放射性核素污染的危害之一是皮肤受照,如果皮肤受照剂量达到一定水平,就可能引起皮肤损伤。因此,对于严重的放射性核素皮肤污染,要注意放射性皮肤损伤的发生,估算皮肤剂量。

4. 头面部的去污要防止放射性核素进入眼、耳、鼻、口,防止沾染到身体其他部位。

5. 眼部污染要用洗眼壳冲洗,防止损伤眼部组织。

6. 鼻腔污染要剪去鼻毛,湿棉签擦洗,去污时要注意防止鼻腔组织的损伤。

7. 全身污染,首先要去除局部高污染的部位,再进行全身淋浴、冲洗。

8. 每次去污后要监测去污效果,并记录。

9. 经三次去污,不能去除的皮肤污染,视为固定污染,做好皮肤防护,给伤员佩挂分类标签,立刻后送;做好伤员的转送记录。

(二) 放射性核素伤口污染处置

伤口放射性核素污染现场进行合理、有效的处置,能大大地减少患者的伤口局部组织的受照剂量,减少放射性核素通过伤口的吸收,降低内照射剂量。伤口放射性核素污染人员现场救援时要按照以下程序处置:

1. 脱掉或剪下衣服,暴露创面　放射性核素伤口和其他创伤的处理一样,要脱去或剪除穿戴的衣物,充分暴露创面,有利于伤口放射性核素的去污和创面的处理。

2. 失血不多时,不要急于止血;如果伤口出血严重,立刻止血。

3. 压迫伤口处回流的静脉,及时用敷料等蘸除伤口流出的血液,或渗出的液体,这些放射性污染的物品要统一收集。

4. 冲洗伤口,清除伤口可见的异物　现场伤口去污的有效方法之一就是伤口冲洗。放射性核素污染伤口冲洗时,用 0.9% 生理盐水缓慢冲洗,同时要注意污染扩散的问题,不要把冲洗液流到身体的其他部位。伤口的异物,要及时清除,特别是放射性核素污染的异物,清除后要对异物进行放射性核素测量,放射性核素污染异物的清除也是减少伤口放射性核素吸收的重要措施之一。

5. 放射性核素污染检测　放射性核素伤口污染要及时进行污染检测,评价污染水平,指导伤口去污。每次伤口冲洗去污后要进行伤口放射性核素污染检测,了解去污效果。如果反复冲洗后,经过放射性核素污染检测,发现效果较差,再冲洗没有明显的去污效果,就要停止冲洗。

6. 如果必要,且现场的条件允许,尽早清创,并保留切除组织,留作样品,以便剂量估算。

7. 使用阻吸收药物　阻吸收药物的使用直接影响放射性核素在体内的沉积和治疗效果,用药愈早效果愈好,超过 24 小时,效果就明显降低。因此,在核事故和辐射事故现场,如果发现伤口放射性核素污染,要尽早使用阻吸收药物,减少放射性核素从伤口吸收后在体内的沉积,加速放射性核素的排出。

8. 如果必要,在使用阻吸收药物前,留取其他生物样品　阻吸收药物明显影响放射性核素在体内的沉积,加速放射性核素从体内的排出,其代谢规律发生了明显的变化,因此,要了解初始的放射性核素的摄入量,就要在使用阻吸收药物前留取生物样品。

9. 给伤员佩挂分类标签,立刻后送　分类标签和现场救援的先后次序有关,也标明了伤口放射性核素污染的种类,现场采取的处理措施,初步估算的剂量大小,对临床诊断和处置都有很大的帮助,因此在伤员后送时,要注意给伤员佩戴分类标签。

10. 做好伤员的转送登记　伤员的转送记录,标明了伤员的去向,转运单位,转运人员等信息,对伤员的进一步跟踪有着重要的意义,因此,现场对伤口放射性核素污染的人员转送时,要做好转送记录,以便对受害者进一步跟踪和其他后续处理。

四、洗消流程和技术要求

(一) 局部污染洗消流程

1. 头部污染洗消流程为:

(1) 取半卧位洗消。

(2) 用温水冲洗头皮 2 遍,而后涂抹洗消液,揉洗头皮 2 遍。

(3) 若洗消不再有成效应剃除头发重复(2)的程序。

(4) 用温水冲洗干净洗消液。

(5) 擦干头皮。

2. 眼睛污染的洗消流程为:

(1) 取干棉球,塞入两侧耳内。

（2）下巴上抬，头后仰位（下喷式洗眼器）或低头（上喷式洗眼器）温水缓慢冲洗眼部。

（3）用温水（低于40℃）缓慢反复冲洗眼部2遍，用干棉签拭去眼部水，滴入生理盐水3滴，再用干棉签擦拭眼部水滴。

3. 鼻腔污染的洗消流程为：

（1）取下巴上抬、头后仰位。

（2）取生理盐水浸湿的棉签2支，分别擦拭两侧鼻孔，而后剃除鼻毛。

（3）用蘸有洗消液的棉签再分别擦拭两侧鼻孔。

（4）用蘸有生理盐水的湿棉签再分别擦拭两侧鼻孔。

4. 耳部污染的洗消流程为：

（1）取半侧卧位。

（2）先用毛刷对外耳廓由内向外刷2遍。

（3）再用生理盐水湿棉签顺时针旋转内、外耳道2遍。

（4）用蘸有洗消液的湿棉签分别外耳道和耳廓1遍。

（5）用蘸有生理盐水的湿棉签分别外耳道和耳廓2遍。

5. 上肢局部污染的洗消流程为：

（1）取上肢自然下垂位，或水平位。

（2）用温水冲洗（钝挫伤患者），或用温水蘸湿的纱布轻轻擦拭。

（3）用软毛刷将洗消液均匀地涂抹于污染处，轻轻揉洗2遍。

（4）用温水冲洗，再用干纱布擦拭干。

6. 洗消前、后都要进行表面污染局部污染点监测，记录结果；结果经一次洗消仍大于操作干预水平者，转专科医疗救治机构进行二次洗消。

（二）全身污染洗消流程

1. 洗消前要进行全身表面污染测量，记录结果。

2. 头部后仰洗头发。头发有污染者，若洗消不再有效则应先剃除头发。温水冲洗头发，而后将全身用温水冲洗一遍。

3. 用洗消液或肥皂按照以下顺序，均匀快速涂抹头皮、面部、耳后、颈部、上肢、腋窝、手臂、上身躯干（借助柔软搓澡巾或长条纱布涂抹后背）、会阴、臀部、下肢、再用温水直立位快速冲洗干净；每次洗消过程应控制在3分钟左右（避免重污染向轻污染或非污染体表部位扩散问题）。

4. 从头到足底顺序擦拭皮肤。

5. 洗消后要进行局部污染点监测,判定是否达到操作干预水平,未达到操作干预水平,并完成了一次洗消者,局部表面污染点用纱布覆盖、透明医用胶带四周密封粘贴,避免污染扩散,转移后送至二次洗消场所进行二次洗消。

(三) 开放性外伤的放射性污染人员洗消流程

1. 用生理盐水反复冲洗伤口,2% 利多卡因进行局部麻醉,同时对伤口进行污染点监测,确定污染程度。

2. 根据污染点监测结果,综合分析确定污染范围和损伤程度,确定清创手术方案。

3. 清创手术方案除遵循一般外科手术原则外,还应遵循放射性污染手术处理规程,每进一刀,测量污染程度,更换刀片,避免因手术器械导致的污染扩散。

4. 手术结束后需进行伤口污染点监测,记录结果。

(四) 转运污染伤员二次洗消前处置流程(自主行走污染伤员)

1. 收集一次洗消过程记录单,了解一次洗消后局部污染点监测结果。

2. 去除污染部位覆盖物(留存,勿扔掉),进行污染部位局部污染点监测,重新标记污染范围,记录并核实监测结果。

3. 明确核素种类选用专用洗消剂,按照一次洗消流程,针对具体不同部位的洗消技术要求进行洗消;对眼部局部污染点监测结果超标者,应加做鼻泪管冲洗术。重复进行一次性洗消两遍流程;分别记录每次洗消后污染点监测结果。

4. 综合分析二次洗消后局部污染点监测结果,判断是否达到操作干预水平,若指示洗消已不可能再有成效时,洗消工作就应再行评价或终止管理控制。

(五) 现场洗消技术要求

1. 受污染人员皮肤污染水平超过操作干预水平时,应在现场进行洗消。进行洗消应注意以下环节:

(1) 污染监测操作的基本参数:当表面污染监测仪探测面积大于 $20cm^2$,对 β 皮肤污染监测时探头离人体(皮肤)约 1cm、对 α 污染监测时小于 0.5cm、探头移动速度为 5cm/s。监测前,应先对空白处进行本底测量。

(2) 一般情况,洗消操作干预水平为,β/γ 污染水平大于 $100Bq/cm^2$,α 污染大于 $10Bq/cm^2$。

2. 解除洗消操作的控制值为:洗消后污染监测的 β/γ 污染水平小于 $100Bq/cm^2$,α 污染水平小于 $10Bq/cm^2$。任何情况下,人员皮肤表面洗消再无成效时,应终止洗消。

3. 当存在局部皮肤污染时,应首先对污染的局部进行洗消,这时用单一的向内运动,由轻到重的顺序;头、面部、眼睛或皮肤存在局部污染时,应采用半卧位或立式(眼部洗消)进行相应的局部洗消;若需要后续进行全身洗消,应按规定的全身洗消流程进行洗消。

4. 对于伤口、手指或存在分布极不均匀的眼睛或皮肤污染时,在进行洗消后,若还达不到解除洗消操作的条件,应采用小窗探测器表面污染监测仪找出污染点,并做标识。

5. 现场可用移动洗消设备;当需要对有大量人员(预计超过 100 人)进行污染监测和洗消时,则可建立一个监测及洗消场所,场所内应配置经过培训的人员,配备必要的监测设备,洗消设施、洗消用品。

五、现场洗消场所及移动洗消设施的技术要求

1. 洗消空间应符合洗消专业流程一体化的布局设计,避免由于漏水可能出现的二次环境污染;洗消空间内需设计有污染区、洗消区、检测区、清洁区。

2. 污染区与洗消区之间以及洗消区与检测区之间的隔断门应设有感应开关,避免手触污染门或设施。

3. 洗消空间内部应有空调新风、温度和照明设计,内部空气新风设计,清洁区温度控制在 25℃,温度和采光满足可调节的要求。

4. 洗消区应有洗消用水和洗消液切换功能,使其温度保持在 34~42℃之间。

5. 洗消区与检测区之间隔断门的检测区一侧应设有门柱或门框式辐射检测报警仪。

6. 洗消区要有头眼部、局部洗消、全身洗消位的设计,可同时满足 5 人洗消处理的空间,一般不小于 8m^2。

7. 污染区与检测区之间应有对讲通信设施设计,污染区应有污物存放设施、洗消后的检测区应有浴巾或换洗衣物储存橱,同时配备常规表面污染测量仪和小窗探测器污染检测仪。

8. 洗消区内的四周及地面表面应光滑无缝隙;不同区域之间的推拉门或隔断等装置要保证密封,满足防止不同区域相互溢水或溅水;洗消位顶棚、边角 15° 圆弧形状,保证洗消过程中顶棚水雾顺四周流淌汇入排水孔。

9. 洗消场所应有洗消用水排放及污水收集系统,确保在洗消空间不同地平位置均可自动排空洗消污水,洗消污水存放设施,应满足至少 100 人份全身或局部洗消用水的收集。

10. 在洗消区与检测区之间隔断门的洗消区一侧可设全身烘干设备。

11. 洗消场所及移动洗消设施应设计独立的清洁和污染通道口。

第九节　生物及环境样品采集

一、一般概念

为估算受照射者的剂量和病情判断,需采集核或辐射突发事件受害者身体的生物材料及随身或现场的有关样品,供生物剂量(包括电子自旋共振波谱)、热释光剂量测量和中子活化分析用。收集的样品要分类、编号、造册、封存。

对于中子、γ或X射线照射,受照射人员所佩戴的个人剂量计一般都可用于事故个人剂量测量。如果受照射的人员没有佩戴个人剂量计(在受照时),则剂量估算将需事故重建。在以往发生的事故中,多数受照者都没有佩戴个人剂量计,或虽已佩戴但所受剂量值超出了量程范围。因此,事故后剂量重建对减少剂量估计中的误差,具有重要意义。

事故后用于剂量重建,可供选择的主要技术途径可用热释光和电子自旋共振波谱两种方法。

热释光方法可选择的待测样品有:手表红宝石、牙齿、骨骼、陶瓷、砖瓦等。但目前从实用性和可靠性来说,手表红宝石作为辐射突发事件个人剂量计较为成熟。

在电子自旋共振(electron spin resonance,ESR)方法中,通过测定样品中由辐射引起的足够长寿命的自由基浓度变化来确定受照剂量。可供选择的样品有塑料制品、手表玻璃、含糖食品、药品、骨组织、牙釉质、毛发和衣物等。为了剂量重建,对受照射人员没有被放射性核素污染的衣服应当保留,以便剂量重建时作为样品。

若存在中子照射,采集有关人员的头发、血液样品、指甲及其佩戴的珠宝首饰、硬币、眼镜金属框、腰带扣、手表、羊毛衫等样品等进行感生放射性活度测量可能是重要的。这些物质应尽快取样、保存,以备由有能力的实验室分析。分析时间对剂量重建是一个非常重要的因素,越早分析,其灵敏度越高。

二、基本要求

现场样品的采集对估算患者的受照剂量,放射性损伤的诊断,制订治疗方案非常重要,因此,在核或辐射突发事件的现场救援时,对样品的采集要引起足够的重视,现场样品采集时要遵守以下基本要求:

1. 样品采集的目的要明确。

2. 样品采集的时间要适时。

3. 样品能够妥善保管。

4. 采集样品不能损害到伤员的健康，不能延误抢救时间。

三、现场样品的采集实施

在核或辐射突发事件的现场救援时，现场样品采集要合理，及时，按照以下程序实施：

1. 医师根据伤员的诊治需要提出采样种类，护士实施。

2. 放射卫生人员根据估算剂量的需要提出采样要求并实施，如果是生物样品，由护士实施。

3. 采集的样品要妥善保管。

4. 做好样品采集记录。

四、血液样品的采集

血液样品的采集时间、采集量和用途一定要明确。第一天采取血样 20~30ml，主要用于以下几个用途的分析：①全血细胞计数；②细胞遗传学分析；③生物化学分析（血清淀粉酶）；④放射性核素的分析。

第一天血样可分两次采取，无菌采血后置于肝素抗凝消毒真空管中，轻轻倒置以固定血样、抗凝，凝固的血样将不能使用，每管贴上标签。第一次应在照后 3 小时内采取，主要做全血细胞计数和生物剂量（染色体畸变分析、微核试验等）检测用；第二次可在第一次取样后3~6 小时采取，再进行血细胞计数和 HLA 配型等，但都应标明采集样品的日期和时间。以后每天取血做全血细胞计数检查。

血样收集后和运输途中必须冷藏，但不能冻结；单个真空管用保护性材料包好后放入保温容器中；用纸或其他包装材料包好以防运输途中破损；贴上醒目的标志："生物样品，易损，防损坏，避免 X 射线"。

血清样品（不抗凝）主要用于放射性核素分析和生化指标检测用。

外周血淋巴细胞是对辐射最敏感的细胞系之一，淋巴细胞绝对数降低是早期观察确定全身受照射水平的最好、最有用的实验室检查方法。中性粒细胞绝对值在事故早期升高的幅值，亦同样与剂量相关。

在生物剂量估算方法中，外周血淋巴细胞染色体畸变分析是一种最广泛采用的可靠方法。我国有些实验室已建立了良好的剂量-效应关系曲线和计算模式。

在电离辐射外照射的情况下,用淋巴细胞染色体畸变分析作剂量估计的范围一般在0.1~5.0Gy。用这种细胞遗传学方法探测的剂量下限,对 X 及 γ 射线约为 0.1Gy,裂变中子为10~20mGy。一般说来,事故后取血的时间越早越好。根据报道,照后 1~2 个月内,畸变率变化不大,3 个月后明显下降,因此最好在受照射后 48 小时内取血,最迟不宜超过 2 个月。使用这种技术在身体局部受照时受到限制,因染色体畸变虽然可表明有放射损伤,但不能准确估计剂量。另外,对体内辐射源所致剂量,由于不同放射性核素分布不同,不能都估算出它们的剂量。染色体分析需要 3 天,因为淋巴细胞培养必须 48 小时才能获得足够的中期分裂细胞,以便估算出染色体畸变率。

五、身体局部受照时的样本采集

身体局部受照时,物理剂量非常重要,因为局部放射损伤的早期没有可利用的生物剂量方法。应详细询问事故经过并记录。在局部损伤情况下,应尽可能使用事故时受照的牙齿、衣服、纽扣、耳环或其他任何有机物,利用电子自旋共振(ESR)估算受照剂量。事故后第一周内,每天的血细胞计数有助于排除全身受照的可能性,因为局部损伤只可观察到某些非特异性改变,如轻度白细胞增多或血沉加快。染色体畸变只在少数局部受照 5~10Gy 人员的淋巴细胞中发现,而且它只能提供定性资料,而不是定量资料。

有两种诊断方法可用来估计局部过量照射的严重程度:热成像技术和放射性同位素方法。当受照部位与相对应的非受照射区可比较时,这两种方法都是可靠的。

热成像技术可用来鉴别任何损伤,并确定其严重程度,它是探测局部放射损伤有用而灵敏的技术,特别是在临床症状尚未出现的早期和潜伏期。另外,触点温度记录法和红外遥测温度法都是有用的,后者对身体局部受照的诊断,特别是四肢受照射时要比前者好。用放射性同位素方法可记录器官或身体部分血管的循环情况,即用高锝酸钠 ^{99m}Tc 静脉注射,以闪烁照相法监测锝的分布。热成像技术和放射性同位素法是互补的。这些方法虽不能准确估算剂量,但能判断临床损伤的严重程度。

六、人体受到放射性核素污染时的样本采集与处理

在进行去污处理前将耳道、鼻孔、口角及伤口用棉签擦拭,并将擦拭物和切除的受污染组织置于试管中;脱下衣物、口罩等应放置在密闭容器中(例如塑料袋),每一个容器都应贴上标签,写有患者的姓名、地点、样品名称、收集时间和日期,并且醒目地标注:"放射性,请勿扔掉",以便进一步鉴定放射性核素或进行粒度分析。

七、人员可能受到内污染时的样本采集与处理

放射性核素可经由呼吸道、消化道、皮肤伤口甚至完好的皮肤进入体内导致内污染。如果发现可能导致放射性核素内污染的情况,如环境中放射性核素外溢或放射性气溶胶浓度升高、工作人员口罩内层污染、体表放射性核素严重污染等,应立即着手调查污染核素种类,收集有关样品,对放射性核素摄入量作初步估计。

1. 在沐浴前进行鼻拭子的测量。

2. 留存口罩作放射化学分析。

3. 收集并分析测量尿样品,事故最初几次尿样可分别留存,以后几天连续收集 24 小时尿样。

4. 收集并分析测量粪便样品,至少收集最初 3~4 天的样品。

5. 取呼吸带气溶胶样品,做放射性气溶胶粒谱的测量。

6. 必要留取血、唾液、痰、呕吐物其他样品供放射性分析用。

7. 摄入镭(Ra)和钍(Th)时需要收集呼出气,做氡及其子体的测量。

每个样品应有清楚的标记,包括患者姓名、地点、取样类型、取样日期和时间,并置于合适的容器中。醒目地标注:"放射性,请勿扔掉"。

有条件时可做全身放射性测量,必要时进行甲状腺测量和肺部测量。

八、现场样品的处置

核或辐射突发事件现场救援时,现场样品采集后,要针对不同的用途合理处置采集的样品,通常样品的处置要按以下程序进行:

1. 如果需要,样品随伤员一起转送到后方医院。

2. 样品由救援队伍保存。

3. 做好样品的处置记录。

第十节　伤员转运和救援终止

一、 一般概念

核或辐射突发事件现场救援,伤员的转运是现场救援的一项重要内容,也是决定现场救

援能否成功的关键活动。伤员转送时,应将全部临床资料(包括检查结果、留取的物品和采集的样品等)随损伤人员一起转运后送;重度和重度以上损伤的人员后送时,需有专人护送并注意防止休克。

运送损伤人员的方式应当适合每个伤员的具体情况。疏散被照射的患者,一般不需要特别防护,但应避免有的患者可能造成污染扩散,特别是在核设施现场没有进行全面辐射监测和消除污染的情况下,要注意放射性核素污染扩散和交叉污染。应将伤员适当地用床单或毯子包裹。带有隔离单可隔绝空气的多用途担架、内衬为可处理塑料内壁的救护车等,是运送污染人员最理想的设备。

安全转运伤员的一个重要条件是保持通信联络,应当保证通信联络通畅可靠,包括车载电话和专用无线电台。指挥中心除了随时向急救车护送人员发布指令外,还要及时通知事件情况变化、道路交通拥堵情况并指点迷路司机;护送人员也需要及时向指挥中心汇报伤员伤情变化和任务完成情况,并需提前联络接收医院。目前部分急救车还安装了全球定位系统(global positioning system,GPS),有利于指挥者随时了解掌握车辆转运情况并就近调度派车。

转运陪护医务人员在出发前务必仔细了解前期抢救情况,聆听经治医师介绍,并认真阅读及携带早期病历。在转运过程中须随时记录伤情的变化、已经采取的处理措施,伤员的反应,以及存在的主要问题。到达指定医院后须向接诊医师认真交代病情,包括口头介绍和转交所有病历资料,交接双方还都应该在病历或记录表格上签字。

二、基本要求

核或辐射突发事件现场救援,伤员的转运是现场救援的一项重要内容,伤员转运时要遵守以下基本要求:

1. 分类、分级转送。

2. 明确转送地点。

3. 做好转送途中的防护,特别是防止放射性核素污染扩散的防护。

4. 做好转送途中的安全保障。

5. 伤员的分类标签,留取的样品,伤员的资料要随伤员一起转送。

三、伤员转送的实施

核或辐射突发事件现场医学应急救援要快速、有效地进行,同时伤员的转送是实现分类、分级救治的关键。伤员转送要保证转送的次序正确,确保第一优先的伤员首先得到抢救;保证转运安全,做好伤员的防护,防止放射性核素污染扩散和交叉污染,保护伤员和转运人员;伤员转运要保证接受的医院正确,因为辐射损伤的伤员需要专科救治,只有转送的医院正确,才能保证伤员得到有效的专科救治。因此,核或辐射突发事件现场伤员转送时,要按以下程序进行:

1. 建立伤员转送接口关系。

2. 临时救援处置站要根据分类结果分类、分级转送。佩挂伤员分类标签,把伤员的资料和样品交给转送急救人员。

3. 做好转送伤员的个人防护,防止放射性核素污染扩散。

4. 做好伤员转送记录。

四、伤员运输途中的注意事项

1. 严密观察伤员生命体征的改变,包括神志、血压、呼吸、心率、口唇颜色等。

2. 随时检查具体损伤和治疗措施的改变情况,例如外伤包扎固定后有无继续出血、肢体肿胀改变及远端血液供应是否缺乏、脊柱固定有否松动、各种引流管是否通畅、输液管道是否安全可靠、氧气供应是否充足、仪器设备工作是否正常等。

3. 对发现的问题及时采取必要的处理和调整,目的在于维持伤员在途中生命体征平稳。

4. 在严密监控下适当给予镇静或止痛治疗,防止伤员坠落或碰伤,适当采取保暖,或降温措施,酌情添加补液或药品支持。

5. 对于有特殊需要的伤病员采取防光、声刺激或颠簸等措施。

6. 必要时停车抢救。

7. 注意与清醒伤员的语言交流,除能了解伤员意识状态以外,还可以及时给予心理治疗,帮助缓解紧张情绪,有利于稳定伤员生命体征。

五、现场救援终止条件

核或辐射突发事件现场医学应急救援是否终止必须满足一定的条件,通常核或辐射突发事件现场医学应急救援终止要满足以下条件:

1. 现场应急指挥部的指令。

2. 现场救援活动结束。

3. 救援队伍接到其他支援指令。

六、现场撤离

1. 撤离前的准备 核或辐射突发事件现场医学应急救援终止后,要进行撤离前的准备。

(1) 撤离装备准备:对污染的设备、仪器仪表不需要带走的,要封存,做好污染标记。需要携带的设备、仪器仪表,视有无污染要分别进行处理,污染的设备、仪器仪表要做好防护,防止放射性核素污染扩散。

(2) 撤离交通准备:核或辐射突发事件现场医学应急救援终止后,撤离前要进行交通工具准备。交通工具要进行辐射防护,特别是要进行放射性核素污染扩散防护,保证救援人员的安全。

(3) 撤离接口关系准备:核或辐射突发事件现场医学应急救援终止后,撤离前要注意接口关系,明确要求报告渠道,核实撤离目的地及其接口。

2. 撤离准备报告 完成现场撤离准备后,向有关应急指挥部或派出部门报告,报告撤离的准备情况,请求撤离。

3. 撤离行动 接到撤离指令后,立刻撤离到指定地点;撤离过程中要做好队员的安全保障。

七、现场救援终止后的行动

1. 报告 到达撤离指定地点后,立刻向现场应急指挥部和救援队派出部门报告。报告撤离情况,撤离地点,并请求进一步的行动。

2. 行动 根据有关部门的命令采取相应行动。

第七章
院内医学管理与临床救治

第一节　院内应急准备与响应

　　放射性核素和核技术的广泛应用,在给人类带来巨大利益的同时,但由于违规操作和管理不善等原因易发生威胁人类生命和财产安全的突发事件,众所周知,核或辐射突发事件的医学应急包括现场应急和院内应急,现场应急必须对现场受到污染或过量照射的人员作出安排,包括急救、检测及初步剂量估算、医疗后送和在预先指定的医疗设施进行初始医疗的安排;院内应急从接受由现场伤员运送到指定的医疗机构开始,进行(内外)辐射剂量评估、提供专业医疗和开展较长期医疗随访等工作。本章内容为院内应急部分,主要介绍院内应急准备与相应、污染人员的医学管理和内照射放射损伤、外照射急性放射病、放射性皮肤损伤和放射性复合伤的基本概念及术语、病因、临床表现、诊断及治疗等内容。

一、院内应急准备

(一)院内应急组织机构及其职责

　　现场伤员运送组将伤员运送到定点医院,院内医学应急启动,送到医院的伤员可能是过量照射、内污染、放射性核素沾染或是合并其他创伤、放射复合伤等多种情况,院内医学应急主管在医学专家组的指导下,经过医学应急组的急救、进一步的分类及去污洗消等处置后,当然在处置的同时或之前污染监测、各种化验检查、物理及生物剂量估算也在同步进行,最后由院内的伤员运送组送至院内的各救治中心,院内应急组织结构参见图7-1。

(二)应急成员职责

　　应急成员包括医生、护士、保健/医学物理人员、后勤保障人员及安全保卫人员,按照应急预案的要求开展工作,其职责参见图7-2。

(三)保健/医学物理人员的职责

　　1. 应急前期(响应阶段)　院内应急人员启动响应,并在事件指挥官的领导下行动。一

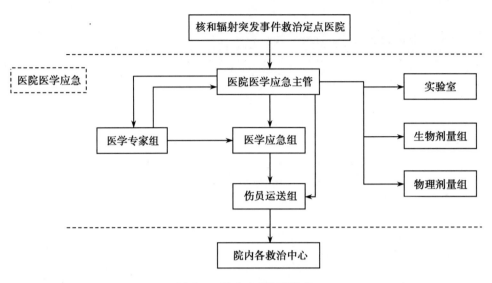

图 7-1   院内应急组织结构

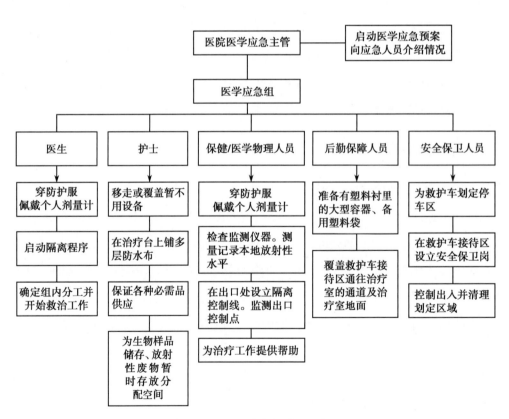

图 7-2   医学应急组成员职责

旦通知发生核或放射应急情况,患者可能开始到达医院。保健/医学物理人员协助执行医院应急计划,确保设施得到保护。向小组介绍放射防护问题以及在处理受污染患者过程中可能发生的情况。还确保作出适当的整体安排,以接收和迅速处理可能受到污染的患者,在事件发生期间和之后对医院的非辐射应急行动的干扰最小。

2. 应急后期(恢复阶段) 保健/医学物理人员应负责医院区域的辐射检测和必要时对这些区域进行去污。必要时应与相关部门合作,处置储存在医院的任何放射性废物,并在设施恢复正常和日常运作之前向医院管理人员和工作人员介绍情况。

(四)收治病区的准备与防护

收治病区的准备与防护的主要目标如下:

1. 安全有效地接收和处理受外照射和/或可能受内污染的患者,并尽量减少对医院正常行动和其他与核或放射性应急情况无关的应急行动的干扰。

2. 安全有效地管理工作人员和其他患者可能受到的辐射危害,并有效地管理可能受到污染的废物。

3. 在应急情况结束后不久使医院或设施恢复正常运作。

(五)应急准备中应考虑的主要因素

1. 参与应急救治医院工作人员,包括保健/医学物理人员,必须在医院应急负责人的统一管理下运作。

2. 对于有生命危险的伤者,即使可有放射性污染的存在,也不应推迟针对生命危险的救治。

3. 请求外部援助时,应与医院应急管理官员协调,并通过适当和既定的与相关应急管理部门沟通的渠道传递。

4. 医院至少应做好接受三组因核或辐射突发事件所致伤亡人员的应急准备(注意,所有这三组中都可能有在到达医院之前没有接受过监测或去污的人员,也有可能存在仅需要进行心理疏导的人员。

5. 如果有大量人员可能受到污染,而且需要监测时,须建立一个接待中心,与医院建筑分开进行污染监测,并需要有经过专门培训的人员、辐射监测设备、去污设施和用品以及手工或电子记录保存用品。接待中心可设在田径场、体育场馆和社区中心等地,接待中心不应妨碍辐射损伤人员进入医院。

(六)设备和用品的应急准备

下列设备和用品是应对核或辐射突发事件应急所必需的:

1. 用于监测患者、医院设施区域和设备,包括救护车的辐射检查仪器。

2. 工作人员个人防护用品(见本书相关章节)。

3. 塑料、包装纸或屠夫纸卷,以覆盖地板和不需要的设备。

4. 固定地板覆盖物(塑料布)的胶带。

5. 标记地板的胶带。

6. 绳索或警示带和明显标示控制区的警告标志。

7. 用于垃圾的大型塑料袋。

8. 大型废物容器。

9. 被污染的衣服、标签和标记笔用的塑料垃圾袋。

10. 带有标签或标记笔的受污染个人物品小袋。

二、院内的放射性污染控制

(一) 设置院内救护车接待区

医院救护车接待区的设置见图7-3,设置要求:

应由具有临床经验的保健/医学物理学家为了保护医院免受污染,合理安排接收受污染伤员的接收区域。这些活动的目标如下:

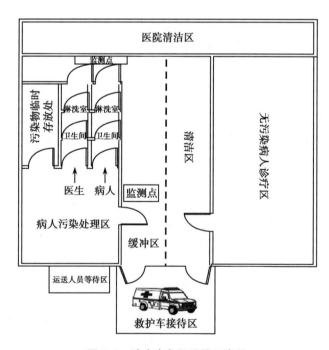

图 7-3　院内应急区设置示意图

1. 安全有效地接收和处理受照射和/或可能受污染的人员,并尽量减少与核或放射性应急无关的日常或应急行动的中断。

2. 安全有效地管理工作人员和其他患者可能受到的辐射,并有效地管理可能受到污染的废物。

3. 救护车接待区设在医院应急区入口外;当有较多伤员(患者)时,医院实行封闭管理;医院只设两个入口,一个供伤员进入,另一个供应急救护人员进入。

4. 从救护车接待区伤员下车处到医院应急区入口,用厚纸板或隔尘垫铺出 1m 宽通道,并用胶带固定、标示,无关人员禁止入内。

5. 在应急情况结束后不久将医院或设施恢复正常运作。

(二) 设置院内应急区

院内应急区的设置见图 7-3,设置要求:

1. 院内应急区有足够面积,能容纳预期数量的伤员;移走应急区原有患者,移走或覆盖暂不用设备。

2. 用覆盖物覆盖应急区所有地面,覆盖物与地面用胶带固定。

3. 应急区采取严格隔离措施,禁止无关人员进入,应急人员穿防护服进入,必要时设缓冲区和第二控制线。

4. 检查监测仪器,准备对离开应急区的人和物进行放射性监测,记录本底值。

5. 治疗台面铺一次性防水台布,防止除污染过程中污水聚积在伤员身下。

6. 准备有塑料内衬的大型废物收集器、不同尺寸塑料袋、警示标签和标志。

7. 在应急区除污染间入口处地面设置有明显标示的控制线,区分污染侧和清洁侧。

8. 使用防水敷料,防止污染液体扩散。

9. 准备充足器械、外层手套和敷料等必需品。

(三) 应急区内控制工作人员的放射性污染

采取以下措施控制院内应急区内工作人员的放射性污染:

1. 采取通常预防措施。

2. 人员穿防护服,顺序是:

(1) 穿防水鞋套。

(2) 穿裤子,把裤子与鞋套扎在一起。

(3) 穿外科手术服,系好并扎紧手术服开口。

(4) 戴外科帽和防护面具。

(5) 戴内层手套,用胶带把手套与手术服袖口粘在一起,手套塞在袖口内。

(6) 穿戴防溅装备,用液体去污时穿防水围裙。

(7) 佩戴个人剂量计。

(8) 戴外层手套。

(四) 控制污染扩散

1. 定期调查工作人员可能受到的污染。

2. 确保对工作人员进行适当的污染和去污调查,必要时,在他们离开污染地区之前。

3. 检查医疗设备是否有污染,然后将其移出污染区。

原则上,污染控制区的房间最好有一个与医院其他地方分开的通风系统,或者有一种防止未过滤的空气进入医院其他地方。然而,污染物很少可能悬浮在空气中并进入通风系统,因此,没有特别的预防措施。

(五) 废物管理

1. 建立一个废物储存区,储存可能受到污染的物品,如衣服。最好,这一地区将在室内和安全的地方,以防止污染的扩散。

2. 明确标记废物储存区,以控制出入,防止无意中处置和/或与常规废物混合。

3. 隔离推定或确认的放射性废物。

4. 作出合理努力,尽量减少污染的扩散。然而,这些努力不应拖延其他应对行动。

5. 将废水收集到容器中,以便以后进行分析和处置,但只有这样做才不会延误去污工作,也不会干扰或延误患者的治疗。

6. 最后处置医院的核或放射性应急废物必须符合国家放射性废物管理规定。

三、应急区伤员处理和应急人员离开程序

(一) 在应急区发现的放射性污染伤员处理程序

对在应急区发现的放射性污染伤员,按以下程序处理:

1. 在采取措施前,任何人和物不离开应急区。

2. 设立控制线,任何人和物离开前进行放射性污染检测。

3. 根据伤员的放射性污染状况,采取必要的医学措施。

4. 评估伤员放射性污染状况,清除放射性污染,进行促排。

(二) 应急人员离开应急区前执行的程序

应急人员离开应急区前执行以下程序:

1. 检查身体是否有放射性污染。

2. 人员脱去防护服,脱防护服顺序:

(1) 除去罩衣和鞋套上的粘带。

(2) 脱去外层手套。

(3) 取下剂量计。

(4) 除去内层手套的粘带。

(5) 脱掉罩衣(避免抖动),罩衣面向里折叠好。

(6) 先把裤子脱到膝盖下方,坐在位于控制线清洁侧的凳子上,再完全脱掉裤子。

(7) 脱防溅装备。

(8) 脱外科帽和面罩。

(9) 脱鞋套。

(10) 脱内层手套。

3. 再次检查身体放射性污染状况;如有污染,反复淋浴直到恢复正常;穿好干净衣服,离开应急区。

4. 把个人剂量计交相关人员。

(三) 在救护车接待区接受伤员的程序

1. 初步评估伤员状况　仔细询问并初步评估伤员的状况;如可能,进行分类和必要诊治;当怀疑或确知伤员有放射性污染时,接诊医生要穿防护服,并遵守防护规定,并按上述顺序规定穿防护服。

2. 安排伤员救治　伤员救治安排程序如下:

(1) 安排救治顺序,注意严重医学问题应优先。

(2) 对有生命危险的伤员,待伤情稳定后就立即转送到重症监护室;伤情稳定前也不能进行污染监测。

(3) 登记怀疑受照,但未发现损伤人员,以便后期的医学随访。

3. 伤员脱衣　除有医学禁忌伤员外,应尽快脱去按规范伤员衣服,移去被单和毯子,将这些物品放入塑料袋密封、标记并规范存放,既可防止污染扩散,也以备测量分析。

4. 对伤员进行放射性污染监测　负责应急管理的医学物理人员对身体状况允许的伤员,按第六章第五节推荐的方法进行放射性监测,确定有无污染和污染部位,并按规范进行记录;注意伤员是否有用放射性核素作心脏起搏器能源。

5. 对伤员的医学处理　根据放射性污染监测结果,做如下处理:有污染伤员,按第六章规范进行去污。

6. 伤员转送　根据伤员状况,转送相应部门:

(1) 有辐射损伤,并怀疑有放射性污染的伤员,送应急区去污(有医学禁忌除外后,进行体内污染监测及剂量估算,并送到有内污染诊疗设施的病房。

(2) 无放射性污染但受照伤员和常规创伤伤员,送普通治疗区。

(3) 有放射性污染未受照伤员,去污和评估后离开。

第二节　污染人员的医学管理

一、一般考虑

在核应急情况下,工作人员、第一响应人员和公众可能会受到放射性核素的内污染。参与处置的应急人员和设施等医疗资源的可能短缺,缺乏治疗内污染的策略和尽量减少辐射照射的对策,可能会产生辐射损伤效应。因此,仔细规划和分配医疗资源对于有效应对核应急情况可能造成的健康后果至关重要,在这方面,放射性污染可能带来后勤和技术挑战。

在核应急情况下,污染患者一般是通过现场的简单的应急处置后送到医院,医院应做好接待内污染伤员的准备,并制订包括应急救治措施的预案,以保护医护人员、常规医院患者、来访者、志愿者、设施和设备免受放射性污染。此外,还需要有必要的程序,以避免影响正常医疗活动。

作为应急准备和响应工作的一部分,应告知医护人员处置放射性内污染人员可能存在风险,特别是那些对辐射知之甚少或在治疗辐射损伤或内污染患者方面经验有限的人员。必须强调,在大多数情况下,普通的生物安全预防措施足以安全处理受放射性核素污染的患者。

普通的医院,特别是为应对核应急情况而设计的系统内的医院应加强相关管理,使其工作人员充分了解来自放射性核素污染人员的相关风险,必须制订相应的应急预案,且定期更新,为了避免夸大辐射风险和掌握包括辐射防护方面的规范做法,对有可能参与核辐射突发事件应急医疗响应的所有工作人员(包括医生、护士、技术人员和其他专业人员)参加的定期培训和系统的演练至关重要。

需要准备特定药品,保持适当库存,并接受相关管理部门管控,并建立定期更新管理放射性核素内污染药品的规章制度。

儿童、孕妇、老年人、连续服药者、身体或精神残疾者以及少数文化或语言群体被视为在紧急情况,包括核应急情况下需要特别关注的人群。并需要在规划医疗响应时加以考虑。

二、管理原则

IAEA 经常提到的一个基本概念是:任何针对伴随生命危险疾病的治疗始终要优先于放射评估和外部或内部放射去污。需要分析和立即考虑的最重要因素是患者的健康状况。对威胁生命的情况的管理具有绝对的优先权,并根据传统的医疗程序进行处理,而剂量估算、去污程序和促排治疗是次要的优先事项。

一般来讲,无论一个不稳定的伤者在内部或外部受到多大的污染,只要采取标准的生物安全和基本的辐射防护措施,这对医务人员来说永远不会是重大的健康风险。除非绝对必要,已确认或可能怀孕的女性工作人员应避免与受放射性核素污染的伤者直接接触,即使意外摄入的职业风险极小,通常协助这种伤者的工作人员的放射风险类似于或低于正常医疗实践的生物危害。

根据患者的情况,当在衣服不覆盖的区域发现污染时,在自来水下清洗,特别是手、头和颈部,可以减少意外摄入的风险(在稳定的伤者中)。最初的鼻、口腔和/或伤口拭子应在清洗前采用。

涉及辐射突发事件患者的医院管理包括:

1. 评估伤者的 ARS 证据,并在必要时开始治疗。

2. 对局部污染伤口、放射性核素摄入和放射损伤患者应急治疗的评价(如放射性皮肤损伤)。

3. 确认可疑摄入量。

4. 对受伤和心理焦虑患者的评估和治疗。

三、二次洗消

(一)二次洗消的一般流程(担架运送的伤员)

1. 当后送医学救治机构的辐射损伤患者还未达到操作干预水平,或还存在局部污染点污染时,应对其进行二次洗消。

2. 对生命体征不稳定,伴有危及生命的危重污染伤员。

3. 直接转运的放冲复合伤、放烧复合伤,和/或伴有急性放射性皮肤损伤的污染伤员,以上人员的处置应先参照 GBZ 102、GBZ 103、GBZ 106 标准处理原则执行。

4. 在确保伤员生命体征稳定的前提下,首先对眼睛、鼻腔、耳、口腔或局部皮肤污染进行洗消(特别是局部污染点污染部位),先高水平皮肤污染区,后低水平皮肤污染区顺序进行洗消。具体步骤为:

(1) 平卧位观察生命体征,建立输液通道,同时剪除污染衣物,放入专用污物袋内保存,标记编号和姓名;手表、眼镜等随身污染小件物品放入小密封袋,标记编号和姓名。

(2) 各类床旁检查,如:心电图、B超、甲状腺内污染检测等;肺部或全身内污染检测(生命体征稳定情况下)。

(3) 进行全身表面污染检测,确定污染部位并标记。

(4) 进行鼻拭子、咽拭子、粪便、24小时尿液和20~30ml静脉血液样本采集。

(5) 对二次洗消后应通过如下监测来确定是否还需进一步洗消:①若是重伤员,应将其转移到重伤员洗消处;②按照以污染身体部位平卧位先正面、后反面顺序进行一次洗消;③对存在局部污染点污染的患者,洗消后应重点用小窗探测器对污染点污染进行检测,还存在污染点污染的必须进一步进行洗消;④还能检测到通常环境中不存在的一些人工放射性核素(例如,碘),必须进一步进行洗消,直到检测不出这类核素;⑤虽然不是①和②的情况,但其污染水平还高于操作干预水平时,也必须进一步进行洗消。

(二) 开放性外伤的放射性污染人员洗消流程

1. 用生理盐水反复冲洗伤口,2%利多卡因进行局部麻醉,同时对伤口进行污染点监测,确定污染程度。

2. 根据污染点监测结果,综合分析确定污染范围和损伤程度,确定清创手术方案。

3. 清创手术方案除遵循一般外科手术原则外,还应遵循放射性污染手术处理规程,每进一刀,测量污染程度,更换刀片,避免因手术器械导致的污染扩散。

4. 手术结束后需进行伤口污染点监测,记录结果。

(三) 转运污染伤员二次洗消前处置流程(自主行走污染伤员)

1. 收集一次洗消过程记录单,了解一次洗消后局部污染点监测结果。

2. 去除污染部位覆盖物(留存勿扔掉),进行污染部位局部污染点监测,重新标记污染范围,记录并核实监测结果。

3. 明确核素种类选用专用洗消剂,按照一次洗消流程,针对具体不同部位的洗消技术要求进行洗消;对眼部局部污染点监测结果超标者,应加做鼻泪管冲洗术。重复进行一次性洗消两遍流程;分别记录每次洗消后污染点监测结果。

4. 综合分析二次洗消后局部污染点监测结果,判断是否达到操作干预水平,若指示洗消已不可能再有成效时,洗消工作就应再行评价或终止管理控制。

四、去污及样本管理

(一) 针对污染的处置行动

一旦患者的病情稳定,并怀疑内部和/或外部污染,以下行动被认为是合理做法:

1. 限制进入治疗区。

2. 在患者到达之前,可用 Geiger-Muller 探测器调查治疗区域以确定本底辐射水平。

3. 遵守辐射防护标准和程序,包括使用防护服以减少污染风险,最好在应急指定区域协助患者,以免扰乱医院的日常工作。

4. 由放射防护人员(或由其他受过训练的专业人员)使用适当的设备进行快速的从头到脚的放射性污染检查,包括伤口的检查。伤口可以用 Geiger-Muller 检测器计数,计数结果可以用来估计最初的摄入量(根据伤口的活度),这通常将提供足够的证据证明是否存在严重污染。

5. 要非常小心地脱下患者的衣服(如果以前没有这样做过),然后将其放入标有患者姓名和操作日期和时间的塑料袋中。如果要进行放射性分析,衣服是鉴别污染物放射性核素的极佳样品。据估计,去除外部衣物会减少外部污染(如有)为80%~90%。

(二) 污染伤口处理

如果患者的临床状况已经稳定,那么下一个优先事项是治疗可能被污染的伤口。伤口敷料被移除并保存以供进一步评估。在用无菌生理盐水轻轻冲洗伤口后,可以使用带有合适探头的适当监测设备来评估净化过程的有效性。紧邻伤口的完整皮肤必须小心并迅速进行净化处理,并在该区域内铺上消毒巾以防止放射性物质扩散。可以通过在温和的压力下使用温和的盐水或水射流来优化伤口的冲洗和去污。

(三) 生物样本的获取

取决于患者的情况,也可以在这个阶段获得。尿液和粪便最常用于估计摄入量,呼吸、血液或其他样本用于特殊情况。生物测定样品的选择不仅取决于主要的排泄途径,如从摄入的物理化学形式和所涉及的元素的生物动力学模型确定的,而且还取决于易于收集、分析和解释等因素。一些生物样品可以获得的如下信息:

1. 鼻(分别来自每个鼻孔)和口腔拭子　这些最初可以用手持仪器来计数,以提供有限的结果,当阳性时,可能有助于早期的医疗管理。如果结果为阴性,内污染可能不被排除,样品将被送往进一步的放射测量。

2. 尿液样本　放射性核素进入血液和全身循环后,身体的清除通常会通过尿液。尿液中含有废物和其他物质,在排尿前在膀胱中收集长达几个小时或更长时间。由于膀胱中的这种混合,在急性摄入后不久获得的尿液样本中的放射性核素水平需要谨慎解释。膀胱通常会在摄入后很快被清除。所有样品都需要分析。在头几天之后,24 小时的尿液样本通常为评估摄入提供最佳依据。

3. 粪便样品　不溶性物质的摄入量通常可以用这种样品来评估。单个粪便空隙的质量和组成可以是相当可变的,并且强烈地取决于饮食。因此,对放射性材料每日粪便排泄率的可靠估计通常只能根据 3~4 天的总收集量。在大多数情况下,单一样本只用于筛选的目的。

4. 血液样本　这些样本为估计全身循环中存在的放射性核素的水平提供了最直接的手段,但由于医学上对取样过程的限制,它们并不经常被使用。只有少数例外(例如,^{59}Fe 和 ^{51}Cr 在标记的红细胞),由于从血液中快速清除并沉积在组织中,血液样本在摄入后只能提供关于全身的非常有限的信息。

5. 组织样本　用于具有高放射毒性的放射性核素的局部沉积(例如,在伤口中的超铀元素),通常是可取的方法,根据医疗建议,在摄入后不久切除污染。

6. 其他生物样本,如头发和牙齿　一般来说,它们不能用于定量剂量评估,但这些样本可用于评估摄入量。尸检时采集的组织样本也可用于评估放射性核素的体内含量。

7. 尿液、粪便和其他生物样品需要在未受污染的地区收集,以确保样品中测量的活度代表体内的清除。在处理用于评估内照射的样品时需要特别小心。关于污染的潜在危害,需要考虑生物和放射性污染物。

如果医院是没有接受过辐射检测和测量仪器使用培训的医生和技术人员。在国家应急方案中应明确,国家救援医疗队提供评估和帮助。

第三节　内污染人员的医学处置

一、基本概念及术语

1. 内污染(internal pollution)　放射性核素经呼吸道、胃肠道、皮肤、伤口进入体内,或者体内放射性核素的含量超过自然量,称为体内放射性核素污染,简称内污染。

2. 内照射(internal irradiation)　在体内沉积的放射性核素构成内照射源所致的照射,称为内照射。

3. 源器官和靶器官（Source organ and target organ） 放射性核素进入体内选择性地沉积在人体的某些器官，这些辐射源沉积的器官，称为源器官；受到从源器官发出辐射照射而值得关注的器官，称为靶器官。

4. 内照射损伤（internal irradiation injury） 体内沉积的放射性核素构成放射源，由此产生的照射所致的任何具有临床意义的损伤称为内照射损伤，包括内照射放射病和内照射诱发的肿瘤。

5. 内照射放射病（radiation sickness from imternal exposure） 内照射引起的全身性疾病，它包括内照射所致的全身性损伤和该放射性核素沉积器官的局部损伤。

二、导致内污染的可能场景

一般而言，任何伴有开放性放射源的活动都意味着存在放射性核素内污染的风险；放射工作人员操作开放性放射性物质时，放射性核素可能通过污染的空气被吸入体内，或皮肤接触放射性核素污染的设施、设备和物品而通过皮肤吸收进入体内；核电站的反应堆芯及一些冷却系统包含有大量的裂变产物和活化产物，这些放射性物质一般密封在工艺设备和系统之内，但在检修情况下，也会有少量逸出，造成空气污染，与此同时，检修人员可能要接触放射性核素污染的设备、工具、物品等，如果防护不当，放射性核素可通过呼吸道、皮肤或伤口进入体内。除此之外，核设施单位如果发生事故或核恐怖事故，都可以造成大量放射物质的释放，是导致应急人员及公众内污染最主要的原因。

三、内照射危害

（一）内污染的随机性效应

放射性核素的内污染一般不会引发早期临床表现，其主要健康问题是晚期的随机性效应-致癌，内污染是否致癌取决于多种因素：

1. 进入人体的放射性物质数量（摄入量）。

2. 其化学形式（影响溶解度，继而影响吸收）。

3. 污染物放射性核素的排放类型和半衰期（α 发射体具有更大的内部放射性毒性）。

4. 摄取后放射性核素沉积的器官或组织（靶器官或组织）的放射敏感性。

5. 患者的年龄（年轻人的放射敏感性更高，预期寿命更长，因此患癌症的概率更高）。

6. 使排泄困难的个别生理因素（如肾功能衰竭）。

7. 污染途径(通过伤口的可溶性物质污染可直接导致吸收)。

(二) 内照射放射病

如果出现早期临床表现,需要考虑两种情况:其一是放射性物质与其化学表现形式的关联,也就是化学毒性,如铀导致的肾脏损害"急性铀中毒"。其二是放射性物质进入体内的量达到一定剂量水平,出现与外照射急性放射病和亚急性放射病相似的全身表现,并往往伴有该放射性核素的靶器官和源器官损害,并具有该放射核素初始入体和代谢途经过部位的损伤表现,此时称为内照射放射病;内照射放射病患者有时可能作为"放射源",对周围人员有影响,当然,不是所有内照射放射病都会对周围人员有影响,只有γ放射性核素才会有影响。

放射性核素内污染是内照射放射病的前提和基础,只有内污染达到一定的剂量水平才能引起内照射放射病。

(三) 内照射特点

1. 放射性核素在体内具有选择性的分布、吸收、代谢、排泄和生物半衰期等复杂问题。

2. 在体内的主要危害取决于 α 和 β 粒子在组织内的沉积量。

3. 持续性照射,只要放射性核素在体内尚未排除,就成为一种持续的放射源对机体照射,直到全部被排除或衰变尽为止。

4. 原发反应和继发效应同时存在并交错地发展,内照射放射损伤是放射性核素在体内长时间持续作用,新旧反应或损伤与修复同时并存,靶器官损伤明显,如骨髓、单核-吞噬细胞系统、肝、肾、甲状腺等。

5. 某些放射性核素本身的放射性虽很弱,但具有很强的化学毒性;因此,内照射放射病比外照射放射病更为复杂和难以诊断。

四、放射性核素在人体的代谢基础

(一) 体内代谢

一旦放射性核素进入体内,在进入时刻或初期放射性核素的照射剂量率是最大的,对身体的照射是持续的,直到放射性衰变完或自体内排出为止。放射性核素在人体内的代谢经过摄入、吸收、沉积及排除四个阶段。

(二) 进入途径及吸收

最初和非常重要的考虑因素是放射性物质进入体内的途径,可能有五种潜在的放射性核素内污染途径,包括吸入放射性粒子或气体、食入放射性尘埃和/或受污染的食物或水、通过开放性伤口吸收放射性物质、通过完整皮肤吸收放射性物质以及将放射性物质注入体内，在核医学诊治和生物实验中有将放射性物质直接注入体内的方式。

1. 经呼吸道吸入的放射性核素，其在呼吸道内的沉积、转移和吸收过程则是一个十分复杂的过程，大约 25% 被立即呼出，其余 75% 的命运取决于它们的物理化学性质，需要注意的是患有慢性气流受限疾病的患者，黏膜纤毛作用会受到病情的影响。

2. 经胃肠道食入的放射性核素，其吸收取决于化学属性，特别是溶解度，某些易溶的放射性核素容易被吸收，像钠、钾、铯、氚、碘等放射性核素 100% 吸收进入血液，而像钍、钚等这类锕系元素经胃肠道的吸收率仅在 0.001%~0.01% 范围，进入胃肠道内不易吸收的放射性核素 99% 以上自粪便排除；通常认为放射性核素主要在小肠吸收。

3. 经伤口途径进入的放射性核素，决定伤口放射性核素吸收速率的因素包括放射性物质溶解度、pH、组织反应性和污染物颗粒大小，溶解度高的颗粒容易被吸收，不溶性物质将慢慢转移到区域淋巴组织，在那里逐渐溶解并最终进入血液，可经历数小时和数月时间。

4. 完整的皮肤可构成一个有效的屏障，阻止放射性物质进入体内。很少有放射性物质可以通过完整的皮肤进入体内，但氚化水形式的氚(^{3}H)可以通过皮肤。

（三）分布与滞留

分布类型大体上分为两种，一种是相对均匀型分布，例如钠、钾、铯等放射性核素吸收入血液后均匀地分布于全身；另一种是亲器官型分布，如钍等三价和四价阳离子元素的放射性核素亲肝型分布，钙、钡和锶等元素的放射性核素亲骨型分布，铀等五价到七价的放射性核素多为亲肾型分布，碘的放射性核素是亲甲状腺分布；亲器官分布的特点决定了体内某些器官或组织会受到较多的照射剂量，从而导致较重的损伤。

放射性核素在体内器官的代谢与年龄有一定的关系，儿童器官质量小而生长快，放射性核素在其器官内沉积较多，转移较快。

（四）排出

进入人体内的放射性核素可通过呼吸道、肾、胃肠道、胆汁、汗腺、唾液腺和乳腺等多种途径从人体内排除，排除速率视放射性核素的理化性质和进入人体的途径而异。

五、临床表现

（一）放射性核素内污染

除非与有毒化学物品相关，否则没有特定的早期临床表现由放射性核素的内污染引起，个别人员可有非特异性神经衰弱综合征的表现，其表现和放射性核素的摄入量没有明显关系。

(二) 内照射放射病

内照射放射病,其生物学本质是较大剂量辐射对细胞群体的损伤作用,当损伤细胞达到一定份额,发生病理变化,出现结构和功能的改变,临床上可有可察觉的体征和化验指标的变化。放射性核素具有不同的理化特性,进入体内后,可引起全身的和/或局部紧要器官损害的双重表现,因此内照射放射病的临床表现可能发生在放射性核素初始进入体内的早期(几周内)和/或晚期(数月至数年),或以产生与外照射急性放射病相似的全身性表现为主,或以该放射性核素靶器官的损害为主,并往往伴有放射性核素初始进入体内途径的损伤表现。归结起来,有以下几点:

1. 均匀或比较均匀地分布于全身的放射性核素(如 ^{3}H、^{137}Cs)引起的内照射放射病,其临床表现和实验室检查所见与急性或亚急性外照射放射病相似,以造血功能障碍为主,初期反应症状不明显或延迟,恶心、呕吐为其主要临床表现,有无腹泻与放射性核素入体途径相关,呕吐出现时间和严重程度与放射性核素摄入量密切相关。

2. 选择性分布的放射性核素引起的内照射放射病,除了出现与急性或亚急性外照射放射病相似的全身性表现,还伴有以靶器官及/或源器官损害为特征的临床表现,而其临床表现因放射性核素种类、廓清速率和入体途径不同存在差异。如放射性碘进入体内后,靶器官是甲状腺,可引起甲状腺功能低下,结节形成等;放射性镭、锶等为亲骨性核素,沉积在骨骼而引起骨痛、骨质疏松,病理性骨折和骨坏死等;稀土元素和以胶体形式进入人体的放射性核素,可引起单核吞噬细胞系统、肝、脾、骨髓等的损害。

六、实验室检查

(一) 内照射剂量估算

详见第四章相关内容。

(二) 做相应的脏器功能检查

1. 对亲骨性核素进行骨髓、血细胞分析和骨骼的 X 射线影像学检查。
2. 对亲肾性核素进行肾功能检查。
3. 对亲甲状腺核素进行甲状腺功能检查。

七、诊断

内照射放射病一般极少见,临床上见到的多为放射性核素的体内污染。

（一）放射性核素内污染的诊断

放射性核素内污染导致的健康后果，主要是晚期的致癌效应；因此，放射性核素内污染的诊断，主要依据内部污染评估，不仅能提供有关放射性核素的相关信息，且量化了放射性物质进入人体的情况，以估算待积有效剂量，对确认是否需要长期治疗提供帮助。

在大多数情况下，其初步诊断是假定性的，然后通过生物样品测定和体外直接测量进一步证实；在下列情况下，受害者可能遭受内污染，需要进行确认评估：

1. 存在放射性物质扩散的辐射应急（灰尘、烟雾、液体）。

2. 如果检测到污染，尤其是头部、头发、脸部或手部。

因此，如果受害者或患者可能受到内污染，则需要将他们转移到医院或相应设施进一步检查以明确诊断。一般来说，尿液和粪便的样本由于采集方便、简单，是评估摄入量最可行的方法，尿液是可溶化合物内污染生物测定的首选样本，可用于测量多种放射性核素；收集样本时应贴上标签，并记录取样时间等简单信息；其中 24 小时的样本是首选的，通过每日排泄率用于建立生物动力学模型。

（二）内照射放射病的诊断

放射性核素一次或较短时间（数日）内进入人体，或在相当长的时间内，放射性核素多次、大量进入人体，经体外直接测量或间接测量证实，吸收剂量达到诊断阈值，放射性核素摄入导致严重确定性健康效应的剂量阈值参见表 7-1，结合临床表现及实验室检查，综合分析作出诊断。

表 7-1　放射性核素摄入导致严重确定性健康效应的剂量阈值

效应	靶器官	照射类型	RBE	30d 待积 RBE-权重吸收剂量 $AD_{T.05}$（$\triangle^b$）/Gy-Eq
造血损伤	红骨髓	α 辐射体吸入或食入	2	0.5~8
		β/γ 辐射体吸入或食入	1	
肺炎	肺（肺泡）	α 辐射体（S 或 M 型）吸入	7	30~100
		β/γ 辐射体（S 或 M 型）吸入	1	
消化道损伤	结肠	α 辐射体吸入或食入	—	—
		β/γ 辐射体吸入或食入	1	20~24
急性甲状腺炎	甲状腺[a]	吸入或食入放射性核素	0.2~1	60
甲状腺功能衰退				2

[a] 甲状腺产生确定性效应，外照射的效能比 [131]I 内照射高出 5 倍，所以 [131]I 的 RBE 为 0.2，而其他放射性核素的 RBE 为 1。

[b] △为待积 RBE-权重吸收剂量的时间段，表中△=30d。

表 7-1 引自 GBZ 96—2011 内照射放射病诊断标准。

八、治疗

(一) 放射性核素内污染医学处理原则:

1. 疑有放射性核素内污染,应尽快收集样品和有关资料,做内污染评估,为辐射安全目的评估内污染的目的是量化将放射性物质纳入体内的情况,并估计待积有效剂量,并酌情估计待积当量剂量,以证明符合剂量限制。ICRP 在第 103 出版物中警告说,不要使用有效剂量来评估个人受照射的医疗后果。因此,对待积有效剂量的评估将不会有助于评估与内污染相关的严重确定性和随机效应的风险,例如在某一器官或组织中的晚期癌症发展。一旦决定开始一种"明确的"特定的促排治疗,医生需要记住,对于一些放射性核素,由于缺乏直接知识或经验,建议的治疗是基于稳定同位素或元素的经验,与有关放射性核素具有相同或类似的代谢行为。

对于基于评估和长期治疗的决定,至关重要的是,医生、物理学家和其他专业人员采用多学科方法提供医疗支持、剂量估算、心理支持和随访。具体内容在其他章节详述;

2. 内污染的早期处理目标:

(1) 阻止或减少放射性核素进入血液和沉积到靶器官或组织中。

(2) 尽可能增强放射性核素从体内的排泄。

(3) 用最有效的方法使吸收剂量最小化。

3. 一般摄入量低的人员可能不需要任何治疗,但如果摄入了高放射性毒性核素(如 ^{241}Am 或 ^{239}Pu)的患者可能会产生严重的健康风险,治疗的总体目标是降低放射性致癌的随机或长期风险,而不是减轻急性辐射相关损伤的影响。一旦决定开始特定的促排治疗,医生需谨记,对于某些放射性核素,由于缺乏直接的知识或经验,推荐的治疗方法是基于稳定同位素污染的治疗或与有关放射性核素具有相同或相似代谢行为的元素。

及时干预可以减少剂量,因为没有一种治疗是完全没有副作用的,所以在开始治疗前应权衡利弊后作出决定,既要减少放射性核素的吸收和沉积,以降低随机效应的发生率;又要防止加速排出措施可能给机体带来的毒副作用。特别是因内污染核素的加速排出加重肾脏损害的可能性,必要时应在肾脏损害极期到来之前,早期促排。

4. 对放射性核素进入体内造成严重内照射者,应进行长期系统的医学观察,特别是该放射性核素主要沉积的器官和系统,对发现的损害进行有效的治疗,并注意恶性疾病发生的可能性;并收集完整的剂量、临床及病理资料,积累放射远期效应的人类证据。

5. 促排治疗的持续时间应由多学科人员共同参与,如保健物理学家、放射病理学家、毒理学家和临床医生等,在对促排效果的综合评估的基础上决定。

（二）内污染的处置

包括现场处置和院内处置,现场处置部分包括抑制或减少胃肠道放射性核素吸收的方法等,例如洗胃,催吐剂和泻药,胃碱化和伤口冲洗等手段,在许多情况下,现场进行洗胃和使用泻药或催吐剂是不可行的,可能还是要到医院进行处置,但相关内容详见本书相关章节,本内容只涉及支气管-肺灌洗疗法和促排治疗部分。

1. 支气管-肺灌洗疗法(bronchopulmonary lavage,BPL)　对于滞留在气管和肺内的放射性核素,通过此方法可以洗出放射性核素,但BPL是一种侵入性手术,具有一定的风险,使用前应进行评估,用于评估肺灌洗指征的参数包括临床状态、患者年龄、潜在合并症的存在、污染物的放射毒性、其负荷和剂量评估,肺部灌洗已被用在避免30天内预期超过6Gy-Eq肺剂量的确定性效应,对于用在降低肺部随机效应风险时要权衡利弊。

Nolibe等曾总结BPL成果后指出,对全BPL肺做1次BPL可洗出初始肺负荷量的30%,连续洗5次,可洗出初始肺负荷量的50%,因为肺的自然廓清能力,采用BPL的时间不必过早,待吸入核素绝大多数被吞噬后更易被洗出,另外,洗出液也可用于核素的分析。

2. 促排治疗　放射性核素入体后的促排治疗药物大体上可分为以下几类:阻断剂、稀释剂、置换剂、动员剂、络合剂。

(1) 阻断剂:通过使用稳定性同位素使组织、器官和代谢过程饱和来减少人体对放射性核素的摄取。最常见的阻断剂是碘化钾(KI),用于防止甲状腺中放射性碘同位素的沉积。

(2) 稀释剂:是指通过使用大量稳定性同位素对摄入的放射性核素起稀释作用,从而加速消除放射性核素的一种制剂,陈炜博等通过让患者大量饮浓茶水治疗氚内污染,同样,稳定性锶也是降低放射性锶吸收的稀释剂。

(3) 置换剂:是指不同原子序数的非放射性元素在吸收部位成功地与放射性核素竞争,从而降低放射性核素的沉积。最典型的例子是静脉点滴或口服钙可增加尿中放射性锶和钙的排出。

(4) 离子交换:放射性铯从血液循环进入肠道;因此,六氰基铁酸铁(称为普鲁士蓝)可用于通过离子交换机制捕获再循环铯,即使在污染发生后很长时间也是如此,普鲁士蓝在戈亚尼亚事故中被广泛而成功地用于 ^{137}Cs 促排。

(5) 动员剂:是指那些通过增加自然转化速率而使放射性核素从体内释放的一类制剂。在摄入放射性核素后立即使用动员剂效果最好,随着时间的延长,效果降低。常用的动员剂有抗甲状腺制剂、利尿剂、甲状旁腺素制剂、祛痰剂、激素等。例如,它能有效地动员体内沉积的放射性锶,加速尿锶的排泄。

(6) 螯合剂:也称"络合剂",能够结合金属离子以形成称为"螯合物"的复杂环状结构的有机或无机化合物,螯合剂牢固地与金属(包括放射性金属)结合,这种螯合物容易被肾脏或其他器官排出,被证明对锕系元素和镧系元素如钚和镅有效。

暴露后立即开始治疗,此时使用螯合剂是最有效的,因为大多数的螯合剂仅仅与处于细胞外液中的金属离子结合,对已经沉积于靶器官细胞内的放射性核素不起作用。因此,螯合剂使用时要注意选药适当;用药途径合理;早使用,短疗程,间歇给药,防止过络合反应;并注意补充微量元素;注意肾功能的变化;监测用药前后尿液放射核素排出量。

3. 医疗随访 原则上,放射性核素内污染后的随访和定期监测旨在早期发现可能的相关的恶性肿瘤,依据污染者的个人情况而定。

(三) 内照射放射病治疗

针对体内放射性核素污染的处理通过放射性核素入体前减少吸收和入体后的促排来降低内照射剂量。其他治疗措施参照外照射放射病,对症处理。

从事故中吸取的经验教训表明,必须提供尽量减少辐射所致伤害的心理影响的治疗。同时需要考虑地区及文化的影响,在提供治疗时,必须评估家属陪同患者的规定。

九、常见放射性核素促排治疗方法

(一) 镅(Americium,Am)

1. 理化特性 它是由钚-244 通过 β 衰变产生的,它通过发射 α 和弱 γ 辐射而衰变。在所有情况下,由于高比活性,需要及时治疗。

食入或吸入后,大多数镅在几天内从体内排出,^{241}Am 活性主要存在于呼吸道、骨骼、肝脏和肌肉中,与所有锕系元素一样,主要在骨骼中沉积,具有非常高的滞留性,并且在肝脏中具有适度的间隙(表 7-2)。

表 7-2 ^{241}Am 的物理特性

物理特征	^{241}Am	物理特征	^{241}Am
物理半衰期	432.7 年	主要发射	α、γ
有效半衰期	45 年(骨)	靶器官	骨髓

2. 促排治疗 二乙酸三胺五醋酸(diethylene triamine pentacetate,DTPA)能与多种重金属和超铀核素结合,形成稳定的螯合物后随尿排除。DTPA-Ca 及其放射性螯合物通过

肾小球滤过排泄,肾功能受损可能降低其清除率;患者需要饮用大量液体并频繁排空,在DTPA-Ca治疗期间需要密切监测血清电解质和必需金属,应酌情给予矿物质补充剂,或含有锌的维生素。

在已知或怀疑有超钚或超铀元素内污染后,需要尽快给予DTPA-Ca螯合治疗。

首选三亚乙基三胺五乙酸钙(Ca-DTPA),次选二乙烯三胺五乙酸锌(DTPA-Zn)。

药品规格:主要包括安瓿和微粉胶囊,安瓿分为两种剂型,每个安瓿含有相当于1克DTPA-Ca/4ml(250mg/ml)或1克DTPA-Ca/5ml(200mg/ml),静脉使用,微粉胶囊:使用涡轮吸入器,每粒胶囊40mg。

常规用法:证据支持从0.5g(半安瓿)到1g的Ca-DTPA剂量,通过3~4分钟缓慢静脉注射,或通过在100~250ml 5%葡萄糖、林格氏乳酸盐或生理盐水稀释后静脉点滴。推荐仅单次使用初始剂量的DTPA-Ca。

特殊人群用法:不建议在怀孕期间使用DTPA-Ca,可使用DTPA-Zn。儿童剂量:对于12岁以下的儿童,14mg/kg,不超过0.5g/d。

不同污染途径用法:

针对呼吸道污染:对于成人,使用含DTPA-Ca的微粉胶囊,然后缓慢静脉注射或在100ml的5%葡萄糖中输注半安瓿(0.5gDTPA-Ca)。

针对胃肠道污染:在静脉注射DTPA的同时,通过以下方式给予补充治疗以减少肠吸收:

硫酸镁:安瓿20ml/3g,口服60~100ml;

氢氧化铝:口服60~100ml;

硫酸钡溶于250ml水中,单剂量口服100~300g。

保存方法:Ca-DTPA和DTPA-Zn储存在15~30℃之间。

(二)铯(Cesium,Cs)

1. 理化特性　天然铯以^{133}Cs形式存在,铯含有31种同位素,除稳定元素^{133}Cs外,所有都具有放射性,铯源应用于医药和工业,下表给出了同位素^{134}Cs和^{137}Cs的物理特征(表7-3)。

表7-3　铯放射性同位素的物理特性

物理特征	^{134}Cs	^{137}Cs	物理特征	^{134}Cs	^{137}Cs
物理半衰期	2年	30.1年	主要发射	β和γ	β和γ
有效半衰期	约96天	110天	靶器官	全身	全身

进入血液后,铯在所有身体组织中均匀分布,大约10%的铯被快速消除,生物半衰期为2天,90%被缓慢清除,生物半衰期为110天,滞留的少于1%铯,具有约500天的较长生物半衰期。铯被排泄到肠道,从肠道重新吸收到血液中,然后移动到胆汁中,再次排泄到肠道(肠-肝循环),可在母乳中测出^{137}Cs;如果不经过治疗,大约80%的铯通过肾脏排出,大约20%通过粪便排出。

几乎所有铯化合物都是可溶的,要抓紧时间治疗,只有硅酸铯(用于铯源)在一段时间后溶于体内,具有高比活性。

2. 促排治疗 普鲁士蓝(亚铁氰化铁),在肠道不被吸收,通过离子交换,吸附和机械捕获胃肠道中的铯同位素,从而减少胃肠道重吸收(肠道肝脏循环),同样道理可治疗铊内污染。

常规用法:成人剂量为1~3g,每日三次,口服少许水,暴露后的治疗持续时间取决于污染程度和临床判断。

特殊人群用法:儿童剂量为每天口服1次(2~12岁),推荐剂量范围从12岁患者的0.32g/kg到2~4岁患者的0.21g/kg,新生儿和婴儿的剂量尚未确定。

禁忌证:普鲁士蓝在肝功能受损的患者中可能效果较差,胶囊可与食物一起服用可增加铯的排泄,还可以应用高纤维饮食和/或基于纤维的缓泻剂,因为,该药剂可引起便秘,导致铯的排泄变慢,从而增加吸收剂量。由于存在低钾血症的风险,在普鲁士蓝治疗期间需要密切监测血清电解质。

针对伤口污染的用法:口服普鲁士蓝治疗,局部用浓缩的DTPA-Ca溶液1安瓿(1g)洗涤,同时缓慢静脉内注射或在100ml的5%葡萄糖中输注半安瓿(0.5g)。

(三) 钴(Cobalt,Co)

1. 理化性质 环境中发现了稳定的^{59}Co,^{60}Co在自然界中不存在,由稳定钴的中子活化产生,被用于科学研究、放射治疗、伽玛射线照相、工业辐照等领域,^{57}Co已被用于核医学研究,^{58}Co已被用作示踪剂来评估维生素B$_{12}$的代谢(表7-4)。

表7-4 钴放射性同位素的物理特性

物理特征	^{57}Co	^{58}Co	^{60}Co
物理半衰期	271.8 天	70.8 天	5.3 年
有效半衰期	170 天	65 天	1.6 年
主要发射	电子和 γ	β+ 和 γ	β 和 γ
靶器官	肝	肝	肝

大颗粒（>2μm）倾向于沉积在上呼吸道中，较小颗粒沉积在下呼吸道中，通常会溶解或被巨噬细胞吞噬，然后转移。

胃肠道对钴的吸收率根据患者年龄和其他条件，其摄入量从20%至95%不等；作为维生素B_{12}的一种组分，钴存在于大多数身体组织中，肝脏中含量最高，其次是肾脏和骨，半天内高达50%的吸收钴被直接消除，肝脏滞留约5%，其余45%均匀分布。由此，60%在6天内消失，20%在60天内消除，20%在800天内消除，主要通过尿液排泄（排泄率6∶1）。

高浓度稳定的钴及其化合物可能导致严重的中毒（肾脏、心血管和胃肠道系统），吸入会增加肺纤维化的风险。

2. 促排治疗　首选DTPA-Ca。而葡萄糖酸钴（需要注意血管中的血管扩张作用）、二巯基琥珀酸（DMSA）、乙二胺四乙酸（EDTA）和N-乙酰半胱氨酸被认为是钴内污染促排治疗的替代药物。

常规用法：成人剂量为证据支持从0.5g（半安瓿）到1g的DTPA-Ca剂量，通过3~4分钟缓慢静脉注射或通过100~250ml 5%葡萄糖、林格氏乳酸盐或生理盐水稀释的静脉点滴给药，建议仅单次使用初始剂量的DTPA-Ca；微粉胶囊：每粒胶囊40mg，从1个到5个胶囊，取决于型号；每粒胶囊3次呼吸。

特殊人群用法：儿童剂量为对于12岁以下的儿童，14mg/kg，不超过0.5g/d。

不同污染途径用法：

针对消化道污染：由于大多数钴盐不溶，因此摄入后不需要特殊治疗来加速消化道输运。可以考虑使用硫酸镁、氢氧化铝或硫酸钡减少肠道吸收。

硫酸镁；安瓿：20ml/3g，口服3~5安瓿；

氢氧化铝；胃酸过量的标准剂量：成人10ml（1.2g）；剂量减少肠道吸收：口服60~100ml；

硫酸钡；单剂量口服100~300g溶解在250ml水中。

针对皮肤污染：除缓慢静脉注射或滴注Ca-DTPA外，皮肤污染区域用浓缩的DTPA-Ca溶液1安瓿（1g）洗涤，同时，也可以使用常规盐如葡萄糖酸钴或螯合物如三甲胺羟基-钴-二-8-氧喹啉-5-磺酸盐，这些钴化合物是血管扩张剂，必须小心使用。

针对呼吸道污染：对于成人，制备DTPA-Ca气溶胶，另一种方法吸入含DTPA-Ca微粉胶囊，然后缓慢静脉内注射或输注DTPA-Ca。

（四）碘（Iodine，I）

1. 理化特性　碘有超过14种主要的碘放射性同位素，是天然铀中发生的裂变自然产生的，在高层大气中自然产生少量的^{129}I粒子与氙，在自然界中主要稳定碘是^{127}I，放射性碘的人为来源是由于过去大气层核试验和核反应堆生产向环境释放的,碘在环境温度下以气态形式挥发,医学用途为 ^{131}I 和 ^{125}I(表7-5)。

表 7-5　碘放射性同位素的物理特性

物理特征	^{125}I	^{129}I	^{131}I
物理半衰期	60 天	1 600 万年	8 天
有效半衰期	53 天	120 天	7.5 天
主要发射	电子和 X 射线	β、γ 和 X 射线	β 和 γ 射线
靶器官	甲状腺	甲状腺	甲状腺

2. 促排治疗　碘甲状腺阻断是一项紧急保护措施,适用于放射性碘暴露之前或之后短时间内,应尽快服用稳定碘,由于甲状腺被碘饱和的速度与摄入量成正比,因此较高剂量可提供更好的保护。

常规用法:推荐剂量是 100mg 碘,优选以碘化钾(130mg KI)的形式口服给药,治疗的及时性决定了其有效性,如果延迟治疗,放射性碘负荷会降低。暴露后 24 小时用稳定碘治疗会略微降低放射性碘的生物半衰期,暴露后超过 24 小时的治疗可能弊大于利;单次给予稳定碘通常就足够了(表7-6)。

表 7-6　按照年龄使用 KI

年龄	碘的剂量/ mg	KI 的剂量/ mg	含有 100mg 碘的片剂数	碘化钾溶液 (Lugol)1%
成人和青少年(>12 岁)	100	130	1	80 滴
儿童(3~12 岁)	50	65	1/2	40 滴
婴儿(1 个月 ~3 岁)	25	32	1/4	20 滴
新生儿(出生到 1 个月)	12.5	16	1/8	20 滴

特殊人群用法:儿童(3~12 岁)推荐剂量是 50mg 碘,3 岁以下儿童应谨慎使用稳定碘,接受稳定碘预防的最优先群体是:新生儿、母乳喂养的母亲和儿童。

禁忌证:稳定碘的相对禁忌证包括现在或过去患有甲状腺疾病、碘过敏和患有疱疹样皮炎和低补充血管炎的患者。

副作用:包括唾液腺炎(唾液腺炎症)、胃肠道紊乱和轻微皮疹。

针对皮肤和伤口污染:用大量温水和中性肥皂进行局部去污;同时口服稳定碘。

(五) 钚(Plutonium,Pu)

1. 理化特性　钚有 15 种已知的同位素,基本上地球上所有的钚都是在过去六十年中通过涉及裂变材料(核反应堆、大气层核试验和核事故)的人类活动创造的(表7-7)。

表 7-7　钚的一些放射性同位素的物理特性

物理特征	^{238}Pu	^{239}Pu	^{240}Pu
物理半衰期	88 年	24 000 年	6 563 年
有效半衰期	50 年	50 年	50 年
主要发射	α、X 和 γ 射线	α、X 和 γ 射线	α、X 和 γ 射线
靶器官	骨和肝	骨和肝	骨和肝

钚是超锕铀系元素的第二种元素,在与空气接触时转化为氧化钚,然而,它的行为受其颗粒特征而不是其化学性质的影响。

从胃肠道吸收钚的机制尚不完全清楚,铁缺乏会增加吸收;皮肤吸收非常有限;当吸入钚时,根据化合物的溶解度,很大一部分从肺部通过血液转移到其他器官,对于吸收到血液中的钚,沉积的主要部位是肝脏和骨骼;另外,钚与血液中的蛋白质强烈结合,所以它不容易从血管系统中脱落,大约 10% 从身体清除,钚-238 和钚-239 的生物半衰期为肝脏 40 年,骨骼 100 年,取决于受影响个体的年龄、肝脏中的摄取分数随年龄增长而增加,吸收的钚在尿液和粪便中排出。

2. 促排治疗　首选含有三亚乙基三胺五乙酸钙(DTPA-Ca),如果不可用,则二乙烯三胺五乙酸锌(DTPA-Zn)可用作二线治疗。DTPA-Zn 也适用于长期治疗。

常规用法:参照镅的用量、用法及其注意事项。

不同污染途径用法:

针对皮肤和伤口污染:用浓缩的 DTPA-Ca 溶液(1g = 1 安瓿)洗涤局部,同时静脉应用 DTPA-Ca(0.5g),如果可能手术切除污染伤口。

针对呼吸道污染:同镅的用法,如果可能考虑采用肺灌洗治疗。

(六) 钋(Polonium,Po)

1. 理化特性　天然存非常低浓度的 ^{210}Po,它是天然 ^{238}U 和 ^{222}Rn 的衰变产物,也可以在核反应堆中人工生产,有 29 种已知的同位素,绝大部分滞留在体内,滞留器官是肾脏、肝脏和脾脏,其中肾脏,它们集中了大约 10% 的代谢活度。消化系统可吸收 3%~5%,排出通过尿液和粪便(表 7-8)。

表 7-8　^{210}Po 的物理特性

物理特征	^{210}Po	物理特征	^{210}Po
物理半衰期	138.4 天	主要发射	α 粒子
有效半衰期	37 天	靶器官	肝、脾肾

2. 促排治疗 二聚体(BAL)、(2,3-二巯基-1-丙醇)10%,苯甲酸苄酯 20%,放在花生油中;在消化道污染的情况下,硫酸镁、氢氧化铝和硫酸钡。

二聚体(BAL):安瓿:2ml 或 3ml(100mg/ml)。

Po 中毒的治疗方法是给予二巯丙醇(BAL)在涉及口服摄入的病例中,硫酸镁、氢氧化铝和硫酸钡是补充治疗。

常规用法:成人剂量:2~3mg/kg,每 4 小时肌肉注射一次,首次注射低于 50mg;疗程≤3天,第一次注射前做药敏试验。

针对消化道污染:可以考虑以下补充治疗:硫酸镁、氢氧化铝、硫酸钡。

禁忌证:妊娠、肝功能不全和肾功能衰竭。

(七) 锶(Strontium,Sr)

1. 理化特性 锶是一种灰色金属,天然存在于岩石中,有 4 种稳定的同位素;核裂变产生了 16 种主要的放射性同位素(表 7-9)。

表 7-9 锶的一些放射性同位素的物理特性

物理特征	^{85}Sr	^{89}Sr	^{90}Sr
物理半衰期	65 天	51 天	28 年
有效半衰期	62 天	50 天	4.6 年
主要发射	γ 射线	β 粒子	β 粒子
靶器官	骨	骨	骨

经消化道是人类摄入的主要途径,大多数盐是可溶,并且被快速吸收,据估计,食入后细胞外液吸收约 25%,吸入后吸收 30%,摄取量的一半迅速固定在骨骼中,摄取趋向于随着年龄的增长而降低(在儿童中更高)并且在低钙饮食的人中增加。

消除非常缓慢,生物半衰期多年,肾清除率显著低于人体中肾小球滤过率的乘积,已被证明是 Ca^{2+}-ATPase 的底物,从近端肾小管细胞转运到血浆中。

强调治疗的紧迫性,因为锶被非常快地吸收,对于大多数形式的 ^{89}Sr 和 ^{90}Sr,骨和红骨髓的剂量是摄入后的主要问题。

2. 促排治疗 首选氯化铵或葡萄糖酸钙;次选海藻酸钠;其他治疗:碳酸钙、磷酸钙、氢氧化铝、硫酸镁、硫酸钡、磷酸铝。

常规用法:

氯化铵:每片 0.5g 氯化铵;口服,成人剂量:每天 6g;每 8 小时 4 片。

禁忌证包括代谢性酸中毒、肾功能或肝功能严重受损。

葡萄糖酸钙:含 100mg/ml(10%)10ml 的安瓿,成人每天口服 6~10 安瓿;静脉注射:每天 500ml 5% 葡萄糖中溶解 2g 葡萄糖酸钙,最多 6 天;禁忌证:高钙血症、高钙尿症、正性肌力药物或钙协同药物。

海藻酸钠:每片 0.26g;香包 0.5g。口服混悬液:12.5g/250ml;成人口服剂量:10g,Bid 或 qd;禁忌证:肾功能受损。

不同污染途径用法:

针对皮肤和伤口污染:尽早开始治疗,可以伤口撒上 1g 罗丹嗪酸钾或罗丹嗪酸钠,可避免渗透到皮肤中。

针对呼吸道和消化道污染:尽早使用氯化铵或葡萄糖酸钙,经消化道食入的锶可能需要补充治疗,可以在事故发生后尽快用海藻酸钠或硫酸钡(300mg 口服)以阻止肠道吸收,10g 硫酸镁可加速肠蠕动并减少吸收。

(八) 氚(Tritium,^{3}H)

1. 理化特性　氢有三种同位素:轻氢(^{1}H),最丰富;氘(^{2}H);和氚(^{3}H),氚天然存在于水中极小百分比的普通氢气中(表 7-10)。

表 7-10　氚的物理特性

物理特征	^{3}H	物理特征	^{3}H
物理半衰期	12.3 年	主要发射	β 粒子
有效半衰期	8 天	靶器官	全身(组织)

氚是一种放射性同位素,它可以以三种不同的化学形式结合:①氚气:吸入吸收;②氚水:略微比轻水重,可以通过伤口,肺部或皮肤吸收;③标记的分子:遵循标记分子的代谢循环,氚标记水和有机结合后半衰期更长。

2. 促排治疗　增加液体摄入量(3~4L/d)以刺激利尿。

通过增加饮用水的消耗,可以将氚的有效半衰期从 10 天减少到 2.4 天,对于大量污染,可以采用静脉补液,控制液体摄入/输出和添加利尿剂,但在大规模污染的特殊事件中,可能需要特殊治疗,例如腹膜透析。

(九) 铀(Uranium,U)

1. 理化特性　铀是一种天然存在于土壤、岩石、地表水和地下水中的低浓度环境中的放射性元素,天然铀由三种主要同位素组成,铀-238(99.2%)、铀-235(0.71%)和极少量的铀-234(0.005 7%)(表 7-11)。

表 7-11　铀的一些放射性同位素的物理特性

物理特征	^{235}U	^{238}U
物理半衰期	7×10^8 年	4.5×10^9 年
主要发射	α 和 γ 射线	α 射线
靶器官	肾和骨	肾和骨

铀被认为是化学或放射性危害,取决于其同位素组成,在富含铀-235 小于 5%~8% 的铀化合物中,并且未在反应堆中照射,对肾脏的化学毒性占优势,否则,辐射风险是主要的。

2. 促排治疗　碳酸氢钠、乙酰唑胺;经胃肠道摄入可使用磷酸铝。

常规用法:碳酸氢钠:静脉注射等渗碳酸氢钠 14%,250ml,缓慢静脉注射或 2 小时碳酸氢盐片剂,每 4 小时口服,直到尿液达到 pH 8~9。

乙酰唑胺:该利尿剂通过抑制体内几种组织中发现的碳酸酐酶起作用,并催化二氧化碳快速转化为碳酸氢根离子,增加水和碳酸盐的排出而产生利尿作用,排出碱性尿。在铀污染的情况下,通过使用乙酰唑胺(250mg),肾脏中的铀酰离子与碳酸氢盐的解离减少,但要考虑药物禁忌证及其副作用。

磷酸铝在消化道污染的情况下使用,香包:2.5 克磷酸铝;单次剂量五包。

尽管螯合剂对铀具有影响,但不会使用螯合剂,因为通过肾脏沉淀,肾小管负担高,伴随着严重的无尿性肾炎的风险,迁移率可能增加。由铀酰离子与碳酸氢钠($Na_4[(UO_2)(CO_3)_3]$)形成的复合物是稳定的并且在尿液中快速排泄。因此,治疗是基于碳酸氢盐生理溶液的使用。

不同污染途径的用法:

针对皮肤和伤口污染:将伤口立即洗涤并需要缓慢静脉输注碳酸氢盐生理溶液(250ml,14%)。

针对呼吸道和消化道污染:静脉内缓慢输注碳酸氢盐生理溶液(250ml,14%)并将患者转移至专门的中心。经过高度专业化的评估后,只能在非常具体的情况下进行肺灌洗。经消化道摄入,应再添加磷酸铝治疗。

以上推荐的药品及使用方法,来源于 EPR-INTERNAL CONTAMINATION 2018 核反应堆中的放射性核素或放射性紧急情况下内污染人员的医院管理一书,在使用上应予注意。

(十)可能的其他放射性核素的促排治疗概要

用于其他放射性核素内污染的优选治疗方法和治疗药物参见表 7-12。

表 7-12　其他放射性核素内污染治疗方法的汇总表

放射性核素	可能的治疗药物	治疗首选
砷	BAL、青霉胺、DMPSa、DMSA	BAL
钡	硫酸钡、钙疗法（见锶）	见锶
铋	DMPSa、DMSA、BAL、青霉胺	DMPSa
锎	DTPA	DTPA
钙	钙疗法（见锶）、钡剂	见锶
碳	考虑水合作用和稳定的碳	考虑水合作用和稳定的碳
铈	DTPA	DTPA
铬	DTPA、EDTA、青霉胺、NACb	DTPA
铜	青霉胺、DMSA、DMPSa、曲恩汀	青霉胺
裂变产物（混合）	管理取决于主导当时存在的放射性核素（例如早期：碘；晚期：锶、铯等）	
氟	氢氧化铝	氢氧化铝
镓	考虑青霉胺、DFOAc	青霉胺
金	青霉胺、BAL、DMPSa	青霉胺、BAL
铱	DTPA、EDTA	考虑 DTPA
铁	DFOAc、地拉罗司、DFOAc 和 DTPA 一起	DFOAc
铅	DMSA、EDTA、EDTA 与 BAL	DMSA
锰	DTPA-Ca、EDTA-Ca	DTPA-Ca
镁	考虑锶疗法（见锶）	考虑锶疗法
汞	BAL、DMPSa、DMSA、EDTA、青霉胺	BAL、DMPSa、DMSA
镎	考虑 DFOAc 和/或 DTPA、DMPSa	考虑 DFOAc 和/或 DTPA
镍	DDTCd、DTPA、BAL、EDTA	DDTCd、BAL、DTPA
磷	水合、口服磷酸钠或磷酸钾、氢氧化铝/磷酸铝、钙	水合、口服磷酸钠或磷酸钾
钾	利尿剂	利尿剂
钷	DTPA	DTPA
镭	镭、锶疗法	锶疗法
铷	普鲁士蓝	普鲁士蓝
钌	DTPA、EDTA	DTPA
钠	用 0.9%NaCl 稀释利尿剂和同位素	用 0.9%NaCl 稀释利尿剂和同位素
硫	考虑硫代硫酸钠	考虑硫代硫酸钠
锝	高氯酸钾	高氯酸钾

放射性核素	可能的治疗药物	治疗首选
铯	普鲁士蓝	普鲁士蓝
钍	考虑 DTPA	考虑 DTPA
钇	DTPA、EDTA	DTPA
锌	DTPA、EDTA、硫酸锌作为稀释剂	DTPA
锆	DTPA、EDTA	DTPA

表 7-12 引自 IAEA EPR-INTERNAL CONTAMINATION-2018 Medical Management of Persons Internally Contaminated with Radionuclides in a Nuclear or Radiological Emergency

注:aDMPS:二巯基丙磺酸盐。

bNAC:N-乙酰半胱氨酸。

cDFOA:去铁胺。

dDDTC:二乙基二硫代氨基甲酸酯。

第四节　外照射急性放射病的临床救治

一、基本概念及术语

1. 外照射急性放射病(acute radiation sickness from external exposure, ARS)　是指人体一次或短时间(数日)内受到大剂量外照射引起的全身性疾病。当受到大于 1Gy 的均匀或比较均匀的全身照射即可引起急性放射病。临床上根据其受照剂量大小、临床特点和基本病理改变,分为骨髓型急性放射病、肠型急性放射病、脑型急性放射病三种类型。

2. 职业性外照射急性放射病(acute radiation sickness due to occupational external exposure)　放射工作人员在职业活动中受到一次或短时间(数日)内分次大剂量电离辐射外照射引起的全身性疾病。根据其临床特点和基本病理改变,分为骨髓型、肠型和脑型 3 种类型,骨髓型病程分为初期、假愈期、极期和恢复期 4 个阶段。

3. 骨髓型急性放射病(bone marrow form of acute radiation sickness)　是以骨髓造血组织损伤为基本病变,以白细胞数减少、感染、出血等为主要临床表现,其病程经过具有初期、假愈期、极期和恢复期 4 个典型阶段性的急性放射病。按其病情的严重程度,可分为轻度、中度、重度和极重度 4 种程度。受照射剂量范围为 1~10Gy。

4. 急性辐射综合征(hemtopoietic form of acute radiation sickness, ARS)　IAEA 2020 给出的基本概念是由于暴露于高剂量的电离辐射而引起的急性疾病。ARS 是辐射暴露于全身或相当大体积(局部身体照射)的确定性效应,剂量阈值约为 1Gy。这种确定性效应在受影响的器官和组织中引起一系列临床和生物学表现。ARS 通常根据吸收剂量和主要涉及的器官(造血型、胃肠型和神经血管型)分为三型。然而,这些临床表现的重叠反映了炎症反应的表达,影响所有器官和组织,严重者可导致多器官衰竭。

5. 神经血管型 neurovascular typeform of acute radiation sickness(NVT-ARS)也称为脑血管型,发生在 20-30Gy 的高剂量照射后。前驱症状(恶心和呕吐)几乎是立即出现的,随后是神经系统和血管系统的表现,在接触几天后会导致死亡。

6. 肠型急性放射病(intestinal form of acute radiation sickness) 以胃肠道损伤为基本病理改变,以频繁呕吐、严重腹泻以及水电解质代谢紊乱为主要临床表现,其病程经过具有初期、假愈期和极期 3 个阶段的急性放射病。受照射剂量范围为 10~50Gy。

7. 脑型急性放射病(cerebral form of acute radiation sickness) 以脑组织损伤为基本病理改变,以意识障碍、定向力丧失、共济失调、肌张力增强、角弓反张、抽搐和震颤等中枢神经系统症状为主要临床表现,具其病程经过具有初期和极期 2 个阶段的急性放射病。受照射剂量 >50Gy。

二、病因

急性放射病是由于电离辐射(X、γ 和中子等)引起组织及器官大部分细胞死亡,从而导致组织及器官的功能障碍,属确定性效应,存在剂量阈值,其损伤程度随吸收剂量阈值的增加而加重(详见辐射生物效应),外照射急性放射病常见于核或辐射突发事件大剂量照射。

三、临床表现

急性放射病的临床表现,主要取决于照射所致的机体的基本损伤病变,一般的规律是照射剂量越大,病情越严重,临床表现越多,程度越重、持续时间越久。根据其受照剂量大小、临床特点和基本病理改变,分为骨髓型、肠型、脑型和神经血管型急性放射病。

(一)外照射骨髓型急性放射病

在辐射事故中,以骨髓型急性放射病多见。骨髓型急性放射病主要引起骨髓造血系统损害,以白细胞减少、血细胞减少、感染、出血等为主要临床表现,其病情的严重程度可以根据临床症状体征、白细胞的下降水平及速度判断。

1. 骨髓型轻度急性放射病 一般发生在人员受到 1~2Gy 全身照射后,患者的临床症状较少,一般不太严重。照后头几天可能会出现头昏、乏力、失眠、轻度食欲缺乏等症状。

（1）临床表现：一般无脱发、出血和感染等临床表现，约有 1/3 的患者可无明显症状。

（2）造血组织损伤程度：损伤程度较轻，有些患者在照后 1~2 天白细胞总数可一过性升高，可达 $10×10^9/L$，此后逐渐减低，照后 30 天前后可降至 $(3~4)×10^9/L$；血小板、红细胞数和血红蛋白无明显变化。照后 2~3 个月白细胞数可恢复至受照前的水平或有小幅度波动。

（3）预后：轻度急性放射病预后较好。

2. 骨髓型中度和重度急性放射病　照射剂量达到 2~4Gy 和 4~6Gy 时，可发生中度和重度骨髓型急性放射病。两者临床经过相似，只是病情的严重程度有所不同。造血组织损伤是其基本病理改变。其临床经过可分为初期、假愈期、极期和恢复期。

（1）初期（受照当日至照后 4 天）：患者可有疲乏无力、头昏、食欲减退、恶心呕吐，中度患者呕吐多发生在照射后数小时后，而重度患者呕吐多发生在照射后 2 小时后，有的患者还可出现心悸、失眠、发热等表现，早期呕吐一般持续 1 天，呕吐 3~5 次，呕吐物为胃内容物。头面部照射剂量偏大者，还可出现颜面潮红、腮腺肿大、眼结膜充血、口唇肿胀等局部表现。

（2）假愈期（照后 5~20 天）：初期症状明显减轻或消失。此期一般持续 2 周左右，但是造血组织损伤仍在继续发展，表现在白细胞和血小板数持续减少，其下降速度与受照剂量和病情有关；一般于照后 7~12 天白细胞数降至第一个低值，之后白细胞出现一过性回升，回升的峰值与病情有关；外周血血小板数下降较白细胞稍缓慢，红细胞数和血红蛋白的含量可无明显变化。

在假愈期末开始有脱发表现，开始脱发的时间和脱发的多少随受照剂量的增加提早和加重。假愈期的长短是病情轻重的重要标志之一，中度急性放射病病例假愈期一般延续至照后 20~30 天，重度放射病病例一般延续至照后 15~25 天。

（3）极期（照后 20~35 天）：极期是急性放射病各种临床表现明显出现的阶段。在造血组织严重受损的基础上，出血感染是威胁患者生命的主要因素，同时还伴有电解质紊乱，极期持续时间越长，表明病情严重。

1）极期的临床表现：全身一般状况恶化，再度出现精神变差、明显的疲乏、食欲不佳，全身衰竭明显，重度放射病病例可发生明显的拒食、呕吐、腹泻等，患者体重进行性下降。

2）造血组织严重损伤：骨髓的红系、粒系、巨核系的幼稚细胞极度减少，淋巴细胞、浆细胞等非造血细胞的比例增高；骨髓造血祖细胞体外培养无或很少细胞集落生长。外周血白细胞、血小板数目再度进行性下降并达最低水平，血涂片检查可见中性粒细胞比例减少并有核右移，胞浆内可出现空泡、中毒颗粒；还可出现核固缩、核溶解、核肿胀、核分叶过多等退行性变化。

3）感染也是极期的主要症状,口咽部是最常见的感染部位,患者如原有中耳炎、鼻窦炎,足癣等慢性感染,极期时可出现急性发作。局部感染如果处理不当可能发展为全身感染,极期还可能发生肺炎、尿路感染和肠道感染等,易发生败血症。重症患者不治疗或治疗不当时,感染是造成死亡的主要原因。

4）出血是骨髓型急性放射病极期另一种常见的临床表现,也是常见的死亡原因。

（4）恢复期（照后 35~60 天）:经治疗后一般都能度过极期而步入恢复期。骨髓造血组织损伤开始恢复。白细胞数（含中性粒细胞）、血小板回升。临床上发热、出血得以改善。但性腺损伤恢复的最慢,骨髓型重度急性放射病生育能力恢复较困难。

3. **骨髓型极重度急性放射病** 当人体受到 6Gy 以上照射时可发生骨髓型极重度急性放射病。其临床经过和临床表现与骨髓型重度放射病大致相似,只不过临床症状更多更重、体征出现的更早。死亡率高,至今还没有临床救治成功的文献报道。

（二）肠型急性放射病的临床表现

受照剂量在 10Gy 以上时,肠道上皮损伤特别突出,表现为肠道症状严重,腹部疼痛,出现拒食、频繁呕吐、重者呕吐胆汁,腹泻,出现血水便,泻出物中含有肠黏膜脱落物,大便失禁等。可出现脱水、血液浓缩、电解质紊乱、虚脱等。部分患者可发生肠套叠、肠梗阻等严重并发症。肠型患者的造血损伤非常严重,已不能自身恢复。虽然经过给予很好的治疗和护理,最终仍死于造血功能衰竭、感染、出血及多脏器功能衰竭的并发症。

（三）脑型急性放射病的临床表现

当受照剂量 >50Gy 时,以脑部损伤为突出。骨髓造血和肠道损伤均不能恢复。受照后出现站立不稳、步态蹒跚等共济失调表现,眼球震颤、强直抽搐,角弓反张、定向力障碍等征象;患者均在 2~3 天内死亡。当照射剂量 >100Gy 时出现意识丧失、瞳孔散大,二便失禁,休克,昏迷,患者很快死亡。实验室检查:血液浓缩、白细胞数升高后急剧下降。骨髓穿刺物为水样,细胞很少。

（四）神经血管型急性辐射综合征（NVT-ARS）的临床表现

我国 GBZ 104 外照射急性放射病诊断标准中给出了骨髓型、肠型和脑型三型,而在 IAEA,安全报告系列第 101 号出版物-放射损伤的医疗处理中介绍了接受 20-30Gy 的高剂量照射后。前驱症状（恶心和呕吐）几乎是立即出现的,随后是神经系统和血管系统的表现,在接触几天后会导致死亡。大多数遭受这种致命性接触的人会出现发烧、低血压、迅速进行的严重水肿和严重的认知功能损害。微血管和脑水肿的组织学证据表明神经血管型的表现是由颅内高压引起的。导致不可逆性血管麻痹性休克的大量血管渗漏也是该病病理生理学的一个重要组成部分。

（五）多器官功能障碍综合征表现

欧洲共识会议提出的急性放射综合征的新标准：主要建议之一是，多器官功能障碍综合征（multiple organ dysfunctin syndrome，MOF）可以是 ARS 的一部分，并且应该在发生辐射事故时有预期。除了 ARS 和 MOF 之外，辐射事故受害者可以存在辐射诱发性损伤的组合，包括创伤性损伤和/或烧伤。这些病变使预后不太乐观，使治疗显得更加复杂。

四、诊断与鉴别诊断

核或辐射突发事件涉及广大受照人群，第一个 48 小时是至关重要的，应尽快做出早期分类诊断。这段时间内，事故受害者应该通过紧急分诊系统进行处理，对患者进行评分，包括症状出现之前的延迟，观察到皮肤红斑之前的延迟、虚弱的严重性、恶心的强度、每 24 小时的呕吐频率、腹泻的严重性和频率、有无腹痛、头痛的强度、温度、血压和意识的暂时丧失的发生等。

（一）诊断原则

应依据职业受照史、受照射剂量（现场个人受照剂量调查、生物剂量检测结果）、临床表现和实验室相关检查结果，并结合健康档案（含个人剂量档案）进行综合分析，排除其他疾病，对受照射个体是否造成急性放射损伤以及伤情的严重程度作出分型、分度诊断。

1. 受照史　收集放射源的种类、活度、不同距离的剂量率、接触放射源距离与受照时间、受照者的体位、射源屏蔽情况，有无佩戴个人剂量计等，用于估算受照剂量。

2. 临床表现　急性放射病属全身性疾病，临床表现多种多样，其严重程度、症状特点与剂量大小、剂量率、受照部位和范围及个体情况密切相关。

早期诊断非常重要，临床上主要依据疲乏、恶心、呕吐、腹泻、发热和外周血淋巴细胞急剧减少等作出初步判断，早期分类诊断在受照后即刻进行，主要依据如下：

（1）初期的症状和体征如呕吐、腹泻等症状；面部潮红、口唇疱疹、肿胀、腮腺肿大等体征。

（2）淋巴细胞早期变化

外照射急性放射病可依据表 7-13 和图 7-4 作出初步的分度诊断。

在全面检查和严密观察病情发展的过程中，可参考表 7-14 进行综合分析，进一步确定临床分度及分期诊断。

3. 实验室检查

（1）白细胞数的变化　参照表 7-15。

（2）淋巴细胞绝对值的变化　随着受照剂量的增加照后 1~2 天的淋巴细胞绝对值也明显的减少，见表 7-13。

表 7-13　各型急性放射病的初期反应和受照剂量下限

分型		初期表现	受照后 1~2 天淋巴细胞绝对数量最低值 / (×10^9·L^{-1})	受照剂量下限 / Gy
骨髓型	轻度	乏力、不适、食欲减退	1.2	1.0
	中度	头昏、乏力、食欲减退、恶心、1~2 小时后呕吐、白细胞数短暂上升后下降	0.9	2.0
	重度	1 小时后多次呕吐，可有腹泻、腮腺肿大、白细胞数明显下降	0.6	4.0
	极重度	1 小时内多次呕吐和腹泻、休克、腮腺肿大、白细胞数急剧下降	0.3	6.0
肠型		频繁呕吐和腹泻、腹痛、休克、血红蛋白升高	< 0.3	10.0
脑型		频繁呕吐和腹泻、休克、共济失调、肌张力增加、震颤、抽搐、昏睡、定向和判断力减退	< 0.3	50.0

表 7-14　骨髓型急性放射病的临床诊断依据

分期和分度	临床表现	轻度	中度	重度	极重度
初期	呕吐	−	+	++	+++
	腹泻	−	−	−~+	+~++
极期	照后/天	极期不明显	20~30	15~25	< 10
	口咽炎	−	+	++	++~+++
	最高体温/℃	< 38	38~39	> 39	> 39
	脱发	−	+~++	+++	+~+++
	出血	−	+~++	+++	−~+++
	柏油便	−	−	++	+++
	腹泻	−	−	++	+++
	拒食	−	−	±	+
	衰竭	−	−	++	+++
	白细胞最低值（×10^9/L）	> 2.0	1.0~2.0	0.2~1.0	< 0.2
受照剂量下限/Gy		1.0	2.0	4.0	6.0

注：+、++、+++ 分别表示轻、中、重。

表 7-15　骨髓型急性放射病白细胞变化

分度	减少速度 / [×10⁹·(L·d)⁻¹]	+7 天值 / (×10⁹·L⁻¹)	+10 天值 / (×10⁹·L⁻¹)	<1×10⁹/L 时间 / +d	最低值 / (×10⁹·L⁻¹)	最低值时间 / +d
轻度		4.5	4.0		> 3.0	
中度	< 0.25	3.5	3.0	20~32	1.0~3.0	35~45
重度	0.25~0.6	2.5	2.0	8~20	< 1.0	25~35
极重度	> 0.6	1.5	1.0	< 8	< 0.5	< 21

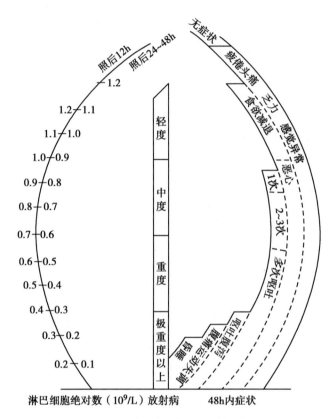

图 7-4　急性放射病早期诊断图

注:诊断图左侧弯柱上的数值为受照后 12~48 小时内外周血淋巴细胞绝对值,右侧的弯柱为受照后 48 小时内各种临床症状,中央柱上的刻度为急性放射病程度。使用方法:将照后 12 小时或 24~48 小时内检测得出的淋巴细胞绝对值与该时间内患者出现过的最重症状(对准图右弯柱内侧实线下角)作一连线通过中央柱,依据柱内所标志的程度做出早期初步诊断;如在照后 6 小时对患者进行诊断时,则仅根据患者出现过的最重症状(选准图右弯柱内侧实线上缘)作一水平线横至中央柱,依中央柱内所示的程度给予初步判断,但其误差较照射后 24~48 小时判断时大。第一次淋巴细胞检查最好在使用肾上腺皮质激素或辐射损伤防治药物前进行。

表 7-16　急性放射性损伤的早期诊断方法

指标	临床表现	时间	最小受照量/Gy
临床观察	恶心,呕吐	48 小时内	1
	红斑	几小时到几天	3
	脱毛	2~3 周内	3
实验室检查:	绝对的	2~72 小时内	约 0.5
血细胞计数	淋巴细胞计数 $<1 \times 10^9$		
细胞遗传学	双着丝粒/环、微核、易位	几小时内	0.1(检测水平)

引自 Medical Management of Radiation Injuies, Safety Repofts Series No.101 IAEA 2020。

注:潜伏期与辐射剂量成反比。淋巴细胞计数可在数小时内下降。专家建议尽快获得基线计数,并在第一天每 4 小时重复一次计数,然后每天重复一次。

4. 血小板数也随着照射剂量的增加而明显减少　常与白细胞减少数大致平行。

5. 照后早期血红蛋白含量升高有助于肠型和脑型的诊断。

6. 骨髓象的变化　骨髓变化的程度与照射剂量有关,受照剂量大者,造血细胞严重缺乏,以至完全消失,骨髓呈严重抑制现象。

7. 淋巴细胞染色体畸变分析及微核率测定　人体受到一定剂量照射后早期,即可引起染色体的畸变,且畸变率与照射剂量有较好的量效关系,通过刻度曲线回归方程估算人体所受的剂量-即生物剂量,在早期诊断中十分有意义。微核率是与染色体畸变有同样意义的一项指标,且更简便,参照表 7-16。

(二)除外具有相似临床表现的其他疾病

ARS 曾被误诊为"食物中毒""蜂窝织炎""急性再生障碍性贫血"等疾病,因此,内科、外科、烧伤科或急诊科医师首诊遇到原因不明的呕吐、腹泻、皮肤红斑或急性全血细胞减少等患者时应提高诊断急性放射病的警惕性。

骨髓型,肠型和脑型 ARS 的鉴别诊断:ARS 分型诊断的要点是肠型、脑型与极重度骨髓型放射病的鉴别。根据受照后患者的临床表现、受照剂量及病程即可区分三型放射病,见表7-17。

表 7-17　三型 ARS 的临床鉴别诊断要点

项目	极重度骨髓型	肠型	脑型
共济失调	-	-	+++
肌张力增强	-	-	+++

项目	极重度骨髓型	肠型	脑型
肢体震颤	–	–	++
抽搐	–	–	+++
眼球震颤	–	–	++
昏迷	–	+	++
呕吐胆汁	±	++	+~++
稀水便	+	+++	+
血水便	–	+++	+
柏油便	+++	–~++	±
腹痛		++	+
血红蛋白升高	–	++	++
最高体温/℃	> 39	↑ 或 ↓	↓
脱发	+~+++	–~+++	–
出血	–~+++	–~++	–
受照剂量/Gy	6~10	10~50	> 50
病程/天	< 30	< 5	< 5

表 7-13、表 7-14、表 7-15、表 7-17,图 7-4 引自(GBZ104-职业性急性放射病诊断标准)。

注:+++ 表示严重,++ 为中度,+ 为轻度,– 为不发生。

五、治疗

(一) 治疗原则

ARS 不同发病期间,应针对主要矛盾采取不同的治疗。

1. 骨髓型急性放射病的治疗原则　早期应用辐射防治药物、改善微循环和造血微环境等;合理应用造血生长因子,促进造血组织损伤的恢复;根据不同分度与分期的特点,合理采用抗感染、抗出血、防止和纠正电解质代谢紊乱等综合对症支持治疗。对估计受照剂量 >8Gy,自身造血不能恢复的患者,做好造血干细胞移植的准备,适时实施。

2. 肠型急性放射病的治疗原则　早期应用可以减轻肠道损伤的药物;纠正脱水、电解质紊乱和酸碱平衡失调,积极给予合理的抗感染等综合对症治疗;尽早实施造血干细胞移植,以便重建造血功能。

3. 脑型急性放射病的治疗原则　早期镇静解痉、抗休克、强心、改善微循环等综合对症治疗。

4. NVT-ARS 的治疗原则　通常发生在吸收剂量大于 20~30Gy 时。也就是在 GBZ 104 的肠型和脑型之间增加了 NVT-ARS 型,其临床表现与肠型 ARS 相同,目前,无法治愈,主要对症处理和缓解症状。它的特点是立即出现严重的前驱症状,如迷失方向、混乱和虚脱,并可能伴有失去平衡和癫痫发作。持续数小时的短暂潜伏期通常会导致严重的丧失工作能力。在 5~6 小时内,可出现水样腹泻、呼吸窘迫、高热和血管麻痹性休克,导致严重的不可逆水肿(主要在大脑,但可能在身体的任何地方),1~5 天内死亡。

目前,NVT-ARS 的管理仅限于支持性护理。根据资源的可用性,患者可以在医院的常规护理单元接受姑息治疗。

(二)治疗措施

1. 早期治疗

(1) 辐射防治药物应用:辐射损伤预防和照后早期治疗药物有雌三醇(肌注)和尼尔雌醇(口服)等。射后 1 天给药物,能提高存活率。

(2) 改善微循环和造血微环境:照后 1~3 天给予静点低分子右旋糖酐、复方丹参注射液、维生素 C、山莨菪碱等药物。用于防止红细胞聚集和微血栓形成,减轻微循环障碍。

2. 对症综合治疗

(1) 感染是急性放射病主要并发症和致死原因之一,因此抗感染是急性放射病的重要环节。根据急性放射病不同的分型、分期、分度建立不同的抗感染措施。

1) 全环境保护隔离:全环境保护隔离包括层流病房和层流罩。根据病情建立不同的消毒隔离制度,这是对抗外源性感染的有力措施之一:可分为简易保护性隔离、环境灭菌消毒隔离、全环境保护隔离,后两种分别适用于中度偏重和重度的骨髓型急性放射病患者。

2) 抗感染:感染主要是内源性致病菌感染为主。疾病早期以皮肤、口腔及呼吸道革兰阳性菌居多,疾病后期多为革兰阳性菌,也常见混合感染,后期体内菌群失调可出现一种或多种真菌感染,还可发生病毒、卡氏肺囊虫及结核菌感染。抗感染治疗方案中早期应用以抗革兰阳性菌为主的抗生素,在后期应用以抗革兰阴性菌为主的抗生素和抗真菌药物治疗。

3) 增强免疫功能:重症感染的患者在抗感染早期应使用大剂量丙种球蛋白,输注经过 γ 射线照射 15~25Gy 的全血、血浆也有助于增强免疫功能和抗感染。

(2) 防治出血:急性放射患者的大出血,也是引起患者死亡的重要原因之一,尤其是重要脏器的大出血。临床实践表明,出血大致分为 3 个阶段:第一,初期出血主要与微循环障碍和微血管损伤有关;第二,中期出血,发生在假愈期,主要与血小板减少和功能改变、微血管损伤和血液凝固状态改变有关;第三,极期的出血尤其在感染发热后,可能是在造血功能衰竭、微血管损伤和血凝障碍基础上,因严重感染诱发而加重。目前有效的止血措施是输注新鲜全血或血小板,可尽量固定少量血小板供者,减少抗体形成机会。可以给予止血药物。

(3) 特殊治疗

1) 造血生长因子(HGF)的应用:造血因子种类有重组人粒-巨噬细胞系集落刺激因子(rhGM-CSF)、重组人粒系集落刺激因子(rhG-CSF)、巨核细胞系集落刺激因子(Meg-CSF)、红细胞生成素(EPO)等,其中以 rhG-CSF、rhGM-CSF 临床应用较成熟,具有刺激造血的作用,尤其是粒细胞的恢复,且可减少感染。G-CSF 和 GM-CSF 对急性放射损伤的治疗作用已得到国际广泛认可。

① 适用对象:全身或身体大部分吸收剂量 3~10Gy;合并多处创伤或烧伤,吸收剂量 2~6Gy;小于 12 岁和大于 60 岁的患者吸收剂量 2Gy。

② 使用时间:受照当天尽早使用,建议在照射后 24 小时内开始使用 G-CSF 或 GM-CSF 进行细胞因子治疗。

③ 停用时间:中性粒细胞绝对数(ANC)大于 $1.0 \times 10^9/L$,如果停用造血因子后 ANC 重新降至 $0.5 \times 10^9/L$,可再用造血因子治疗。

④ 使用剂量:rhG-CSF(或 rhGM-CSF)300μg/d [6~10μg/(kg·d)],使用前注意做过敏试验,以免发生过敏性休克等过敏反应。

长期贫血、血红蛋白浓度显著下降或两者兼而有之,可作为促红细胞生成素治疗的候选者。对于接受促红细胞生成素刺激剂的个体,应考虑口服补铁。

2) 造血干细胞移植的应用

① 适应证:极重度骨髓型急性放射病和轻度肠型急性放射病是造血干细胞移植的适应证,在照射 7~10Gy 后,没有明显烧伤和其他重要器官损伤可以考虑造血干细胞移植,如果照射后 6 天粒细胞计数 $>0.5 \times 10^9/L$,血小板计数 $>100 \times 10^9/L$,说明体内有残存造血而不适宜造血干细胞移植。

② 预处理方法:有清髓性与非清髓性造血干细胞移植两种方法。前者为传统的方法,临床应用的多,已积累了许多有益的经验。后者是近几年才在临床开展,其中关键是预处理中使用免疫抑制剂的剂量和种类如何掌握。

③ 治疗急性放射病的时机:应当是越早越好,但由于选择供授者 HLA 配型和对供者进行造血干细胞动员、采集干细胞等需要一定的时间,应选择照后 7 天内进行造血干细胞移

植。而肠型急性放射病整个病程短仅约两周,因而更应在照后头几天内进行。

④ 移植造血干细胞的数量:移植足够数量的造血干细胞是移植成功或失败的关键条件,自身骨髓移植输注的骨髓有核细胞以(3~5)×10/kg为宜,同种骨髓移植一般为(2~3)×10/kg。HLA 单倍体相合或不全相合骨髓移植时采量宜更多。为确保移植骨髓细胞的质量,宜采用多点穿刺少量抽吸的采髓方法,以尽量减少外周血的混入。

3) 预防早期并发症:在 ARS 基础上实施造血干细胞移植,势必会影响多种组织器官,造成各种并发症。最常见的早期表现为恶心、呕吐、黏膜炎。除上述常见并发症外还有移植后感染、移植后神经系统并发症、肾脏并发症、心脏并发症、口腔黏膜炎等;导致早期死亡的重要并发症是出血性膀胱炎(HC)和急性移植物抗宿主病(aGVHD),但并不常见。

六、转归及预后

从国内外资料来看重度以下骨髓型急性放射病经过积极治疗均能存活,但到目前为止,无论移植或是细胞因子治疗,受照射剂量大于 8Gy 的放射病病例尚无长期存活的报道,肠型放射病存活时间 10~15 天死亡。脑型放射病病情危重,患者一般在 2~3 天内死亡。

第五节 放射性皮肤损伤的临床救治

一、基本概念及术语

1. 放射性皮肤损伤(radiation injuries of skin)是指身体皮肤或局部受到一定剂量的某种射线(X、γ 及 β 射线等)照射后所产生的一系列生物效应,包括人体皮肤、皮下组织、肌肉、骨骼和器官的损伤[4]。

2. 急性放射性皮肤损伤(acute radiation injuries of skin)是指身体局部受到一次或短时间(数日)内多次大剂量(X、γ 及 β 射线等)外照射所引起的急性放射性皮炎及放射性皮肤溃疡。

3. 慢性放射性皮肤损伤(chronic radiation injuries of skin)是由急性放射性皮肤损伤迁延而来或由小剂量射线长期照射后引起的慢性放射性皮炎及慢性放射性皮肤溃疡。

4. 职业性放射性皮肤损伤(occupational radiation injuries of skin)是指放射工作人员在职业活动中身体皮肤或局部受到一定剂量的某种射线(X、γ 及 β 射线等)照射后所产生的一系列生物效应,包括人体皮肤、皮下组织、肌肉、骨骼和器官的损伤。

二、病因

随着科学技术的进步,核与辐射技术已广泛地应用于工农业生产、军事和医学事业等各行各业中,极大地促进了社会进步与经济发展。然而,核与辐射技术在造福于人类的同时,核与辐射事故时有发生,由此造成的放射性皮肤疾病日渐增多。

平时多见于应用放射线诊断和治疗某些疾病过程中的失误和后遗效应,也可见于核工业生产、工业探伤、辐照加工、放射性实验室、原子能反应堆和核电站等意外事故。

在核战争条件下,主要是体表受到放射性落下灰沾染而未及时洗消或洗消不彻底而引起的放射性皮肤疾病;在核恐怖事件中,主要是使用能释放放射性物质的装置或袭击核设施引起放射性物质的释放,使人体受到放射性物质的沾染。

三、临床表现

(一)急性放射性皮肤损伤

潜伏期呈剂量依赖性缩短(剂量越高,潜伏期越短)。急性放射性皮肤损伤根据病变发展,分为4度,每度的临床表现又可以分为4期:初期反应期、假愈期、反应期和恢复期。皮肤照射最早的反应是短暂的表现,即原发性数小时内可能出现原发性红斑。原发性红斑出现的时间可预测预后,因为照射后原发性红斑出现的时间愈早,意味着皮肤的吸收的剂量愈高,参见表7-18。

1. Ⅰ度损伤(脱毛) 初期局部无任何症状,24小时后可出现轻微红斑,但很快就消失。3~8周后出现毛囊丘疹和暂时脱毛。恢复期局部无任何改变,毛发可再生。

2. Ⅱ度损伤(红斑) 受照射当时局部可无任何症状,有的经3~5小时局部仅出现轻微的瘙痒和灼热感,继而逐渐出现轻度肿胀和充血性红斑;1~2天后,红斑和肿胀暂时消退。2~6周后,局部皮肤又出现轻微的瘙痒、灼热和潮红,并逐渐加重,直到又出现明显红斑和轻微灼痛。一般持续4~7天后转为恢复期,上述症状逐渐减轻,灼痛缓解,红斑逐渐转为浅褐色,出现粟粒状丘疹,皮肤稍有干燥、脱屑和脱毛,或伴有轻微的瘙痒等症状。以上症状一般2~3个月后可以消失,毛发可再生,无功能障碍或不良后遗症。

3. Ⅲ度损伤(水疱或湿性皮炎) 受照射当时可一过性灼热和麻木感,24~48小时后相继出现红斑、灼痛和肿胀等症状。在反应期受照射局部再次出现红斑,色泽较前加深,呈紫红色,肿胀明显,疼痛加剧,并逐渐形成水疱,开始为小水疱;3~5小时后,逐渐融合成大水疱,疱皮较薄,疱液呈淡黄色。水疱破溃后形成表浅的糜烂创面。

4. Ⅳ度损伤(坏死、溃疡) 受照射当时或数小时后,即出现明显的灼痛、麻木、红斑及肿胀等症状,且逐渐加重。红斑反应明显,红斑颜色逐渐加深,常呈紫褐色,肿胀加重,疼痛剧烈,并相继出现水疱和皮肤坏死区,坏死的皮肤大片脱落,形成溃疡。面积大而深的溃疡逐渐扩大、加深,容易继发细菌感染。重者可累及深部肌肉、骨骼、神经干或内脏器官。

表 7-18 局部放射性皮肤损伤不同表现的阈剂量和起效时间

临床表现	阈剂量/Gy)	出现时间/d
二次红斑	3	14~21
暂时脱毛	3	14~18
永久脱毛	7	25~30
干性脱皮(干上皮炎)	10	20~28
湿性脱皮(渗出性上皮炎)	15	15~25
坏死	25	>21

注:表 7-18 引自 Medical Management of Radiation Injuies,Safety Repofts Series No.101 IAEA 2020。
出现时间是一个参考;它受剂量率、照射时间和个体放射敏感性等因素的影响。二次红斑是指在局部辐射损伤的表现阶段形成的红斑。

(二) 慢性放射性皮肤损伤

1. Ⅰ度损伤 由急性放射性皮肤损伤迁延而来的慢性放射性皮炎及慢性放射性皮肤溃疡。轻者,损伤区皮肤干燥、粗糙、轻度脱屑、皮肤纹理变浅或紊乱、轻度色素沉着和毛发脱落。重者,局部皮肤萎缩、变薄和干燥,并可见扩张的毛细血管,色素沉着与脱失相间,呈“大理石”样改变,瘙痒明显,皮下组织纤维化,常出现皲裂或疣状增生。

2. Ⅱ度损伤 硬化水肿多见于四肢,常发生在照射后半年或数年,受损部位皮肤四周色素沉着,中央区色素减退,皮肤萎缩变薄,失去弹性。局部常逐渐出现非凹陷性水肿,触之有坚实感,深压时又形成不易消失的凹陷,有时局部疼痛明显。

3. Ⅲ度损伤 慢性放射性溃疡是在受照射局部的病变基础上,出现大小不一、深浅不等的溃疡,其轻重与照射量和感染程度有关。此类溃疡的特点是溃疡边缘不整齐,呈潜行性;基底凹凸不平,肉芽生长不良、污秽,常有一层黄白色纤维素样物覆盖;此类溃疡多伴有不同程度的细菌感染。溃疡四周色素沉着、皮肤及深层组织纤维化,形成瘢痕,使局部硬似“皮革状”。

四、诊断与鉴别诊断

(一) 诊断

1. 急性放射性皮肤损伤诊断

(1) 诊断原则应根据患者皮肤受照史、临床表现及皮肤受照剂量进行综合分析作出诊断。

（2）皮肤受照后的主要临床表现和预后,因射线种类、照射剂量、剂量率、射线能量、受照部位、受照面积和身体情况等而异。依据表7-19和表7-20作出分度诊断。

表7-19　急性放射性皮肤损伤分度诊断标准

分度	初期反应期	假愈期	临床症状明显期	参考剂量/Gy
I			毛囊丘疹、暂时脱毛	≥3
II	红斑	2~6周	脱毛、红斑	≥5
III	红斑、烧灼感	1~3周	二次红斑、水疱	≥10
IV	红斑、麻木、瘙痒、水肿、刺痛	数小时至10天	二次红斑、水疱、坏死、溃疡	≥20

注:表7-19引自国家职业卫生标准GBZ 106—2020职业性放射性皮肤疾病诊断标准。

表7-20　单次剂量的大致阈值及人体皮肤对电离辐射的反应发病时间

临床表现	大致剂量阈值/Gy	出现时间
早期短暂性红斑	2	2~24小时
主要红斑反应	6	约1.5周
临时性脱毛	3	约3周
永久性脱毛	7	约3周
干性脱皮	14	约4~6周
湿性脱皮	18	约4周
二次溃疡	24	>6周
晚期红斑	15	8~10周
缺血性皮肤坏死	18	>10周
皮肤萎缩（第一阶段）	10	>52周
毛细血管扩张	10	>52周
皮肤坏死（晚期）	>15?	>52周

注:表7-20引自ICRP118号出版物。

2. 慢性放射性皮肤损伤诊断

（1）由急性放射性皮肤损伤迁延而来,排除其他皮肤疾病,进行综合分析作出诊断。

（2）慢性放射性皮肤损伤可依据表7-21作出分度诊断。

3. 诊断步骤

（1）病史采集:要注意详细询问伤病员受照史,包括伤病员近期或以往接触放射性物质的情况、核素的种类、射线的种类和能量、受照射时间、放射源距离及个人防护用品使用情况

表 7-21　慢性放射性皮肤损伤诊断标准

分度	临床表现（必备条件）	参考剂量/Gy	
		急性迁延	累积照射
I	皮肤色素沉着或脱失、粗糙，指甲灰暗或纵嵴、色条甲	≥5	≥15
II	皮肤角化过度，皲裂或萎缩变薄，毛细血管扩张，指甲增厚变形	≥10	≥30
III	坏死溃疡，角质突起，指端角化融合，肌腱挛缩，关节变形，功能障碍（具备其中一项即可）	≥20	≥45

注：表 7-21 引自国家职业卫生标准 GBZ 106—2020 放射性皮肤疾病诊断标准。

等。在核事故、核辐射恐怖事件或核战争条件下，主要考虑放射性物质沾染和受照史，尤其要注意患者在当时所处的位置、风向、环境情况、在沾染区停留的时间、洗消情况及是否合并有其他损伤等。

（2）体格检查：观察局部皮肤改变情况，早期皮肤是否出现红斑、瘙痒和灼痛，是否出现毛囊丘疹、脱毛及二次红斑、水疱，是否出现糜烂和溃疡。晚期注意观察局部皮肤色素沉着或脱失、粗糙，皮肤是否有角化过度、皲裂或萎缩变薄、毛细血管扩张及指甲增厚变形等。检查肢体活动情况，局部是否有压痛等。

（3）辅助检查：随着科技的不断发展，各种物理和化学检测技术的发展和应用，如红外线热成像技术、同位素标记、血流图、CT、磁共振、高频超声和皮肤温度测定等无创技术，以及组织学和免疫化学等检测方法，对局部辐射损伤程度和范围能作出较确切的诊断，提高了对局部放射损伤的诊断水平。

4. 诊断要点

（1）病史：要注意详细询问伤病员皮肤受照史，包括伤病员近期或以往接触放射性物质的情况、核素的种类、射线的种类和能量、受照射时间、放射源距离以及个人防护用品使用情况等。

（2）剂量：已往的研究大多是通过动物模型得出实验剂量，与临床有较大差异。通过 20 多年来国内外辐射事故中人体急性放射性皮肤损伤的物理剂量的检测，总结出了各类射线、不同剂量和不同损伤程度的剂量值，见表 7-6。在事故条件下物理剂量的测定，主要根据事故现场、射线的种类和能量、受照射时间及放射源距离等综合分析估算受照射量。

（二）鉴别诊断

急性放射性皮肤损伤早期某些临床改变与一般热烧（烫）伤及某些皮肤疾病也有相似之处，应注意鉴别。此外，还应与日光性皮炎、过敏性皮炎、药物性皮炎、甲沟炎和丹毒等相区别，主要鉴别要点是急性放射性皮肤损伤有受照史。

五、治疗

治疗原则要求在有此类损伤经验的专业整形外科或烧伤科住院治疗。传统止痛药、非甾体抗炎药、中枢作用镇痛药和镇静剂对疼痛进行药物治疗,可部分缓解损伤初期的大部分疼痛。随着疼痛的严重程度增加,可能需要更有效的镇痛药(如曲马多、曲美他莫司、哌替啶),或单独使用或与抗组胺药(异丙嗪)和抗精神病药(氯丙嗪)联合使用。抗焦虑药、安眠药和抗抑郁药在疼痛治疗中有辅助作用。

继发感染可能是一种并发症,应使用局部抗生素。在严重或复杂的病例中,可能需要全身性抗生素,并且必须根据培养结果和抗生素谱进行管理。

(一) 一般治疗

1. 立即脱离辐射源或防止被照区皮肤再次受到照射或刺激。疑有放射性核素沾染皮肤时应及时予以洗消去污处理。对危及生命的损害(如休克、外伤和大出血),应首先给予抢救处理。皮肤损伤面积较大、较深时,不论是否合并全身外照射,均应卧床休息,给予全身治疗。

2. 给予镇静止痛药物。疼痛严重时,可使用哌替啶类药物,但要防止成瘾。

3. 注意水、电解质和酸碱平衡,必要时可输入新鲜血液。加强营养给予高蛋白和富含维生素及微量元素的饮食。

4. 加强抗感染措施,选用有效的抗生素类药物。

(二) 特殊治疗

1. 大面积急性放射性皮肤损伤伴有全身放射病的情况下,争取在放射病极期之前使创面得以覆盖或大部分愈合,为外照射急性放射病的治疗创造良好的条件。可进行简单的坏死组织切除,以游离皮片或生物敷料覆盖,消除创面。待恢复期后再施行完善的手术治疗。

2. 位于功能部位的IV度皮肤损伤或皮肤损伤面积大于 25cm 的溃疡,经久不愈的溃疡或严重的皮肤组织增生或萎缩性病变,应尽早手术治疗。

3. 心理护理,放射性皮肤损伤愈合慢,预后差,患者常出现悲观、焦虑,严重的皮肤损伤导致剧烈疼痛时常加重情绪变化,针对患者表现出的不良心理反应,应及时给予安抚、劝导及心理干预。

六、预后

急性放射性皮肤损伤后期往往迁延为慢性放射性皮肤损伤改变。凡身体局部受到一定剂量的射线外照射后,要进行远后效应医学随访观察。对于局部皮肤长期受到超过剂量限值的照射,皮肤及其附件出现慢性病变,更应该注意远后效应医学随访观察,对于角化过度或长期不愈的放射性溃疡应警惕放射性皮肤癌的发生。

第六节　放射性复合伤的临床救治

一、基本概念与术语

1. 放射损伤(radiation injury)　电离辐射作用于机体后所引起的病理反应,分为全身性损伤(急、慢性放射病)、局部损伤(如皮肤和其他器官损伤)、复合性损伤以及在此基础上的后遗症。

2. 复合伤(compound injury)　是指人员同时或相继受到两种或两种以上致伤因素的损伤,称为复合伤,一般分为放射性复合伤和非放射性复合伤,非放射性复合伤是指没有放射损伤的其他种类的复合伤,如烧伤和冲击伤复合,烧伤和骨折复合等。

3. 放射复合伤(radiation combined injury)　以放射损伤为主,两种以上致伤因素对同一机体造成的损伤,根据放射损伤、烧伤和冲击伤的严重程度,分为三类,①以放射损伤为主的放烧冲复合伤、放烧复合伤、放冲复合伤;②以烧伤为主的烧放冲复合伤和烧放复合伤;③以冲击伤为主的冲放烧复合伤和冲放复合伤。凡是合并有放射损伤的复合伤都属于放射性复合伤。

4. 放冲复合伤(combined radiation blast injury)　是指人体同时或相继发生的放射损伤为主,复合冲击伤的一类复合伤。

5. 放烧复合伤(combined radiation burn injury)　是指人体同时或相继发生放射损伤为主,复合烧伤的一类复合伤。

二、病因

放射复合伤是在战时核爆炸及平时大型核事故情况下发生的主要的、特殊的伤类之一,复合伤多见于小当量低空或地面爆炸情况下,因为,核爆炸同时释放核辐射、光辐射和冲击波,在杀伤区域的人员发生复合伤的概率较大。当然,人员的防护情况和核爆时的地貌条件也影响发生概率,日本遭原子弹袭击后,复合伤将是核爆炸后的一个主要问题,广岛和长崎20天生存的伤员中,复合伤约占40%;如将早期死亡者包括在内,复合伤占60%~85%。

核事故也可引起复合伤,尤其是堆芯熔毁,石墨等外壳燃烧,可引起爆炸和火灾,甚至建筑物的损毁、倒塌造成的创伤等,均可造成复合伤。苏联切尔诺贝利核电站事故中的复合伤病例中,一些消防员因受到辐射损伤和烧伤而死亡。

除此之外,近年来恐怖事件在世界范围内不断升级,恐怖事件也是造成复合伤的原因之一。例如,脏弹源于 20 世纪 40 年代,是将放射性物质放入炸弹、炮弹或其他爆炸性装置中,通过爆炸的方式将放射性物质播散,导致人员、物品及地域的放射性污染,所造成的损伤是爆炸引起的烧伤、弹片伤及放射性核素污染等。

三、复合伤的基本特点

复合伤多有复合效应,机体同时遭受 2 种或以上致伤因素导致的损伤效应,不是单一伤的简单相加,各伤情之间相互影响,导致整体伤情更加复杂,这就是"复合效应";复合伤大多表现为"相互加重",即(1+1>2),也可表现为"不加重",甚至"减轻",即(1+1<2),复合效应表现可以多种多样。

复合伤常以某一伤情为主,但在病情演变过程中,次要伤情可能会转为主要矛盾,例如,放烧复合伤,以放射损伤为主要伤情,但在伤后早期,因烧伤引发的休克可成为"主要矛盾",是病情恶化甚至死亡的主要原因。除此之外,复合伤可能伤及多个部位,有些伤情在表面,易于发现,有些伤情隐蔽,不易发现,在体格检查时注意不要遗漏。

复合伤的诊断也存在一些潜在的问题,实验室检查结果可能与病情不相符,应予注意。例如血液学指标,因为其他伤情使结果改变,又如细胞遗传学检查结果,微核试验可能受到有毒化学物质的影响,使其在辐射剂量评估中的应用更加复杂。

四、临床表现

(一) 放射复合伤的分度
放射复合伤是以放射损伤为主的复合伤,在分度时参照放射损伤的分度标准,一般分为四度,但是放射复合伤分度时剂量要降低些;另外,放射复合伤的病程与单纯急性放射病的特点相同,有明显的阶段性,可分为四期:即初期、假愈期、极期和恢复期,主要临床表现为胃肠功能紊乱,造血障碍,感染和出血,病变严重程度主要取决于受照剂量,现就各度放射复合伤的临床表现简述如下:

1. 轻度放射复合伤　受照剂量一般在 1Gy 以上,合并轻度烧伤或冲击伤,伤情互相加重不明显。伤后数天内可出现疲乏、头晕、失眠、恶心和食欲减退等一般症状,个别患者在伤后 3~4 周可见体表皮肤出血点,烧伤创面早期可发生感染,伴有一过性发热,通常在数天内降至正常。造血组织损伤轻微,伤后白细胞数可轻度降低,整个病程约 2 个月。

2. 中度放射复合伤　受照剂量一般在 2Gy 以上,合并轻度烧伤或冲击伤,临床经过呈阶段性,初期主要表现疲乏、头晕、失眠、恶心和食欲减退等一般症状,感染及发热比单纯放射病出现早,持续时间可超过一周,极期可发生呕吐、腹泻、皮肤黏膜出血。白细胞于早期可有 3~5 天增高,随后减少,白细胞下降速度比同剂量单纯放射病缓慢,且下降程度也较轻,淋巴细胞在伤后一天即有明显下降,血红蛋白轻度减少,整个病程约 3 个月。

3. 重度放射复合伤　受照剂量一般在 3Gy 以上,合并中度以上烧伤或冲击伤,临床经过呈阶段性,且有明显加重作用,发展快、假愈期缩短,极期提前并延长;发热开始早,持续时间长,厌食、恶心、呕吐等胃肠症状更为严重,皮肤和黏膜出血,便血也比同剂量单纯放射病出现早而重,伤后白细胞下降速度与单纯放射病大致相似,但白细胞降至最低值时间早,数值更低。全身感染如肺炎、败血症等也容易发生,其他表现如水电解质平衡失调,代谢紊乱等也更明显。

4. 极重度放射复合伤　受照剂量一般在 4Gy 以上,合并中度以上烧伤或冲击伤,病情极重,发展极快,无明显的假愈期;平均伤后 2 天开始发热,牙龈、扁桃体很快发生感染,厌食、呕吐、腹泻等消化道症状也同时出现。

脑型和肠型的放射复合伤,由于射线剂量极大,放射损伤在复合冲击伤中的地位尤为突出,此时虽有烧伤或机械伤,但是由于病程短暂往往表现不出明显加重的迹象,患者已进入极重阶段,甚至死亡。

(二) 放烧复合伤

放烧复合伤是指人体同时或相继发生放射损伤为主复合烧伤。受照剂量超过 1Gy,烧伤多为皮肤烧伤,也可以同时发生呼吸道烧伤及眼烧伤等。放射损伤的按照 GBZ 104 分型分度,烧伤深度的判定取三度四分法,放烧复合伤的伤情可分为轻度、中度、重度及极重度四度,参见表 7-22。

1. Ⅰ度(红斑性烧伤)　照后 3~5 小时局部出现瘙痒和灼热感,继而逐渐出现轻度肿胀和充血性红斑,表皮完整,创面呈红斑状,无渗出及水疱,局部肿胀轻微。3~5 天后,脱屑愈合,不留瘢痕,短期内有色素沉着。

2. 浅Ⅱ度(水疱性烧伤)　照后 24~48 小时后出现红斑、灼痛和肿胀等症状。在反应期受照局部出现二次红斑,色泽较前加深,呈紫红色,肿胀明显,疼痛加剧,并逐渐形成水疱,开始为小水疱;3~5 小时后,逐渐融合成大水疱,疱皮较薄,疱液呈淡黄色,水疱破溃后形成表浅的糜烂创面,不留瘢痕,多有色素沉着。

3. 深Ⅱ度　受照射局部色泽深,呈紫红色,肿胀明显,疼痛加剧,表皮苍白或蜡黄,创面有小水疱,红白相间,可见扩张或栓塞的小血管支,质韧,痛觉迟钝,皮温较低,无感染的可在20天左右自愈,留瘢痕。

4. Ⅲ度(焦痂性烧伤)　创面干燥,呈苍白或蜡黄炭化状,见粗大树枝状栓塞血管网,质地呈皮革样,痛觉消失,皮温低,重者可累及深部肌肉、骨骼、神经干或内脏器官。

表 7-22　不同伤情的单一伤复合后放烧复合伤伤情的分度

放射损伤	烧伤	放烧复合伤	放射损伤	烧伤	放烧复合伤
轻	轻	轻	重	轻	重
中	轻	中	重	中或重	极重
中	中	重	极重	各度	极重

(三) 放冲复合伤

冲击伤是指核爆产生的冲击波直接、间接作用于人体引起的损伤;放冲复合伤是指人体同时或相继发生的放射损伤为主复合冲击伤的一类复合伤。放冲复合伤的伤情可分为轻度、中度、重度及极重度四级。病程一般可经休克期、局部感染期、极期及恢复期四个期。

1. 轻度　压强 20~40kPa,可发生轻度脑震荡、听力受损、内脏出血点或擦皮伤等。临床可表现有一过性神志恍惚、头痛、头昏、耳鸣、听力减退、鼓膜充血或破裂,一般无明显全身症状。

2. 中度　压强 40~60kPa,可发生脑震荡、严重听力损伤、内脏多处斑点状出血、肺轻度出血、水肿、软组织挫伤和单纯脱白等。临床可表现有一时性意识丧失,头痛、头昏、耳痛、耳鸣、听力减退、鼓膜破裂、胸痛、胸闷、咳嗽、痰中带血,偶可听到啰音,伤部肿、痛,活动障碍。

3. 重度　压强 60~100kPa,可发生明显的肺出血、水肿,腹腔脏器破裂,重要骨骼骨折等。临床可表现胸痛、呼吸困难、咯血性痰,胸部检查有浊音区和水泡音,腹痛、腹壁紧张及压痛,血压下降,呈弥漫性腹膜炎体征,有不同程度休克或昏迷征象,并有骨折局部的相应症状和体征。

4. 极重度　压强 >100kPa,可发生严重肺出血、肺水肿、肝脾严重破裂、颅脑严重损伤。临床可表现呼吸极度困难、发绀、躁动、抽搐,胸部检查有浊音区,干、湿性啰音,喷出血性泡沫样液体,有危重急腹症表现,处于严重的休克或昏迷状态。

五、诊断

（一）早期分类诊断

体表烧伤和外伤易于发现,而难点在于是否复合放射性损伤和内脏损伤,早期分类一般在现场进行,其主要任务是在于迅速正确地区分伤类,判断伤情,为救治后送提供依据。

1. 从早期症状和体征判断伤类、伤情 大面积严重烧伤而无明显放射病初期症状时如恶心、呕吐、腹泻等,可能是以烧伤为主的放射复合伤或单纯烧伤;伤后有明显恶心、呕吐、腹泻,同时有烧伤或创伤,可能是放射损伤为主的复合伤;伴有耳鸣、耳痛、耳聋、咳嗽或有泡沫血痰,可能伴有冲击伤,尤其是整体伤情表现比体表烧伤或外伤要重,应考虑合并放射损伤或内脏冲击伤等其他伤情。

2. 判断受照剂量和污染水平 应根据人员受照的具体情况(如辐射源情况、所处位置、活动范围和时间等)、事故现场辐射检测情况、个人剂量检测数据、体表测量结果,判断所受外照射剂量和体内、体表放射性物质污染水平进行综合分析。

3. 根据白细胞数变化进一步判断伤类、伤情 白细胞数增加、淋巴细胞减少者,可能是以烧伤为主的放射复合伤;白细胞数和淋巴细胞数均减少、中性粒细胞所占百分数也减少(进入极期时)者,可能是以放射损伤为主的复合伤。

（二）临床诊断

1. 放烧复合伤 根据烧伤临床分度红斑、水疱和焦痂性烧伤的临床特点、烧伤深度和面积大小判定烧伤严重程度进行诊断(见本节放射复合伤临床表现)。

放烧复合伤患者体表面积估算方法:①手掌法:伤员手指并拢,手掌面积为体表面积的1%;②中国九分法:成人的头颈部占全身体表面积的 $1×9\%$,双上肢占 $2×9\%$,躯干(含会阴部 1%)占 $3×9\%$,双下肢(含臀部)占 $5×9\%+1\%$,共为 $11×9\%+1\%=100\%$。

2. 放冲复合伤 放冲复合伤的诊断应以单一伤为基础,并充分考虑复合伤的特点,依据爆炸时伤员的伤类和伤情诊断。既充分利用各方面的间接依据,又要依靠对每一伤员的直接观察。在现场、早期救治机构和专科医院,按不同条件和不同要求作出临床诊断。

(1) 根据伤情、临床表现和实验室检查结果,结合健康档案进行综合分析。

(2) 诊断重点是有无冲击波所致的内脏损伤,或是否合并放射损伤及其严重程度。

(3) 冲击伤应做好分度诊断(参考本节放冲复合伤分度):

1) 有多处(多脏器、多部位)伤时,应确定主要损伤及其伤势的程度。

2) 受伤条件和环境:根据爆炸现场的情况如爆炸方式、伤员距爆炸中心的距离、冲击波压力值和屏蔽条件、周围物体破坏等情况,推断冲击伤伤情。

3) 根据武器、技术装备、工事破坏程度及冲击波压力值可间接推断同一地点和开阔地人员冲击伤的伤情程度。

六、治疗

放射复合伤救治的首要任务是积极抢救危及伤员生命的主要损伤,如出血,休克等,优先考虑救命行动和常规创伤的医疗处理,并根据复合伤的性质和严重程度进行个体化治疗。

一般说来,治疗急性放射病的方案和药物同样适用于放射复合伤,根据伤情和病期不同,采取综合救治措施。根据复合伤的特点,在治疗主要损伤的同时,必须兼顾次要损伤;局部处理必须注意全身情况和病程阶段,使两方面起相辅相成作用,不同时期的治疗各有侧重。

(一) 急救

复合伤的急救与一般战伤基本相同,包括止血、敷盖创面、镇静、止痛、保暖、口服补液防止休克、骨折固定、防止窒息和口服抗菌药物预防感染等。如在放射污染区,对放射性物质污染的伤口,则需要用不透性敷料保护伤口以避免污染扩散,不建议在现场对伤口进行去污处理,尽早地收集各种生物样品以供检测,迅速撤离污染区。

(二) 治疗

放射复合伤的治疗既不同于单纯放射病,又不同于单纯烧伤、创伤等损伤,因而比单一伤伤情复杂,治疗难度大,依据急性放射病的治疗原则,应积极地进行综合对症治疗,防止休克,早期使用抗放射药物,适时进行外科处理,促进创面愈合,控制感染,防止出血,促进造血和纠正水、电解质紊乱等,在治疗过程中特别注意以下几点:

1. 治疗原则　针对放冲复合伤应先重后轻,快抢快救,严密观察,重点救治心肺伤、腹腔脏器伤、挤压伤、听器损伤和玻片伤;针对放烧复合伤应快抢快救,防治休克、感染,尽早封闭创面和防治内脏并发症。

2. 休克的防治　放烧复合伤发生早期休克的原因是多方面的,有研究发现心功能损害与早期休克的有关系,认为低容量性休克是引发心脏功能损害的一个重要因素,因此在防治早期休克时可以有的放矢,即需要早期及时补液,也要注意保护心脏功能,实验研究还证明了补液配伍氧自由基清除剂、钙拮抗剂可避免早期死亡,为后续治疗提供了重要基础。

按休克的抢救原则采取平卧位,给予镇静、止痛剂,注意补充营养,纠正水电解质紊乱。维持呼吸功能,保持呼吸道通畅,若有心功能不全、肺水肿时,可酌情应用强心利尿等药物。

3. 早期采用抗放措施　有研究表明,对单纯放射病有效的抗放药,对复合伤也有不同的效果,常用的包括胱胺、氨磷汀、WR2721［S-2-(3-氨基丙胺基)乙基硫代磷酸］、雌激素、"523""408"及中药制剂等,伤后应尽早给予抗辐射药物,郭朝华等采用5种辐射防护药对放烧复合伤防治作用的实验研究发现,E838(由炔雌醇经系统改造人工合成的一种新的衍生物)和WR-2721,与其他辐射防护药相比具有较理想的辐射防护作用,且E838还有一定的治疗作用,两者合理配伍可发挥协同治疗作用。除此之外,还应使用其他促进血液再生的药物,如维生素 B_{12}、叶酸等药物。

4. 污染伤口的处理　及时处理污染伤口的放射性核素污染或残留,减少放射性核素的吸收,洗消时注意洗消液外流引起的污染扩散,如果只有局部伤口污染、在不影响功能的情况下可考虑手术切除污染灶;有放射性物质内污染者,尽早开始阻吸收和促排治疗。

5. 控感染和调节免疫功能　在中度以上放射复合伤时,感染发生早而重,以感染为主要直接致死原因比例增加,更应关注内源性感染,尤其是肠源性感染,肠源性感染的发生与全身和局部(黏膜)免疫功能下降、肠上皮损伤、肠道菌群失调及肠道营养障碍等因素有关。伤后早期即应开始用抗感染措施,抗菌药物宜早期、适量和轮换使用。另外,放射复合伤后机体对厌氧杆菌的敏感性增加,尽早注射破伤风抗毒素;中度以上伤员,消毒措施要严密,根据需要和可能使用层流洁净病房。

6. 改善造血功能,防止出血,有研究发现,放射损伤可抑制各种生长因子的释放,因此,应尽早考虑使用细胞因子(如 G-CSF)和 HSCT。在中度以上放射复合伤时,造血功能障碍和出血较单纯急性放射病发生得早而重,且照射后外周血T淋巴细胞及其亚群的降低和白细胞数的下降也是导致伤口愈合延迟的重要原因。

(1) 血小板低于 $20\times10^9/L$ 或有严重出血时,应输注血小板悬液,血红蛋白低于 80g/L,可少量多次静脉输注新鲜血,速度不宜太快,以防止输血反应。

(2) 白细胞 $1.0\times10^9/L$ 以下可给予 Gm-CSF、G-CSF、IL-3,血小板低于 20×109/L 时可给予 TPO,血红蛋白降低时可给予 EPO 等,也可两种造血刺激因子联用使用。在输注全血或血小板前时,须经 15~25Gy γ 射线照射处理。

(3) 重度以上伤员,如有条件酌情开展同种异基因骨髓移植,并注意抗宿主病的防治。

7. 外科处理　在放射复合伤中的烧伤、冲击伤的外科处理基础上与一般外科治疗原则相同,只是由于急性放射病影响,治疗时应注意以下几点:

(1) 手术时机:最好在最初 48 小时内完成所有手术,并选择尽量减少皮肤进入点的技术,如果在急性照射后不在这个"机会之窗"内进行手术,可能要推迟 2~3 个月,直到造血完全恢复。除初期因严重休克不能实施手术外,外科手术应及早在初期,或假愈期进行,争取在极期前伤口愈合,变复合伤为"单纯伤",疑有腹腔脏器损伤时,及时进行剖腹探查,并在手术前后酌情应用造血刺激因子和血液制品,帮助机体恢复。在极期除了应急抢救外,一般禁止实施外科手术,因为这时患者耐受性很差,常见出血和感染,手术会使症状加重,出血不止,伤口不愈,出现败血症或中毒休克。当恢复期全身情况好转,能耐受手术时,方可进行手术,但仍须作充分准备,谨慎进行,防止引起严重反应。

(2) 麻醉问题:局部麻醉在伤后各个时期均可使用。乙醚麻醉和硫喷妥钠静脉麻醉,在初期和假愈期可以使用。有严重肺损伤者,不宜用吸入麻醉。

(3) 手术问题:软组织或内损伤的初期进行外科处理及其他有关手术,要根据外科救治原则尽早完成。手术时应注意保存健康组织,严密止血,术前做好充分准备,尽量缩短手术时间;骨折应争取时间作复位,骨折固定时间应根据临床及 X 射线检查结果适当延长。

(4) 局部处理:在抗休克的过程中,注意对烧伤创面的保护,以防感染。休克缓解后,在镇痛与无菌条件下清洗创面,清除游离表皮,然后根据具体情况,采用包扎、暴露或湿润疗法。创面止痛除口服或注射止痛药外,局部可采用呋喃西林、硼酸液冷敷;也可用维斯克溶液外敷。以各种生物敷料(异体皮、辐射猪皮、人工皮等)暂时覆盖创面,可以收到良好的止痛效果。

七、预后

恢复期后,作器官修复和整形手术。尽早使用康复器械作自动或被动运动,也可作局部或全身浸浴等,维护伤部关节功能。深度烧伤愈合后,宜用弹性绷带压迫瘢痕。同时可按相关标准制订远后效应医学随访计划,进行定期医学随访观察。

第八章
案例分析

第一节　概　　述

放射性核素和核技术的广泛应用,在给人类带来巨大利益的同时,也会因为某些人为和技术的影响,发生危及人类生命和财产的核或辐射突发事件,有时还会给社会造成重大影响。表 8-1 给出了 1945—1999 年世界主要核或辐射事故情况。本章通过对日本福岛核事故、苏联切尔诺贝利核事故、美国三哩岛核事故、巴西戈亚尼亚铯源事故、泰国 Samut Prakarn 辐射事故、苏联吸入致命 ^{210}Po 事故、美国三例 ^{239}Pu 职业污染事故、美国 ^{90}Y 放射性药物治疗事故、山西忻州辐射事故、山东济宁 ^{60}Co 辐射事故、河南新乡“4·26” ^{60}Co 辐射事故、吉化建设公司 γ 放射源超剂量伤人事故、南京“5·7”放射事故和河南杞县放射源卡源事件等案例的分析,总结核或辐射突发事件的医学应急和管理经验,为减少和防止事件的发生及医学应急处理提供具体和生动的培训参考资料。

表 8-1　1945—1999 年世界主要核或辐射事故

序号	年份	地点	源项	剂量或摄入量	过量受照人数	死亡人数
1	1945/1946	美国 Los Alamos	超临界	高达 13Gy,混合照射	10	2
2	1952	美国 Argonne	超临界	0.1~1.6Gy,混合照射	3	
3	1953	苏联	实验堆	3.0~4.5Gy,混合照射	2	
4	1955	澳大利亚 Melbourne	^{60}Co	不明	1	
5	1955	美国 Hanford	^{239}Pu	不明	1	
6	1958	美国 Oak Ridge	临界装置,^{12}Y 工厂	0.7~3.7Gy,混合照射	7	
7	1958	南斯拉夫 Vinca	实验堆	2.1~4.4Gy,混合照射	8	
8	1958	美国 Los Alamos	临界装置	0.35~45Gy,混合照射	3	

序号	年份	地点	源项	剂量或摄入量	过量受照人数	死亡人数
9	1959	南非 Johannesburg	^{60}Co	不明	1	
10	1960	美国	电子束	7.5Gy（局部）	1	
11	1960	美国 Madison	^{60}Co	2.5~3.0Gy	1	
12	1960	美国 Lockport	X 射线	高达 12Gy，非均匀	6	
13	1960	苏联	^{137}Cs，自杀	约 15Gy	1	1
14	1960	苏联	溴化镭，摄入	74MBq	1	1
15	1961	苏联	核潜艇事故	1.5~50Gy	>30	8
16	1961	美国 Miamisburg	^{238}Pu	不明	2	
17	1961	美国 Miamisburg	^{210}Po	不明	4	
18	1961	瑞士	^{3}H	3Gy	3	4
19	1961	美国 Idaho Falls	反应堆内爆炸	高达 3.5Gy	7	3
20	1961	英国 Plymouth	X 射线	不明，局部	11	
21	1961	法国 Fontenay-aux-Roses	^{239}Pu	不明	1	
22	1962	美国 Richland	临界装置	不明	2	
23	1962	美国 Hanford	临界装置	0.2~1.1Gy，混合照射	3	
24	1962	墨西哥 Mexico City	^{60}Co 辐射装置	9.9~52Sv	5	4
25	1962	苏联 Moscow	^{60}Co	3.8Gy，非均匀	1	
26	1963	中国安徽省	^{60}Co	0.2~80Gy	6	2
27	1963	法国 Saclay	电子束	不明，局部	2	
28	1964	联邦德国	^{3}H	10Gy	4	1
29	1964	美国 Rhode Island	临界装置	0.3~46Gy，混合照射	4	1
30	1964	美国 New York	^{241}Am	不明	2	
31	1965	美国 Rockford	加速器	> 3Gy	1	
32	1965	美国	衍射仪	不明，局部	1	
33	1965	美国	谱仪	不明，局部	1	
34	1965	比利时 Mol	实验堆	5Gy（全身）	1	
35	1966	美国 Portland	^{32}P	不明	4	
36	1966	美国 Leechburg	^{235}Pu	不明	1	

序号	年份	地点	源项	剂量或摄入量	过量受照人数	死亡人数
37	1966	美国 Pennsylvania	^{198}Au	不明	1	1
38	1966	中国	"污染区"	2~3Gy	2	
39	1966	苏联	实验堆	3~7Gy（全身）	5	
40	1967	美国	^{192}Ir	0.2Gy,50Gy（局部）	1	
41	1967	美国 Bloomsburg	^{241}Am	不明	1	
42	1967	美国 pittburgh	加速器	1~6Gy	3	
43	1967	印度	^{60}Co	80Gy（局部）	1	
44	1967	苏联	X 射线诊断设备	50Gy（头,局部）	1	1
45	1968	美国 Brubank	^{239}Pu	不明	2	
46	1968	美国 Wisconsin	^{198}Au	不明	1	1
47	1968	联邦德国	^{192}Ir	1Gy	1	
48	1968	阿根廷 La Plata	^{137}Cs	0.5Gy（全身）+ 局部	1	
49	1968	美国 Chicago	^{198}Au	4~5Gy（脊髓）	1	1
50	1968	印度	^{192}Ir	130Gy（局部）	1	
51	1968	苏联	实验堆	1~1.5Gy	4	
52	1968	苏联	^{60}Co 辐射装置	1.5Gy（局部,头）	1	
53	1969	美国 Wisconsin	^{85}Sr	不明	1	
54	1969	苏联	实验堆	5.0Sv（全身）,非均匀	1	
55	1969	英国 Glasgow	^{192}Ir	0.6Gy	1	
56	1970	澳大利亚	X 射线	4~45Gy（局部）	2	
57	1970	美国 Des Moines	^{32}P	不明	1	
58	1970	美国	谱仪	不明,局部	1	
59	1970	美国 Erwin	^{235}U	不明	1	
60	1971	美国 Newport	^{60}Co	30Gy（局部）	1	
61	1971	英国	^{192}Ir	30Gy（局部）	1	
62	1971	日本	^{192}Ir	0.2~1.5Gy	4	
63	1971	美国 Oak Ridge	^{60}Co	1.3Gy	1	
64	1971	苏联	实验堆	7.8Sv;8.1Sv	2	
65	1971	苏联	实验堆	3.0Sv（全身）	3	
66	1972	美国 Chicago	^{192}Ir	100Gy（局部）	1	

序号	年份	地点	源项	剂量或摄入量	过量受照人数	死亡人数
67	1972	美国 Peach Bottom	^{192}Ir	300Gy（局部）	1	
68	1972	联邦德国	^{192}Ir	0.3Gy	1	
69	1972	中国	^{60}Co	0.4~5Gy	20	
70	1972	保加利亚	^{137}Cs 辐射装置，自杀	>200Gy（局部，胸）	1	1
71	1973	美国	^{192}Ir	0.3Gy	1	
72	1973	英国	^{106}Ru	不明	1	
73	1973	捷克和斯洛伐克	^{60}Co	1.6Gy	1	
74	1974	美国 Illinois	谱仪	2.4~48Gy（局部）	3	
75	1974	美国 Parsipany	^{60}Co	1.7~4Gy	1	
76	1974	中东	^{192}Ir	0.3Gy	1	
77	1975	意大利 Brescia	^{60}Co	10Gy	1	
78	1975	美国	^{192}Ir	10Gy（局部）	1	
79	1975	美国 Columbus	^{60}Co	11~14Gy（局部）	6	
80	1975	伊拉克	^{192}Ir	0.3Gy	1	
81	1975	苏联	^{137}Cs，辐照装置	3~5Gy（全身）+>30Gy（手）	1	
82	1975	民主德国	研究堆	20~30Gy（局部）	1	
83	1975	联邦德国	X 射线	30Gy（手）	1	
84	1975	联邦德国	X 射线	1Gy（全身）	1	
85	1976	美国 Hanford	^{241}Am	>37MBq	1	
86	1976	美国	^{192}Ir	37.2Gy（局部）	1	
87	1976	美国 Pittsburgh	^{60}Co	15Gy（局部）	1	
88	1976	美国 Rockaway	^{60}Co	2Gy	1	
89	1977	南非 Pretoria	^{192}Ir	1.2Gy	1	
90	1977	美国 Denver	^{32}P	不明	1	
91	1977	苏联	^{60}Co 辐射装置	4Gy（全身）	1	
92	1977	苏联	质子加速器	10~30Gy（手）	1	
93	1977	英国	^{192}Ir	0.1Gy+ 局部	1	
94	1977	秘鲁	^{192}Ir	0.9~2Gy（全身）+160Gy（手）	3	
95	1978	阿根廷	^{192}Ir	12~16Gy（局部）	1	

序号	年份	地点	源项	剂量或摄入量	过量受照人数	死亡人数
96	1978	阿尔及利亚	^{192}Ir	13Gy（最高值）	7	
97	1978	英国			1	
98	1978	苏联	电子加速器	20Gy（局部）	1	
99	1979	美国 California	^{192}Ir	高达 1Gy	5	
100	1980	苏联	^{60}Co 辐射装置	50Gy（局部,腿）	1	
101	1980	民主德国	X 射线	15~30Gy（手）	1	
102	1980	联邦德国	射线照相装置	23Gy（手）	1	
103	1980	中国	^{60}Co	5Gy（手）	1	
104	1981	法国 Saintes	^{60}Co 医疗设施	> 25Gy	3	
105	1981	美国 Oklahoma	^{192}Ir	不明	1	
106	1982	挪威	^{60}Co	22Gy	1	1
107	1982	印度	^{192}Ir	35Gy（局部）	1	
108	1983	阿根廷	临界装置	43Gy,混合照射	1	1
109	1983	墨西哥	^{60}Co	0.25~5Gy,迁延照射	10	
110	1983	伊朗	^{192}Ir	20Gy（手）	1	
111	1984	摩洛哥	^{192}Ir	不明	11	8
112	1984	秘鲁	X 射线	5~40Gy（局部）	6	
113	1985	中国	电子加速器	不明,局部	2	
114	1985	中国	^{198}Au,治疗错误	不明	2	1
115	1985	中国	^{137}Cs	8~10Sv（亚急性）	3	
116	1985	巴西	射线照相源	410Sv（局部）	1	
117	1985	巴西	射线照相源	160Sv（局部）	2	
118	1985/86	美国	加速器	不明	3	2
119	1986	中国	^{60}Co	2~3Gy	2	
120	1986	苏联 Chernobyl	核电厂	1~16Gy,混合照射	134	28
121	1987	巴西 Goiania	^{137}Cs	高达 7Gy,混合照射	50	4
122	1987	中国	^{60}Co	1Gy	1	
123	1989	萨尔瓦多	^{60}Co 辐射装置	3~8Gy	3	1
124	1990	以色列	^{60}Co 辐射装置	> 12Gy	1	1
125	1990	西班牙	加速器,放疗用	不明	27	11
126	1991	白俄罗斯 Nesvizh	^{60}Co 辐射装置	10Gy	1	1

续表

序号	年份	地点	源项	剂量或摄入量	过量受照人数	死亡人数
127	1991	美国	加速器	>30Gy(手和腿)	1	
128	1992	越南	加速器	20~50Gy(手)	1	
129	1992	中国	^{60}Co	>0.25~10Gy(局部)	8	3
130	1992	美国	^{192}Ir,近距放疗	>1 000Gy	1	1
131	1994	爱沙尼亚 Tammiku	^{137}Cs,废物库	4Gy(全身)+1 830Gy(腿)	3	1
132	1996	哥斯达黎加	^{60}Co,放射治疗	60% 过量	115	13
133	1996	伊朗 Gilan	^{192}Ir,射线照相	3Gy?(全身)+50Gy?(胸)	1	
134	1997	格鲁吉亚 Tbilisi	^{137}Cs 源	10-30Gy(身体不同小部位)	11	
135	1997	俄罗斯	临界实验装置	5~10Gy(全身)+200~250Gy(手)	1	
136	1998	土耳其	^{60}Co	3Gy(全身,最高值)	10	
137	1999	秘鲁	^{192}Ir,射线照相	100Gy(局部,腿)	1	
合计	137 起				686	106

表格信息整理自:INTERNATIONAL ATOMIC ENERGY AGENCY. Planning the Medical Response to Radiological Accidents, Safety Report Series No.4, Vienna: IAEA, 1998: 15-21; 李昕权,叶根耀. 1998 年伊斯坦布尔 ^{60}Co 源辐射事故. 中华放射医学与防护杂志, 2000, 20(5): 371-372; 杨志祥,叶根耀. 1999 年秘鲁 ^{192} 铱放射源事故. 中华放射医学与防护杂志, 2000, 20(6): 449.

第二节　日本福岛核事故

一、概况

日本福岛第一核电厂拥有 6 座用于商业运转的沸水型轻水堆(BWR)。最老的 1 号机组是从 1971 年开始运转的。2011 年 3 月 11 日 14:46(当地时间),日本宫城县以东约 130km 的太平洋海域发生 20 世纪以来罕见的里氏 9.0 级强烈地震,并且引发特大海啸,袭击了日本东部海岸,其中宫古的姉吉遭受的海啸高度达到 38.9m。截至 2011 年 10 月的统计数据表明,共计 15 810 人死亡,此外还有 4 613 人下落不明。此外,还有更多的人因为其居住的城镇被摧毁而不得不离开家园。当地的许多基础设施也在此次地震和海啸中严重受损。福岛第一核电厂在地震来袭后,成功启动了快速停堆,中断了链式反应,但是由于特大地震、特大海啸、全厂断电、应急柴油机损毁、辅助给水系统瘫痪等一系列事件同时发生造成反应堆无法降温而引发次生灾害——核泄漏事故。

二、事故经过

(一)事故初起情况

地震发生之前,福岛第一核电厂的 6 台机组中 1 号、2 号、3 号处于运行状态,4 号、5 号、6 号在停堆检修。地震导致福岛第一核电厂所有的厂外供电丧失,三个正在运行的反应堆自动停堆,应急柴油发电机按设计自动启动并处于运转状态。第一波海啸浪潮在地震发生后 46 分钟抵达福岛第一核电厂。海啸冲破了福岛第一核电厂的防御设施,这些防御设施的原始设计能够抵御浪高 5.7m 的海啸,而当天袭击电厂的最大浪潮达到约 14m。海啸浪潮深入到电厂内部,造成除一台应急柴油发电机之外的其他应急柴油发电机电源丧失,核电厂的直流供电系统也由于受水淹而遭受严重损坏,仅存的一些蓄电池最终也由于充电接口损坏而导致电力耗尽。

由于无法使用应急堆芯冷却装置注水,福岛第一核电厂 1 号、2 号、3 号机组在堆芯余热的作用下迅速升温,锆金属包壳在高温下与水作用产生了大量氢气,随后引发了一系列爆炸:2011 年 3 月 12 日 15:36,1 号机组燃料厂房发生氢气爆炸;2011 年 3 月 14 日 11:01,3 号机组燃料厂房发生氢气爆炸;2011 年 3 月 15 日 6:00,4 号机组燃料厂房发生氢气爆炸。

这些爆炸对电厂造成进一步破坏,由于现场工作环境非常恶劣,许多抢险救灾工作往往以失败告终。现场淡水资源用尽后,东京电力公司分别于 2011 年 3 月 12 日 20:20、3 月 13 日 13:12、3 月 14 日 16:34 陆续向 1、3、2 号机组堆芯注入海水,以阻止事态的进一步恶化。直至 2011 年 3 月 25 日,福岛第一核电厂才建立了淡水供应渠道,开始向所有反应堆和乏燃料池注入淡水。

日本东京电力公司 2011 年 5 月 24 日公布了对福岛第一核电厂 2、3 号机组堆芯状况的分析结果,推断这两个机组更可能在"水位下降"的情况下发生堆芯熔化。有关 1 号机组发生堆芯熔化的初步评估结果早已公布,反应堆中曾存有燃料的 1~3 号机组很可能全部发生堆芯熔化。大量放射性物质泄漏到环境中。

(二)对环境的影响

事故后第 7 天开始,附近地区蔬菜、饮水、牛奶被污染,至少 12 个县的蔬菜等食品被其他国家禁止输入。广大地区的空气、土壤、海水被污染。北半球许多国家空气被污染。中国大陆和中国台湾报告蔬菜检出碘-131。4月12日日本根据3月18日以来的检测,修正了释放量数据,确定事故释放了$(3.7\sim6.3)\times10^{17}$Bq的碘-131等效释放量。虽然在事故期间福岛第一核电厂向外界释放的放射性总量约为苏联切尔诺贝利事故的10%,但也达到了国际核事件分级中最严重的事故等级(7级)的范围。

(三) 对健康的影响

日本政府严密监测现场工作人员的健康状况,将他们受辐射的最高剂量限制在250mSv以下,福岛核电厂工作人员受到的辐射剂量未超过250mSv。3月24日,遭受辐射剂量超过170mSv的3位工作人员被送进医院,但由于未发现健康问题在4天后出院。有数百人参加救援,没有抢救人员死亡,28人受到100~200mSv照射。

受福岛第一核电厂事故影响,福岛县方面5月23日决定,将面向核电厂周边的约15万名居民实施30年以上的健康调查。除法律规定禁止入内的"警戒区"外,属于计划疏散区及紧急避难预备区范围内的双叶町、浪江町、南相马市等12个市町村的居民将成为健康调查的对象。健康调查将在县立医院及当地医师协会的协助下展开,除定期的健康检查外,还会针对白细胞数量及辐射所引起的癌症发病倾向等进行监测。

世界卫生组织(World Health Organization,WHO)以2012年5月出版的WHO报告所载初步辐射剂量估算为基础,对2011年日本福岛核事故进行了健康风险评估。考虑到估算的照射水平,最可能发生的潜在健康影响就是癌症风险增加。受到辐射照射和一生癌症风险之间的关系是复杂的,取决于多种因素,包括受照剂量、受到照射时的年龄、性别和癌症种类。这些因素会影响到预计辐射风险的不确定性,特别是在评估低剂量风险的时候。

除最受辐射影响的地点外,一般人群风险很低,预计不会观察到高于癌症基线风险水平的增加,即使在福岛县内也是如此。辐射的确定性健康效应(有害的组织反应)只有在超过一定受照剂量水平后才会出现。福岛县的辐射剂量远远低于这些水平,因此,预期一般人群中不会出现此类健康效应。福岛县的辐射剂量估计很低,尚不会影响到胚胎发育或妊娠结局,预计也不会由于产前受到照射导致自然流产、围生期死亡率、先天性缺陷或认知功能障碍增加。

在福岛县内最受影响的两个地点,即浪江町(Namie machi)和饭馆村(Iitate mura),初步估计的首年有效受照剂量在12~25mSv。在最高剂量点,一生中罹患白血病、乳腺癌、甲状腺癌和所有实体肿瘤的风险高于基线水平的可能性较高。预计受照男婴一生患白血病的风险会比基线风险率最多增加 7%;预计受照女婴一生患乳腺癌的风险会比基线风险率最多增加 4%;预计受照女婴一生患甲状腺癌的风险会比基线风险率最多增加 70%。这些比率均为针对基线风险率的相对增加,而非罹患此类癌症的绝对风险。由于甲状腺癌的基线率很低,虽然相对基线比率大幅度增加,但绝对风险的增加量很小。例如,女性一生患甲状腺癌的基线风险只有 0.75%,而本项研究表明,最受影响地点的受照女婴一生患甲状腺癌的风险只比基线值高 0.5%。

上述估算增加量仅适用于福岛县内最受影响的地点。对于次受影响地点的人群而言,其一生癌症风险增加水平只有最高剂量地点人群的一半。和婴儿相比,受照儿童和成人的风险更低。

在福岛县内受影响程度更低一级的地点,即初步估计有效受照剂量为 3~5mSv 的地点,其一生癌症风险增加水平为最受影响地点人群的四分之一到三分之一。

根据合理辐射照射情形推算,福岛第一核电厂紧急救援人员一生罹患白血病、甲状腺癌和所有实体肿瘤的风险估计将高于基线水平。一些吸入了大量放射性碘的紧急救援人员可能会罹患非癌甲状腺疾病。

WHO 针对此次健康风险评估的结论是:预计福岛事件不会在日本以外导致健康风险的明显增加。在日本,最受影响地区的特定年龄和性别人群一生患某些癌症的风险或许会比基线水平有所增加。相关估计为确定今后数年人口健康监测重点提供了宝贵信息。日本已经通过福岛健康管理调查开展监测工作。

(四) 公众的防护

2011 年 3 月 11 日日本政府宣布进入"核能紧急事态",并于 21:23 疏散半径 3km 内的居民,并要求半径 3~10km 范围内的居民在室内躲避。3 月 12 日 5:44 疏散半径 10km 内的居民,当日将福岛核事故按国际核和辐射事件分级定为 4 级,18:25 疏散半径 20km 内的居民,要求 20~30km 内的居民在室内躲避。3 月 18 日日本政府将事故等级定调整为 5 级,4 月 12 日日本将事故调整为最严重的 7 级,半径 20km 内疏散了 13.6 万人,20~30km 内自愿撤离,100km 外的福岛市和 260km 外的东京有人逃离,40km 外的饭馆村污染严重,1 万人被撤离。4 月 27 日日本福岛第一核电厂方圆 20km 被划为警戒区,禁止救灾相关人员以外的人员进入。5 月 18 日 40km 外的 5 个地区辐射水平(国际原子能机构的监测结果)超过年剂量限值,采取了非强制性撤离。

(五) 日本政府的公众宣传和媒体应对

日本在事故发生的初期和中期信息披露及时、透明。灾情发生 12 小时内,包括首都在内,交通瘫痪、通信切断,但电视、广播等媒体尚可运作。以国家电视台日本放送协会(NHK)为首的电视媒体,全频道24小时转播灾情,向国民传达逃生和救灾的各种信息;官房长官和经济产业大臣一直在就各种人们关心的问题召开记者招待会,及时公开各种信息和政府的各种决策和方案。另外,事故发生后,政府在经济产业省、厚生劳动省网站上发布福岛核电事故的相关信息;2011年3月18日起,在文部科学省、厚生劳动省网站上开始发布日本各地环境辐射剂量率水平及空气沉降物、自来水、食品中放射性核素的检测结果。针对食品、饮用水中放射性核素的检测结果,政府及时公布相关数据,对公众进行相关引导。这些措施都有助于减轻核事故给民众造成的恐慌。

(六)国际组织的应对

1. IAEA　在其网站上每日几次定期更新公布福岛核电厂事故相关信息,从3月15日开始,启动日本核事故每日技术简报。2011年3月18日IAEA总干事访问日本,呼吁日方加强核事故相关信息的发布。派出相关专家前往日本核事故现场,开展监测,获取信息。

2. WHO　在其网站开设"日本核事故"专栏,介绍电离辐射、个人防护、健康影响、饮用水污染、食品安全并及时更新。世界卫生组织辐射应急救援网络(WHO-REMPAN)定期向其在世界各国的联络机构发送日本地震地区核电厂现状的信息通报。

3. 世界气象组织(World Meteorological Organization,WMO)　各个区域气候中心及各成员的气象监测网及时预报福岛核电厂事故周边地区的大气环流、天气,为各国预判提供气象条件。

4. 国际放射防护委员会(International Commission on Radiological Protection,ICRP)　于2011年4月4日提供网上免费下载ICRP第111号出版物,即对核事故或辐射紧急情况下长期生活在受污染地区的居民的防护建议。

(七)中国的应对

日本福岛核泄漏事故后,中国政府就启动了海陆空全方位的环境核辐射监测、核设施安全检查,实时公布核辐射监测结果。中国原环境保护部、国家核安全局每天向公众发布最新的核辐射监测数据,监测范围包括全国部分城市以及中国在运行核电厂的周围环境。中国原国家海洋局也启动了应急监测预案,调集海上执行放射性应急监测的海监船进行海水样品采集工作,通过放射性元素的含量来判断、预测中国海域是否会受放射性沾染物的影响。中国气象局网站每天都会在显著位置公布气象对放射性沾染物扩散的影响。中国原卫生部也及时开展了食品和饮用水的放射性污染监测并将结果予以公布,同时部署归国人员的体表放射性污染检测。中国各地的机场也在日本福岛核事故不久就开始对来自日本的飞行器、旅客和行李、货物进核辐射检测,以防止放射性沾染物附着在民航客机甚至旅客的身上带入我国境内。中国政府积极采取这些应对措施,并充分发挥媒体的作用,消除民众对日本福岛泄漏事故的恐慌情绪,充分体现了对民众的高度负责的态度。

(八) 中国的卫生应急响应与应对

日本此次地震震级非常高,且震中区周边有多座核电厂在运行,如发生严重的核泄漏,会给我国带来核污染的风险。广泛的核污染除了直接危害人体健康和环境外,还会造成人员心理和精神的压力,引发一系列的卫生与社会问题,造成严重的政治影响和经济损失。卫生部门高度重视,地震发生当天,原卫生部核事故医学应急中心(现国家卫生健康委核事故医学应急中心)就建立了有效的信息跟踪监测的机制,对 IAEA、WHO、ICRP、日本原子能安全保安院、东京电力公司等官方网站和国内相关部门网站发布的信息进行广泛收集和比较分析,组织专家就事态的进展进行趋势预测及研判可能对我国的影响。

3月12日,事发后第二天,中国原卫生部部署了对我国公众健康影响的应对和开展核事故国际救援的准备工作。3月14日和3月18日中国疾病预防控制中心辐射防护与核安全医学所应对日本福岛核事故应急工作领导小组和疾病预防控制中心日本"3·11"大地震核事故应对工作领导小组先后成立,信息组负责跟踪日本地震地区核事故发展动态(包括地震地区放射性污染情况,气象、海洋等信息资料),并进行综合分析,为专家组研判提供信息资料;技术组负责组织起草技术方案、文件、公众宣传材料及组织技术培训;专家组负责信息研判,技术咨询和技术方案审核等。

通过强化信息的研判分析、持续动态跟踪,建立了信息反馈机制,起到超前性、预警性的作用,包括密切跟踪日本的事故机组信息、辐射监测信息、食品饮用水的放射性污染监测信息、事故核电厂向外界泄漏和排放放射性物质信息和其他国家监测放射性物质情况。同时注重国内核和辐射科普知识的宣传,有效应对了国内的抢购碘盐事件,关注气候变化并及时布置雨后的露天蔬菜的放射性污染检测工作,及时开展了食品和饮用水放射性污染监测及吸入或食入放射性核素的健康风险评估,从而使我国在日本福岛核泄漏事故后的卫生应对工作中做到了应对从容,预判准确,评估科学,响应及时,举措有力;在公众宣传、媒体交流、信息发布方面也发挥了积极有效的作用,取得了良好的效果。2012年,国家权威机构-清华大学国际传播研究中心《中国疾控中心媒体沟通能力评估报告(2008—2011)》中,对中国疾病预防控制中心辐射防护与核安全医学所在公众宣传、媒体交流、信息发布等方面给予了极高的评价。

三、事故主要原因

1. 巨大的地震和海啸是触发福岛核事故的诱因　福岛核事故是一个历史性事件,它是第一次因大地震和海啸等自然因素所引发的核电站灾难事故,是第一个"地震与核电灾难相结合"的案例,而地震学家石桥克彦博士(Dr Katsuhiko Ishibashi)曾在1997年做出过类似的警告。

2. 这起事故是一场人为的灾难　福岛第一核电厂由于交流电的断电和大量余震、四个反应堆机组同时出现事故、应急柴油机损毁、辅助给水系统瘫痪等一系列事件同时发生造成反应堆无法降温而引发核泄漏的次生灾害。

3. 地震、海啸对核电厂及其周围基础设施造成了严重破坏,外部救援不能及时抵达,再加上现场人员不足,且受到余震及悲伤和恐惧心理的影响,抢险救灾活动不能有效展开,导致事故不断升级。

四、经验教训

1. 日本电力公司和政府机构没有预料到长期"核电厂停电"的可能性以及交流电全部断电的状况,特别是由大规模自然灾害、地震、洪水引发的情况。但是,一旦停电的情况出现,就会导致所有的冷却功能丧失。有关当局预计,在一个核电厂停电的情况下,外部电源将在30分钟内恢复。正是因为形成了这种没有足够科学依据的预期,当局驳回了为长时间交流电断电的可能性做准备的需求。因此,没有相应的应对指南来处理核电厂停电或超出正常预期的严重自然灾害的情况。日本政府就福岛核电厂事故设立的第三方机构"事故调查验证委员会"2011年12月26日的中期报告中指出,政府及东电公司未对海啸可能造成的重大事故作出预估,缺乏应对自然灾害及核事故双重打击的忧患意识,未准备应对措施,因而导致了严重事故。

2. 海啸的高度被东京电力公司和日本核安全委员会(JNSC)所低估。虽然一些研究人员对2008年5月的15.7m高的海啸进行了科学的预警,但东京电力公司和JNSC都忽略此警告。因此,核电厂仍是根据2002年以承受5.7m高的海啸来进行设计。2011年3月11日的14~15m高的海啸带来了最有力的破坏和打击,淹没了10m深的地下室,洪水有5m之深。日本管理体制上的弊端,也不可避免导致此次更加严重的核事故。2011年5月18日,日本政府准备改变核电体制,将原子力安全保安院(NISA,核电监管部门)从经济产业省(主导核电发展部门)剥离。

3. 东京电力公司是私营企业,正常情况下可向人口超过 4 200 万、产值占日本 GDP 近 40% 的地区供电,但在地震和海啸发生后,丧失了 40% 的发电能力。福岛第一核电厂发生事故后,日本政府只能干涉,无权处理,只能提出要求而不是死命令。而事故处理具体的执行人员以企业为主,企业如不执行或以各种借口拖延,政府也没有办法,因政府无权解除企业任何人的职务。

4. 东京电力公司也想救灾,但它首先考虑的是股东的利益,如果一开始就向堆芯注入海水的话,则机组就会全部报废。另外,最好别让外界知道问题的侥幸心理,也极大影响和耽误救灾进度。

第三节　苏联切尔诺贝利核事故

一、概况

切尔诺贝利核电厂位于乌克兰首府基辅市以北 130km 处,距离白俄罗斯边境约 10km。核电厂以西 3km 为普里皮亚特镇,居民约 5 万人,是核电厂的生活区;核电厂东南 18km 是切尔诺贝利镇,人口约 1.25 万人。核电厂所处区域具有人口密度较低的特征,大约 70 人/km^2,在核电厂周围 30km 以内区域中,共有居民约 10 万人。全长 748km 的普利皮亚奇河流经核电厂后汇入第聂伯河,再经基辅最后进入黑海,是基辅市的饮用水源。切尔诺贝利核电厂开始建造于 1970 年 1 月,共有 4 套机组,第 1、2 号机组并网发电于 1977 年,第 3、4 号机组投产于 1983 年。4 套机组都为 1 000MW 的石墨慢化压力管式沸水堆 (RBMK-1000 型),堆芯尺寸为高 7m,直径 12m,总计装有约 180 吨含 2% ^{235}U 的低浓缩的二氧化铀燃料。

1986 年 4 月 28 日上午,瑞典斯德哥尔摩以北 150km 处的福尔斯马尔克核电厂的值班人员在退出管理区域时,大门监测器测出有异常放射性,同时核电厂周围地面也测出了放射性污染。瑞典当局一开始以为是所在核电厂发生泄漏事件,并准备将 600 余名职工撤离核电厂。随后,在瑞典东海岸一带也发现有广泛的放射性污染,瑞典国立防卫研究所对空气中尘埃进行了核素分析,测出是 ^{131}I、^{137}Cs 和 ^{103}Ru 等放射性核素,并根据当日的风向和气流,从而判断污染可能来自俄罗斯、乌克兰一带。瑞典政府当即询问苏联政府,但没有得到答复。4 月 28 日 21 时,苏联在国立电视台新闻节目中首次承认发生了核事故。直到 4 月 29 日苏联政府才通过塔斯社正式宣布,切尔诺贝利核电厂的 4 号堆发生了堆芯爆炸事件。这是国际核电史上最严重的一次核事故,不仅使苏联蒙受大批人员伤亡和超过200余亿卢布的巨大经济损失,而且在世界上也引起了强烈反响。

二、事故经过

(一)事故初起情况

1986年4月25日,核电厂的第4号机组原计划进行停堆检修,但是在关闭核装置之前,根据核电厂有关方面的指令,还必须进行一次旨在提高供电系统安全性的涡轮发电机惰性转动供电试验,即利用涡轮发电机组无动力情况下的惯性,在蒸汽供应中断后,发电机依靠转子的惰性继续保持短时间供电,以确保反应堆的安全。

4月25日凌晨1时(当地时间)值班操作员根据反应堆停堆的原检修日程开始降低反应堆额定的运行功率。13:05当热功率降至1 600MW(约为额定功率的50%)时,从电网切除了第4号机组的7号汽轮发电机,机组本身切换到8号汽轮发电机。14:00根据试验计划要求切断反应堆紧急冷却系统。由于反应堆不能在没有事故冷却系统下运行,理应停堆。但是当时"基辅动力公司"的调度员不同意停堆,因此反应堆实际是在没有紧急冷却系统的情况下仍继续运行。23:10因得到可以停堆的许可,又开始按试验计划的规定,把反应堆的功率进一步降至700~1 000MW。然而操作员未能控制好,结果使反应堆的功率降到30MW以下。在这种情况下,反应堆停堆,操作员没有考虑到这种利害关系,并又试图想重新提高功率,但经努力未能成功。此时,反应堆中因碘-135衰变为^{135}Xe的过程中使^{135}Xe大量堆积,降低了堆芯的反应性。为了弥补这种反应性的降低,把功率再提上去,操作人员不顾反应堆安全所需的插入堆芯的控制棒不能少于30根的规定要求,却在插入堆芯仅剩6~8根控制棒的情况下继续运行,把大量控制棒都提到堆芯的顶部。

4月26日1时操作人员终于把反应堆的功率提高,但不是稳定在原试验计划要求的700~1 000MW,而是稳定在200MW(约为额定功率的6%)水平上。为提高试验开始后反应堆活性区冷却的可靠性,操作人员在原6台主循环泵运行的情况下又启动了2台备用主循环泵,使冷却剂流量大大超过标准,造成蒸汽量减少,压力下降。1:23,过剩反应性已到要求立即停堆的水平,但操作人员未停堆,反而关闭了事故紧急调节阀等安全保护系统。当反应堆功率开始迅速上升时,试图将所有控制棒插入堆芯紧急停堆,但因控制棒受阻而未能及时插入堆芯底部,使堆芯失水熔毁,核燃料因热量聚集过多而炸成碎块。当紧急注入水后,使产生的过热蒸汽与烧熔的元件、包壳及石墨发生反应,产生大量氢气、甲烷和一氧化碳,这些易燃易爆的气体与氧气结合,发生猛烈的化学爆炸,1 000吨重的堆顶盖板被掀起,堆中所有管道破裂,反应堆厂房倒塌,使堆芯进一步被破坏,熊熊烈火达十层楼高,热气团将堆芯中的大量放射性物质抛向1 200m空中,而后向水平方向传输。

这次核事故的原因,是由于核电厂设计上的缺陷和人为因素造成的。为了灭火及覆盖反应堆和吸收放射性气溶胶颗粒,从4月27日到5月10日,调动300多架次军用直升飞机空投了5 000吨炭化硼、白云石、砂土和铅等混合物。为防止堆底部结构破坏,修筑了人工排热通道。后来将整个反应堆用混凝土封闭,形成所谓的"石棺"。

(二) 对环境的影响

根据IAEA公布的数据,切尔诺贝利事故释放出的放射性物质的总活度约12×10^{18}Bq,其中包括$(6{\sim}7) \times 10^{18}$Bq的惰性气体,相当于100%的堆内总量;^{131}I为2×10^{18}Bq,相当于60%堆内总量;^{137}Cs为9×10^{16}Bq,相当于50%堆内总量;^{134}Cs为6×10^{16}Bq,相当于20%堆内总量。相当于堆内3%~4%的烧过的核燃料、100%的堆内产生的惰性气体和20%~60%易挥发核素释放到堆外;由于释放出来的放射性物质随大气扩散,造成大范围的污染。据估算,事故放射性物质释放量扩散到各地区的比例大体为:事故现场12%,20km范围内51%,20km范围以外37%。由于持续10多天的释放以及气象变化等因素,在欧洲造成复杂的烟羽弥散轨迹,放射性物质沉降在苏联西部广大地区和欧洲国家,事故后在整个北半球均可测出放射性沉降物。

(三) 对健康的影响

事故发生的第一天大约有1 000名核电厂员工及应急工作人员暴露于高度核辐射。事故中被认为患急性放射病,而送入医院者共237人,确诊为不同程度急性放射病患者134人;现场急性放射病死亡28人,非辐照原因死亡3人,其中1人死于冠脉栓塞,总计现场死亡人数为31人;截至2006年,19名急性放射病幸存者死于各种原因,但通常与辐射暴露无关。

事故污染后期观察到了超过6 000例甲状腺癌,主要是事故发生时儿童和青少年受到了影响,很大部分被认为是由于辐射导致,截至2005年有15人患甲状腺癌;但是从白俄罗斯的情况来看,癌症患者的幸存率几乎是99%。

与自然本底水平相比,大多数应急工作人员和生活在污染区的民众受到的全身辐射剂量较低。因此,没有证据表明受影响人群的生育率下降,也没有证据表明核辐射造成先天性畸形增多。

切尔诺贝利对精神健康造成的影响才是事故引起的最大的公共卫生问题,并且这种精神上的创伤部分原因是信息讹误造成。精神健康方面的问题主要表现在:对健康状况进行负面的自我估计,认为寿命减少,缺乏主动精神,依赖国家援助。苏联地区现在贫穷,"生活方式"性疾病肆虐,精神健康问题比辐射暴露对当地社区的威胁更大。对于辐射威胁长期的误解和其神秘感导致受影响地区居民相信"瘫痪宿命论"。对于 350 000 名撤离受影响地区的人们来说,移居被证明是"极度创伤的体验"。虽然事故发生后,116 000 人立即从重度影响区撤出,但是后来的搬迁行动对减少辐射暴露效果不明显。

(四) 公众的防护

事故后,1986 年 4 月 27 日 7:00,普里皮亚特镇的空气剂量率接近 0.01Gy/h,17:00 撤走了全部约 5 万人,在以后的几天内,又从核电厂周围 30km 区域撤走 9 万人。事故后一共有 35 万多人已经迁出了污染最严重的地区。

据报道,事故的第二天早上就对普里皮亚特镇进行挨家挨户的通知,要求当地居民关闭窗户在室内隐蔽,并分发碘片。据统计该镇的 4.5 万居民和 30km 范围内的 71 个村庄的约 9 万居民都同时服用了碘片(碘化钾)。但也有资料报道,在事故发生的当天,官方没有通知让居民留在室内,公共场所照常开放,许多大人和小孩仍在游乐场所内休闲玩乐,也未及时分发碘片,一些儿童与公众都受到了不必要的照射。

波兰是切尔诺贝利事故后唯一对全国公众发放稳定碘的国家。1986 年 4 月 29 日,行政当局发出了对波兰北部及中部的 11 个县、16 岁以下的儿童实行发放稳定碘的劝告。之后,考虑到对整个社会心理效应的影响,这一劝告在全国范围内也适用。这次对公众实行的稳定碘发放,是行政当局迫不得已作出的决定。因为对服用稳定碘的利弊进行定量分析的资料和时间不足,同时也未从苏联得到任何有关事故的情报。根据事故后推算的甲状腺受照剂量全国平均为 1~10mSv。严重污染地区的最高值在 100~200mSv。因此,虽然没有必要在全国范围内实施稳定碘的服用,但是此次行动对严重污染地区来说是非常必要且及时的。

(五) 核电厂的现状

因为 4 号反应堆中泄漏的放射性物质到目前只是非常小的一部分,多数科学家相信,百分之九十(大约 190 吨铀和 1 吨钚)仍然是在"石棺"之下。至少在未来的十万年里对人类存在威胁。切尔诺贝利核电厂的 4 号反应堆被封存在厚重的"石棺"内,"石棺"设计寿命10 年,在使用 25 年后,其外部表面已出现裂缝。乌克兰政府 2011 年 4 月 19 日经由国际捐助会议募得总计 5.5 亿欧元捐助资金,用于建造一个设计寿命达 100 年的拱形钢结构外壳,这个设计高度 110m 的金属外壳可防止持续放射污染,消除因"石棺"破损产生的污染隐患。外壳已于 2016 年落成。

三、事故主要原因

1. **违章操作**　从本质上说,切尔诺贝利事故是由过快反应性引入而造成的严重事故。管理混乱,严重违章是这次严重事故发生的主要原因。操作人员在操作过程中严重地违反了运行规程。

2. **设计缺陷**

(1) 正空泡系数(正功率系数):RBMK-1000 型石墨反应堆在设计上存在严重缺陷,固有安全性差。反应堆具有正的空泡反应性系数。在堆功率低于 20% 额定功率时,功率反应性系数是正值。因而,在 20% 额定功率以下运行时,反应堆易于出现极大的不稳定性。在其他各种外在因素(操作人员多次严重违犯操作规程等)存在条件下,正是通过这个内在的正的空泡反应系数导致反应堆瞬发临界,造成了堆芯碎裂事故。

(2) 没有安全壳:RBMK-1000 型石墨反应堆没有安全壳,这是该事故对环境造成严重影响的一个原因。当放射性物质大量泄漏时,没有任何防护设施能阻止它进入大气。

四、经验教训

1. 切尔诺贝利核电厂事故是历史上最严重的一次核事故,重创了世界核能发展,对政治、经济、社会、环境及人体健康,均造成了很大影响和不良后果,但在整个事故处理过程中,也提供了丰富、可贵的经验和教训。从 4 月 26 日凌晨 1:23 事故发生到 5 月 6 日放射性释放基本结束,苏联的应急处理工作从忙乱转为有序。在这关键的 11 天中,苏联政府迅速组建了政府工作组、政府委员会等机构,政府委员会由原子能、反应堆、化学等方面的科学家、工程技术专家及克格勃官员组成,着手调查事故原因并参与应急处理决策。围绕"控制反应堆放射性物质的泄漏"主题边调研边救助,先后采取了灭火、调入军队和清理事故人员、隔离事故反应堆、疏散附近居民等多方面的紧急措施,基本控制了放射性物质的大规模释放,有效避免了更大次生灾害的发生。

2. 消防队员在此之前从未接受过在高辐射环境下灭火的专门训练,不了解收到辐射照射的严重性。在灭火过程中,消防队员、急救人员和核电站值班人员在没有任何辐射防护的条件下进行工作,以致他们是这次事故中最先受到高剂量辐射照射的人员。

3. 事故当日全天。苏联的气象、辐射和公共卫生监测部门在紧急状态下迅速组成监测系统并开始工作,调度直升机在事故反应堆上方勘查,收集空气样本,测量放射性物质。连续数天的测量数据对未来苏联政府估计反应堆状况、编制初步放射性污染地区图以及进一步的决策奠定了重要基础。

4. 事故当天是休息日,在早晨,为避免居民恐慌,官方并未通告事故情况,仅通知居民关闭门窗,尽量留在家中。但绝大多数居民并不知反应堆发生爆炸,更不了解受到放射性物质辐射的后果,他们以为只是发生了一般的火灾事故。全镇秩序正常。在当地医生的坚持下,政府开始陆续给居民挨家挨户发放碘片,但并不及时。

5. 苏联政府向外通报切尔诺贝利事故信息的行为是被动和被迫的。瑞典首先侦测到了升高的放射性。但直到4月28日晚9时,苏联政府才首次正式向世界发布有关切尔诺贝利事故的简要消息,但对详细情况未作任何说明。4月29日前苏共中央召开政治局会议上通过了题为《在苏联部长会议上》的新闻稿。根据这份新闻稿,29日苏联塔斯社发表了较为详细的公告。苏联政治局对国外透露的消息比对国内公众通报的内容相对多一些。向国外发布的通知分为两份:一份通知社会主义国家领导人,另一份通知资本主义国家领导人。

第四节　美国三哩岛核事故

一、概况

三哩岛核电厂位于美国东北部的宾夕法尼亚州,在宾州首府哈里斯堡东南约15km处,是萨斯奎哈纳河上的一个小岛。美国巴布科克(Babcock)和威尔科克斯(Wilcox)公司1971年在位于宾夕法尼亚州哈里斯堡附近的三哩岛上建设了790MW的压水堆核电厂,从1974年开始进入了正式运行,1973年动工兴建第二座880MW的2号机组(TMI Unit 2,压水型反应堆)于1978年12月建成。发生核突发事件的是2号机组,从建成到发生事故仅运转了约3个月的时间。1979年3月28日凌晨,美国宾州的三哩岛核电厂由于设备故障和人为疏忽等原因造成核事故。但由于核电厂安全壳的有效保护,只有少量的放射性气体排出。经剂量评估,整个事件造成部分公众的最大个人剂量为0.8mSv,核电厂周围80km范围内,平均公众个人接受剂量水平为15mSv,在国际核和辐射事件分级表上列为第5级。

二、事故经过

(一)事故初起情况

1979年3月28日早晨4:30左右,三哩岛核电厂2号机组主水泵停转,辅助水泵按照预设的程序启动,但是由于辅助回路中一道阀门在此前的例行检修中没有按规定打开,导致辅助回路没有正常启动,二回路冷却水没有按照程序进入蒸汽发生器,热量在堆芯聚集,堆芯压力上升。堆芯压力的上升导致减压阀开启,冷却水流出,由于发生机械故障,在堆芯压力回复正常值后堆芯冷却水继续注入减压水槽,造成减压水槽水满外溢。一回路冷却水大量排出造成堆芯温度上升,待运行人员发现问题所在的时候,堆芯燃料的47%已经融毁并发生泄漏,系统发出了放射性物质泄漏的警报,但由于当时警报蜂起,核泄漏的警报并未引起运行人员的注意,甚至无人能够回忆起这个警报。直到当天晚上8点,二号堆一、二回路均恢复正常运转,但运行人员始终没有察觉堆芯的损坏和放射性物质的泄漏。

(二) 对环境和健康的影响

本次核事故对反应堆本身的损坏是严重的,堆芯体积约35%已成了碎片,仅核突发事件后的总清理费用就达10亿美元,故经济损失严重。然而,对周围环境和公众健康的辐射危害却出乎意料地小,据估计三哩岛核事故排放到周围环境的放射性惰性气体的释放量为$9 \times 10^{16} \sim 5 \times 10^{17}$Bq;放射性碘的释放量约为$6 \times 10^{11}$Bq;放射性氪的释放量约为$1 \times 10^{16}$Bq,以及放射性氙的释放量约为$8 \times 10^{10}$Bq。事故中逸出的长寿命放射性核素的沉积,在测量仪器的可测限以下。

经调查,对核电厂下游的2个地点多次采集河水样品都没有检出任何放射性物质,在周围3km范围内采集的170个植物样品均没有查出有放射性碘;在周围8km范围内采集近150个土壤样品中也没发现有任何放射性物质;有152个空气样品中,只有8个样品发现有微量的放射性碘,其中浓度最大的仅为9×10^{-4}Bq/L,为当时居民区容许浓度的1/4;在大量的牛奶样品中也基本没有查出有放射性碘,个别最大浓度也只有0.5~1.6Bq/L,仅为美国国家允许浓度限值的0.3%。

由于有厚实的安全壳防护,在安全壳外的射线剂量当量率只有零点几mSv/h,离核电厂8km范围内的剂量当量率也只有10~30μSv/h,大约只相当于从北京到广州乘坐一次喷气式飞机在空中所接受的宇宙射线的剂量水平,或约为年天然本底照射水平的1%。由此可见,三哩岛核事故对环境和周围居民产生的危害是很小的。

(三) 公众的防护

由于对核事故的发生事先估计不足,弄清问题和研究措施又需要时间,考虑到反应堆氢气爆炸的潜在危险太大,其后果又难于估计,美国核管理委员会在征求许多专家的意见后,决定对公众采取预防性的安全撤离措施。3月30日宾夕法尼亚州的州长在美国核管理委员会主席建议下发出公告,要求8km内的学龄前儿童和妊娠妇女撤离,并劝告16km范围内的居民待在家里,紧闭门窗。据估计,从3月31日至4月11日撤离的人数高达8万人,在核电厂周围 32km 半径内大约撤走了 20 万居民,从而引起公众的普遍惊慌。再加上当时有些新闻媒体的有意夸大,制造耸人听闻的新闻报道,导致周围居民都争先恐后地纷纷离开三哩岛地区,而引起世界性的轰动,给三哩岛核事故蒙上了恐怖的色彩。

1939 年美国食品药品监督管理局(FDA)就正式批准碘化钾用于核事故应急,1978 年宣布碘化钾是核事故应急时阻断甲状腺摄取放射性碘的安全和有效的手段。三哩岛核电厂事故时,FDA 曾向事故现场调拨碘化钾,但未使用。

三、事故主要原因

违章操作是该事故的主要原因,由于 2 号机组主水泵停转,辅助水泵按照预设的程序启动,但是由于辅助回路中一道阀门在此前的例行检修中没有按规定打开,导致辅助回路没有正常启动。此外,对核电厂本身的可靠性过于自信,过于绝对化,因此对严重事故可能发生缺少充分思想准备。

四、经验教训

1. 三哩岛核事故的教训主要在组织管理、操作人员素质培训与人机联系等方面,特别是操作人员的屡次操作失误,其教训尤为深刻。据报道,当时几个在处理事故过程中的操作人员,甚至连堆芯因失水、温度高引起堆芯沸腾的问题都没有想到过,在安全壳内观察到有强放射性水平以后的 3~4 天里仍没有意识到燃料元件包壳可能严重损坏等,可见操作人员的实际素质与技能水平是何等之差。三哩岛核电厂为实现反应堆的安全而设计有多层设防的纵深防护结构,如果不是操作人员强行干预了安全系统与设备的工作,堆芯损坏和放射性向外逸出是不会发生的,故操作人员和工程技术人员必须接受事故判断能力方面的实践训练,这对确保安全至关重要。

2. 三哩岛核事故也暴露出在安全系统上的一些不足之处,诸如怎样防止一些人为故障与及时预测、预报等问题;操作人员一旦误操作,如何在安全系统中能及时反映显示出来,以提醒相关人员能及时纠正等。

3. 三哩岛核事故以前,总认为核电厂设计、建造和运转十分可靠,发生严重事故的机会极少,即使发生,对厂外几乎无放射性影响。一般来说,这样的认识是符合事实的,问题是对核电厂本身的可靠性过于自信,"绝对化"了,因此对严重事故可能发生缺少充分思想准备。三哩岛核事故前,已有人两次反映事故隐患,但却没有得到重视和引起警觉。

4. 二次世界大战后,美国忽视了政府的核事故总体应急计划。联邦、州和当地政府一级的应急计划也缺乏有效的组织领导,资金不足,管理上陷于一般化。

5. 1979 年之前,没有一个美国的核电厂受监管。但是,美国三哩岛核电厂事故发生后,导致更严格的安全标准的核电厂出现。当局想方设法提高操作人员的培训,为管理人员提供知识和工具。现在,美国的每个核电厂都必须有模拟控制室,这是和核电厂神经中枢一模一样的模拟器。控制室操作者每 6 个星期中有一个星期要在这个模拟控制室进行训练,训练是非常逼真的。所有操作人员都必须接受培训,以提高他们的应急反应和处理事故的能力。美国三哩岛核电厂发生的泄漏事故,是人类历史上第一次核电厂泄漏事故,对人类如何安全利用核能提出了警示。三哩岛核事故虽然没有导致任何核电厂工作人员或者附近居民死伤,但所带来的最大影响却是公众对核电的态度,严重打击了核电行业的发展。自这场核事故之后,美国再未发生核事故,三哩岛事件使美国国内核能建设停滞不前,美国核管理委员会甚至有 30 年不审批建立新核电厂的申请。

第五节　巴西戈亚尼亚铯源事故

一、概况

放射源丢失事故在世界各地都曾发生过。一旦这些放射源流入民间并到处扩散,将可能造成人员伤亡、环境污染等严重后果,巴西戈亚尼亚铯源事故就是这种情况。事故导致 17 名个体发生了骨髓抑制及罹患成 8 种急性放射病,其中四个人最终死亡。此外,还有 249 人受到有辐射沾染。

二、事故经过

(一) 事故初起情况

1987 年 9 月 13 日,在巴西中部 Goiás 州首府戈亚尼亚,两个人拆除了一个被遗弃在废弃的诊所里的放射治疗设备的装有 50.8TBq^{137}Cs 放射源的机头。他们把它带回家,并将其拆开,源壳内易溶解的放射性氯化铯部分漏出,造成住所的污染。然后将其一部分卖给了几个废品收购店。由于破坏了放射源的完整性,许多人受到辐照,并造成外部和内部污染。在随后的几天里,店主的一些亲友和邻居纷纷前来观看源物质在暗处发出蓝光的这一奇怪现象。店主还将谷粒大小的源碎片分发给几位朋友,他们将其装入口袋,放在床上或涂在身上。

在 1987 年 9 月 13 日发生放射源破损后就立即发生辐射暴露了。此后,一些人出现了急性放射病的前期症状、急性放射性病的症状以及不同程度的皮肤放射综合征。尽管许多人到戈亚尼亚的诊所和医院寻求医疗救助，但他们被误诊为患有天疱疮、异位性皮肤炎、昆虫叮咬等。1987年9月29日，在一名物理学家接到一名医生的通知，说有患者在进行"X射线设备"的处理后生病被送往了医院后，这才弄清了这些病因。物理学家借了一个辐射探测器，并在到达戈亚尼亚卫生监督部门时测量到了高水平的辐射，在那里的设备残骸是由其中一个垃圾场的所有者的妻子带去的。

（二）对健康的影响

由于受到辐射照射，有20人在里约热内卢的戈亚尼亚综合医院和马西里奥·迪亚斯海军医院住院。17名个体发生了骨髓抑制及罹患成8种急性放射病，其中四个人最终死亡。此外，该市对112 800人进行了伤情分类以检查可能的辐射沾染，发现249人有辐射沾染，其中120人的沾染仅限于他们的衣服和鞋上。

发现事故后的当晚，种种流言开始传播。许多人出现急性焦虑和心理紧张，有11万多人涌到体育馆或其他医疗机构要求进行医学检查。许多人去奥林匹克运动场监测站，要求检查是否受放射性污染并给予证明，以作为参与正常社交活动的凭证。在排队候检的人群中，恐惧深深地笼罩在每个人的心头，有人因忧虑和恐惧而晕倒在地，更多的人诉说有腹泻和呕吐等症状。在接受检查的11.2万人中，实际只有249人被确认受到辐射（占0.2%），其中有121人的体内受放射性铯污染，54人需要住院治疗，而受照剂量较大的只有12人，其中4人抢救无效而死亡。

受害者所提供信息的不确定性，延时和非均匀性的照射，各种情况（外照射和沾染）的关联以及初始受照与事故性质得到识别之间的延迟都给临床剂量的估算带来了非常大的困难。剂量估算中使用了染色体分析，但是该方法也存在同样的缺点。人体内的铯含量主要用尿液和粪便等生物样品进行测定，有研究表明，服用普鲁士蓝降低 ^{137}Cs 的生物半排期，促进铯的排出。戈亚尼亚辐射事故中有一个独特的案例，一个6岁的女孩在用手吃三明治的同时摄入了大量的铯，因铯的碎片散布在了她用来吃饭的桌子上。该患者主要由于内部污染而不是由于外照射而患上急性放射病，这是例外的情况。她的最初估计摄入量为1 677MBq。初次接触后第10天的血液样本的放射性活度为52.92MBq/L，第24天的为18.14MBq/L（她每天服用6g普鲁士蓝），她在第29天死于受照后的多个器官的弥漫性出血和败血症。她的最初的细胞遗传学估算的全身剂量为5.0~7.3Gy，后经重新估算为平均剂量4.4Gy。戈亚尼亚事故中首次有机会给因事故照射诱发的骨髓衰竭患者使用了细胞因子，这种经验为在其他放射线事故中更合理地使用骨髓生长因子开辟了道路，例如1989年的萨尔瓦多圣萨尔瓦多、1990 年的以色列索雷克和 1999 年的日本东海村等事故中。戈亚尼亚辐射事故被认为是美洲最严重的事故之一。这一事故最终导致四人死亡,许多人受伤(一名患者的左前臂被截肢),以及城市中心地区被广泛污染。

一名急性放射病的幸存者于 1994 年死于酒精性肝硬化,其平均细胞遗传学重新估算剂量值为 5.3Gy。2014 年 2 月,另一名急性放射病的幸存者死于黑色素瘤并发症,享年 84 岁,她的平均细胞遗传学重新估算的全身剂量为 2.8Gy。

(三) 尸体尸检

戈亚尼亚事故中有 4 名患者死于急性放射病。法律要求对在里约热内卢的马西里奥·迪亚斯海军医院病理科的所有尸体进行尸检,所有尸体都有内部和外部污染。一名六岁女孩体内大量污染,靠近皮肤的剂量率达到 2.5mSv/h。制订尸检的规划是一项必要的措施,以避免人员受到污染并最大程度地减少辐射暴露。病理学家、验尸官、停尸间技术员、放射医学医生和放射防护人员一起制定了相关程序。例如,人员在尸检期间每 10 分钟需轮换一次,并且要经常更换外部手套。所有辐射防护措施,包括所用防护服的种类,均由辐射防护人员确定。除口罩外,没有必要佩戴除口罩外的其他呼吸防护装备。除此之外,完全采用常规的生物安全技术。

所有验尸小组成员均使用个人剂量计(包括指环剂量计),并不断监测剂量率。没有人受到任何明显的辐射剂量照射,也没有发生放射性污染或职业事故。

(四) 对环境的影响

除了医疗后果外,心理、社会和经济影响也非常严重。由于放射性的污染,七所房屋必须拆除。该城市的清理工作产生了 3 500m³ 的污染废物,在去污工作中收集到的放射性废物共用了 38 000 个工业用圆桶(100L/桶)、1 400 个铁箱(1.2m³/箱)、10 个集装箱(32m³/箱)和 6 个水泥井,这些废物最初被存放在一个临时处置场中。后来,在距离戈亚尼亚市约 30km 的 Abadia deGoiás 建立了最终的废物处理场。1999 年移至面积共为 1.6km² 的两处永久性放射性废物库,形成两个小丘,覆土造林,划为环境保护区,进行放射生态学监测,巴西国家核能委员会在这里建立了其区域核科学中心。

(五) 对社会的影响

对受害者及其亲属、朋友和邻居的歧视非常严重,带有 Goiás 州牌照的车辆不得进入其他州,另外还观察到了在机场和州际公交车站对 Goiás 州公民的偏见。例如,1987 年 12 月,不允许 Goiás 代表参加里约热内卢传统的慈善天主教集会。由于许多当地人担心该墓地会被污染,戈亚尼亚不得不动用警察部队才使死者尸体得以安葬。伴随着对当地产品的抵制,事故发生四个月后的 Goiás 州的 GDP 下降了 30%。事故受害者的医疗、心理和社会跟进措施及援助由官方的辐射受害者援助中心提供。除了出现三名患者的局部放射性损伤复发以外,社会心理问题,例如身心表现,药物滥用以及与辐射有关的疾病,尤其是癌症导致的死亡恐惧是所观察到的最相关的问题。

三、事故主要原因

废弃的放射源缺乏有效监管。遗弃了放射治疗设备的废弃诊所能被擅自轻易进入,导致装有放射源的机头被人拆除,表明在一般情况下原本无害的行动由于存在放射性物质而成为生死攸关的问题。

四、经验教训

1. 事故的一个教训是卫生人员需要了解全身和局部辐射照射的临床表现,卫生人员发现了疑似有人受到了辐射可能是识别放射源发生丢失的重要线索。如果不能及时发现辐射受照的临床表现,将造成更严重的后果。戈亚尼亚事故的受照人员长时间暴露在电离辐射下,从 1987 年 9 月 13 日发生了对铯源的损坏,直到 16 天后事故的性质才被揭示,戈亚尼亚事故的一个明显而严重的问题是,急诊医生和其他医护人员没有意识到患者的症状是放射导致的。取而代之的是误诊,如天疱疮,食物中毒,被昆虫叮咬等,这个反倒是加剧所有事故后果的一个重要组成部分。由于缺乏适当的治疗以及额外的剂量和相关专业知识的整合,正确诊断上的延误导致医学上的伤害加重。这导致更多的人受到照射,并加剧了环境,经济和心理的影响。因此,医务人员需要做好准备以识别意外辐射暴露的医学表现,这些尤其适用于急诊科人员。这个事故的医疗响应分为三个层次:戈亚尼亚的一个门诊部;戈亚尼亚综合医院专门准备的病房;以及处理最严重病例的里约热内卢的马西里奥·迪亚斯海军医院。戈亚尼亚事故表明,辐射应急情况的影响可能非常严重。它表明需要为此类应急情况的医学响应进行计划和准备。它还表明,在基层医院和三级中心广泛传播信息和培训非常必要,且不仅限于核医学医生和放射治疗师。急诊科人员、外科医生、内科医师、血液学家和其他人员的确需要充分了解事故辐射暴露的医学表现。

2. 该事故涉及放射性物质的内污染和外部污染。除常规伤害外,引爆或破坏放射扩散装置能够同时引起外照射和内部污染。“脏弹”中的首选放射源可能是 ^{137}Cs 放射源。负责对放射性核素的恶意扩散作出响应的主管部门需要考虑以下方面:医院做好为应对有传统创伤和放射污染的患者的准备,提供普鲁士蓝等特定药物,对受到辐射伤害的受害者采取伤情分类和救治的医疗方案,风险沟通,以及对辐射应急事件的心理影响和近期和长期后果的处理。

3. 公众对辐射知识缺乏,无知酿成了悲剧。应该考虑让更广泛的公众可以识别辐射危害标志。放射性氯化铯源的蓝色发光引起的兴趣显著影响了该事故的进程。辐射源上清晰可辨的标志应有助于减少意外受到辐射照射的可能性。

4. 废放射源的管理十分重要,公众对废放射源应有的警惕性也十分重要。

第六节 泰国 Samut Prakarn 辐射事故

一、概况

泰国 Samut Prakarn 辐射事故所涉及的 ^{60}Co 远距离治疗机,于 1969 年由西门子公司进口到泰国,安装在泰国的 RT 医院。1981 年,由于原有放射源活度下降,故更换了新的放射源,源强为 196TBq(5 300Ci)。1981 年更换新放射源后,与当地的西门子代理商签约维修该设备,但医院没有从远距离治疗机和放射源的制造商西门子公司那里获得任何进一步的售后服务,后来该代理商宣布破产。据称,该远距离治疗机由于放射源强度的不断衰减导致对患者的治疗所需时间变得太长而无法实际使用,于 1994 年停用。RT 医院于是将其卖给 KSE 公司。KSE 公司未经泰国和平利用原子能办公室(OAEP)的授权拥有 ^{60}Co 远距离治疗机。1999 年秋天,该公司在未通知 OAEP 其要对放射源转移的情况下,将这个远距离治疗机头从其租用的仓库搬到了一个没有安全保护的该公司自己的停车场作为存储地点。^{60}Co 源为圆柱形,长 42cm,直径 20cm,事故发生时,活度估计为 15.7TBq(425Ci)(2000 年 2 月 18 日)。由于装有放射源的放射治疗设备缺乏监管,被收集废品人员进行拆卸,导致了多人受照和 3 人死亡的后果。

二、事故经过

(一)事故初起情况

2000 年 1 月下旬,几个收集废品的人擅自进入存放装有放射源的远距离治疗机的停车场,并部分拆卸了远程治疗机头。他们将其带到其中一个人的住所,在那里四人打算进一步拆卸。远程治疗机头上有辐射三叶形和警告标签。但是,这些人都没有意识到有放射性物质,并且警告标签的语言不是他们所能认识的语言。2000 年 2 月 1 日,其中两个人将部分拆卸的设备带到泰国 Samut Prakarn 的废品回收堆积场,以便拆解和出售金属成分。当废品回收堆积场的工人使用氧乙炔焊枪切割拆卸设备时,放射源从中掉出,但废品回收堆积场的工人或相关人员都没有察觉到。到 2000 年 2 月中旬,其中几个人开始感到不适并就医。Samut Prakarn 医院的内科医生根据一些患者的体征和症状判断可能是由于电离辐射引起的,且病号 5 和病号 6 被确认有大剂量照射后的早期临床和血液学症状,于是在 2000 年 2 月 18 日 11:10 左右(当地时间)向 OAEP 报告收治了疑似急性放射患者,并表达了环境中可能存在不安全的放射源的担忧。

(二)事故的应对处理

OAEP 在接到医生的报告后,派出了保健物理专家,并在当地公共卫生人员的协助下搜寻源头。当在废品收购堆积场附近发现高辐射水平时,他们封闭了该区域以防止其他人进一步进入。OAEP 官员认识到放射情况的严重性,认定为放射事故,启动了应急程序,到 2000 年 2 月 20 日,该源在废品收购堆积场通过荧光监测方法被定位找到并运输到安全的存储区域,应急情况终止。检查表明源舱没有被破坏,对环境没有污染。

OAEP 于 2000 年 2 月 21 日与 IAEA 联系,并根据《核事故或辐射紧急情况援助公约》的规定,描述了事故和事故放射源的成功回收。随后,又于 2000 年 3 月 31 日和 2000 年 4 月 26 日向 IAEA 提交了其他报告,其中提供了有关以前安全保障措施的废弃放射治疗源总数、事故受照者总数及其医疗状况的信息。第二份报告还向 IAEA 通报了随后的三人死亡以及公共卫生部对事故现场附近居民进行筛查的结果。

2000 年 2 月 24 日,泰国常驻维也纳代表团代表泰国政府,请 IAEA 派遣一个医学和辐射防护专家小组,与泰国曼谷当局分享其专门知识。IAEA 确认已收到《核事故或辐射紧急情况援助公约》规定的要求,并组建了一个小组,该小组于 2000 年 2 月 26 日抵达,并停留了一周。该小组由两名接受过辐射防护和应急管理培训的 IAEA 工作人员以及三名专门研究辐射受害者的日本医生组成。该小组与 OAEP 及其他有关人员讨论了局势,并酌情提供了反馈和建议,尤其是在进一步照顾和治疗伤者方面。

由于事故发生在人口稠密的地区,而且由于从发生事故到最终安全回收放射源的时间太长,所以有几组人员受到了辐射照射。那些擅自进入停车场收集废品的并拆卸下机头的人(病号 1-病号 4:第 1 组)和废品收购堆积场的工作人员及其亲属(病号 5-病号 10:第 2 组)受到了最大的剂量照射。其中一些废品收集人员受到了严重的局部辐射照射,有严重放射烧伤,而他们受到的全身剂量约为 2Gy。废品收购堆积场的工作人员由于长期暴露于 ^{60}Co 放射源而接受了更大剂量的全身照射,这些人中有四个人(病号 5-病号 8)受到的全身照射剂量超过6Gy,这四人中的三个人由于严重的辐射损伤,在事故发生后的两个月内死于感染并发症。第1组和第2组中的许多受害者到了Samut Prakarn医院的门诊就诊,出现虚弱,脱毛和放射灼伤的症状,并有恶心,呕吐或腹泻的病史。第3组由其他人组成,他们生活在废品收购堆积场附近,其受照剂量(根据后来的估计)小于在放射源上或放射源附近工作的人。第4组包括OAEP的人员以及事故应急响应和查找回收放射源的部门工作的其他人员,在事故响应期间,它们的全身受照剂量不超过32mSv。

事故处理过程中得到了公众的关注,也产生了一些误解。在辐射危害方面,泰国应急响应小组被认为"未认真对待此事";泰国应急响应小组被认为是不专业的,缺乏必要的培训;被辐照的事故受害者的尸体被认为是"放射性的"。

三、事故主要原因

1. 废弃的放射源的处置存在困难,法规中没有明确或有效的报废条款。原始制造商(在另一个国家)不再提供同种类型的设备或售后支持,也没有意愿回收。

2. 废弃的放射源缺乏有效监管。据报道,国家主管部门由于工作量所限,导致了对持有放射源的被许可人的监督缺位。废弃设备接收者将其辐射源重新安置在不安全的地方,遗弃了放射治疗设备的废弃诊所能被擅自轻易进入,导致装有放射源的机头被人拆除。

3. 放射源容器上没有使用本地语言的警告标志。

四、经验教训

1. 本次事故处理的主要经验是,内科医生注意到了辐射损伤相关的临床症状,并通知了相关管理部门。管理部门及时处理了源、保护地区安全,使源安全回收。用创新的荧光监测方法对小的放射源定位;使用轻质竹竿代替重得多的金属杆,以快速移动和筛分废料;使用厚的铅屏蔽层,以减少响应和回收过程中人员对辐射的暴露。

2. 主要教训是,处置废弃的放射源有困难,法规中没有明确或有效的有关放射源的报废条款,缺乏有效的对孤儿源的监督和管理,导致存在非法出售转让废旧源、非授权拥有放射源及转运放射源的情况发生。源容器上的三叶形符号未能传达潜在的辐射危害,接触这些容器的人员不理解存在的标志和警告标签,应使用更直观易懂的警告标志,废旧金属回收从业人员及铸钢厂的工作人员应认识放射源的三叶形标志并知晓放射源危险性,如果废品回收堆放场工人采取的行动破坏了该放射源的完整性,或以其他方式将放射源转移至铸钢厂,源被溶化(已经发生过这样的事件),则后果会更加严重。事故中受照的人员在医院门诊和诊所就医时,其最初的症状(腹泻、恶心和呕吐)在一开始并未被诊断为辐射暴露所致,说明医师需要有关急性辐射暴露的基本症状和体征(全身和局部暴露)以及可能引起此类影响的放射源类型的信息和培训。风险沟通方面,未能清晰有效地提供信息,以使公众理解,与新闻媒体的充分和有效沟通可以通过例如定期举行新闻发布会和向媒体更新事件的进展来改善。导致该事故的事件顺序与 IAEA 关于放射性事故的其他报告中描述或确定的事件顺序相似,特别是与 1998 年 12 月至 1999 年 1 月在土耳其伊斯坦布尔发生的事故有很多相似之处,其相似之处足以令人担忧,因为可以通过应用伊斯坦布尔事故的教训来预防泰国 Samut Prakarn 的事故。

第七节　苏联吸入致命 ^{210}Po 事故

一、概况

苏联在 1954 年发生在一起工作场所长时间意外吸入 ^{210}Po 气雾剂,导致 1 人受到严重的内照射而死亡。

二、事故经过

1954 年,苏联的一名男性工人在一个工业场所的 5 小时期间,意外吸入了约 530MBq 的 ^{210}Po 气雾剂。几天之内,他出现了严重的放射性肺炎和严重的呼吸困难的迹象。大约 6 天后,他出现了严重的骨髓毒性。他在受污染后的第 13 天死亡。

验尸后对组织样品的分析估算肺的累积辐射剂量为 140Gy,肝脏的累积辐射剂量为 9Gy,肾脏的累积辐射剂量为 30Gy,骨髓的累积辐射剂量为 1.7Gy。

该工人死亡的急性原因是急性放射性肺炎。

三、事故主要原因

在工业场所长时间意外吸入 ^{210}Po 气雾剂,导致吸入大量放射性物质。

四、经验教训

针对放射性核素的内污染,当今已有可以使用的较新的螯合治疗救治对策(给予重金属螯合剂治疗,如 2,3-二巯基丙醇,2,3-巯基丁二酸以及 3-巯基缬氨酸),并具有更先进的支气管镜检查技术/设备进行早期肺灌洗,放到现在,该人可能幸存。医生必须谨记,在进行医疗干预和减轻急性器官死亡(例如急性肺炎)后,必须在稍后的时间专心关注处于危险中的下一个器官(在本案例中为骨髓和肝脏)。在这种情况下,很可能有必要在治疗过程中的不同时间为几种不同的器官系统提供特殊的,器官特异性的医疗救治,尤其是在放射性核素(如 ^{210}Po)受到严重内部污染之后,以提供最佳的器官生存的机会。

第八节　美国三例 ^{239}Pu 职业污染事故

一、概况

美国洛斯阿拉莫斯国家实验室曾发生三起 ^{239}Pu 职业污染事故,导致 3 人受到放射性物质的内污染。

二、事故经过

1. 案例 1 涉及一个人,他在装有钚金属的手套箱中工作,螺丝刀伤了左手食指。后洗涤和灌洗,伤口计数为 629Bq。假设是最坏的情况,所有测量的活度都被瞬间吸收到血液中,并且使用待积有效剂量系数 489μSv/Bq,则待积预期有效剂量 $E(50)$ 为 308mSv。螯合疗法包括总共 29 次 DTPA 给药,并从注射 500mg Zn-DTPA 开始。在摄入后的第二天,给予了 1g Ca-DTPA。此后,在摄入后的第二天起,即第 2 天、3 天、4 天、5 天、6 天、8 天、9 天、10 天、11 天、15 天、17 天、22 天、24 天、29 天、31 天、44 天、52 天、58 天、66 天、78 天和 92 天,每天注射 1 克 Zn-DTPA 摄入后的第 106 天、121 天、135 天、151 天和 163 天再每天注射 1g Ca-DTPA。此外,在摄入 590 天后还进行 1g Ca-DTPA 的后期注射。如图 8-1 所示,螯合治疗与每次治疗后排泄尿液样品的活度有显著的相关性,但对于发生在摄入后 200 天左右出现的峰值无法给出显而易见的解释。在事故发生 590 天后进行的单一螯合治疗可以观察到相同程度的尿排排出活度增强。估计总的可避免剂量为 99.4mSv。

2. 案例 2 涉及一名工人,该工人在机加工钚金属的手套箱中工作时,由于失控,手撞到了手套箱中的锋利边缘表面,导致一个手腕浅裂伤。迅速实施去污程序,直到外部活度降低到不可检测的水平。第一次伤口计数测量为 62.9Bq。再次皮肤去污后,伤口计数测量结果显示为 48.1Bq。随后给予 1g Ca-DTPA,并在皮瓣切除后,进行随后的伤口计数测量,没有显示出可检测到的剩余活度。切除的皮瓣活度含量有 44.4Bq。螯合治疗前采集了一

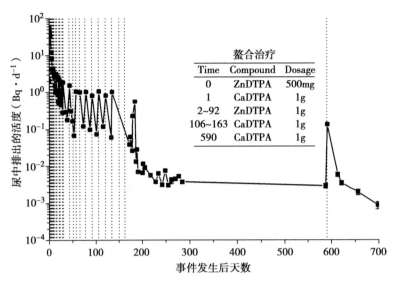

图 8-1　进行螯合治疗后，尿液中 ^{239}Pu 活性的变化与时间的关系，
虚线代表螯合治疗时间

（本图来自 IAEA EPR-INTERNAL CONTAMINATION-2018）

份生物测定尿液样品，治疗后又采集了三份。总的可避免剂量为 150μSv。随后，在事故发生后的第 90、96 和 102 天收集了更多的生物测定尿液样品。用这些资料估计待积有效剂量为 210μSv。图 8-2 给出了尿液排出的活度，包括了在事故发生后第 280 天收集的尿液样品。

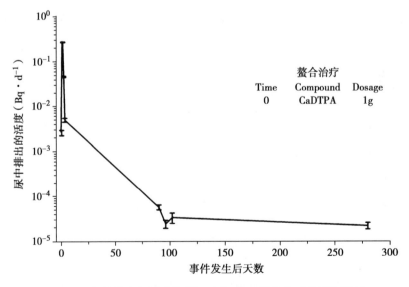

图 8-2　相关样本中测量的 ^{239}Pu 活度与事件发生后的时间关系

（本图来自 IAEA EPR-INTERNAL CONTAMINATION-2018）

3. 案例 3 涉及一个人,是在手套箱中工作时右手拇指受伤。含有 ^{239}Pu 的金属碎片沉积在伤口中。治疗采用了几次手术切除和四次给予进行 DTPA 药物。提交了十二份生物测定尿液样品,并使用常规分析方法分析了 ^{238}Pu;对于 ^{239}Pu,除使用了常规分析方法,还使用了热电离质谱。美国洛斯阿拉莫斯国家实验室在常规监测中保持具备分析 ^{238}Pu 和 ^{239}Pu 的技术。热电离质谱法用作基线和一线 ^{239}Pu 工作者的辅助工具,可更灵敏地测定 ^{239}Pu 和 $^{239/240}$Pu 的比例。样品用于评估去除污染的效率,并估计由于该事故而导致的待积有效剂量。图 8-3 给出了事故发生后的前 10 天的伤口计数,切除的组织,棉手套和前六次尿液生物测定的测量结果。虚线表示在事件发生后的第 0 天、1 天、5 天和 7 天进行的四种螯合处理(每种螯合剂的剂量为 1g Ca-DTPA)。图的右侧示例中显示了估计的可避免剂量,该剂量与前六个生物测定样本相对应。用 γ 能谱对从右手拇指切除的组织和材料样品进行了分析,^{241}Am 和 ^{239}Pu 的活度分别为 39.2Bq 和 6 660Bq。该结果清楚表明 ^{239}Pu 是应主要考虑的放射性核素。随后的伤口 ^{239}Pu 计数显示为 671.6Bq,以此可估算出全身的 ^{239}Pu 总初始源活度未采取任何治疗措施时的值为 7 332Bq。主要是由于采取了手术的措施,伤口处的活度在事故后不到一天内降低到 25.5Bq。6 天后,做完了所有的手术,最终伤口处的 ^{239}Pu 计数仅约为 18.5Bq。^{241}Am 的活性可以忽略不计,也没有发现其他放射性核素存在。

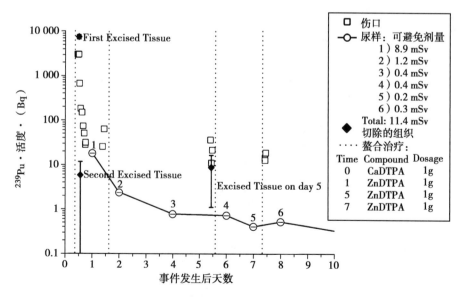

图 8-3 事故后在伤口、尿液和其他相关样品中测得的 ^{239}Pu 活度与时间的关系。
图中也标示了治疗方法
(本图来自 IAEA EPR-INTERNAL CONTAMINATION-2018)

三、事故主要原因

3个案例都是由于使用手套箱工作时,发生操作失误导致手腕或手指受伤而受到了放射性物质的污染。

四、经验教训

1. 手套箱的操作限制了用手操作的灵活性,因此应对手套箱的操作人员加强培训和模拟操作,提高用手套箱操作的熟练性,减少失误的发生。

2. 当进行 DTPA(二亚乙基三胺五乙酸二酯)螯合处理时,需要进行其他生物样品的测定。经验表明,最终螯合处理后100天之前收集的数据不适合剂量评估,因为螯合处理会破坏钚(镅或锔)的正常代谢。这些时间上的延迟对于使新陈代谢和排泄模式恢复正常是必需的,便于获得准确的剂量估算。在螯合治疗之前和之后获得的样品可以估算治疗所避免的剂量,从而可以估计螯合治疗的有效性,这些信息对于医务人员做出有关有益的继续治疗的决策很有价值。图 8-4 中给出了所有这三例病例螯合疗法停止后尿排出的活度的结果。图中结果显示,每日尿排出在完成最后一次螯合时达到正常。由于案例 1 和案例 3 经过多次螯合治疗,因此图中会显示负的时间值数据。三例病例的摄入量和相应剂量估计有很大差异。虽然治疗的次数不同,但在所有情况下,最高排出数据点与大约 100 天时观察到的值之

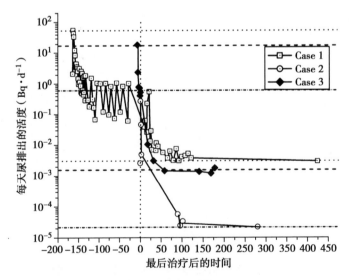

图 8-4　在最后一次螯合后,尿样中 ^{239}Pu 的活度随时间的变化

(本图来自 IAEA EPR-INTERNAL CONTAMINATION-2018)

间仍可以看到四个数量级的差异。通过软件模拟单次注入 ^{239}Pu 后的第 1 天和第 100 天之间日尿液排出减少的活度达到两个数量级。因此,额外减少的活度 100(两个数量级)可归因于螯合治疗的效果。由于在所有情况下,Zn-DTPA 或 Ca-DTPA 给药剂量均为 1g,因此可以初步确定与螯合的功效系数为 100 的相关性。

第九节　美国 ^{90}Y 放射性药物治疗事故

一、概况

美国 20 世纪 70、80 年代,肿瘤学家们尝试开发一种使用 ^{90}Y 治疗肝转移的方法。它是将 ^{90}Y 绑定到 20~50μm 玻璃或塑料球。这些 ^{90}Y 标记的球形颗粒(45~85mCi 或 1.73GBq)被注射到供应肝脏肿瘤血液的动脉中(一般是肝总动脉,或其他局部动脉),而后将这些粒子在毛细血管大小的肿瘤血管被捕获,从而使 ^{90}Y β 辐射(平均能量 934keV)传递到局部肿瘤组织(软组织中的 β 射程约为 5mm)。在一个临床研究点,发生了使用这种放射性药物治疗肿瘤导致多人死亡的情况。

二、事故经过

在美国一个使用 ^{90}Y 标记的球形颗粒治疗肿瘤的临床研究点,发生了也许是涉及这类放射治疗的美国最严重的放射治疗事故。具体情况是,由于 ^{90}Y 对微球理化附着处理方面存在明显的缺陷,在动脉内注射后不久,放射性核素从 20~50μm 的颗粒中解离,导致游离钇原子把骨髓作为了靶向目标,而不是肿瘤组织。

在这一系列治疗中有 8 名患者死亡,这并非意外,因为他们都患有转移性癌症。但 8 位患者中有 7 个在 ^{90}Y 给药后不久死于作为转运机制的治疗微球上的 ^{90}Y 的丢失,致使造血功能明显下降。估计的 ^{90}Y β 所致骨髓辐射剂量为 3.5~6.2Gy 范围。如果在相对较短的时间内受到 ^{90}Y 的 β 照射(^{90}Y 的物理和有效半衰期为 64.1 小时),则该辐射剂量可导致致命的血液学类型的 ARS。

三、事故主要原因

由于 ^{90}Y 对微球理化附着处理存在缺陷,在注射后不久,放射性核素从 20~50μm 的颗粒中解离。

四、经验教训

由于这些放射性药物治疗事故,美国核监管委员会针对这类非密封材料的使用制定了新的指南和规定。

第十节 山西忻州辐射事故

一、概况

1973 年山西忻县地区行署科技局(现忻州地区科委)为了培养良种,筹建了 ^{60}Co 辐照装置。1973—1981 年使用期间,省卫生行政部门曾组织有关技术人员,对辐照加工装置及放射工作场所进行多次监督监测,并办理有关手续。1980 年,地区科委原建筑小红楼二十间产权归属忻州地区环境监测站。其中,辐照室和附属两间操作室仍归科委所有,待 ^{60}Co 源迁走后,全部建筑物无偿移交忻州地区环境监测站。1981 年 9 月地区科委搬迁后,即停止使用辐照室,就地封存。1991 年,因违章处置退役源致公众死伤多人。

二、事故经过

1991 年,忻州地区环境监测站因急于扩建使用仍属忻州地区科委的辐照室,未与省卫生、公安部门联系,未办理注销手续,未向忻州地区科委索取辐照加工装置密封源的有关资料,且没有制订拆除辐照加工装置实施方案,仅请示省环保局后,由省环保局安排省放射环境管理站负责承办收贮忻州地区科委放射源的工作。省放射环境管理站决定并组织对忻州科委的放射源进行倒装、收贮运输工作,同时,只和中国辐射防护研究院(以下简称"中辐院")2 名技术人员个人联系到忻州倒装、收贮放射源工作。1991 年 6 月 25 日,在未受地区科委的委托和没有查明放射源有关材料,仅凭地区科委 ^{60}Co 放射源专职管理人员口头介绍有 4 个放射源情况下,便组织了倒装、收贮放射源的工作。因辐照室钴源井水混浊不清,需将井水换清。在未化验井水有无污染的情况下,就将井水随意排放。1991 年 6 月 26 日开始倒装放射源,省放射环境管理站 2 名工作人员负责现场监测,中辐院 2 名技术人员负责倒装技术操作,因从不锈钢筒中倒出的 ^{60}Co 放射源个数与提供的放射源数(4 个)不一致,多了2 个。其中有一个颜色发暗的,在未进行监测的情况下,便误认为是一个"假源",而将 5 个颜色发亮的装入铅罐,在场人员均未提出异议。在收贮放射源的实施过程中,没有现场监测记录及监测报告,倒装放射源的当天,相关人员对院内和 ^{60}Co 辐照室进行了监测(没有书面报告)。源井中有 2.9m 深的水,未进行抽干钴源井水就进行了监测,并认为井内没有放射源。采集了两瓶钴源井水,回去后也未作测量。1991 年 7 月 7—8 日,忻州地区环境监测站,在未办理退役手续的情况下,雇用民工将 ^{60}Co 放射源井水淘完。8 月 10 日,由太原兴华化学材料厂爆破队爆破拆除了忻州地区辐照室,8 月 28 日,忻州地区环境监测站与忻州市建筑工程公司签订了《环境监测站拆除施工协议》,要求将辐照室拆除并清理至辐照室地面以下 0.8m。

1992 年 10 月 27 日,开始基建施工,承建单位雇用了忻州市附近的民工挖掘地基拆除钻井工程。11 月 18 日,民工侯××在井底挖出一个瓷盘和一根圆柱形铅棒带回家中。据民工张××证实,11 月 19 日上午 9:00 左右,民工张××在 ^{60}Co 放射源井外东北侧拾到一圆柱形钢体装入身穿的皮夹克口袋内。大约 11:00 即感到头晕、恶心、呕吐,不能继续劳动,由同事董××将其送回家中。下午张××的哥哥等人陪同张××到地区医院就诊。张××的哥哥在陪侍张××的第四天也发病住院。两兄弟的症状体征基本相同。11 月 26 日,两兄弟病情进一步恶化,下午转入山西医学院第一附属医院(以下简称山医一院)继续治疗,医治无效,张××于 12 月 2 日出院回到家中死亡,陪侍的张××的哥哥于 12 月 7 日也在家中死亡。张××的父亲一直陪侍两个儿子看病也相继发病,于 12 月 10 日死亡。张××之妻于 12 月 17 日到北京医科大学第二人民医院(以下简北医人民医院)就诊,诊断为放射病。经中辐院根据受照条件,对张氏父子三人估算了受照剂量,张××为 44Gy,张××的哥哥为 8.9Gy,张××的父亲为 8.1Gy。

1992 年 12 月 31 日,省卫生厅接到卫生部通知,张××的妻子住在北医人民医院,诊断倾向急性放射病。省卫生厅成立了放射事故调查领导组,并于 12 月 31 日下午抽调 5 名专业技术人员赴忻州追寻放射源。1992 年 12 月 31 日至 1993 年 2 月 3 日,省卫生厅、防疫站和忻州地区卫生局、防疫站及卫生部工业卫生实验所的专业技术人员曾先后 8 次对死者住地、火葬场、坟地、周围环境及钴源辐照室源井旧址等一切可疑的地方进行了全面细致的监测,均未找到放射源。从张××的岳父处了解到,其在山医一院陪侍张××时,曾看见从张××的皮夹克衣袋中掉出一个"铁疙瘩"。另据山西医学院一位学生提供,1992 年 11 月 26 日 19:00 许,在山医一院急诊室给张××检查诊断过程中,发现从张××皮夹克右侧兜里掉出一个褐色圆柱金属体,患者家属拾起,张××表示无用,家属便将该金属体扔到废纸篓里。为此,省卫生厅组织省防疫站有关技术人员,对山医一院所有垃圾堆、急诊室、传染科、厕所和山医一院垃圾站到市垃圾场沿途等可疑地点进行了监测,均为本底水平。从 1993 年 1 月 6 日—2 月 1 日,省卫生厅组织省防疫站、太原市职防所有关技术人员,曾 6 次对民工倒垃圾现场和东山 50m 深的大沟内垃圾进行监测。经反复多次做倒垃圾工人的工作,最后倒垃圾工人承认,从 1992 年 11 月 26 日以后,他将山医一院的垃圾倒在晋祠公路旁的田地里。2 月 1 日下午,省卫生厅人员带领省卫生防疫站的技术人员携带仪器在晋祠公路南屯村以南发现了 ^{60}Co 放射源。由卫生厅与省公安厅联系,对现场进行了警戒。同时与中辐院联系,请该院制订收源方案。2 月 2 日 14:00,省卫生厅主管领导赴现场指挥,公安部门中断了晋祠公路一段交通,19:30,西山矿务局挖掘机到达指定位置,在技术人员指导下,挖掘机一次就将放射源挖出倒在指定位置,工作人员经过 40 分钟紧张工作,将放射源回收装入铅罐,运到中辐院废物库暂存,并经中辐院和省防疫站在收源的地方进行了监测,未再发现辐射水平升高现象。

由于违章处置退役源,导致公众死伤多人。1992 年 11 月 19 日上午民工张××发病,后来,陪侍人张××的哥哥和父亲也发病先后在地区医院、山医一院进行抢救治疗无效,相继在家中死亡,魏××于 11 月 19—23 日在地区医院急诊室与张××同住观察室治疗而受到照射,于 1993 年 1 月 12 日到北医大人民医院住院治疗。张××的妻子和女儿在中辐院附属医院及北医人民医院检查住院治疗三次。

这次事故发生后,省卫生防疫站、卫生部工卫所、中辐院等单位对放射事故开展了生物剂量估算及血象分析。受到不同有效剂量当量 HE(Gy)的人数为:>1Gy 5 人,0.5~1Gy 3 人,0.25~0.5Gy 7 人,0.1~0.25Gy 25 人,0.05~0.1Gy 28 人,0.01~0.05Gy 58 人,0.005~0.01Gy 16 人,共 142 人。

三、事故主要原因

1. 山西省放射环境管理站是放射性核素的收贮管理机构,本应执行国家的有关法规、规章,山西省放射环境管理站严重违反了国务院 44 号令《放射性同位素与射线装置放射防护条例》《辐射防护规定》《放射环境管理办法》等法规、规章。在未接到注销、退役手续、环境影响评价手续,也未收集到源的原始资料,也未制订倒装、收贮放射源工作计划,就开始并草率完成了收贮工作,属严重责任事故。

2. 在倒装、收贮放射源过程中,严重违反技术操作规程,在源井中还有 2.9m 深的水,未进行抽干就进行监测,并认为井内没有放射源。中辐院 2 名专业技术人员未经单位同意私自参加倒装、收贮源的工作,在未掌握原始资料的情况下,盲目倒装放射源,并把颜色发暗的放射源未经监测认为是"假源",属严重失职。

3. 忻州地区环境监测站在未接到地区科委委托,便超越职权,委托省放射环境管理站到忻州倒装、收贮源,送贮前既没有要求忻州地区科委办理注销许可登记、申请退役、作出环

境评价手续,地区环境监测站也没有办理上述手续,就实施倒装、收贮放射源。在倒装、收贮
^{60}Co放射源时,未按规定通知当地卫生、公安部门实施监督,也未通知科委主要领导到场,这
些也是造成事故的重要原因。

4. 地区科委作为钴源所有权的单位,在移交过程中,对房屋移交以及迁源手续的办理
检查不严,对钴源管理不严,账目不清。身为放射源的专职管理人员对源实际数目掌握不准、
账目不清,在参与倒装源的工作中事前不请示地区科委领导,事后也没有汇报,擅自移交辐
照室,对此次事故应负有一定责任。

四、经验教训

1. 这次事故充分说明使用和倒装、收贮放射源的单位,必须认真贯彻执行国家《放射性
同位素与射线装置放射防护条例》《辐射防护规定》《放射环境管理办法》等法规、规章;重
视放射防护及安全实施工作,增强法治意识;健全各种制度。

2. 提高专业技术人员的基本专业知识,树立认真负责的工作精神及严谨的工作方法和
实事求是的科学态度。

3. 倒装辐射源是一项技术性、专业性很强的工作,需制订周密工作计划,专业人员经过
培训和实际操作训练后方可从事此项工作。

4. 医务人员缺乏放射病诊断治疗的基本知识。在这起事故中,所发生的放射病临床症
状典型,但在多家医院住院治疗,经很多专家会诊,都未能确诊。最后到北京大学人民医院
就诊并由专业机构卫生部工业卫生实验所经生物剂量估算才确诊为急性放射病。放射事故
不同于其他事故,有它的特殊性。由于人们对放射性知识不很了解,导致对放射性所致的损
伤一无所知,甚至一般的医师由于没有经过相关放射病诊断治疗的专业知识培训,对造成危
及生命的放射病都感到陌生,以为是什么恶性传染病。因此今后一是要加强对公众的核与
辐射科普知识的宣传,二是要加强对医务人员的核与辐射专业知识的培训。

第十一节　山东济宁 ^{60}Co 辐射事故

一、概况

2004年10月21日17:30,山东省济宁市××县××辐照厂发生了一起人员意外受到
^{60}Co放射源照射事故,2例患者诊断为极重度急性放射病。事故发生后,我国各级放射应急

医学救援组织快速响应,密切合作,开展了对事故损伤患者的医学救援工作,延长了患者的存活时间,并为处理大剂量误照事故的医学救援工作积累了宝贵的经验。

二、事故经过

(一) 事故初起情况

华光辐照厂位于山东省济宁市金乡县高河乡。该辐照厂建于1994年,为自行设计建造的静态堆码式辐照装置。辐照源为^{60}Co,1994年加源2.7PBq,1999年5月又加源1.6PBq,事发时的活度为1.4PBq。2004年10月21日下午,由于该辐照装置的铁网门安全连锁、降源限位开关、踏板降源装置、3道防人员误入辐照室的光电连锁等6层安全装置及拉线开关全部失灵,放射源未正常回落到井下安全位置,2名工作人员未经监测进入辐照室工作,造成超剂量误照射。待发现受照而撤出辐照室时,2名工作人员受照时间为5~10分钟,受照人员距离放射源0.8~1.7m。2人受照后不久便出现呕吐症状,初步判断受照剂量大于10Gy。

(二) 事故的应对处理

1. 医学救援 事故发生后,2例患者于当日19:00被送到当地金乡县医院住院治疗。患者在该院经输液治疗后,于22日上午转往山东省医院。2004年10月22日9:30,山东省疾病预防控制中心(以下简称"山东省疾控中心")接到事故单位的电话报告后,根据事故单位电话报告提供的有关信息,对受照人员的受照剂量进行了快速估算,并立即上报山东省卫生厅和山东省环保局。根据初步的剂量估算结果,山东省疾控中心判断此次事故重大,当地无能力处理,立即向原卫生部核事故医学应急中心请求援助。2004年10月22日上午,原卫生部核事故医学应急中心办公室接到山东省疾控中心电话,咨询放射事故大剂量受照患者的医疗救治事宜。山东省疾控中心初步估算2例受照人员的受照剂量分别为20Gy和16Gy,可能为极重度急性放射病,紧急请求上级技术支援。原卫生部核事故医学应急中心接到请求后,立即向国家核事故医学应急领导小组办公室汇报了这一紧急情况,得到同意后迅速组织专家组到现场进行技术救援。专家组由原卫生部核事故医学应急中心的有关单位组成,包括原解放军307医院(现解放军总医院第五医学中心)、中国疾病预防控制中心辐射防护与核安全医学所(以下简称"中国疾控中心辐射安全所")和中国医学科学院血液病医院的放射损伤救治专家和剂量估算专家。由原卫生部核事故医学应急中心带队,并派专车于当日15:00送专家组前往山东省济南市。专家组于当日22:00到达济南市山东省医院,在原山东省卫生厅和山东省疾控中心的支持下,立即开展事故受照患者的救治工作。根据向事故单位和患者了解的事故受照情况,估算患者受照剂量可能大于20Gy和16Gy,初步诊断为极重度急性放射病。原卫生部核事故医学应急中心立即取 2 例受照患者的血样等样品，于 23 日 2:30 派专车专人送往有关实验室进行检测，估算生物剂量。2 例受照患者的病情非常危重，随时会有生命危险，预后可能不好，需要尽快进行抢救。由于当地没有相应的救治条件，专家组建议患者应当尽快转入原北京解放军 307 医院抢救。患者家属和原山东省卫生厅均同意专家组的转院建议。原山东省卫生厅组织救护车和有关医护人员护送 2 例受照患者前往北京，于 24 日零时到达北京 307 医院，该院立即组成救治组开展抢救工作。

2. 剂量估算　为了进一步估算患者的受照剂量，原卫生部核事故医学应急中心于 10 月 27 日再次派专家组赴山东省金乡县事故现场，模拟估算受照剂量。在山东省和济宁市卫生部门以及其他有关部门的支持配合下，对事故现场进行了受照时间模拟、受照剂量模拟估算，并开展了现场辐射剂量检测，完成了现场剂量调查任务。原卫生部核事故医学应急中心的各有关单位（原解放军 307 医院、中国疾控中心辐射安全所、北京放射医学研究所和中国医学科学院放射医学研究所）积极开展患者的剂量估算工作，包括生物剂量、物理剂量、ESR 剂量和临床剂量估算，协助临床诊断和医疗救治。综合各种剂量估算方法估算的患者受照剂量结果和临床表现，估算病例 A 的受照剂量为 15~25Gy，病例 B 的受照剂量为 9~15Gy。

3. 临床救治　由于患者的受照剂量大，病情复杂，救治任务重，转院后，解放军 307 医院全力抢救患者。依据患者的受照剂量、临床表现、实验室检查结果进行综合分析，确认病例 A 患肠型急性放射病，病例 B 患极重度骨髓型急性放射病。患者住院治疗期间，对其进行了抗感染、无菌保护、改善微循环、细胞刺激因子、外周血干细胞移植、对症治疗和支持治疗等综合抢救措施。2 例患者的造血干细胞移植成功，造血功能快速恢复，延长了患者的存活时间。但终因受照剂量过大，全身各系统损伤严重，分别于受照后 33 天和 75 天死亡。

三、事故主要原因

该事故的发生，主要是由于该辐照装置的铁网门安全连锁、降源限位开关、踏板降源装置、3 道防人员误入辐照室的光电连锁等 6 层安全装置及拉线开关全部失灵，放射源未正常回落到井下安全位置，且工作人员未经监测情况下进入辐照室工作，造成超剂量误照射。

四、经验教训

1. 快速响应，锻炼了我国的医学救援队伍　济宁"10·21"放射事故发生后，我国有关地区放射事故医学救援组织快速应急响应，密切合作，开展了对事故损伤患者的医学救援工作，锻炼了医学救援队伍，为核或辐射突发事件应急医学救援工作积累了经验。

2. 加强我国的核或辐射突发事件应急医学救援准备和响应工作　随着核能在我国的迅速发展和放射线技术应用的日益扩大,强放射源的应用数量增加,放射事故时有发生,应加强我国的核或辐射突发事件应急医学救援准备和响应工作。

3. 尽快在全国建立核或辐射突发事件应急医学救援体系　国务院《核电厂核事故应急管理条例》和国务院令第 449 号《放射性同位素与射线装置安全和防护条例》规定了卫生部门在核事故应急和放射事故应急工作中的职责和任务。在我国的核或辐射突发事件应急准备和响应工作中,卫生健康部门承担核或辐射突发事件应急医学救援职责和任务。核事故应急响应时,卫生健康部门需根据情况提出保护公众健康的措施建议,组织医学应急支援,并组织现有力量参与对场外应急辐射监测(人员饮用水和食品的监测)进行支援,参与事故调查和健康效应评价,组织对受过量照射人员的医学跟踪。发生放射事故后,卫生部门负责放射事故的医疗应急。在全国组织建立核或辐射突发事件应急医学救援体系十分必要,地方卫生应急部门协调有关卫生部门积极开展核应急和放射应急医学救援工作,加强我国的核或辐射突发事件应急医学救援能力建设。

4. 尽快建立强制性的放射损害第三方责任保险机制,保障医学救援经费　核能和放射线技术的应用是一种高风险活动,在给人类带来巨大好处的同时,也伴随着巨大的风险。如果发生核事故或放射事故,就可能给公众(第三方)的健康、财产和环境造成损害。西方许多国家已经建立了比较完善的核损害民事责任与赔偿法律体系,以及强制性的第三方核责任保险机制。我国目前还没有专门核损害民事责任的法律。《放射性同位素与射线装置安全和防护条例》第六十一条对放射事故造成损害的民事责任规定,因辐射事故造成他人损害的,依法承担民事责任。国家应当建立强制性的放射损害第三方责任保险机制,凡是生产、销售、使用放射性同位素和射线装置的单位都应当加入放射损害第三方责任保险,规范放射性同位素和射线装置的生产、销售、使用单位的放射损害赔偿责任,使放射事故的医学救援经费能够得到保障,医学救援工作能够顺利开展,事故损伤人员能够得到及时、有效地救治。

5. 国家和地方政府应当设立放射事故应急处理专项资金,保障医学救援经费　《国务院关于处理第三方核责任问题的批复》和《放射性同位素与射线装置安全和防护条例》明确了核损害或放射损害的民事责任,核事故或放射事故造成的核损害或放射损害,应当由核设施营运人或生产、销售、使用放射性同位素和射线装置的单位承担绝对责任或民事责任。但在发生放射事故后,常常由于各种原因致使事故处理的医学救援经费不能及时到位,影响了医学救援工作的顺利开展。《突发公共卫生事件应急条例》第四十三条规定,县级以上各级人民政府应当提供必要资金,保障因突发事件致病、致残的人员得到及时、有效的救治。国家和地方政府应当设立放射事故应急处理专项资金,储备一定数量的医学救援经费,确保突发核事故或放射事故时能够快速启动医学救援响应行动,保障事故损伤人员能够得到及时、有效的救治。

第十二节 河南新乡"4·26"^{60}Co 辐射事故

一、概况

1999 年,河南省新乡市发生一起严重的辐射事故,由于医疗机构的人员将长期未用的 ^{60}Co 治疗机当做废品卖给废品收购站,废品收购站的人员将放射源取出后放至家中,后专卖给其他人员,导致共有 7 人受到了严重过量的辐射照射,其中 3 人受到中重度以上的严重辐射损伤,还有 3 人受到了不同程度的局部皮肤辐射损伤。

二、事故经过

(一) 事故初起情况

1999 年 4 月 26 日,河南省新乡市××县的一家医疗机构人员,将一长期未用的 ^{60}Co 治疗机卖给废品收购站,当日下午该站人员"勇""义""民"3 人将铅罐中的两根不锈钢源棒(其中一个无放射源)取出,进行观看、搬移、称重等活动,并放到"勇"家院内,当晚先后转移到室内、菜地,27 日晨拿回院内,下午 5:00 又将两根源棒卖给邻村的收购不锈钢个体户"天","天"开机动三轮车运回家中,将源棒放在东屋床头北 1.3m 处,其妻儿"梅""旺"两人晚上 8:00 上床休息,至当晚 24:00,两人先后开始出现恶心、呕吐。"天"从北屋过来照顾两人,与妻儿睡在一起,1 小时后也出现呕吐,至 28 日 4:00 左右,"天"起来请当地乡村医师来看病,白天外出。"勇"等 3 人因在 27 日卖源棒当天晚上出现恶心等症状,于 28 日找到卖主及其合伙人询问是否有毒,合伙人让他们将不锈钢棒赶快装回铅罐。28 日 14:00,"勇""义""民"3 人到"天"家将源棒取回,轮流操作,历时 3 小时将两根不锈钢棒装入铅罐。

(二) 事故的应对处理

4 月 30 日上午 10:00,"勇""民"到原河南省职业病防治研究所(现河南省职业病防治研究院)看病,确定为超剂量照射事故,下午 5 时事故调查人员到达事故现场调查事故经过、受照人数和放射源情况。5 月 1 日有关受照人员收住河南省职防所病房,下午开始对其中 7 名受较大剂量照射的人员进行受照条件的调查。

5月4日下午,原卫生部核事故医学应急中心第一临床部的中国医学科学院放射医学研究所接到原卫生部通知后,按原卫生部核事故医学应急规定的要求,立即启动了救治严重辐射损伤患者的有关准备工作,并采取了相应医学应急救治措施:①强化通信联系,保证原卫生部核事故医学应急中心应急响应24小时值班电话可随时与原卫生部及河南省职业病防治研究所联系,同时参加救治人员随时待命。②确保应急响应组织和条件落实,由中国医学科学院放射医学研究所和血液病医院主管领导和专家立即组成应急响应救治组,通过救治组的认真讨论,在患者未到达以前,就初步拟订了救治方案。并立即准备好层流病房2间,床旁隔离罩2个,为应急响应救治提供条件保障,还对救治器材、血制品、造血刺激因子、抗生素等药品都作了较充分的准备,在4小时内完成了应急响应救治的一切准备工作。

5月6日依据物理剂量、生物剂量和临床症状初步判断为重、中度骨髓型急性放射病的"梅""旺""天"3人被急送原卫生部核事故医学应急中心第一临床部救治。其余轻度放射病和过量照射人员留原河南省职业病防治研究所治疗。5月6日19:50,3个危重患者"梅""旺""天"3人被送到天津机场。考虑患者危重,为了确保患者安全,就近接患者,经与机场总调度室等多方联系,救护车直接开到了飞机舷梯旁,及时将患者转送到原卫生部核事故医学应急中心第一临床部实施救治。在听取了现场剂量和医务人员介绍病情后,经救治组初诊外照射急性放射损伤,重度骨髓型放射病1例("梅"),中度骨髓型放射病2例("旺"和"天")。给患者卫生消毒清理后,于5月7日重度患者进入层流病房,中度患者进入隔离罩内,开始了抢救治疗。"梅"的红骨髓计权平均剂量高达6.74Gy,当她被送到医院时,已开始进入极期,外周血白细胞已降到0.3×10^9/L以下,骨髓增生已极度减低,身体极度虚弱,因而对她的医学救治是这次医学救治工作的重点。"梅"的极期特别长,自第18天白细胞降至最低值为0.05×10^9/L,0.3×10^9/L以下持续了22天,血小板最低值2×10^9/L,低于10×10^9/L也长达14天,加之她还伴有中耳炎,月经期正好在极期,这些给医学应急救治工作带来了更大的困难。对她的医学应急救治成功,也为我国核事故医学应急积累了一些宝贵的经验。

三、事故主要原因

放射性应用单位的领导对放射卫生防护工作重视不够,管理混乱,对国家有关放射卫生防护管理规定不认真贯彻落实。即使配有防护管理机构和专(兼)职防护人员,但缺乏防护知识,对自己的职责尚不明确,不能进行自我监督检查。

四、经验教训

在此次医学应急救治中,不但要做好放射患者的救治工作(特别是危重患者),而且也可以总结出一套核或辐射突发事件情况下医学应急救治的经验。这次事故受照的人员中:从受照的程度上看,有重度、中度、轻度的骨髓型放射病患者,还有受到一般过量照射的人员;从辐射损伤的类型上看,既有综合型的骨髓型辐射损伤,也有局部的皮肤辐射损伤;接受过量照射人员有男也有女;年龄结构分布也较广。

此次医学应急救治工作中,采用了当前国内外已有的医学应急救治先进技术和经验,也积累了一些我国在这方面的独特的经验。例如,当重度偏重患者"梅"在极期中,会因月经来潮而导致出血死亡的严重局面,应用了雄性激素,使其月经进入恢复期后才发生;因患者造血系统损伤严重,除应用了GMCSF,还应用了EPO,从而加快了造血功能的恢复;在患者剂量重建中,不但采用了常规的物理和生物剂量方法,而且应用了剂量重建技术,例如EPR和蒙特卡罗(Monte Carlo)模拟估算的方法。

第十三节 吉化建设公司 γ 放射源超剂量伤人事故

一、概况

1996年,位于吉林省吉林市的吉化建设公司发生一起辐射事故,由于γ探伤机的作业人员违反操作程序,导致放射源脱落,遗失,致使民工捡到后受到局部大剂量照射。

二、事故经过

(一)事故初起情况

吉林省吉林市的吉化建设公司检验所γ探伤人员黄××等三人于1996年1月5日0:00左右,在吉化30万吨乙烯工程现场收工时,按常规将放射性活度约为2.7TBq(73Ci)的^{192}Irγ放射源收回到γ探伤机中后关掉仪表,旋转好快门环后想锁定快门环时,发现锁定钥匙不知何故已折断而无法锁定。工作人员接着在黑夜中把探伤机从18.5m高处沿爬梯搬到地面,并立即送回距工作地点大约150m处的铅防护房中,锁好门回到休息室。1月5日10:45,黄××再来工地工作时,从铅防护房中取γ探伤机发现源已丢失,立即通知领导,领导马上安排十多人,带射线报警仪在施工现场和送源的路上等场所进行全面查找,但没有找到。13:00 左右在继续寻找放射源的同时,向公司总经理及公司安全处、公安处做汇报。公司总经理马上召集施工现场各部门负责人会议,安排了找源的三项工作,经过多方努力,17:15 距丢源现场 10km 外的民工宿舍找到了放射源。此放射源是由安装一公司季节工宋××于 7:40 在施工现场用左手拾到的一个圆柱形金属物,宋××在拾到后观赏 15 分钟,后用右手将放射源放在牛仔裤右前膝下裤袋中,并开始上班,约上午 10 时开始感到头晕乏力,于 10:00—10:30 趴在桌上休息,10:30 开始出现频繁的恶心呕吐,每 2~3 分钟呕吐一次。11:50—12:20 乘班车(有座位)返回宿舍,将装有放射源的裤子放在床下纸箱中后在床上休息,至下午在其床下找到放射源,放射源伴随其达近 10 个小时。

(二) 事故的应对处理

1 月 5 日 16:00,原吉林省卫生防疫站接到电话通知后,当日深夜约 0:00 赶到现场,对受到近 10 小时局部大剂量照射的民工宋×× 做了剂量估算,其在当天 17:00 后脱离放射源并被收入单位医院,1 月 7 日转入原北京 307 医院救治。

1 月 6~8 日,原吉林省卫生防疫站开展深入的调查取证。在整个施工中,除宋××外还有其他人员受到不同程度的照射。除拾源者宋×× 本人外,与宋×× 较近接触过的受照人群可以分为五组,即焊接管道时(2 人),请假要求回宿舍(1 人),乘车回宿舍(4 人),询问宋是否拾到源(3 人)和回收源(2 人)共 12 人次,涉及 11 名职工。原吉林省卫生防疫站从安全角度对他们分别做了受照剂量估算,并建议吉化公司职防所对他们进行体检。为慎重起见,1996 年 1 月 9 日,受原卫生部委托,原卫生部工业卫生实验所三名专家来到吉林市后,对上述人员采取物理或生物方法又做了进一步的剂量测算。

原卫生部于 1996 年 8 月 14 日,以《关于对北京求实高能技术开发公司加速器和吉化建设公司 γ 放射源超剂量照射伤人事故的通报》(卫监发〔1996〕第 43 号)形式通报全国各有关单位,原吉林省卫生厅于 1996 年 9 月 4 日,以《关于吉化建设公司 γ 放射源超剂量伤人事故的通报》(吉卫防函发〔1996〕第 3 号)形式通报吉林省各放射性同位素使用单位。

(三) 事故后果

1. 人员伤害情况:受照剂量大于 50mSv 的人数 10 人,其中罹患放射病 1 人(表 8-2)。

2. 经济损失(包括医疗费)方面,到 1998 年底,约为人民币 50 万元,患者宋×× 在北京 307 医院住院进行了治疗。吉林省卫生厅对吉化建设公司给予罚款 1 万元。

3. 吉化建设公司 γ 射线探伤机放射源失落造成宋×× 超剂量误照并致其终身残疾,宋×× 提起了诉讼,吉林省高院 2000 年终审判决,该公司除已支付的抢救治疗费用外,另行

表 8-2　人员受到意外照射情况

受照人员	年龄	职业	受照时间	受照部位	受照剂量/Gy
受照人 1 (宋 ××)	20	管工	约 10 小时	全身	3.0
受照人 2	23	管工	约 2 小时	全身	0.21
受照人 3	33	工长	约 15 分钟	全身	0.08
受照人 4	47	司机	约 20 分钟	全身	0.14
受照人 5	39	工长	约 3 分钟	全身	0.14
受照人 6 (黄 ××)	31	探伤工	约 2 秒	全身	0.21
受照人 7	44	副所长	约 3 秒	全身	0.25
受照人 8	43	食堂管理员	约 20 分钟	全身	0.14
受照人 9	41	炊事员	约 20 分钟	全身	0.14
受照人 10	22	炊事员	约 20 分钟	全身	0.14

注：1. 受照剂量由卫生部工业卫生实验所提供。

2. 宋 ×× 患者全身受照剂量约 3Gy，临床诊断为中度骨髓型放射病，局部照射严重，为保全生命，于照射后第 8 天行下肢和左手腕截肢术，第 55 天行右手和左膝清创植皮术。其后陆续左下肢、左前肢及右手除中指外也被切除。

3. 表格信息整理来自以下文献：

王桂林，罗庆良，陈虎，等 . 一例中度骨髓型急性放射病合并局部极重度放射性损伤患者的临床报告 . 中华放射医学与防护杂志，1997，17 (1)：12-18.

卫生部卫生法制与监督局，公安部三局 . 1988—1998 年全国放射事故案例汇编 . 北京：中国科学技术出版社，2001.

赔偿宋 ×× 48 万余元。此案是国内首例核辐射案，宋 ×× 也成为当时受核辐射伤害最严重的人。2017 年 7 月，其出现吐血的症状，并到原北京 307 医院复查，结果检查出了放射性白内障、记忆力损伤、肝硬化、糖尿病等疾病，2019 年 4 月 23 日离世。

三、事故主要原因

本次事故发生的主要原因是操作 γ 探伤机的工作人员在 30 万吨乙烯施工现场进行 γ 射线探伤作业时，由于照明灯发生故障，操作人员麻痹大意，违反操作程序，在 γ 探伤机未放入贮存库前提早关闭了个人剂量报警仪，导致不能发觉 γ 放射源从工作容器中脱落，遗失施工现场，之后被民工捡到并受到近 10 小时极不均匀的局部大剂量照射。

四、经验教训

1. 应加强对 γ 探伤机操作工人的安全意识教育。当黄 ×× 发现快门环钥匙折断，无法锁定快门环后,如果安全意识强,应该能够识别出不安全因素,如采取一些附加的防范措施,本可避免这次事故的发生。

2. 应制定科学合理的安全操作规程和制度。该公司虽然制定有 γ 探伤安全操作规程,但从事故发生原因分析,其安全操作规程不尽科学合理,个人剂量报警仪应在 γ 探伤机入铅防护房后才能关闭。但其制定的安全操作规程中规定的是在 γ 源收回到工作容器以后就可以关闭个人剂量报警仪;铅防护房保管员在收发 γ 射线探伤仪时,必须用报警仪检测 γ 源的存在状况,并登记入账,使放射源的安全管理得到进一步保障。

3. 提高 γ 射线探伤仪质量。从这次事故分析,γ 射线探伤仪的质量也至关重要,源鞭子锁定机构失常,快门环在没有锁定时,转动等情况都需要由 γ 探伤机生产厂家不断改进。

第十四节　南京"5·7"放射事故

一、概况

2014 年,某探伤公司工作人员在南京进行探伤作业期间,由于违反操作程序,导致探伤用的放射源丢失,致使其他工人捡到后随身携带而受到局部大剂量照射。

二、事故经过

(一) 事故初起情况

2014 年 5 月 7 日凌晨 3:00 左右,某探伤公司工作人员在南京某公司管道车间进行探伤作业期间,丢失 1 枚探伤用 ^{192}Ir 放射源(活度约 9.6×10^{11}Bq,属 Ⅱ 类放射源)。上午 7:50 左右,工人王某将其捡拾并放入工作服口袋内,站立时该源位于右大腿外侧,持续时间约 3.25 小时。

(二) 事故的应对处理

5 月 12 日,王某被送往苏州大学附属第二医院救治,生物剂量估算结果为全身等效剂量相当于一次急性全身均匀受照 1.51Gy(95% CI:1.40-1.61),物理剂量估算右大腿局部剂量为 30~50Gy,最大剂量约 4 100Gy,诊断为外照射轻度骨髓型急性放射病和Ⅳ度急性放射性皮肤损伤。2015 年 5 月 25 日王某康复出院,累计住院 378 天。

自 5 月 9 日接到事故通报起,原卫生计生部门立即启动卫生应急响应。原江苏省各级卫生计生部门按照放射事故卫生应急预案,开展了包括筛查受照人员、医疗救治、风险评估、科普宣传和心理疏导等一系列卫生应急处置工作。连续3天对探伤公司103名工作人员进行血常规排查检查;确定拾源者后,将其送往医院救治;开展近距离接触人员的流行病学调查,估算不同人群的受照剂量,评估对人群的健康影响;对要求体检的该公司其他人员和周围群众进行血常规、染色体畸变率和微核率的检查,共1 181人检查血常规,133人检查染色体畸变率和微核率;开展网络、电视、现场走访等多种形式的宣传和心理疏导,多次与该公司人员和周围居民沟通交流,答疑解惑,普及常识,发放宣传手册等。

原国家卫生计生委高度重视受照人员伤情及事故可能造成的公众健康及心理影响,多次委派核原事故医学应急中心专家组赶赴南京和苏州,开展现场卫生应急处置指导,对受照人员救治提出建议,为公众讲解辐射防护知识,对公众关心的空气、食品和饮用水等方面的安全问题进行耐心讲解和疏导,消除公众的顾虑和担忧,避免不必要的社会恐慌。原卫生计生部门自上而下高度重视、行动一致,使得此次事故应对及时、决策科学、措施得当,为我国放射事故卫生应急响应和临床救治积累了宝贵经验。

三、事故主要原因

本次事故发生的主要原因是作业工人进行探伤作业期间,违反操作规程,导致探伤用放射源丢失,被其他工人捡拾放入工作服口袋内较长时间,导致辐射损伤。

四、经验教训

1. 通过医学筛查为掌握事件真相提供了关键线索,为伤员救治争取了宝贵时间。事故发生后,由公安部门寻找拾源者和放射源,在原卫生计生部门专家的指导下对该公司人员进行血常规检查,发现有两人淋巴细胞绝对值偏低,其中王某连续3天淋巴细胞计数低,受照可能性较大,后经公安部门询问确认王某为拾源者。

2. 先进医疗技术的应用 本次放射损伤救治过程中,利用肌皮瓣移植术和脐带间充质干细胞(mesenchymal stem cell,MSC)输注相结合来治疗放射性皮肤损伤并加速组织修复,研究证实MSC对放射性创面有着良好的修复作用。目前,真正应用于临床尚不多见,此次应用丰富了我国放射性损伤救治的临床经验。

3. 多部门齐心协力 此次事故涉及公安、卫生、环保等多部门,各部门通力配合,卫生部门为公安部门的调查提供线索,而公安部门保障了卫生部门工作的开展,高效地完成了此次事故的处置工作。

4. 为减少此类事故的发生,减轻事故带来的个人损伤及公众心理影响,应加强对放射源的安全管理,加强公众沟通和危机教育,以及对企业员工注重安全生产基本技能和辐射防护基础知识教育,提升危机防范意识和文化知识,缓解事故后的恐惧和焦虑情绪。

第十五节　河南杞县放射源卡源事件

一、概况

2009年7月17日下午,大量当地居民乘坐各种交通工具离开杞县。起因是2009年6月7日河南省杞县利民辐照厂发生了放射源卡源事件,由于没有正规渠道的信息来源,当地谣言四起,当地居民听说要发生"核泄漏",纷纷逃离家园。这个事件即为"河南杞县放射源卡源事件"。

二、事件经过

河南省杞县LM辐照厂是一家从事辐照加工的民营企业,该企业辐照装置采用^{60}Co放射源照射物品,达到灭菌、消毒等目的。该装置的放射源处于至少1m厚的钢筋混凝土结构的辐照室内,进行辐照加工时,将放射源从水井中提起照射物品,使用后放射源即返回到水井中。

2009年6月7日凌晨2:00,该企业辐照装置在运行中发生货物意外倒塌,压住了放射源保护罩,并使其发生倾斜,导致^{60}Co放射源卡住,不能正常回到水井中的安全位置。

6月14日15:00,辐照室内原辐照加工的物品由于放射源的长时间照射,发生了升温自燃。在消防及环境保护部门采取灌注水等措施后,引燃物于当晚得到有效控制。经河南省辐射安全技术中心监测,附近环境未发现任何辐射污染现象。

7月10日开始,有杞县^{60}Co泄漏的帖子在网络流传,引起网民关注,引发了各种猜测和争议。

7月12日,开封市政府召开新闻发布会,告知群众没有辐射源泄漏及周边辐射污染问题。

7月16日,原环境保护部网站介绍了事件的发生原因,并明确指出:发生卡源时,辐照装置正处于工作状态,没有任何人员处于辐照室内,事件未造成人员误照和辐射伤害。由于工业辐照用^{60}Co属于固体密封源,事件中放射源的不锈钢双层外壳没有遭到直接外力打击,包壳内的放射性物质没有泄漏,没有造成环境污染。按国家对辐照事故的分级管理规定,这次卡源不属于辐射事故,是辐射工作单位一起影响安全的运行事件。事发前,环境保护部门在对该企业的监督检查中,发现了安全隐患,提出了限期整改要求。在整改期间发生卡源事件,说明该企业安全意识淡薄,整改措施没有及时落实。事件发生后,作为核或辐射安全监管部门,原环境保护部及时派出有关监督人员和技术专家赴现场监督检查,进行了依法调查。同时,要求河南省有关方面加强对该企业辐照室的人员出入控制和周围环境监测,切实保障公众和环境安全。杞县利民辐照厂会同有关专家编制完成事件处理方案,原环境保护部组织了专家论证。因此,只要将放射源收回到安全水井内,就不会造成对人员和环境的威胁。7月17日,环境保护部门领导和专家携带处置机器人到现场开展工作。因意外,两个处置机器人一个损坏后被强行拉出,另一个履带机器人被卡在迷道16m处,第一次机器人探测失败。消息不胫而走,加剧了群众对事件的怀疑。

7月17日上午,"杞县发生核泄漏"等谣言,开始通过互联网和手机短信流传。当天下午,一些群众乘坐各种交通工具,从多个方向离开杞县。获知一些百姓受谣言影响离开杞县的消息后,当地政府通过报纸、电台、电视台、手机短信等渠道及时将事实真相发布给当地群众。杞县主管安全的领导和原环境保护部有关专家也在电视上发表讲话,说明事件真相,讲解处置措施。同时,杞县政府组织机关干部在主要交通路口,向百姓讲明真相,劝导百姓回家。17日晚上,绝大多数离家百姓返回。杞县政府还组织公安人员,加大巡逻力度,保证部分离家群众的财产安全。经共同努力,8月24日杞县LM辐照厂卡源故障处置工作取得成功,被卡放射源于当晚8时半安全降到贮源井内。至此,困扰杞县79天的LM辐照厂卡源故障得到彻底解决。

三、事件主要原因

尽管没有发生"核泄漏"现象,但出现公众逃离现象有其深刻的原因。

1. 科学普及不够、公众"谈核色变" 公众对"核和辐射"的认知大多是来自于日本广岛、长崎的原子弹爆炸和苏联切尔诺贝利核电厂事故等,突出了"危害性"的一面,现在核能和核技术应用事业发展迅速,发现"核和辐射"就在我们身边。但是,由于核和辐射科普及公众宣传工作深度和广度不够,公众对核和辐射普遍抱有神秘感、恐怖感,导致公众"谈核色变"。

2. 信息发布不及时 事件发生在2009年6月7日,当地政府第一次公开发布信息是在2009年7月12日,一个多月的时间里公众没有政府及正规渠道的信息来源,谣言成为了公众信息来源的主渠道,并通过网络及新媒体迅速传播。由于谣言的严重失实,导致公众产生严重的心理恐慌。

3. 媒体交流缺失　媒体是公众沟通的重要媒介,在消除公众恐慌情绪中起着不可替代的作用。有效的媒体交流,让媒体了解突发事件的现状、动态和政府采取的行动及行动计划,通过媒体及时、准确、公开、透明地向公众传递的相关信息,并组织专家答疑解惑,可以有效化解公众恐慌情绪。但是,如果媒体交流缺失,不但不能化解公众恐慌情绪,还会加剧公众恐慌。在这次河南杞县放射源卡源事件中,在转发政府部门的稿件时,竟然用"河南杞县放射源泄漏事件:官方称处于安全状态"作为标题。本来"放射源泄漏"是谣言中的提法,却被使用了,这种说法会导致公众误解,甚至怀疑政府是否会说出真相。

四、经验教训

谣言的扩散传播有两方面的显著特征。一方面,谣言所传递信息的新闻价值越大,其传播速度就会越快。一般而言,流言所传递信息与受众有密切关系的易引起受众的关注,容易被快速扩散出去。事件涉及放射性物质辐射问题,对于杞县人来说,此事与他们休戚相关,可能会影响到他们的正常生产生活,民众的恐慌情绪很快被调动起来。正是基于这样的原因,谣言才以惊人的速度扩散,最终导致杞县人的集体"大逃亡"。另一方面,流言所指事件的模糊性加剧了人们的恐惧,同样也加快了流言的传播速度。在危机事件发生时,人们往往会对不确定的事物表现出极大的恐慌。谣言产生的根本是没有及时地发布权威信息,谣言经常因没有权威信息而问世。在流言传播过程中,它能够不断地吸引人们的注意力。信息越是不全面,人们就越是试图将获取的信息拼凑起来去解释。人们对谣言不知不觉地揣摩反而加速了流言的传播扩散。

要消解谣言就必须从多角度入手,构建通畅的信息渠道。以下几点经验,值得重视:

1. 政府要及时公开发布权威信息　谣言是一种未经证实而传播的信息。因此,及时、公开、透明的权威信息发布,让权威信息占领信息传播主渠道是抑制谣言传播的基础。在突发事件发生后,政府应及时主动的发出权威信息。在信息传播渠道多元化的今天,"谣言止于公开"是抑制谣言传播的主要手段,"公开"也是消解谣言的一种积极态度。

2. 加强媒体交流　在当今网络化、信息化和新媒体时代,媒体在突发事件信息发布和公众沟通中起着不可替代的作用。首先,应加强媒体交流,让媒体充分了解突发事件的现状、动态以及政府的行动和行动计划,并向媒体传输与突发事件相关的科学知识。通过记者、主持人等向公众提供公众所关心的信息,对消除公众恐慌情绪将起到"事半功倍"的作用。

3. 加强公众沟通　在突发事件危机处置中,除信息发布、媒体交流外,公众沟通也是化解危机、消除公众恐慌的重要手段之一。信息发布、媒体交流和公众沟通相辅相成、互为补充、互相支撑。在突发事件处置中,除了及时、公开、透明地发布权威信息,加强媒体交流外,还应及时组织专家通过各种媒体开展公众沟通,对突发事件及其危害进行答疑解惑,普及相关科学知识,指导公众采取正确行动,消除公众恐慌情绪。

公众沟通、媒体交流和信息发布在突发事件处置中占有重要地位,在消除公众恐慌情绪、化解社会危机中发挥着不可替代的作用。国家有关部门应制定相关政策,规范突发事件中的公众沟通、媒体交流和信息发布。加强核和辐射相关科学普及和公众宣传,提升公众对核和辐射的认知水平。

参考文献

[1] IAEA. Safty Standards Series No. GSR Part 3,Radiation Protection and Safety of Radiation Sources: International Basic Safety Standards [R]. Vienna:IAEA,2014.

[2] K.N 普拉萨德. 人体放射生物学[M]. 北京:原子能出版社,1984.

[3] 毛秉智,陈家佩. 急性放射病基础与临床[M]. 北京:军事医学科学出版社,2002.

[4] 金为翘,王洪复. 电离辐射损伤基础与临床[M]. 北京:上海医科大学出版社,1992.

[5] 吴德昌. 放射医学[M]. 北京:军事医学科学出版社,2001.

[6] 赵克然,杨毅军,曹道俊. 氧自由基与临床[M]. 北京:中国医药科技出版社,2000.

[7] 方允中,郑荣梁. 自由基生物学的理论与应用[M]. 北京:科学出版社,2002.

[8] 夏寿萱. 放射生物学[M]. 北京:军事医学科学出版社,1998.

[9] 王崇道,强亦忠. 电离辐射所致自由对机体的损伤与自由基清除剂的研究[J]. 中华放射医学与防护杂志,2002,22(6):461-463.

[10] HALL EJ. Radiobiology for the Radiologist [M]. 5rd ed. Phiadelphia:Lippincott Williams & Wilkins, 2000.

[11] 龚守良. 电离辐射旁效应[J]. 吉林大学学报(医学版),2003,29(6):864-866.

[12] Liu SZ,Jin SZ,Liu XD. Radiation-induced bystander effect in immune response [J]. Biomed Environ Sci, 2004,17:40-46.

[13] 陶祖范. 高本底辐射研究的实际和理论意义[J]. 中华放射医学与防护杂志,1999,19(2):74.

[14] WEI LX,SUGAHARA T,TAO ZF. High levels of natural radiation:radiation dose and health effects [J]. Amsterdam:Elsevier,1997:241-248.

[15] 陶祖范,魏履新. 小剂量电离辐射流行病学研究概况与展望[J]. 中华放射医学与防护杂志,1995,15(3):162-168.

[16] 吴德昌. 辐射防护的生物学基础[J]. 辐射防护,1998,18(5-6):460-474.

[17] 陈如松. 辐射的低剂量生物效应及分子流行病学研究现状[J]. 辐射防护通信,2003,23(1):13-19.

[18] 徐德忠. 分子流行病学[M]. 北京:人民军医出版社,1998.

[19] FUGGAZALA L,PILOTTI S,PINCHERA A,et al. Oncogenic rearrangements of the RET proto-oncogene in papillary thyroid carcinomas from children exposed to the Chernobyl nuclear accident [J]. Cancer research,1995,55(23):5617-5620.

[20] WILLEAMS GH,ROONEY S,THOMAS G,et al. RET activation in a dualand childhood papillary carcinoma [J]. Br. J. Cancer,1996,74:585-589.

[21] SMIDA J,SALASSIDIS K,HIEBER L,et al. Distinct frequency of RET rearrangements in papillary thyroid carcinomas of children and adults from Belarus [J]. Int. J. Cancer,1999,80:32-38.

[22] JONES IM,HEATHER G,PAULA K,et al. Three somatic genetic biomarkers and covariates in radiation-exposed russian cleanup workers of the chernoby l nuclear reactor 6~13 Years after exposure [J].

Radiation research,2002,158(4):418-423.

[23] RUTH N. The promise of molecular epidemiology in defining the association between radiation and cancer [J]. Health physics,2000,29(1):77-84.

[24] MIKI Y,SWENSEN J,SHATTUCK-FIDENS D,et al. A strong candidate for the breast and ovarian cancer susceptibility gene BRCA I [J]. Science,1994,266:66.

[25] 魏康.ICRP 第一专门委员会 1997 年年度会议概况[J]. 中华放射医学与防护杂志,1998,18(2):144.

[26] MOSSMAN KL. Radiation protection of radiosensitive population [J]. Health physics,1997,72(4):519-523.

[27] 李伟林. 辐射流行病学[M]. 北京:原子能出版社,1996.

[28] 周永增. 辐射防护的生物学基础[J]. 辐射防护通信,2006,26(4):1-7.

[29] MASAHITO KANEKO. 放射防护体系的演进[J]. 辐射防护通信,2005,25(3):62-67.

[30] 周永增. 辐射防护的生物学基础——辐射生物效应[J]. 辐射防护,2003,23(2):90-101.

[31] PERSHAGEN G,LIANG ZH,HRUBEC Z,et al. Indoor radon exposure and lung cancer in Swedish women [J]. Health Phys,1992,63:179-186.

[32] RUOSTEENOJA E,MAKELAINEN I,RYTOMAA T,et al. Radon and lung cancer in Finland [J]. Health Phys,1996,71:185-189.

[33] LUBIN JH,BOICE JD. Lung cancer risk from residential radon:Meta-analysis of eight epidemiologic studies [J]. J Natl Cancer Inst,1997,89:49-57.

[34] SCHOENBERG JB,KLOTZ JB,WILCOX HB,et al. Case-control study of residential radon and lung cancer among New Jersey women [J]. Cancer Res,1990,50:6520-6524.

[35] 刘树铮,鞠桂芝,李修义,等. 医学放射生物学[M]. 北京:原子能出版社,2006.

[36] 金璀珍. 放射生物剂量估计[M]. 北京:军事医学科学出版社,2002.

[37] 白玉书,陈德清. 人类辐射细胞遗传学[M]. 北京:人民卫生出版社,2006.

[38] FAIRBAIRN DW,OLIVE PL,O'NEILL KL. The comet assay:a comprehensive review [J]. Mutat Res,1995,339:37-59.

[39] TOUIL N,AKA PV,BUCHET JP,et al. Assessment of genotoxic effects related to chronic low level exposure to ionizing radiation using biomarkers for DNA damage and repair [J]. Mutagenesis,2002,17(3):223-232.

[40] DE OLIVEIRA EM,SUZUKIMF,DO NASCIMENTO PA,et al. Evaluation of the effect of 90Sr β radiation on human blood cells by chromosome aberration and single cell gel electrophoresis(comet assay) analysis [J]. Mutat Res,2001,476(1):109-121.

[41] CHAUDHRY M.Ahmad,Biomarkers for human radiation exposure [J]. J Biomed Sci,2008,15:557-563.

[42] 李进,王芹,唐卫生,等. 用 G-显带法和荧光原位杂交对医用诊断 X 射线工作者细胞遗传学分析和剂量重建[J]. 中华放射医学与防护杂志,2003,23(4):260-262.

[43] 刘青杰,陈晓宁,姜恩海,等. 多色荧光原位杂交技术的建立及其在早先受照射者剂量重建中的应用 [J]. 中华放射医学与防护杂志,2003,23(2):77-82.

[44] 陆雪,赵骅,陈德清,等.Calyculin A诱导早熟染色体凝集的电离辐射剂量效应曲线[J].辐射研究与辐射工艺学报,2010,28(6):363-367.

[45] 刘强,姜恩海,李进,等.单细胞凝胶电泳检测DNA辐射损伤的剂量-效应关系研究[J].中华放射医学与防护杂志,2006,26(6):573-576.

[46] IAEA. Cytogenetic Dosimetry:Applications in Preparedness for and Response to Radiation Emergencies[J]. Vienna:IAEA,2011.

[47] XI CONG,ZHAO HUA, LU XUE. et al. Screening of Lipids for Early Triage and Dose Estimation after Acute Radiation Exposure in Rat Plasma Based on Targeted Lipidomics Analysis [J]. J Proteome Res., 2021,20(1):576-590.

[48] SUN JIALI,LI SHUANG,LU XUE,et al. Identification of the differentially expressed protein biomarkers in rat blood plasma in response to gamma irradiation [J]. Internation Journal of Radiation Bio,2020,96(6): 748-758.

[49] ZHAO HUA,XI CONG,TIAN MEI,et al. Responsive metabolic biomarkers in plasma of rats exposed to different doses of Cobalt-60 gamma rays [J]. Dose-Response,2020,18(4):155.

[50] 刘英.依法履行职责,做好核应急和放射应急医学救援[J].中华放射医学与防护杂志,2008,28(4): 426-428.

[51] 叶常青,刘英,刘长安,等.核或放射紧急情况的威胁等级[J].中国急救复苏与灾害医学杂志,2008,3 (3):129-133.

[52] 叶常青,袁龙.国际核和辐射事件分级表[J].中国辐射卫生,2012,21(3):312-314.

[53] 苏旭,秦斌,张伟,等.核辐射突发事件公众沟通、媒体交流与信息发布[J].中华放射医学与防护杂志,2012,32(2):118-119.

[54] 刘堂灯.突发事件中地方政府的媒体应对策略[J].人民论坛,2010,06(293):76-77.

[55] 吕祖铭.灾难现场的院前急救[J].中华急诊医学杂志,2009,18(7):780-782.

[56] 刘长安,刘英,苏旭,等.核与放射突发事件医学救援小分队行动导则[M].北京:北京大学医学出版社,2005.

[57] 吴永祥.射频识别(RFID)技术研究现状及发展展望[J].微计算机信息,2006,22(11):234-236,230.

[58] 徐济仁,陈家松,牛纪海.射频识别技术及应用发展[J].数据通信,2009(1):21-26.

[59] 程继伟,吴宝明,何伟良,等.新型手持式创伤评分-急救系统的研制[J].医疗卫生装备,2004,25(5): 19-20,23.

[60] 李宝泉,王健琪,杨国胜.电子伤票器的功能和应用前景[J].人民军医,1997,40(4):189-190.

[61] 医学名词审定委员会放射医学与防护名词审定分委员会.放射医学与防护名词[M].北京:科学出版社,2014.

[62] 苏旭.核或辐射突发事件处置[M].北京:人民卫生出版社,2014.

[63] 姜恩海,龚守良,等.物理化学性血液损伤基础与临床[M].北京:科学出版社,2018.

[64] 张雷,徐辉.急性放射病诊断及治疗研究进展[M].临床军医杂志,2020.8:48-58.

[65] 艾辉胜,余长林,等.山东济宁^{60}Co辐射事故受照人员的临床救治[J].中华放射医学与防护杂志,

2007,27(1):1-5.

[66] 乔建辉,余长林,等.1例急重度骨髓型急性放射病的临床救治[J].中华放射医学与防护杂志,2007, 27(1):6-10.

[67] 余长林,乔建辉,等.1例肠型急性放射病的临床报告[J].中华放射医学与防护杂志,2007,27(1): 11-16.

[68] 侯雨涵,刘玉龙.欧洲关于骨髓型急性放射病的诊断与治疗[J].辐射防护通信,2017,10:37.

[69] 郭梅,艾辉胜,等.极重度骨髓型和肠型急性放射病合并真菌感染的临床治疗[J].中华放射医学与防 护杂志,2007,27(1):17-19.

[70] FARESE AM,BROWN CR,SMITH CP,et al. The ability of filgrastimto mitigate mortality following LD50/60 total-body irradiation is administration time-dependent [J]. Health Phys,2014,106(1):39-47.

[71] 刘玉龙,王优优,等.南京"5·7"^{192}Ir 源放射事故患者的临床救治[J].中华放射医学与防护杂志, 2016,36(5):324-330.

[72] 郑旭,刘玉龙,王优优,等.南京"5·7"放射事故急性放射病患者局部损伤感染的防治[J].中华放射医 学与防护杂志,2016,36(5):359-363.

[73] 石小燕,耿栋芸,王惠,等.南京"5·7"^{192}Ir 源放射事故患者的护理管理[J].中华放射医学与防护杂 志,2016,36(5):385-387.

[74] METTLER FA JR,VOELZ GL,NENOT JC,et al. Criticality accidents//GESEV IA,GUSKOVA AK, METTLER FA JR,et al. Medical management of radiation accidents [M]. 2nd ed. Boca Radon:CRC Press,2001:173-194.

[75] TOCHNER ZA,LEHAVI O,GLASTEIN E. Radiation bioterrorism//KASPER DL,BRAUNWALD E,FAUCI AS. Harrison's Principles of Internal Medicine [M]. 16th ed. NY:McGraw-Hill,2005:1294-1300.

[76] 冉新泽,程天民.放烧复合伤的发病机制与救治研究[J].中华放射医学与防护杂志,2009,29(3):335.

[77] 冉新泽,程天民,粟永萍.放烧复合伤的造血保护与免疫调节研究[J].中华放射医学与防护杂志, 2011,91(12):855.

[78] 罗成基.放射复合伤治疗进展[J].疾病控制杂志,2004,8(1):9.

[79] 崔玉芳,付小兵,夏国伟等.单纯和放射复合伤伤口愈合中循环血 T 淋巴细胞亚群的变化及其与愈合 延退的关系[J].中国危重病急救医学,2002,14(11):675.

[80] 义敏,刘树铮.X 射线全身照射后小鼠腹腔巨噬细胞的肿瘤坏死因子 α(TNFα)表达量的变化[J].辐 射研究与辐射工艺学报,2000;18:236-239.

[81] 李昕权,叶根耀.1998 年伊斯坦布尔 ^{60}Co 源辐射事故[J].中华放射医学与防护杂志,2000,20(5): 371-372.

[82] 杨志祥,叶根耀.1999 年秘鲁 ^{192}铱放射源事故[J].中华放射医学与防护杂志,2000,20(6):449.

[83] 张伟,秦斌,侯长松,等.我国对日本福岛核电站事故的卫生应对[J].中华放射医学与防护杂志, 2012,32(2):115-117.

[84] 王芳,鲍鸥.苏联对"切尔诺贝利事故"应急处理的启示[J].工程研究——跨学科视野中的工程, 2011,3(1):87-101.

[85] 吴锦海,顾乃谷."核"来不怕——正确应对核辐射[M]. 上海:复旦大学出版社,2011:64-70.

[86] 陈竹舟,叶常青. 核与辐射防护手册[M]. 北京:科学出版社,2011:80-82.

[87] 卫生部卫生法制与监督局,公安部三局. 1988~1998 年全国放射事故案例汇编[M]. 北京:中国科学技术出版社,2001.

[88] 刘英,秦斌,韩玉红,等. 山东济宁 ^{60}Co 辐射事故的医学救援[J]. 中华放射医学与防护杂志,2007,27(1):40-42.

[89] 姚仲甫,卢国甫,张钦富,等. 河南"4·26"^{60}Co 源辐射事故的经过和早期物理剂量估算[J]. 中华放射医学与防护杂志,2001,21(3):163-164.

[90] 张良安. 河南"4·26"^{60}Co 源辐射事故医学应急救治工作评述[J]. 中华放射医学与防护杂志,2001,21(3):149.

[91] 王桂林,罗庆良,陈虎,等. 一例中度骨髓型急性放射病合并局部极重度放射性损伤患者的临床报告[J]. 中华放射医学与防护杂志,1997,17(1):12-18.

[92] 苏旭. 南京"5·7"放射事故卫生应对[J]. 中华放射医学与防护杂志,2016,36(5):322-323.